확률과정입문

신양우 지음

KM 경문사

머리말

무한히 반복되는 게임에서 얻는 점수의 변화, 시간에 따른 주가지수의 변화, 고속도로에서 지점별로 발생하는 교통사고 수 등과 같이 시간이나 위치가 변함에 따라 우연 또는 우연인 것처럼 보이는 요인에 의하여 변하는 현상에 자주 접하게 된다. 이와 같은 현상을 잘 이해하고 예상되는 결과를 알아내기 위해서는 시간 또는 공간을 매개변수로 갖는 확률변수들을 이용하여 수학적으로 모형화하고 분석을 할 필요가 있다. 이때 시간 또는 공간을 매개변수로 갖는 확률변수들의 모임을 확률과정이라 한다.

확률과정론의 접근방법은 크게 두 가지로 생각할 수 있다. 하나는 측도론 등과 같은 고급 이론을 바탕으로 엄밀한 수학적 이론 전개에 중점을 두는 것이고 다른 하나는 증명보다는 이미 나와 있는 결과에 대한 직관적인 해석과 응용에 중점을 두는 것이다. 전자의 경우는 너무 이론적인 측면이 강조되어 확률과정의 응용에 주된 관심을 갖는 사람은 쉽게 접근하기 어려운 점이 있다. 반면 후자의 경우에는 확률적인 생각과 느낌을 강조하여 여러 가지 확률모형을 이해하는 데는 도움이 될 수 있을 것이다. 그러나 결과만 보고 그에 대한 직관적인 설명만 강조하다 보면 이미 알려진 결과의 모방에 그쳐 새로운 응용분야에 적용하는 능력을 키우는 데 소홀해질 수 있다. 한편 이론적 결과에 대한 증명이 곁들여지면 확률적으로 생각하고 해석하며 느끼는 데 더욱 도움이 될 수 있을 것이다. 이와 같은 이유에서 이 책에서는 두 접근방법 사이의 중간적인 방법을 택하였다. 확률적으로 느끼고 생각할 수 있는 면을 소홀히 하지 않으면서 고등미적분학 및 그에 기초한 초급과정의 확률론과 기본적인 행렬이론을 바탕으로 하여 가능한 한 모든 결과에 대한 증명을 제시하려고 노력하였다. 그러나 이론 전개상 필요하나 그 증명이 이 책의 수준을 넘는 경우에는 참고문헌을 소개하여 참고할 수 있도록 하였다.

이 책에서는 대부분의 확률과정론 입문서에서 공통적으로 다루는 주제인 푸아송과정, 갱신과정, 마르코프연쇄, 브라운운동을 중심으로 다루었다. 시간의 변화가 이산적인 이산시간 확률과정은 연속적으로 변하는 경우보다 확률과정을 기술하고 이해하기가 비교적 더 쉽고 간단하므로 크게 이산시간 확률과정과 연속시간 확률과정으로 나누어서 다루었다. 제1장과 제2장에서는 각각 기초확률론의 복습과 확률과정에 대한 개략적인 내용을 소개하였다. 제3장~제5장은 베르누이과정, 단순확률보행, 이산시간 갱신과정, 이산시간 마르코프연쇄에 대하여 다루고 제6장~제9장은 이산시간 확률과정에 각각 대응하는 연속시간 확률과정을 다루었다.

이 책에서 사용된 용어는 한국통계학회의 '통계학용어집'과 대한수학회의 '수학용어집'을 따랐다. 앞서 밝힌 대로 이 책은 최신의 새로운 이론을 소개하는 것이 목적이 아니라 이미 나와 있는 확률과정의 이론에 대한 두 가지 극단적인 접근방법에 대한 보간의 차원에서 씌여진 것으로 원전의 논문보다는 기존의 서적을 참고로 하여 작성하였다. 이 책에 수록된 대부분의 예제와 연습문제는 참고하였던 서적들에 빈번하게 나타나는 것이나 본문의 이해에 필요한 것을 발췌·수정한 것이다. 각 예제나 문제 등에 일일이 출처를 밝히는 대신 각 장의 끝에 참고문헌과 함께 개괄적인 참고사항을 기술하였다.

이 책이 확률과정이나 확률모형에 대한 이해와 그 응용에 도움이 되기를 바란다.

끝으로, 이 책의 출판과 편집 및 조판에 수고를 아끼지 않으신 도서출판 경문사 여러분께 감사를 드린다.

2011년 3월

신양우

차례

제1장

기초확률론

이 장에서는 확률과정을 기술하는 데 필요한 기초적인 확률이론과 생성함수, 라플라스변환, 수열 및 함수의 합성곱 등과 같은 수학적 개념과 기호 등을 소개한다. 이 장에서 소개하는 내용에 대한 증명은 대부분 생략하고 직관적인 설명으로 대신한다.

1.1 사건의 확률

그 결과가 우연성에 의하여 정해진다고 볼 수 있는 실험이나 관찰을 **확률실험**(random experiment)이라고 한다. 확률실험에서 나올 수 있는 결과 전체의 집합을 **표본공간**(sample space)이라 하며 앞으로 표본공간을 Ω로 나타내기로 한다. 표본공간의 각각의 원소를 **표본점**(sample point) 또는 **근원사건**(elementary event), 표본공간의 부분집합을 **사건**(event) 또는 **사상**이라고 한다. 특히 원소를 하나도 갖지 않은 사건을 **공사건** 또는 **영사건**(null event)이라 하고 공집합 기호 $\varnothing$로 표기한다.

확률실험의 결과로 표본점 ω가 나타났을 때 표본점 ω가 사건 E의 원소이면, 즉 $\omega \in E(\subset \Omega)$이면 사건 E가 발생하였다고 말한다. 확률실험의 결과로 나타나는 사건은 표본공간의 부분집합이므로 여러 사건에 의하여 얻어지는 새로운 사건은 집합의 연산기호를 이용하여 표현할 수 있다. 표본공간 Ω의 두 사건 E와 F를 생각하자. 사건 E와 F가 동시에 일어나는 사건은 E와 F의 집합에 공통적으로 속해 있는 표본점들로 이루어진 사건을 의미하며 집합기호를 이용하여 $E \cap F$ 또는 간단히 EF와 같이 나타낸다. 이때 사건 $E \cap F$를 E와 F의 **곱사건**(intersection)이라 한다.

사건 E 또는 F 둘 중의 하나가 일어나는 사건은 E 또는 F에 있는 원소들로 이루어진 사건이 되며 이를 E와 F의 **합사건**(union)이라 하고 집합기호를 이용하여 $E \cup F$로 나타낸다. 사건 E가 발생하지 않을 사건은 표본공간 Ω의 원소 중 E에 속하지 않는 원소들로 이루어진 사건으로 E의 **여사건**(complement)이라 하고 $E^c = \{\omega \in \Omega : \omega \notin E\}$로 나타낸다. 사건 E는 발생하고 F는 발생하지 않을 사건을 집합기호를 이용하여 표현하면 $E - F = EF^c$이다. 사건 E와 F의 공통 부분이 없을 때, 즉 $E \cap F = \varnothing$일 때 사건 E와 F는 **서로 배반**(mutually exclusive)이라고 한다.

표본공간 Ω의 사건 전체의 모임을 $\mathcal{F}$로 나타내고 이것을 사건공간(event space)이라 한다. 사건공간 $\mathcal{F}$ 위에서 정의된 함수 P가 다음을 만족할 때 P를 **확률측도**(probability measure)라 한다.

(1) 모든 $E \in \mathcal{F}$에 대하여 $0 \le P(E) \le 1$

(2) $P(\Omega) = 1$

(3) $E_i,\ i \ge 1$가 서로 배반인 사건의 열, 즉 $E_iE_j = \varnothing,\ (i \ne j)$이면

$$P(\cup_{i=1}^{\infty} E_i) = \sum_{i=1}^{\infty} P(E_i).$$

이때 사건 $E \in \mathcal{F}$에 대응되는 숫자 $P(E)$를 E의 확률이라 한다. 또한 세 개의 쌍 $(\Omega, \mathcal{F}, P)$를 확률공간이라 한다.

표본공간 $\Omega = \{\omega_1, \omega_2, \cdots\}$가 가산집합이면 $p_i = P(\{\omega_i\}),\ i = 1, 2, \cdots$가

$$0 \le p_j \le 1, \quad \sum_{j=1}^{\infty} p_j = 1$$

을 만족하도록 정의함으로써 Ω의 모든 사건에 대하여 확률을 정의할 수 있다. 예를 들어 표본공간 $\Omega = \{\omega_1, \omega_2, \cdots, \omega_N\}$이 유한집합이고 각각이 일어날 가능성이 동일하면

$$P(\{\omega_i\}) = \frac{1}{N},\ i = 1, 2, \cdots, N$$

이고 사건 E의 확률은 다음과 같다.

$$P(E) = \frac{|E|}{|\Omega|} = \frac{E\text{에 속한 원소의 개수}}{N}$$

정리 1.1

확률측도에 대하여 다음이 성립한다.

(1) $P(\varnothing) = 0$

(2) $E_1, E_2, \cdots, E_n$이 서로 배반이면 $P(\cup_{i=1}^{n} E_i) = \sum_{i=1}^{n} P(E_i)$

(3) $P(E^c) = 1 - P(E)$

(4) $P(E \cup F) = P(E) + P(F) - P(EF)$

일반적으로

$$\begin{aligned} P(\cup_{i=1}^{n} E_i) = & \sum_{i=1}^{n} P(E_i) - \sum_{i_1 < i_2} P(E_{i_1} E_{i_2}) + \cdots \\ & + (-1)^{r+1} \sum_{i_1 < i_2 < \cdots < i_r} P(E_{i_1} E_{i_2} \cdots E_{i_r}) + \cdots \\ & + (-1)^n P(E_1 E_2 \cdots E_n) \end{aligned}$$

(5) $E_i \subset E_{i+1}$, $i=1, 2, \cdots$일 때 $P(\cup_{i=1}^{\infty} E_i) = \lim_{n\to\infty} P(E_n)$

(6) $E_i \supset E_{i+1}$, $i=1, 2, \cdots$일 때 $P(\cap_{i=1}^{\infty} E_i) = \lim_{n\to\infty} P(E_n)$

1.2 조건부확률과 사건의 독립성

조건부확률 한 개의 공정한 주사위를 두 번 던지는 실험에서 표본공간은 $\Omega = \{(i, j) : i, j = 1, 2, 3, 4, 5, 6\}$이다. 두 주사위의 눈의 합이 8이 될 사건을 E라 하면

$$E = \{(2, 6), (3, 5), (4, 4), (5, 3), (6, 2)\}$$

이고 $P(E) = \frac{5}{36}$이다. 이때 첫 번째 주사위의 눈이 3인 경우만 생각하자. 즉 첫 번째 주사위의 눈이 3인 경우

$$F = \{(3, 1), (3, 2), (3, 3), (3, 4), (3, 5), (3, 6)\}$$

만 생각하고 F에 포함되지 않는 경우는 생각하지 않으면 사건 F의 표본점 중 두 눈의 합이 8이 되는 경우는 $\{(3, 5)\}$뿐이므로 첫 번째 주사위의 눈이 3이라는 조건하에서 두 눈의 합이 8이 될 확률은 $\frac{1}{6}$이다. 이와 같이 어떤 조건이나 가정에 의하여 표본공간이 축소된 경우의 확률을 조건부확률이라 하며 다음과 같이 정의한다.

정의 1.1 조건부확률

$P(F) > 0$일 때 F가 주어졌다는 가정하에 사건 E의 **조건부확률**(conditional probability) $P(E|F)$는

$$P(E|F) = \frac{P(EF)}{P(F)}$$

로 정의한다.

조건부확률의 정의로부터 다음을 쉽게 알 수 있다.

$$P(EF) = P(E|F)P(F)$$

일반적으로 사건 $E_1, E_2, \cdots, E_n$에 대하여

$$P(E_1 \cdots E_n) = P(E_1)P(E_2|E_1)P(E_3|E_1E_2) \cdots P(E_n|E_1 \cdots E_{n-1}) \tag{1.1}$$

이 성립한다. 이것을 조건부확률에 대한 **곱의 공식**이라 한다. 곱의 공식은 단계별 실험을 하는 경우에 사건의 확률을 계산하는 데 유용하다. 또한 조건부확률의 정의로부터 다음을 알 수 있다.

$$P(EG|F) = P(E|GF)P(G|F) \tag{1.2}$$

예제 1.1

세 개의 흰 공과 네 개의 검은 공이 들어 있는 항아리에서 한 개씩 비복원추출할 때 처음에는 흰 공, 두 번째는 검은 공이 나올 확률은 얼마인가?

‖ **풀이** $E_i(i=1, 2)$를 i번째 시행에서 흰 공이 나올 사건이라고 하자. 처음에는 흰 공, 두 번째는 검은 공이 나올 사건은 $E_1E_2^c$이므로 곱의 공식에 의하여

$$P(E_1E_2^c) = P(E_2^c|E_1)P(E_1) = \frac{4}{6} \cdot \frac{3}{7} = \frac{2}{7}.$$ ■

사건들의 집합 $\mathcal{P} = \{E_1, E_2, \cdots\}$이 다음 조건을 만족할 때 $\mathcal{P}$를 표본공간 Ω의 **분할**(partition)이라 한다.

$$E_iE_j = \varnothing, \ i \neq j, \ \cup_{i=1}^{\infty} E_i = \Omega$$

$\mathcal{P}$가 Ω의 분할이면

$$F = F \cap \Omega = F \cap \left(\cup_{i=1}^{\infty} E_i\right) = \left(\cup_{i=1}^{\infty} FE_i\right)$$

이고 $E_iF, i=1, 2, \cdots$는 서로 배반이다. 또한 $P(E_iF) = P(F|E_i)P(E_i)$이므로 다음을 얻는다.

$$P(F) = \sum_{i=1}^{\infty} P(F|E_i)P(E_i) \tag{1.3}$$

이것을 **전확률공식**(law of total probability)이라 한다. 전확률공식은 조건부확률에 대해서도 다음과 같이 성립한다.

$$P(E|F) = \sum_{i=1}^{\infty} P(E|FE_i)P(E_i|F) \tag{1.4}$$

사건의 독립성 두 사건 E와 F가 다음을 만족할 때 두 사건은 서로 **독립**(independent)이라고 한다.

$$P(EF) = P(E)P(F)$$

$P(E) > 0$일 때 E와 F가 서로 독립이라는 것은

$$P(F|E) = P(F)$$

와 동치이다. 이것은 사건 E가 F의 확률에 영향을 미치지 않는다는 것을 의미한다. 일반적으로 n개의 사건 $E_i, \cdots, E_n$이 $1 \le i_1 < \cdots < i_k \le n$에 대하여

$$P(E_{i_1}E_{i_2}\cdots E_{i_k}) = P(E_{i_1})P(E_{i_2})\cdots P(E_{i_k}) \tag{1.5}$$

를 만족할 때 $E_i, \cdots, E_n$은 서로 독립이라고 한다.

사건 E가 발생하였다는 가정하에 사건 G가 F의 조건부확률에 영향을 미치지 않을 때, 즉

$$P(F|EG) = P(F|E) \tag{1.6}$$

일 때 F와 G는 **조건부로 독립**(conditionally independent) 또는 간단히 **조건부독립**이라고 한다. (1.6)은 다음과 동치이다.

$$P(FG|E) = P(F|E)P(G|E) \tag{1.7}$$

예제 1.2

공정한 동전을 세 번 던질 때 첫 번째 시행에서 앞면이 나올 사건을 E_1, 처음 두 번의

시행에서 앞면이 정확하게 한 번 나올 사건을 E_2, 세 번의 시행에서 앞면이 두 번 나올 사건을 E_3라고 하자. 그러면

$$P(E_1E_3)=\frac{1}{4},\ P(E_1)P(E_3)=\frac{4}{8}\cdot\frac{3}{8}=\frac{3}{16}$$

이므로 $P(E_1E_3)\neq P(E_1)P(E_3)$가 되어 E_1과 E_3는 서로 독립이 아니다.
한편

$$P(E_1E_3\mid E_2)=\frac{P(E_1E_2E_2)}{P(E_2)}=\frac{1/8}{4/8}=\frac{1}{4},\ P(E_1\mid E_2)=\frac{1}{2},\ P(E_3\mid E_2)=\frac{1}{2}$$

이므로

$$P(E_1E_3\mid E_2)=P(E_1\mid E_2)P(E_3\mid E_2)$$

가 되어 E_2가 주어졌다는 가정하에서 E_1과 E_3는 조건부로 독립이다. ■

1.3 확률변수와 확률분포

확률변수와 확률분포 표본공간 Ω 위에서 정의된 실수값 함수를 **확률변수**(random variable)라고 한다. 앞으로는 혼동이 없는 한 집합 $\{\omega\in\Omega : X(\omega)\in A\}$ 대신에 ω를 생략하고 간단히 $\{X\in A\}$로 쓰기로 한다. 예를 들면

$$\{\omega\in\Omega : a< X(\omega)\leq b\}=\{a< X\leq b\}=\{X\in(a,\ b]\},$$
$$\{\omega\in\Omega : X(\omega)=a\}=\{X=a\}.$$

또한 사건 $\{a< X\leq b\}$의 확률을 간단히 $P(a< X\leq b)$와 같이 쓰기로 한다.

예제 1.3

공정한 동전을 세 번 던질 때 앞면이 나온 횟수를 X라고 하면 X는 $\{0,\ 1,\ 2,\ 3\}$에서 값을 갖는 확률변수이다. 이때

$$P(X=0)=P(\{TTT\})=\frac{1}{8},$$

$$P(1 \le X \le 2)=P(\{HTT,\ THT,\ TTH,\ HHT,\ HTH,\ THH\})=\frac{3}{4}. \qquad \blacksquare$$

확률변수 X에 의하여 만들어지는 사건은 $\{X\in A\}$(단 $A \subset \mathbb{R}$)와 같은 형태로 주어진다.[1] 이와 같이 확률변수 X에 의하여 만들어지는 각각의 사건 $\{X\in A\}$에 확률 $P(X\in A)$를 대응시킨 함수를 X의 **확률분포**(probability distribution) 또는 간단히 X의 분포라고 한다. 확률변수 X의 분포를 알기 위해서는 X에 의하여 만들어지는 모든 사건의 확률을 알아야 한다. 그러나 $\{X\in(-\infty,\ a]\}=\{X \le a\}$와 같이 특수한 형태의 사건에 대한 확률 $P(X \le a)$만 알면 충분하다는 것이 알려져 있다.

확률변수 X에 대하여 함수

$$F(x)=P(X \le x),\quad x\in\mathbb{R}$$

를 X의 **누적분포함수**(cumulative distribution function) 또는 간단히 **분포함수**라고 한다. 분포함수 $F(x)$는 다음을 만족한다.

(1) $F(x)$는 증가함수이다. 즉 $x<y$이면 $F(x) \le F(y)$.

(2) $F(x)$는 우연속이다. 즉 $\lim\limits_{y\downarrow x}F(y)=F(x)$.[2]

(3) $\lim\limits_{x\to\infty}F(x)=1,\quad \lim\limits_{x\to-\infty}F(x)=0$.

앞으로 확률변수 X의 분포함수가 $F(x)$일 때 $X \sim F(x)$와 같이 나타내기로 한다.

이산확률변수 주사위를 한 번 던질 때 나오는 눈의 수를 X라고 하면 X가 취할 수 있는 값은 1, 2, 3, 4, 5, 6이다. 또한 한 개의 동전을 반복해서 던질 때 앞면이 나올 때까지 시행한 횟수를 X라고 하면 X가 취할 수 있는 값은 1, 2, $\cdots$이다. 이와 같이 확률변수 X가 취할 수 있는 값이 유한개이거나 기껏해야 가산무한개일 때 X를 **이산확률변수**(discrete random variable)라고 한다. 이산확률변수의 확률분포를 **이산확률분포**라고 한다.

이산확률변수 X가 취할 수 있는 값 전체의 집합이 $S=\{x_1,\ x_2,\ \cdots\}$일 때 각각의

---

1) $\mathbb{R}$은 실수 전체의 집합이다.

2) $\lim\limits_{x\downarrow a}f(x)$는 $x=a$에서 $f(x)$의 우극한을 의미한다.

$x_i \in \mathcal{S}$에 확률 $P(X=x_i)$를 대응시키는 함수

$$p(x_i) = P(X=x_i), \quad i=1,\ 2,\ \cdots$$

를 X의 **확률질량함수**(probability mass function)라고 한다. 확률질량함수는 다음과 같은 성질을 갖는다.

(1) $p(x_i) \ge 0$

(2) $\sum_{x_i \in \mathcal{S}} p(x_i) = 1$

(3) $P(X \in B) = \sum_{x_i \in B \cap \mathcal{S}} p(x_i),\ (B \subset \mathbb{R})$

따라서 이산확률분포는 확률질량함수에 의하여 정해지는 것을 알 수 있다.
다음은 널리 알려진 이산확률분포의 확률질량함수이다.

(1) **균등분포** $\mathrm{U}\{x_1,\ \cdots,\ x_N\}$

$$P(X=x_i) = \frac{1}{N}, \quad i=1,\ 2,\ \cdots,\ N$$

(2) **이항분포** $\mathrm{B}(n,\ p)\ (0<p<1)$

$$P(X=k) = \binom{n}{k} p^k (1-p)^{n-k}, \quad k=0,\ 1,\ 2,\ \cdots,\ n$$

$\mathrm{B}(1,\ p)$를 베르누이분포라고 하기도 한다.

(3) **푸아송분포** $\mathrm{Poi}(\lambda)\ (\lambda>0)$

$$P(X=k) = e^{-\lambda}\frac{\lambda^k}{k!}, \quad k=0,\ 1,\ 2,\ \cdots$$

(4) **기하분포** $\mathrm{Geo}(p)\ (0<p<1)$

$$P(X=n) = p(1-p)^{n-1}, \quad n=1,\ 2,\ \cdots$$

(5) **음이항분포** $\mathrm{NB}(r,\ p)\ (0<p<1)$

$$P(X=n) = \binom{n-1}{r-1} p^r (1-p)^{n-r}, \quad n=r,\ r+1,\ \cdots$$

연속확률변수 확률변수 X의 분포함수가

$$F(x) = P(X \le x) = \int_{-\infty}^{x} f(t)dt, \quad -\infty < x < \infty$$

와 같이 어떤 함수의 적분으로 표현될 때 X를 **연속확률변수**(continuous random variable)라 하고 $f(x)$를 X의 **확률밀도함수**(probability density function)라고 한다. 확률밀도함수의 정의로부터 $P(X=a) = \int_{a}^{a} f(x)dx = 0$이 되어 연속확률변수가 한 점에서 값을 취할 확률은 0이 됨을 알 수 있다. 따라서

$$P(a < X \le b) = P(a \le X \le b) = P(a < X < b) = P(a \le X < b).$$

확률밀도함수의 정의로부터 $f(x)$는 다음을 만족함을 알 수 있다.

(1) $f(x) \ge 0,\ x \in \mathbb{R}$

(2) $\int_{-\infty}^{\infty} f(x)dx = 1$

또한

$$\frac{dF(x)}{dx} = f(x)$$

이므로

$$\begin{aligned} f(x) &\approx \frac{F(x+\Delta x) - F(x)}{\Delta x} \\ &= \frac{1}{\Delta x} P\left(x - \frac{\Delta x}{2} \le X \le x + \frac{\Delta x}{2}\right). \end{aligned}$$

따라서 $f(x)$는 X의 값이 x 근방에 있을 가능성에 대한 평균값으로서의 측도임을 알 수 있다.

사건 $\{a < X \le b\}$의 확률은

$$P(a < X \le b) = \int_{a}^{b} f(x)dx$$

이므로 연속확률변수의 확률분포는 확률밀도함수에 의하여 정해짐을 알 수 있다. 연속확

률변수의 확률분포를 **연속확률분포**라고 한다.

다음은 널리 알려진 연속확률분포의 확률밀도함수이다. 각각의 $f(x)$에 대하여 아래에서 정의한 영역 이외에서는 $f(x)=0$이다.

(1) **균등분포** $\mathrm{U}(a,\ b)$

$$f(x)=\frac{1}{b-a},\quad a<x<b$$

(2) **정규분포** $\mathrm{N}(\mu,\ \sigma^2)$

$$f(x)=\frac{1}{\sqrt{2\pi}\,\sigma}e^{-\frac{(x-\mu)^2}{2\sigma^2}},\quad -\infty<x<\infty$$

특히 $\mathrm{N}(0,\ 1)$을 표준정규분포라고 한다.

(3) **지수분포** $\mathrm{Exp}(\lambda)$

$$f(x)=\lambda e^{-\lambda x},\quad x\geq 0$$

(4) **감마분포** $\mathrm{Gam}(t,\ \lambda)$

$$f(x)=\lambda e^{-\lambda x}\frac{(\lambda x)^{t-1}}{\Gamma(t)},\quad x\geq 0$$

단

$$\Gamma(\alpha)=\int_0^\infty e^{-x}x^{\alpha-1}dx.$$

특히 n이 양의 정수일 때 $\mathrm{Gam}(n,\ \lambda)$를 모수가 $(n,\ \lambda)$인 **얼랑분포**(Erlang distribution)라 하고 $\mathrm{Erlang}(n,\ \lambda)$와 같이 나타내기로 한다.

(5) **와이블(Weibull)분포** $\mathrm{Weib}(\alpha,\ \lambda)$

$$f(x)=\alpha\lambda(\lambda x)^{\alpha-1}\exp[-(\lambda x)^\alpha],\quad x\geq 0$$

1.4 확률변수의 기댓값

일반적인 확률변수에 대한 기댓값을 정의하기 위하여 다음과 같은 리만-스틸체스 적분에 대한 개념이 필요하다.

$F(x)$가 단조증가하는 함수이고 $u(x)$가 연속함수일 때

$$\int_{-\infty}^{\infty} u(x)dF(x)$$

를 $F(x)$에 대한 $u(x)$의 **리만-스틸체스 적분**(Riemann-Stieltjes integral)이라 하고, 다음과 같은 방법으로 계산한다.

(1) $F(x)$가 각 x_i, $i=1, 2, \cdots, n$에서 $p(x_i)$만큼 도약이 있는 계단함수일 때

$$\int_{-\infty}^{\infty} u(x)dF(x) = \sum_{i=1}^{n} u(x_i)(F(x_i) - F(x_i -)) = \sum_{i=1}^{n} u(x_i)p(x_i).$$

(2) $F(x)$가 도함수 $F'(x) = f(x)$를 가질 때

$$\int_{-\infty}^{\infty} u(x)dF(x) = \int_{-\infty}^{\infty} u(x)f(x)dx.$$

(3) $F(x)$가 $\{x_i, i=1, 2, \cdots, n\}$에서 도약이 있고 각 점에서의 도약의 크기가 $p(x_i) = F(x_i) - F(x_i -)$이며 $x \in (x_{i-1}, x_i)$에서 도함수 $F'(x) = f_i(x)$를 가질 때

$$\int_{-\infty}^{\infty} x\, dF(x) = \sum_{i=1}^{n} x_i p(x_i) + \sum_{i=1}^{n+1} \int_{x_{i-1}}^{x_i} x f_i(x)\, dx.$$

단 $x_0 = -\infty$, $x_{n+1} = +\infty$.

예제 1.4

$G(x)$를 다음과 같이 정의하자.

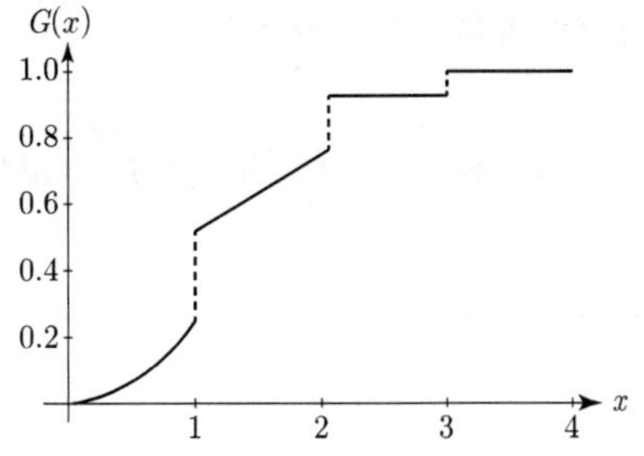

| 그림 1.1 | $G(x)$의 그래프

$$G(x)=\begin{cases} 0, & x<0 \\ \dfrac{x^2}{4}, & 0\le x<1 \\ \dfrac{x+1}{4}, & 1\le x<2 \\ \dfrac{11}{12}, & 2\le x<3 \\ 1, & x\ge 3 \end{cases}$$

$p(i)=G(i)-G(i-)$, $i=1,\ 2,\ 3$는

$$p(1)=\frac{1}{4},\quad p(2)=\frac{1}{6},\quad p(3)=\frac{1}{12}$$

이고 구간 $(0,\ 1)$에서 $G'(x)=\dfrac{x}{2}$, $(1,\ 2)$에서 $G'(x)=\dfrac{1}{4}$이므로

$$\begin{aligned}&\int_{-\infty}^{\infty} x^2\, dG(x) \\ &\quad = 1^2\cdot p(1)+2^2\cdot p(2)+3^2\cdot p(3)+\int_0^1 x^2\frac{x}{2}\, dx+\int_1^2 x^2\frac{1}{4}\, dx \\ &\quad =\frac{19}{8}.\end{aligned}$$

■

확률변수 X의 분포함수가 $F(x)$일 때 X의 기댓값(expectation) $E[X]$는

$$E[X]=\int_{-\infty}^{\infty} x\, dF(x)$$

로 정의한다. 단 $E[X]$가 잘 정의되기 위해서는

$$\int_{-\infty}^{0}(-x)\,dF(x)<\infty \quad \text{또는} \quad \int_{0}^{\infty}x\,dF(x)<\infty$$

이어야 한다. $E[X]$를 **평균**(mean)이라고 하기도 한다.

리만-스틸체스 적분의 성질에 의하여 확률변수 X가 이산인 경우와 연속인 경우 기댓값은 각각 다음과 같다.

(1) 이산확률변수 X의 확률질량함수가 $p(x_i)\ (i=1,\ 2,\ \cdots)$일 때

$$E[X]=\sum_{i=1}^{\infty}x_i p(x_i).$$

(2) 연속확률변수 X의 확률밀도함수가 $f(x)$일 때

$$E[X]=\int_{-\infty}^{\infty}xf(x)\,dx.$$

사건 A에 대하여 확률변수 I_A를 다음과 같이 정의한다.

$$I_A=\begin{cases}1, & A\text{가 발생할 경우}\\ 0, & A\text{가 발생하지 않을 경우}\end{cases}$$

이때 확률변수 I_A를 A에 대한 지시확률변수라고 한다.[3] 확률변수 I_A의 확률질량함수는

$$P(I_A=1)=P(\text{사건 }A\text{가 발생})=P(A),$$
$$P(I_A=0)=P(\text{사건 }A\text{가 발생하지 않음})=P(A^c)$$

이므로 I_A의 기댓값은

$$E[I_A]=1\cdot P(A)+0\cdot P(A^c)=P(A)$$

가 되어 사건 A가 발생할 확률 $P(A)$와 같음을 알 수 있다. 따라서 임의의 사건에 대한 확률은 그에 대응하는 지시확률변수의 기댓값으로 생각할 수 있다.

---

3) 지시확률변수는 I_A 대신 1_A로 나타내기도 한다.

정리 1.2

(1) $E[X] = \int_0^{\infty} P(X > x)\, dx - \int_0^{\infty} P(X < -x)\, dx$

(2) X가 음이 아닌 확률변수, 즉 $P(X \geq 0) = 1$일 때,

$$E[X] = \int_0^{\infty} P(X > x)\, dx.$$

(3) X가 $\{0,\ 1,\ 2,\ \cdots\}$에서 값을 갖는 이산확률변수일 때,

$$E[X] = \sum_{n=0}^{\infty} P(X > n).$$

정리 1.3

확률변수 X와 함수 $u(x)$를 합성한 확률변수 $u(X)$에 대하여 다음이 성립한다.

$$E[u(X)] = \int_{-\infty}^{\infty} u(x)\, dF(x)$$

$$= \begin{cases} \sum_{i=1}^{\infty} u(x_i) p(x_i), & X\text{의 확률질량함수가 } p(x_i) \\ \int_{-\infty}^{\infty} u(x) f(x)\, dx, & X\text{의 확률밀도함수가 } f(x) \end{cases}$$

예제 1.5

X의 확률밀도함수가 $f(x) = \frac{x^2}{3},\ -1 < x < 2$일 때

$$E[4X+3] = \int_{-1}^{2} (4x+3) \frac{x^2}{3}\, dx = 8.$$ ■

생성함수 $E[X^n]$을 X의 n차 적률(nth moment)이라고 한다. 또한 X의 평균이 $\mu = E[X]$일 때

$$\mathrm{Var}[X] = E[(X-\mu)^2]$$

을 X의 **분산**(variance), $SD[X]=\sqrt{\mathrm{Var}[X]}$를 **표준편차**(standard deviation)라고 한다. 간단한 계산에 의하여 분산에 대한 다음 성질이 성립함을 알 수 있다.

$$\mathrm{Var}[X]=E[X^2]-(E[X])^2$$
$$\mathrm{Var}[aX+b]=a^2\mathrm{Var}[X] \quad (\text{단 } a,\ b\text{는 상수})$$

확률변수 X가 0을 포함하는 적당한 개구간 $(-h,\ h)\ (h>0)$의 모든 점 $-h<t<h$에 대하여 $E[e^{tX}]<\infty$일 때 X의 적률생성함수가 존재한다고 하고

$$M(t)=E[e^{tX}]$$

를 X의 **적률생성함수**(moment generating function)라 한다.

X의 적률생성함수 $M(t)$가 존재할 때 $M(t)$로부터 다음과 같이 X의 모든 적률을 구할 수 있다.

$$E[X^n]=M^{(n)}(0),\quad n=1,\ 2,\ \cdots$$

단 $M^{(n)}(t)$는 $M(t)$의 n차 도함수이다.

정리 1.4

X와 Y의 적률생성함수를 각각 $M_X(t)$와 $M_Y(t)$라 할 때 적당한 $h>0$에 대하여 $M_X(t)=M_Y(t),\ -h<t<h$이면 X와 Y는 같은 분포를 따른다.

정리 1.5

확률변수 X와 X_n의 적률생성함수를 각각 $M(t),\ M_n(t)$라고 할 때 적당한 $h>0$에 대하여

$$\lim_{n\to\infty} M_n(t)=M(t),\quad t\in(-h,\ h)$$

이면, $F(x)=P(X\le x)$의 연속인 점 $x=a$에서 다음이 성립한다.

$$\lim_{n\to\infty} F_n(a)=F_X(a)$$

단 $F_n(x)=P(X_n\le x)$는 X_n의 분포함수이다.

X가 음이 아닌 확률변수이면 $s > 0$에 대하여 $E[e^{-sX}] < \infty$이다. 이때

$$F^*(s) = E[e^{-sX}] = \int_0^\infty e^{-sx}\, dF(x), \ s \ge 0$$

를 X의 라플라스-스틸체스 변환(Laplace-Stieltjes transform)이라고 한다.

음이 아닌 확률변수 X와 Y의 분포함수를 각각 $F(x)$와 $G(x)$라 할 때 적률생성함수에 대한 성질이 라플라스-스틸체스 변환에 대해서도 다음과 같이 성립한다.

(1) $E[X^n] = (-1)^n F^{*(n)}(0), \ n = 1, 2, \cdots$

(2) $F^*(s) = G^*(s)\,(s \ge 0)$이면 $F(x) = G(x)$이다.

(3) $\lim_{n\to\infty} F_n^*(s) = F^*(s)\,(s \ge 0)$이면 $F(x)$의 연속인 점 $x = a$에 대하여

$$\lim_{n\to\infty} F_n(a) = F(a).$$

X가 $\{0, 1, 2, \cdots\}$에서 값을 갖는 이산확률변수일 때 $|z| \le 1$에 대하여

$$\Pi(z) = E[z^X] = \sum_{n=0}^\infty z^n P(X = n)$$

을 X의 **확률생성함수**(probability generating function) 또는 간단히 **생성함수**라고 한다. X의 확률생성함수가 $\Pi(z)$일 때 다음이 성립한다.

$$\Pi^{(n)}(1) = E[X(X-1)\cdots(X-n+1)]$$

이때 $E[X(X-1)\cdots(X-n+1)]$을 X의 n차 **계승적률**(factorial moment)이라고 한다.

확률변수 X와 Y의 생성함수 $\Pi_X(z)$와 $\Pi_Y(z)$에 대하여 $\Pi_X(z) = \Pi_Y(z), \ |z| \le 1$이면 $P(X = n) = P(Y = n), \ n = 0, 1, 2, \cdots$이다.

정리 1.6

X와 $X_n\,(n = 1, 2, \cdots)$이 음이 아닌 정수값을 갖는 확률변수일 때,

$$\lim_{n\to\infty} P(X_n = k) = P(X = k), \quad k = 0, 1, 2, \cdots$$

일 필요충분조건은

$$\lim_{n\to\infty} \Pi_n(z) = \Pi(z), \quad |z| \le 1$$

이다. 단 $\Pi_n(z) = E[z^{X_n}]$, $\Pi(z) = E[z^X]$이다.

1.5 결합확률분포

확률변수 X와 Y에 대하여

$$F(x, y) = P(X \le x, \ Y \le y), \quad x, \ y \in \mathbb{R}$$

를 X와 Y의 **결합누적분포함수**(joint distribution function) 또는 간단히 결합분포함수라고 한다.

확률변수 X와 Y가 각각 $\mathcal{S}_X = \{x_1, x_2, \cdots\}$와 $\mathcal{S}_Y = \{y_1, y_2, \cdots\}$에서 값을 가질 때 $\mathcal{S}_X \times \mathcal{S}_Y = \{(x, y) : x \in \mathcal{S}_X, \ y \in \mathcal{S}_Y\}$에서 정의된 함수

$$p(x, y) = P(X = x, \ Y = y), \quad x \in \mathcal{S}_X, \ y \in \mathcal{S}_Y$$

를 X와 Y의 **결합확률질량함수**(joint probability mass function)라고 한다. 결합확률질량함수 $p(x, y)$는 다음을 만족한다.

(1) $p(x, y) \ge 0, \quad (x, y) \in \mathcal{S}_X \times \mathcal{S}_Y$

(2) $\sum_{x \in \mathcal{S}_X} \sum_{y \in \mathcal{S}_Y} p(x, y) = 1$

(3) $P(X \in A, \ Y \in B) = \sum_{x \in A} \sum_{y \in B} p(x, y)$

결합확률질량함수로부터 X와 Y의 확률질량함수를 각각 다음과 같이 구할 수 있다.

$$p_X(x) = P(X = x) = \sum_{y \in \mathcal{S}_Y} p(x, y), \quad x \in \mathcal{S}_X$$

$$p_Y(y) = P(Y = y) = \sum_{x \in \mathcal{S}_X} p(x, y), \quad y \in \mathcal{S}_Y$$

이때 $p_X(x)$와 $p_Y(y)$를 각각 X와 Y의 **주변확률질량함수**(marginal probability mass function)라고 한다.

확률변수 X와 Y의 결합분포함수 $F(x, y)$가

$$F(a, b) = \int_{-\infty}^{b} \int_{-\infty}^{a} f(x, y)\, dx\, dy, \quad a, b \in \mathbb{R}$$

와 같이 함수 $f(x, y)$의 적분으로 나타날 때 X와 Y는 **결합연속**(jointly continuous)이라고 한다. 또한 함수 $f(x, y)$를 X와 Y의 **결합확률밀도함수**(joint probability density function)라 한다. 결합확률밀도함수의 정의와 결합분포함수의 성질로부터 $f(x, y)$는 다음을 만족함을 알 수 있다.

(1) $f(x, y) \geq 0$

(2) $\int_{-\infty}^{\infty} \int_{-\infty}^{\infty} f(x, y)\, dx dy = \lim_{\substack{x \to \infty \\ y \to \infty}} F(x, y) = 1$

X와 Y의 결합확률밀도함수로부터 X와 Y의 확률밀도함수를 다음과 같이 구할 수 있다.

$$f_X(x) = \int_{-\infty}^{\infty} f(x, y) dy,$$

$$f_Y(y) = \int_{-\infty}^{\infty} f(x, y)\, dx$$

이때 $f_X(x)$와 $f_Y(y)$를 각각 X와 Y의 **주변확률밀도함수**(marginal probability density function)라고 한다.

두 확률변수 X와 Y의 결합으로 만들어지는 확률변수는 $\mathbb{R}^2$에서 정의된 실수값 함수 $u(x, y)$와 (X, Y)를 합성한 확률변수 $u(X, Y)$로 나타낼 수 있다. 예를 들어 $u(x, y) = x + y$일 때 $u(X, Y) = X + Y$이다.

정리 1.7

(1) X와 Y가 각각 $S_X = \{x_1, x_2, \cdots\}$와 $S_Y = \{y_1, y_2, \cdots\}$에서 값을 갖는 이산확률변수이고, X와 Y의 결합확률질량함수가 $p(x, y)$일 때 다음이 성립한다.

$$E[u(X,\ Y)] = \sum_{x \in S_X} \sum_{y \in S_Y} u(x,\ y) p(x,\ y)$$

(2) X와 Y의 결합확률밀도함수가 $f(x,\ y)$일 때

$$E[u(X,\ Y)] = \int_{-\infty}^{\infty} \int_{-\infty}^{\infty} u(x,\ y) f(x,\ y)\, dx\, dy.$$

위의 결과로부터 다음이 성립함을 알 수 있다. 확률변수 $X_1,\ X_2,\ \cdots,\ X_n$과 실수 $a_1,\ a_2,\ \cdots,\ a_n$에 대하여

$$E\left[\sum_{i=1}^{n} a_i X_i\right] = \sum_{i=1}^{n} a_i E[X_i].$$

두 확률변수 X와 Y에 대하여

$$\mathrm{Cov}(X,\ Y) = E[(X - E[X])(Y - E[Y])]$$

를 X와 Y의 공분산(covariance)이라 한다. 간단한 계산에 의하여

$$\mathrm{Cov}(X,\ Y) = E[XY] - E[X]E[Y]$$

임을 알 수 있다. 두 확률변수의 합에 대한 분산은 다음과 같다.

$$\mathrm{Var}[X + Y] = \mathrm{Var}[X] + \mathrm{Var}[Y] + 2\mathrm{Cov}(X,\ Y)$$

1.6 조건부분포와 조건부기댓값

1.6.1 조건부분포

$S_X = \{x_1,\ x_2,\ \cdots\}$와 $S_Y = \{y_1,\ y_2,\ \cdots\}$에서 값을 갖는 이산확률변수 X와 Y의 결합확률질량함수와 주변질량함수를 각각 $p(x,\ y) = P(X = x,\ Y = y)$와 $p_X(x) = P(X = x)$, $p_Y(y) = P(Y = y)$로 두자. $P(Y = y) > 0$일 때 $Y = y$라는 가정하에서 X의 조건부확률

질량함수는 다음과 같이 정의한다.

$$P(X=x \mid Y=y)=\frac{P(X=x,\ Y=y)}{P(Y=y)}$$
$$=\frac{p(x,\ y)}{p_Y(y)}$$

확률변수 X와 Y의 결합확률밀도함수를 $f(x,\ y)$, 각각의 주변확률밀도함수를 $f_X(x)$와 $f_Y(y)$라고 할 때, $f_{X|Y}(x|y)$를 다음과 같이 정의하자.

$$f_{X|Y}(x|y)=\begin{cases}\dfrac{f(x,\ y)}{f_Y(y)}, & f_Y(y)>0\text{일 때}\\ 0, & f_Y(y)=0\text{일 때}\end{cases}$$

그러면 $f_Y(y)>0$인 y에 대하여 x의 함수로써 명백하게 $f_{X|Y}(x|y)\geq 0$이고

$$\int_{-\infty}^{\infty} f_{X|Y}(x|y)\,dx=\frac{1}{f_Y(y)}\int_{-\infty}^{\infty} f(x,\ y)\,dx=1$$

이므로 $f_{X|Y}(x|y)$는 확률밀도함수이다. 이때 $f_{X|Y}(x|y)$를 $Y=y$가 주어졌다는 가정하에 X의 **조건부확률밀도함수**(conditional probability density function)라고 하고

$$F_{X|Y}(x|y)=P(X\leq x \mid Y=y)=\int_{-\infty}^{x} f_{X|Y}(u|y)\,du$$

를 **조건부분포함수**라고 한다. 확률밀도함수의 성질로부터 조건부확률밀도함수에 대한 다음 성질이 성립함을 알 수 있다.

(1) $P(X\in B \mid Y=y)=\int_B f_{X|Y}(x|y)\,dx\ \ (B\subset \mathbb{R})$

(2) $f_X(x)=\int_{-\infty}^{\infty} f(x,\ y)\,dy=\int_{-\infty}^{\infty} f_{X|Y}(x|y)f_Y(y)\,dy$

(3) $P(X\in B)=\int_{-\infty}^{\infty} P(X\in B \mid Y=y)\,f_Y(y)\,dy$

예제 1.6

X와 Y의 결합확률밀도함수가

$$f(x,\ y) = \frac{12}{5}x(2-x-y),\quad 0<x<1,\ 0<y<1$$

일 때 $P\left(0 < X < \frac{1}{2} \mid Y = y\right)$를 구하라.

‖ **풀이** $0<y<1$에 대하여

$$f_Y(y) = \int_0^1 \frac{12}{5}x(2-x-y)\,dx = \frac{12}{5}\left(\frac{2}{3} - \frac{y}{2}\right)$$

이므로 $0<x<1,\ 0<y<1$일 때

$$f_{X|Y}(x|y) = \frac{f(x,\ y)}{f_Y(y)} = \frac{x(2-x-y)}{\frac{2}{3} - \frac{y}{2}} = \frac{6x(2-x-y)}{4-3y}.$$

따라서 $0<y<1$일 때

$$P\left(0 < X < \frac{1}{2} \mid Y = y\right) = \int_0^{\frac{1}{2}} \frac{6x(2-x-y)}{4-3y}\,dx$$
$$= \frac{5-3y}{16-12y}.$$

■

1.6.2 조건부기댓값

조건부분포함수 $F_{X|Y}(x|y) = P(X \le x \mid Y = y)$에 대한 기댓값을 $Y = y$라는 가정하에서 X의 조건부기댓값(conditional expectation)이라 하고 $E[X \mid Y = y]$로 나타낸다. 즉

$$E[X \mid Y = y] = \int_{-\infty}^{\infty} x\, dF_{X|Y}(x|y)$$
$$= \begin{cases} \sum_{x \in S_X} xP(X = x \mid Y = y), & X,\ Y\text{가 이산인 경우} \\ \int_{-\infty}^{\infty} x f_{X|Y}(x|y)\,dx, & X,\ Y\text{가 결합연속인 경우} \end{cases}.$$

조건부기댓값에 대해서도 기댓값과 유사하게 다음이 성립한다.

$$E\left[\sum_{i=1}^{n} a_i X_i \mid Y=y\right] = \sum_{i=1}^{n} a_i E[X_i \mid Y=y]$$

또한 $u(x)$가 실수상에서 정의된 실수값 함수일 때 다음이 성립한다.

$$\begin{aligned} E[u(X) \mid Y=y] &= \int_{-\infty}^{\infty} u(x)\, dF_{X|Y}(x|y) \\ &= \begin{cases} \displaystyle\sum_{x \in S_X} u(x) P(X=x \mid Y=y), & X,\ Y\text{가 이산인 경우} \\ \displaystyle\int_{-\infty}^{\infty} u(x) f_{X|Y}(x|y)\, dx, & X,\ Y\text{가 결합연속인 경우} \end{cases} \end{aligned}$$

예제 1.7

X와 Y의 결합확률밀도함수가

$$f(x,\ y) = \begin{cases} \dfrac{12}{5} x(2-x-y), & 0<x<1,\ 0<y<1 \\ 0, & \text{그 밖에} \end{cases}$$

일 때

$$f_{X|Y}(x|y) = \frac{6x(2-x-y)}{4-3y}, \quad 0<x<1,\ 0<y<1$$

이므로(예제 1.6), $Y=y$라는 가정하에 X의 조건부기댓값은

$$\begin{aligned} E[X \mid Y=y] &= \int_0^1 x \frac{6x(2-x-y)}{4-3y}\, dx \\ &= \frac{5-4y}{8-6y}, \quad 0<y<1. \end{aligned}$$

■

사건 A가 주어졌을 때 $E[X|A]$는 조건부분포함수 $F(x|A) = P(X \le x|A)$에 대한 기댓값을 의미한다. 즉

$$E[X|A] = \int_{-\infty}^{\infty} x\, dF(x|A).$$

예제 1.8

X의 확률밀도함수가 $f(x)$일 때 조건부기댓값 $E[X|X>a]$를 구하라. 단 a는 $P(X>a)>0$을 만족하는 상수이다.

‖ **풀이** 먼저 조건부분포함수를 구하면 다음과 같다.

$$F(x|X>a)=P(X\le x|X>a)=\frac{P(a<X\le x)}{P(X>a)}$$
$$=\begin{cases}\dfrac{F(x)-F(a)}{1-F(a)}, & x>a\\ 0, & x\le a\end{cases}$$

따라서 $F(x|X>a)$의 양변을 미분하여 다음과 같이 확률밀도함수를 얻는다.

$$f(x|X>a)=\frac{d}{dx}F(x|X>a)=\begin{cases}\dfrac{f(x)}{1-F(a)}, & x>a\\ 0, & x\le a\end{cases}$$

그러므로

$$E[X|X>a]=\int_{-\infty}^{\infty}xf(x|X>a)\,dx=\frac{1}{1-F(a)}\int_{a}^{\infty}xf(x)dx.$$ ■

조건부기댓값의 정의로부터 $E[X|Y=y]$는 y의 함수로 볼 수 있다. 이를 $u(y)$라 하자. 즉

$$u(y)=E[X|Y=y].$$

이때 $u(y)$와 Y를 합성한 확률변수 $u(Y)$를 $E[X|Y]$로 나타내기로 한다. 즉

$$u(Y)=E[X|Y].$$

예제 1.9

X와 Y의 결합확률밀도함수가

$$f(x,\ y)=\frac{12}{5}x(2-x-y),\quad 0<x<1,\ 0<y<1$$

일 때 예제 1.7에서 구한 조건부기댓값 $E[X|Y=y]$를 $u(y)$라 하자. 즉

$$u(y) = E[X \mid Y = y] = \frac{5-4y}{8-6y}, \quad 0 < y < 1.$$

따라서

$$E[X \mid Y] = u(Y) = \frac{5-4Y}{8-6Y}. \qquad ■$$

다음은 전확률공식의 일반적인 형태이며 조건부기댓값을 이용하여 기댓값을 계산하는 데 매우 유용하다.

$$E[X] = E[E[X \mid Y]] = \int_{-\infty}^{\infty} E[X \mid Y = y]\, dF_Y(y)$$

$$= \begin{cases} \displaystyle\sum_{y \in S_Y} E[X \mid Y = y] P(Y = y), & Y\text{가 이산인 경우} \\ \displaystyle\int_{-\infty}^{\infty} E[X \mid Y = y] f_Y(y)\, dy, & Y\text{가 연속인 경우} \end{cases}$$

특히 사건 A에 대하여

$$P(A) = E[I_A] = \int_{-\infty}^{\infty} E[I_A \mid Y = y]\, dF_Y(y)$$

$$= \begin{cases} \displaystyle\sum_{y} P(A \mid Y = y) P(Y = y), & Y\text{가 이산인 경우} \\ \displaystyle\int_{-\infty}^{\infty} P(A \mid Y = y) f_Y(y)\, dy, & Y\text{가 연속인 경우} \end{cases}.$$

조건부기댓값의 성질　확률변수 X, Y, Z에 대하여 $X = x$, $Y = y$가 주어졌다는 가정하에 Z의 조건부분포 $F_{Z|X,\,Y}(z|x,\, y) = P(Z \le z | X = x,\; Y = y)$에 대한 기댓값을 구해보자. X, Y, Z가 이산확률변수일 때 $X = x$, $Y = y$가 주어졌다는 가정하에 Z의 조건부확률질량함수는 다음과 같이 정의한다.

$$\begin{aligned} p_{Z|X,\,Y}(z|x,\, y) &= P(Z = z | X = x,\; Y = y) \\ &= \frac{p(X = x,\; Y = y,\; Z = z)}{P(X = x,\; Y = y)}, \quad P(X = x,\; Y = y) > 0 \end{aligned}$$

X, Y, Z의 결합확률밀도함수가 $f(x, y, z)$이고 X와 Y의 주변확률밀도함수가 $f_{X, Y}(x, y)$일 때 $X=x$, $Y=y$가 주어졌다는 가정하에 Z의 조건부확률밀도함수는 다음과 같이 정의한다.

$$f_{Z|X, Y}(z|x, y) = \frac{f(x, y, z)}{f_{X, Y}(x, y)}, \quad f_{X, Y}(x, y) > 0$$

이때 $X=x$, $Y=y$가 주어졌다는 가정하에 Z의 조건부기댓값은 다음과 같이 정의한다.

$$E[Z|X=x, Y=y] = \begin{cases} \displaystyle\sum_{z \in S_Z} zP(Z=z|X=x, Y=y), & \text{이산인 경우} \\ \displaystyle\int_{-\infty}^{\infty} z f_{Z|X, Y}(z|x, y)\, dz, & \text{결합연속인 경우} \end{cases}$$

$E[Z|X=x, Y=y]$를 (x, y)의 함수로 보아 $u(x, y)$로 두었을 때 확률변수 $u(X, Y)$를 $E[Z|X, Y]$로 나타낸다.

일반적으로 $X_1 = x_1, \cdots, X_n = x_n$이 주어졌다는 가정하에서 Y의 조건부기댓값을

$$u(x_1, \cdots, x_n) = E[Y|X_1 = x_1, \cdots, X_n = x_n]$$

으로 나타낼 때 함수 $u(x_1, \cdots, x_n)$과 $(X_1, \cdots, X_n)$을 합성하여 얻어지는 확률변수를

$$u(X_1, \cdots, X_n) = E[Y|X_1, \cdots, X_n]$$

과 같이 나타내고 $X_1, \cdots, X_n$이 주어졌다는 가정하에 Y의 조건부기댓값이라 한다. 또한 $X_1, \cdots, X_n$이 주어졌다는 가정하에서 사건 A의 조건부확률은

$$P(A|X_1, X_2, \cdots, X_n) = E[I_A|X_1, \cdots, X_n]$$

과 같이 사건 A에 대응하는 지시확률변수 I_A의 조건부기댓값으로 정의한다.

다음은 조건부기댓값에 대한 성질이다.

CE1. $E\left[\sum_{i=1}^{m} c_i Y_i | X_1, \cdots, X_n\right] = \sum_{i=1}^{m} c_i E[Y_i|X_1, \cdots, X_n]$

CE2. $E[E[Y|X_1, \cdots, X_n]] = E[Y]$

CE3. Y가 $X_1, \cdots, X_n$의 함수이면 $X_1, \cdots, X_n$이 주어졌다는 가정하에 Y는 상수와

같은 역할한다. 즉

$$E[g(X_1, \cdots, X_n) | X_1, \cdots, X_n] = g(X_1, \cdots, X_n)$$

예를 들어 $E[Zh(X_1, X_2) | X_1, X_2] = h(X_1, X_2)E[Z | X_1, X_2]$이다.

CE4. $E[E[Y | X_1, \cdots, X_{n+m}] | X_1, \cdots, X_n]$
$\quad = E[E[Y | X_1, \cdots, X_n] | X_1, \cdots, X_{n+m}]$

CE5. 조건부기댓값의 정의로부터 $E[Y | X_1, \cdots, X_n]$은 $X_1, \cdots, X_n$의 함수이므로 위의 CE3으로부터 다음이 성립함을 알 수 있다.

$$E[E[Y | X_1, \cdots, X_n] | X_1, \cdots, X_{n+m}] = E[Y | X_1, \cdots, X_n]$$

CE6. 확률변수 $\{X_1, \cdots, X_n\}$의 값이 정해지면 $\{Y_1, \cdots, Y_m\}$의 값도 결정되고 그 역도 성립할 때 $\{X_1, X_2, \cdots, X_n\}$과 $\{Y_1, Y_2, \cdots, Y_m\}$이 같은 양의 정보를 갖는다고 한다. 예를 들어 $Y_k = \sum_{i=1}^{k} X_i (k = 1, 2, \cdots, n)$로 정의했을 때 $X_1 = x_1, \cdots, X_n = x_n$이 주어지면 $Y_k = \sum_{i=1}^{k} x_i$로 Y_k의 값이 결정되고 역으로 $Y_k = y_k$가 주어지면 $X_1 = y_1, X_2 = y_2 - y_1, \cdots, X_k = y_k - y_{k-1}, 2 \le k \le n-1$이 되어 X_i의 값이 결정된다. 따라서 이 경우 $\{X_1, X_2, \cdots, X_n\}$과 $\{Y_1, Y_2, \cdots, Y_n\}$은 같은 양의 정보를 갖는다. 확률변수들 $\{X_1, \cdots, X_n\}$과 $\{Y_1, \cdots, Y_m\}$이 같은 양의 정보를 가지면 다음이 성립한다.

$$E[Z | X_1, \cdots, X_n] = E[Z | Y_1, \cdots, Y_m]$$

1.7 확률변수의 독립성

1.7.1 확률변수의 독립성

확률변수 X에 대한 사건과 확률변수 Y에 대한 사건이 서로 독립일 때 X와 Y는 서로 독립이라고 한다. 즉 $A, B \subset \mathbb{R}$ 에 대하여

$$P(X \in A,\ Y \in B) = P(X \in A)P(Y \in B).$$

일반적으로 $B_1, \cdots, B_n \subset \mathbb{R}$ 에 대하여

$$P(X_1 \in B_1, \cdots, X_n \in B_n) = P(X_1 \in B_1) \cdots P(X_n \in B_n)$$

일 때 $X_1, X_2, \cdots, X_n$은 서로 독립이라고 한다. 또한 임의의 $A_i, B_j \subset \mathbb{R}$, $1 \le i \le n$, $1 \le j \le m$에 대하여

$$\begin{aligned} &P(X_1 \in A_1, \cdots, X_n \in A_n, Y_1 \in B_1, \cdots, Y_m \in B_m) \\ &\quad = P(X_1 \in A_1, \cdots, X_n \in A_n)P(Y_1 \in B_1, \cdots, Y_m \in B_m) \end{aligned} \tag{1.8}$$

일 때 $\{X_1, \cdots, X_n\}$과 $\{Y_1, \cdots, Y_m\}$은 서로 독립이라고 한다. (1.8)은 다음과 동치이다.

$$P(Y_1 \in B_1, \cdots, Y_m \in B_m | X_1, \cdots, X_n) = P(Y_1 \in B_1, \cdots, Y_m \in B_m)$$

임의의 $C_i, B_j \subset \mathbb{R}$, $1 \le i \le k$, $1 \le j \le m$에 대하여

$$\begin{aligned} &P(Y_1 \in B_1, \cdots, Y_m \in B_m, Z_1 \in C_1, \cdots, Z_k \in C_k | X_1, \cdots, X_n) \\ &\quad = P(Y_1 \in B_1, \cdots, Y_m \in B_m | X_1, \cdots, X_n) \\ &\quad\quad \times P(Z_1 \in C_1, \cdots, Z_k \in C_k | X_1, \cdots, X_n) \end{aligned} \tag{1.9}$$

일 때 $\{X_1, \cdots, X_n\}$이 주어졌다는 가정하에 $\{Y_1, \cdots, Y_m\}$과 $\{Z_1, \cdots, Z_k\}$는 조건부로 독립이라고 한다. (1.9)는 다음과 동치이다.

$$\begin{aligned} &P(Y_1 \in B_1, \cdots, Y_m \in B_m | X_1, \cdots, X_n, Z_1, \cdots, Z_k) \\ &\quad = P(Y_1 \in B_1, \cdots, Y_m \in B_m | X_1, \cdots, X_n) \end{aligned}$$

정리 1.8

다음은 확률변수 X와 Y가 서로 독립일 필요충분조건이다.

(1) $P(X \le x,\ Y \le y) = P(X \le x)P(Y \le y)$, $x, y \in \mathbb{R}$.

(2) 임의의 함수 $u(x)$와 $v(y)$에 대하여

$$E[u(X)v(Y)] = E[u(X)]E[v(Y)].$$

(3) X와 Y의 적률생성함수가 존재할 때

$$E[e^{sX+tY}]=E[e^{sX}]E[e^{tY}].$$

특히 X와 Y가 음이 아닌 확률변수일 때

$$E[e^{-(sX+tY)}]=E[e^{-sX}]E[e^{-tY}], \quad s>0,\ t>0.$$

(4) X와 Y의 결합확률밀도함수가 $f(x,\ y)$이고 각각의 주변확률밀도함수가 $f_X(x)$와 $f_Y(y)$일 때

$$f(x,\ y)=f_X(x)f_Y(y), \quad x,\ y\in\mathbb{R}.$$

(5) X와 Y가 이산확률변수일 때

$$P(X=x,\ Y=y)=P(X=x)P(Y=y).$$

(6) X와 Y가 음이 아닌 정수값을 갖는 확률변수일 때

$$E[z^X w^Y]=E[z^X]E[w^Y], \quad |z|\le 1,\ |w|\le 1.$$

X와 Y가 서로 독립이면 $f(x,\ y)=f_X(x)f_Y(y)$이므로

$$f_{X|Y}(x|y)=\frac{f(x,\ y)}{f_Y(y)}=\frac{f_X(x)f_Y(y)}{f_Y(y)}=f_X(x).$$

따라서 X와 Y가 서로 독립이면

$$E[X|Y]=E[X]$$

이다. 또한 Y가 주어졌다는 가정하에 X와 Z가 조건부로 독립이면

$$E[X|Y,\ Z]=E[X|Y]$$

이다. 일반적으로 $X=g(X_1,\ \cdots,\ X_n)$이고 $\{X_1,\ \cdots,\ X_n\}$과 $\{Y_1,\ \cdots,\ Y_m\}$이 서로 독립이면

$$E[X|Y_1,\ \cdots,\ Y_m]=E[X].$$

또한 $\{Y_1, \cdots, Y_m\}$이 주어졌다는 가정하에 $\{X_1, \cdots, X_n\}$과 $\{Z_1, \cdots, Z_k\}$가 조건부로 독립이면 $X = g(X_1, \cdots, X_n)$에 대하여 다음이 성립한다.

$$E[X \mid Y_1, \cdots, Y_m, Z_1, \cdots, Z_k] = E[X \mid Y_1, \cdots, Y_m]$$

1.7.2 독립인 확률변수의 합과 합성곱

확률변수 X와 Y의 분포함수를 각각 $F(x) = P(X \le x)$와 $G(y) = P(Y \le y)$라 하자. X와 Y가 서로 독립일 때 $W = X + Y$의 분포함수 $H(x) = P(W \le x)$는 다음과 같다.

$$\begin{aligned} H(x) &= P(X + Y \le x) \\ &= \int_{-\infty}^{\infty} P(X + Y \le x \mid Y = y)\, dG(y) \\ &= \int_{-\infty}^{\infty} P(X \le x - y \mid Y = y)\, dG(y) \\ &= \int_{-\infty}^{\infty} F(x - y)\, dG(y) \qquad (1.10) \end{aligned}$$

이때 H를 F와 G의 **합성곱**(convolution)이라 하고

$$H(x) = F * G(x)$$

와 같이 나타낸다. $W = X + Y = Y + X$이므로

$$F * G = G * F$$

임을 알 수 있다. 한편 X, Y, Z가 서로 독립이고 $K(x) = P(Z \le x)$라 할 때 $(X + Y) + Z = X + (Y + Z)$이므로 다음이 성립한다.

$$(F * G) * K = F * (G * K)$$

특히 X와 Y가 음이 아닌 확률변수이면 $F(x) = G(x) = 0\,(x < 0)$이므로

$$H(x) = F * G(x) = \int_0^x F(x - y)\, dG(y), \quad x \ge 0$$

가 된다. 이때 $W = X + Y$의 라플라스-스틸체스 변환은 다음과 같이 $F^*(s)$와 $G^*(s)$의

곱으로 나타난다.

$$H^*(s)=E[e^{-s(X+Y)}]=E[e^{-sX}]E[e^{-sY}]=F^*(s)G^*(s),\quad s\ge 0.$$

X와 Y의 확률밀도함수 $f(x)$와 $g(y)$가 각각 존재하면 식 (1.10)으로부터 $W=X+Y$의 확률밀도함수는

$$h(x)=\int_{-\infty}^{\infty} f(x-y)g(y)\,dy$$

임을 알 수 있다.

참고 일반적으로 $[0,\infty)$에서 정의된 함수 $F(x)$와 $G(x)$가 단조증가이며 유계일 때

$$H(y)=\int_0^y G(y-x)dF(x)=\int_0^y F(y-x)dG(x),\quad y\ge 0 \tag{1.11}$$

를 F와 G의 합성곱이라 하고 $H=F*G$로 나타낸다. 단조증가하며 유계인 함수의 합성곱에 대해서도 교환법칙 및 결합법칙이 성립한다. 또한 다음이 성립한다.

$$H^*(s)=\int_0^{\infty} e^{-st}\,dH(t)=F^*(s)G^*(s),\quad s\ge 0.$$

즉 합성곱의 라플라스-스틸체스 변환은 각각의 라플라스-스틸체스 변환의 곱과 같다.

1.8 생성함수와 수열의 합성곱

수열 $\boldsymbol{a}=\{a_n,\ n=0,1,2,\cdots\}$에 대하여

$$A(z)=\sum_{n=0}^{\infty} a_n z^n=a_0+a_1z+a_2z^2+\cdots$$

을 $\boldsymbol{a}$의 생성함수(generating function)라 한다. 적당한 실수 $r>0$에 대하여 $|z|<r$일 때 $\sum_{n=0}^{\infty}|a_n||z|^n<\infty$이면 $A(z)$는 $|z|<r$에서 잘 정의된다고 한다.

생성함수에 대한 몇 가지 성질을 나열하면 다음과 같다.

GF1. 수열 $\boldsymbol{a}=\{a_n,\ n=0,\ 1,\ 2,\ \cdots\}$, $\boldsymbol{b}=\{b_n,\ n=0,\ 1,\ 2,\ \cdots\}$의 생성함수를 각각 $A(z)$와 $B(z)$라 할 때 $A(z)$와 $B(z)$가 적당한 $r>0$에 대하여 $A(z)=B(z)$, $|z|<r$이면 멱급수의 성질에 의하여 z^n의 계수가 서로 같아야 하므로 $a_n=b_n\,(n=0,\ 1,\ 2,\ \cdots)$이다.

GF2. 수열 $\{a_n\}$의 극한 $\lim_{n\to\infty} a_n$이 존재할 때 다음이 성립한다.

$$\lim_{n\to\infty} a_n = \lim_{z\to 1}(1-z)A(z) \tag{1.12}$$

이에 대한 증명을 위하여 $b_0=a_0$, $b_n=a_n-a_{n-1}\,(n=1,\ 2,\ \cdots)$로 두면 $\{b_n\}$의 생성함수 $B(z)$는 다음과 같음을 알 수 있다.

$$\begin{aligned} B(z) &= b_0+\sum_{n=1}^{\infty} b_n z^n = a_0+\sum_{n=1}^{\infty} a_n z^n - \sum_{n=1}^{\infty} a_{n-1} z^n \\ &= \sum_{n=0}^{\infty} a_n z^n - z\sum_{n=1}^{\infty} a_{n-1} z^{n-1} \\ &= (1-z)A(z) \end{aligned}$$

한편 $a_n=\sum_{k=0}^{n} b_k$이므로

$$\lim_{n\to\infty} a_n = \sum_{n=0}^{\infty} b_n = \lim_{z\to 1} B(z) = \lim_{z\to 1}(1-z)A(z)$$

가 되어 (1.12)가 증명된다.

두 수열 $\boldsymbol{a}=\{a_n,\ n=0,\ 1,\ 2,\ \cdots\}$, $\boldsymbol{b}=\{b_n,\ n=0,\ 1,\ 2,\ \cdots\}$에 대하여

$$c_n=\sum_{k=0}^{n} a_k b_{n-k},\quad n=0,\ 1,\ 2,\ \cdots$$

이라 할 때 수열 $\boldsymbol{c}=\{c_n,\ n=0,\ 1,\ 2,\ \cdots\}$를 $\boldsymbol{a}$와 $\boldsymbol{b}$의 **합성곱(convolution)**이라 하고 $\boldsymbol{c}=\boldsymbol{a}*\boldsymbol{b}$ 또는 $\{c_n\}=\{a_n\}*\{b_n\}$으로 나타낸다.

합성곱에 대한 몇 가지 성질을 나열하면 다음과 같다.

C1. 수열에 대한 합성곱의 정의로부터 세 수열 $\boldsymbol{u}$, $\boldsymbol{v}$, $\boldsymbol{w}$에 대하여 다음이 성립함을 알 수 있다.

(1) $\boldsymbol{u} * \boldsymbol{v} = \boldsymbol{v} * \boldsymbol{u}$

(2) $(\boldsymbol{u} * \boldsymbol{v}) * \boldsymbol{w} = \boldsymbol{u} * (\boldsymbol{v} * \boldsymbol{w})$

앞으로 수열 $\boldsymbol{a}$의 m차 합성곱 $\boldsymbol{a} * \cdots * \boldsymbol{a}$를 $\boldsymbol{a}^{(m)}$으로 나타낸다. 특히 $\boldsymbol{a}^{(1)} = \boldsymbol{a}$이고 $\boldsymbol{a}^{(0)} = \{1, 0, 0, \cdots\}$을 나타낸다.

C2. $\boldsymbol{a}$와 $\boldsymbol{b}$의 생성함수 $A(z)$와 $B(z)$가 $|z| < r$에서 잘 정의될 때 $\boldsymbol{c} = \boldsymbol{a} * \boldsymbol{b}$의 생성함수 $C(z)$는

$$C(z) = A(z)B(z), \quad |z| < r \tag{1.13}$$

와 같이 두 생성함수의 곱으로 나타난다. 따라서 $\boldsymbol{a}^{(m)}$의 생성함수를 $A_m(z)$라 하면 $A_m(z) = A(z)^m$임을 알 수 있다. 합성곱의 정의에 의하여 $c_n = \sum_{k=0}^{n} a_k b_{n-k}$이므로

$$\begin{aligned} C(z) &= \sum_{n=0}^{\infty} c_n z^n = \sum_{n=0}^{\infty} \sum_{k=0}^{n} a_k z^k b_{n-k} z^{n-k} \\ &= \sum_{k=0}^{\infty} a_k z^k \sum_{n=k}^{\infty} b_{n-k} z^{n-k} = A(z)B(z) \end{aligned}$$

가 되어 (1.13)이 증명된다.

이제 음이 아닌 정수값을 가지며 서로 독립인 확률변수의 합의 분포에 대하여 알아보자. X와 Y의 확률질량함수를 각각 $a_n = P(X=n)$, $b_n = P(Y=n)$, $n = 0, 1, 2, \cdots$라 하자. X와 Y가 서로 독립일 때 $X+Y$의 확률질량함수는 다음과 같다.

$$\begin{aligned} c_n &= P(X+Y=n) \\ &= \sum_{k=0}^{n} P(X=n-k, \ Y=k) \\ &= \sum_{k=0}^{n} P(X=n-k)P(Y=k) \\ &= a_{n-k}b_k, \ n = 0, 1, 2, \cdots \end{aligned}$$

따라서 $\boldsymbol{c} = \boldsymbol{a} * \boldsymbol{b}$이다. 또한 $\boldsymbol{a}$와 $\boldsymbol{b}$의 확률생성함수를 각각 $A(z)$와 $B(z)$라 할 때 $\boldsymbol{c} = \boldsymbol{a} * \boldsymbol{b}$의 생성함수 $C(z)$는 다음과 같이 $A(z)$와 $B(z)$의 곱으로 나타난다.

$$C(z) = E[z^{X+Y}] = E[z^X]E[z^Y] = A(z)B(z), \quad |z| \le 1$$

1.9 순서통계량

서로 독립이며 같은 분포를 따르는 확률변수 $X_1, X_2, \cdots, X_n$에 대하여 각각의 분포함수를 $F(x)$, 확률밀도함수를 $f(x)$라 하자.

확률변수 $X_{(i)} (i = 1, 2, \cdots, n)$를 다음과 같이 정의하자.

$$
\begin{aligned}
X_{(1)} &= X_1, \cdots, X_n \text{ 중 가장 작은 값} \\
X_{(2)} &= X_1, \cdots, X_n \text{ 중 둘째로 작은 값} \\
&\vdots \\
X_{(j)} &= X_1, \cdots, X_n \text{ 중 } j\text{번째로 작은 값} \\
&\vdots \\
X_{(n)} &= X_1, \cdots, X_n \text{ 중 } n\text{번째로 작은 값, 즉 가장 큰 값}
\end{aligned}
$$

그러면 자명하게 $X_{(1)} \le X_{(2)} \le \cdots \le X_{(n)}$이다. 이때 $X_{(1)}, X_{(2)}, \cdots, X_{(n)}$을 $X_1, \cdots, X_n$에 대한 **순서통계량**(order statistic)이라 한다. 예를 들어 $n = 3$일 때 $X_1 = 3, X_2 = 5, X_3 = 1$이면 $X_{(1)} = 1, X_{(2)} = 3, X_{(3)} = 5$가 된다.

정리 1.9

$X_{(1)}, X_{(2)}, \cdots, X_{(n)}$의 결합확률밀도함수는 다음과 같다.

$$g(y_1, y_2, \cdots, y_n) = \begin{cases} n! f(y_1) f(y_2) \cdots f(y_n), & y_1 < y_2 < \cdots < y_n \\ 0, & \text{그 밖에} \end{cases}$$

정리 1.10

$X_{(k)}$의 주변확률밀도함수는 다음과 같다.

$$g_k(y) = nf(y)\binom{n-1}{k-1}[F(y)]^{k-1}[1-F(y)]^{n-k}, \quad k=1,\ 2,\ \cdots,\ n$$

정리 1.11

$X_{(j)}$와 $X_{(k)}$, $(j<k)$의 결합확률밀도함수는 다음과 같다.

$$g_{jk}(u,\ v) = \frac{n!}{(j-1)!(k-j-1)!(n-k)!}[F(u)]^{j-1}[F(v)-F(u)]^{k-j-1} \times [1-F(v)]^{n-k}f(u)f(v), \quad u<v$$

1.10 극한정리

확률변수 X와 X_n의 분포함수를 각각 $F(x)$와 $F_n(x)$라고 하자. $F(x)$가 연속이 되는 각각의 점 $x=c$에서

$$\lim_{n\to\infty} F_n(c) = F(c) \tag{1.14}$$

일 때 $\{X_n\}$은 X에 **분포수렴**(convergence in distribution)한다고 하고

$$X_n \xrightarrow{d} X \quad \text{또는} \quad F_n \xrightarrow{d} F$$

로 나타낸다.

확률변수열 $\{X_n,\ n=1,\ 2,\ \cdots\}$이

$$P\left(\lim_{n\to\infty} X_n = X\right) = 1$$

을 만족할 때 $\{X_n\}$은 확률변수 X에 **거의 확실히**(almost surely) 또는 **확률 1로 수렴**

(converge with probability 1)한다고 하고

$$X_n \xrightarrow{a.s.} X \quad \text{또는} \quad X_n \longrightarrow X \ a.s.$$

로 나타낸다.

거의 확실한 수렴은 미적분학에서 다루는 함수들의 점별수렴(pointwise convergence)보다는 약한 개념이다. 점별수렴은 각각의 $\omega \in \Omega$에 대하여 실수열 $\{X_n(\omega)\}$가 n이 무한히 커질 때 실수 $X(\omega)$에 수렴한다는 것을 의미하지만 거의 확실히 수렴한다는 것은 각 $\omega \in \Omega$에 대하여 실수열 $\{X_n(\omega)\}$가 수렴할 필요는 없다. 다만 $\lim_{n\to\infty} X_n(\omega) = X(\omega)$를 만족하는 $\omega \in \Omega$로 이루어지는 사건의 확률이 1이 된다는 것을 의미한다. 즉

$$C = \left\{\omega \in \Omega : \lim_{n\to\infty} X_n(\omega) = X(\omega)\right\}$$

라 할 때 점별수렴은 $C = \Omega$를 의미하고 거의 확실한 수렴은 $P(C) = 1$을 의미한다.

정리 1.12 대수의 강법칙(Strong Law of Large Numbers)

$X_1, X_2, \cdots$가 독립이며 같은 분포를 따르고 $E[X_i] = \mu < \infty$일 때

$$\overline{X}_n = \frac{1}{n}\sum_{i=1}^{n} X_i \xrightarrow{a.s.} \mu, \text{ 즉 } P\left(\lim_{n\to\infty} \overline{X}_n = \mu\right) = 1.$$

정리 1.13 중심극한정리(Central Limit Theorem)

$X_1, X_2, \cdots$가 독립이며 같은 분포를 따르고 $E[X_i] = \mu$, $\mathrm{Var}[X_i] = \sigma^2 < \infty$일 때

$$\lim_{n\to\infty} P\left(\frac{X_1 + \cdots + X_n - n\mu}{\sigma\sqrt{n}} \le x\right) = \Phi(x).$$

단 $\Phi(x) = \frac{1}{\sqrt{2\pi}}\int_{-\infty}^{x} e^{-y^2/2}\,dy$는 표준정규분포의 분포함수이다.

1.11 유용한 이산확률분포

이 절에서는 다음에 사용될 몇 가지 이산확률분포의 특성에 대하여 알아본다.

1.11.1 균등분포

확률변수 X의 확률질량함수가

$$P(X=i)=\frac{1}{k},\quad i=1,\ 2,\ \cdots,\ K$$

일 때 X는 $\{1,\ 2,\ \cdots,\ K\}$에서 **균등분포**(uniform distribution)를 따른다고 하고

$$X \sim \mathrm{U}\{1,\ 2,\ \cdots,\ K\}$$

와 같이 나타낸다.

확률변수 $U_1,\ \cdots,\ U_n$이 서로 독립이며 $U_i \sim \mathrm{U}\{1,\ 2,\ \cdots,\ K\}$, $i=1,\ \cdots,\ n$이라 하자. 이때 $U_{(1)},\ \cdots,\ U_{(n)}$를 U_i, $1 \le i \le n$의 순서통계량이라 하자. 즉 $U_{(i)}$는 $U_1,\ \cdots,\ U_n$ 중에서 $i(1 \le i \le n)$번째로 작은 값이다. 주목할 것은 U_i가 이산확률변수이므로 $i \ne j$에 대하여 $P(U_{(i)}=U_{(j)})>0$이다.

정리 1.14

(1) $P(U_{(1)}=k_1,\ \cdots,\ U_{(n)}=k_n)=\dfrac{n!}{K^n},\quad 1 \le k_1 < \cdots < k_n \le K$

(2) $P(U_{(1)}<U_{(2)}<\cdots<U_{(n)})=\dfrac{n!}{K^n}\dbinom{K}{n}$

증명 (1) $S=\{1,\ \cdots,\ n\}$이라 하자. 또한 $\mathcal{S}_n$를 S에서 S로 가는 일대일 함수 전체 집합이라 하자.4) 각각의 $\sigma \in \mathcal{S}_n$에 대하여 $(\sigma(1),\ \sigma(2),\ \cdots,\ \sigma(n))$은 $\{1,\ \cdots,\ n\}$의 원소를 나열하는 방법을 나타내므로 $\mathcal{S}_n$의 원소 개수는 $n!$이다.

4) $\sigma : S \to S$가 일대일 함수일 때 σ를 $S=\{1,\ \cdots,\ n\}$의 치환(permutation)이라 한다.

한편 $U_{\sigma(1)}, \cdots, U_{\sigma(n)}$이 서로 독립이고 각각은 균등분포를 따르므로 $1 \le k_1 < \cdots < k_n \le K$에 대하여

$$
\begin{aligned}
P(U_{\sigma(j)} = k_j,\ j = 1,\ 2,\ \cdots,\ n) &= P(U_{\sigma(1)} = k_1) \cdots P(U_{\sigma(n)} = k_n) \\
&= \frac{1}{K^n}
\end{aligned}
$$

이다. 따라서 다음을 얻는다.

$$
\begin{aligned}
P(U_{(1)} = k_1,\ \cdots,\ U_{(n)} = k_n) &= \sum_{\sigma \in S_n} P(U_{\sigma(j)} = k_j,\ j = 1,\ 2,\ \cdots,\ n) \\
&= \sum_{\sigma \in S_n} \frac{1}{K^n} \\
&= \frac{n!}{K^n}
\end{aligned}
$$

(2) 다음을 주목하자.

$$
\begin{aligned}
&P(U_{(1)} < U_{(2)} < \cdots < U_{(n)}) \\
&\quad = \sum_{1 \le k_1 < \cdots < k_n \le K} P(U_{\sigma(j)} = k_j,\ j = 1,\ 2,\ \cdots,\ n) \\
&\quad = \sum_{1 \le k_1 < \cdots < k_n \le K} \frac{n!}{K^n}
\end{aligned}
$$

한편 S에서 $1 \le k_1 < \cdots < k_n \le K$를 만족하는 $k_1, \cdots, k_n$을 선택하는 방법의 수는 S에서 n개를 선택하는 조합의 수 $\binom{K}{n}$와 같다. 따라서 정리가 증명된다. □

따름정리 1.15

$1 \le k_1 < k_2 < \cdots < k_n \le K$에 대하여 다음이 성립한다.

$$
P(U_{(1)} = k_1,\ \cdots,\ U_{(n)} = k_n \mid U_{(1)} < \cdots < U_{(n)}) = \frac{1}{\binom{K}{n}}
$$

1.11.2 이항분포

확률변수 X의 확률질량함수가

$$P(X=k)=\binom{n}{k}p^k(1-p)^{n-k},\quad k=0,\ 1,\ 2,\ \cdots,\ n$$

일 때 X는 모수가 $(n,\ p)$인 **이항분포**(binomial distribution)를 따르는 확률변수라 하고

$$X \sim \mathrm{B}(n,\ p)$$

와 같이 나타낸다. 앞면이 나올 확률이 $0<p<1$인 동전을 n회 반복하여 던질 때 나오는 앞면의 횟수를 X라고 하면 X는 이항분포를 따른다.

$X \sim \mathrm{B}(n,\ p)$일 때 X의 평균, 분산 및 확률생성함수는 각각 다음과 같다.

$$\begin{aligned}&E[X]=np\\&\mathrm{Var}[X]=np(1-p)\\&\Pi(z)=E[z^X]=(pz+1-p)^n\end{aligned}$$

$X \sim \mathrm{B}(n,\ p),\ Y \sim \mathrm{B}(m,\ p)$이고 서로 독립이면

$$E[z^{X+Y}]=E[z^X]E[z^Y]=(pz+1-p)^{n+m}$$

이므로 다음이 성립함을 알 수 있다.

정리 1.16

$X \sim \mathrm{B}(n,\ p),\ Y \sim \mathrm{B}(m,\ p)$가 서로 독립이면 $X+Y \sim \mathrm{B}(n+m,\ p)$.

이 결과는 다음과 같이 직관적인 설명이 가능하다. 앞면이 나올 확률이 p인 동전을 n번 던진 다음 다시 m번을 던지는 실험을 생각하자. 이때 처음 n번의 시행에서 나오는 앞면의 수를 X라 하고 그 다음 m번 던질 때 나오는 앞면의 수를 Y라고 하면 $X \sim \mathrm{B}(n,\ p),\ Y \sim \mathrm{B}(m,\ p)$이다. 또한 각 시행은 독립적으로 이루어지므로 X와 Y는 서로 독립이다. 한편 $X+Y$는 $n+m$번의 시행에서 앞면이 나오는 횟수이므로 $X+Y \sim \mathrm{B}(n+m,\ p)$이다.

1.11.3 기하분포

확률변수 X의 확률질량함수가

$$P(X=n)=p(1-p)^{n-1}, \quad n=1,\ 2,\ \cdots$$

일 때 X는 모수가 p인 기하분포(geometric distribution)를 따른다고 하고

$$X \sim \mathrm{Geo}(p)$$

로 나타낸다. 기하분포는 성공할 확률이 $0<p<1$인 베르누이시행을 반복할 때 성공할 때까지 시행한 횟수의 분포를 나타낸다.

$X \sim \mathrm{Geo}(p)$의 기댓값과 분산 및 생성함수는 다음과 같다.

$$E[X]=\frac{1}{p}$$

$$\mathrm{Var}[X]=\frac{q}{p^2} \quad (\text{단 } q=1-p)$$

$$\Pi(z)=E[z^X]=\frac{pz}{1-qz}, \quad |qz|<1$$

정리 1.17

$X \sim \mathrm{Geo}(p)$일 필요충분조건은

$$P(X=n+k \mid X>n)=P(X=k), \quad n,\ k=1,\ 2,\ \cdots. \tag{1.15}$$

단 $p=P(X=1)>0$.

정리 1.17에서 식 (1.15)는 n번째까지 성공하지 못했다는 가정하에 $n+k$번째에서 처음 성공할 확률 $P(X=n+k \mid X>n)$은 처음부터 시작하여 k번째 만에 처음 성공할 확률 $P(X=k)$와 같다는 것을 의미한다. 예를 들어 어떤 백화점에서 매주 추첨을 통하여 경품을 제공한다고 한다. 매번 경품에 당첨될 확률은 0.01이라 하자. 매 시행에서 성공할 확률은 $p=0.01$이고 각 시행은 서로 독립이므로 처음 당첨될 때까지 시행하는 횟수는 모수가 $p=0.01$인 기하분포를 따른다. 따라서 이제까지 실패한 횟수는 다음 번 결과에 영향을 미치지 않는다. 따라서 열 번 실패한 사람이 11번째에 경품을 받게 될 확률은 변함없이 0.01이다.

1.11.4 음이항분포

확률변수 X의 확률질량함수가

$$P(X=n)=\binom{n-1}{r-1}p^r(1-p)^{n-r},\ n=r,\ r+1,\ \cdots \tag{1.16}$$

일 때 X는 모수가 $(r,\ p)$인 **음이항분포**(negative binomial distribution)를 따른다고 하고

$$X\sim \mathrm{NB}(r,\ p)$$

로 나타낸다. 성공할 확률이 $0<p<1$인 베르누이시행에서 r번 성공할 때까지 필요한 시행 횟수를 X라 하면 X는 음이항분포를 따른다. 기하분포 $\mathrm{Geo}(p)$는 음이항분포의 특수한 경우 $\mathrm{NB}(1,\ p)$이다.

$X\sim \mathrm{NB}(r,\ p)$의 평균, 분산 및 확률생성함수는 다음과 같다.

$$E[X]=\frac{r}{p}$$

$$\mathrm{Var}[X]=\frac{rq}{p^2}\ \ (\text{단 } q=1-p)$$

$$\Pi(z)=\left(\frac{pz}{1-qz}\right)^r,\ \ |zq|<1$$

확률생성함수의 성질을 이용하면 다음 결과를 얻을 수 있다.

정리 1.18

$X\sim \mathrm{NB}(r_1,\ p),\ Y\sim \mathrm{NB}(r_2,\ p)$가 서로 독립이면 $X+Y\sim \mathrm{NB}(r_1+r_2,\ p)$이다.

따름정리 1.19

$X_i\sim \mathrm{Geo}(p)\,(i=1,\ 2,\ \cdots,\ n)$가 서로 독립이면 $\sum_{i=1}^{n}X_i\sim \mathrm{NB}(n,\ p)$이다.

1.11.5 푸아송분포

확률변수 X의 확률질량함수가

$$P(X=k)=e^{-\lambda}\frac{\lambda^k}{k!},\quad k=0,\ 1,\ 2,\ \cdots\ (\text{단 } \lambda>0)$$

일 때 X는 모수가 λ인 **푸아송분포**(Poisson distribution)를 따른다고 하고

$$X\sim \mathrm{Poi}(\lambda)$$

로 나타낸다.

푸아송분포의 평균, 분산, 확률생성함수는 각각 다음과 같다.

$$E[X]=\lambda,\quad \mathrm{Var}[X]=\lambda,\quad \Pi(z)=e^{\lambda(z-1)}$$

정리 1.20

$X\sim \mathrm{Poi}(\lambda)$, $Y\sim \mathrm{Poi}(\mu)$이고 서로 독립일 때 $X+Y\sim \mathrm{Poi}(\lambda+\mu)$이다.

정리 1.21

$X_i\sim \mathrm{Poi}(\lambda_i)\,(i=1,\ 2,\ \cdots,\ n)$이고

$$Y=\sum_{i=1}^{n}X_i\sim \mathrm{Poi}\left(\sum_{i=1}^{n}\lambda_i\right)$$

이면 $X_1,\ \cdots,\ X_n$은 서로 독립이다.

정리 1.22 이항분포의 푸아송근사

$X_n\sim \mathrm{B}(n,\ p_n)$이고 $n\to\infty$일 때 $\lambda_n=np_n\to\lambda$라고 하자. 그러면 $n\to\infty$일 때 각각의 $k=0,\ 1,\ 2,\ \cdots$에 대하여

$$P(X_n=k)\longrightarrow e^{-\lambda}\frac{\lambda^k}{k!}.$$

증명 X_n의 확률생성함수는

$$\Pi_n(z) = E[z^{X_n}] = (1 - p_n + p_n z)^n = \left(1 + \frac{\lambda_n(z-1)}{n}\right)^n$$

이므로 $n \to \infty$일 때 $\Pi_n(z) \to e^{\lambda(z-1)}$이고 이것은 모수가 λ인 푸아송분포의 확률생성함수이므로 정리가 증명된다. □

위의 정리는 성공할 확률 p가 매우 작은 베르누이시행을 아주 많이 행할 때 성공한 횟수의 분포는 근사적으로 모수가 $\lambda = np$인 푸아송분포가 된다는 것을 보여준다. 이러한 이유로 인하여 어떤 책의 한 쪽 또는 여러 쪽에 있는 오타 수, 어느 지역에 거주하는 100세 이상인 사람 수, 일정기간 동안 잘못 걸려온 전화 수, 고속도로의 특정 구간에서 발생한 교통사고 수와 같이 일어날 가능성은 매우 희박하지만 많은 시행을 하는 현상을 모형화하는 데 푸아송분포가 유용하게 쓰인다. 또한 푸아송분포는 다음과 같은 현상을 모형화하는 데 매우 적합하다. 어떤 회사의 전화교환대에 한 시간 동안 걸려오는 전화 수에 대하여 생각하자. 시간의 단위를 초단위로 나누면 매 1초 동안 전화가 올 확률은 매우 작을 것이다. 그래서 매 1초 동안 한 통 이상의 전화가 오면 '성공', 그렇지 않으면 '실패'로 보는 베르누이 시행을 여러 번(3600번) 시행한 것으로 생각할 수 있다. 따라서 매 1초당 전화가 올 확률을 p라 할 때 한 시간 동안 걸려온 전화의 수는 모수가 $3600p$인 푸아송분포로 모형화하여도 좋을 것이다.

1.12 유용한 연속확률분포

이 절에서는 다음에 사용될 몇 가지 연속확률분포의 특성에 대하여 알아본다.

1.12.1 균등분포

확률변수 X의 확률밀도함수가

$$f(x) = \frac{1}{t}, \quad 0 < x < t$$

일 때 X는 $(0,\ t)$에서 **균등분포**를 따른다고 하고

$$X \sim \mathrm{U}(0,\ t)$$

로 나타낸다.

정리 1.9와 1.10으로부터 $X_i \sim \mathrm{U}(0,\ t)\,(i=1,\ 2,\ \cdots,\ n)$가 서로 독립일 때 순서통계량 $X_{(k)}$에 대하여 다음이 성립함을 알 수 있다.

정리 1.23

(1) $X_{(1)},\ \cdots,\ X_{(n)}$의 결합확률밀도 함수는 다음과 같다.

$$f(y_1,\ y_2,\ \cdots,\ y_n) = \frac{n!}{t^n},\quad 0 < y_1 < y_2 < \cdots < y_n < t \tag{1.17}$$

(2) $X_{(k)}\,(k=1,\ 2,\ \cdots,\ n)$의 주변확률밀도함수와 기댓값은 각각 다음과 같다.

$$f_k(x) = \frac{n!}{(k-1)!(n-k)!}\left(\frac{x}{t}\right)^{k-1}\frac{1}{t}\left(1-\frac{x}{t}\right)^{n-k},\quad 0 < x < t$$

$$E[X_{(k)}] = \frac{kt}{n+1}$$

1.12.2 지수분포

확률변수 X의 확률밀도함수가

$$f(x) = \begin{cases} \lambda e^{-\lambda x}, & x \ge 0 \\ 0, & x < 0 \end{cases}$$

일 때 X는 모수가 λ인 **지수분포**(exponential distribution)를 따른다고 하고

$$X \sim \mathrm{Exp}(\lambda)$$

로 나타낸다.

지수확률변수의 분포함수와 라플라스-스틸체스 변환은 각각 다음과 같다.

$$F(x) = P(X \le x) = \begin{cases} 1-e^{-\lambda x}, & x \ge 0 \\ 0, & x \le 0 \end{cases}$$

$$F^*(s) = \int_0^\infty e^{-sx}\lambda e^{-\lambda x}dx = \frac{\lambda}{\lambda+s}, \quad s \geq 0$$

$X \sim \text{Exp}(\lambda)$일 때 X의 기댓값과 분산은 각각 다음과 같다.

$$E[X] = \frac{1}{\lambda}, \quad \text{Var}[X] = \frac{1}{\lambda^2}$$

정리 1.24

X가 지수분포를 따를 필요충분조건은

$$P(X > s+t \mid X > t) = P(X > s), \quad s, t \geq 0. \tag{1.18}$$

X가 어떤 부품의 수명을 나타낸다고 하자. 그러면 식 (1.18)의 왼쪽은 t시간 동안 작동했다는 가정하에서 앞으로 s시간 이상 더 작동할 조건부확률을 의미하고 오른쪽은 처음부터 시작하여 s시간 이상 작동할 확률을 의미한다. 따라서 (1.18)은 t시간 동안 작동한 부품의 앞으로의 남은 수명은 원래 부품의 수명과 같은 분포라는 것을 의미한다. 이러한 이유로 확률변수 X가 식 (1.18)을 만족할 때 **무기억성**(memoryless property) 또는 기억하지 못하는 성질이 있다고 말한다. 정리 1.24는 오직 지수분포만이 무기억성을 갖는다는 것을 보여준다.

예제 1.10

어느 지점에 두 대의 공중전화가 설치되어 있다고 하자. A가 전화를 걸기 위하여 그 지점에 도착했을 때 두 대의 공중전화는 B와 C가 사용하고 있었다. 만약 통화시간이 모수가 λ인 지수분포를 따른다면 세 명의 고객 중 A가 마지막으로 통화를 마칠 확률은 얼마인가?

‖ **풀이** B와 C 중 한 사람이 통화를 마치면 A는 통화를 시작할 수 있다. 그러면 남아 있는 사람(B 또는 C)이 통화를 마치는 데 필요한 시간은 지수 분포의 무기억성에 의하여 모수가 λ인 지수분포를 따른다. 즉 A가 통화를 마치는 데 필요한 시간과 같은 분포를 따른다. 따라서 A가 마지막으로 통화를 마칠 확률은 $\frac{1}{2}$이다. ■

정리 1.25

$X_i \sim \text{Exp}(\lambda)(i=1,\ 2,\ \cdots,\ n)$가 서로 독립일 때

$$X = X_1 + X_2 + \cdots + X_n \sim \text{Erlang}(n,\ \lambda)$$

이다. 즉 X의 확률밀도함수 $f(x)$와 분포함수 $F(x) = P(X \le x)$는 각각 다음과 같다.

$$f(x) = \lambda e^{-\lambda x}\frac{(\lambda x)^{n-1}}{(n-1)!},\quad x>0$$

$$F(x) = 1 - \sum_{k=0}^{n-1} e^{-\lambda x}\frac{(\lambda x)^k}{k!},\quad x>0$$

증명 라플라스-스틸체스 변환 방법을 이용한다.

$$\begin{aligned} E[e^{-sX}] &= E\left[\exp\left(-s\sum_{i=1}^{n} X_i\right)\right] \\ &= E[e^{-sX_1}]E[e^{-sX_2}]\cdots E[e^{-sX_n}] \\ &= \left(\frac{\lambda}{s+\lambda}\right)^n \end{aligned}$$

이것은 $\text{Erlang}(n,\ \lambda)$ 분포의 라플라스-스틸체스 변환이다. □

정리 1.26

$X_i \sim \text{Exp}(\lambda)(i=1,\ 2,\ \cdots,\ n)$가 서로 독립이고 N은 $\{X_i,\ i=1,\ 2,\ \cdots\}$와 독립이며 $N \sim \text{Geo}(p)$일 때

$$Z = X_1 + X_2 + \cdots + X_N \sim \text{Exp}(\lambda p).$$

증명 먼저 다음을 주목하자.

$$\begin{aligned} E\left[\exp\left(-s\sum_{k=1}^{N} X_k\right)\middle|\, N=n\right] &= E\left[\exp\left(-s\sum_{k=1}^{n} X_k\right)\middle|\, N=n\right] \\ &= E\left[\exp\left(-s\sum_{i=1}^{n} X_i\right)\right] \end{aligned}$$

$$= \left(\frac{\lambda}{\lambda+s}\right)^n$$

위의 둘째 등식은 N과 X_i가 서로 독립이라는 사실에 의하여 성립한다. 따라서

$$\begin{aligned} E[e^{-sZ}] &= \sum_{n=1}^{\infty} E\left[\exp\left(-s\sum_{k=1}^{N} X_k\right)\middle| N=n\right] P(N=n) \\ &= \sum_{n=1}^{\infty}\left(\frac{\lambda}{\lambda+s}\right)^n (1-p)^{n-1}p \\ &= \frac{\lambda p}{\lambda p+s} \end{aligned}$$

이고 이것은 $\text{Exp}(\lambda p)$의 라플라스-스틸체스변환이다. □

확률변수 $X_i \sim \text{Exp}(\lambda_i)\,(i=1,\ 2,\ \cdots,\ n)$가 서로 독립일 때

$$Z = \min\{X_1,\ X_2,\ \cdots,\ X_n\}$$

이라 하고 X_i들 중 최솟값을 갖는 확률변수의 번호를 I라 하자. 즉

$$\begin{aligned} I=k &\Leftrightarrow Z = X_k \\ &\Leftrightarrow X_i > X_k,\quad i=1,\ 2,\ \cdots,\ n,\ i\neq k. \end{aligned}$$

정리 1.27

$\lambda = \lambda_1 + \lambda_2 + \cdots + \lambda_n$이라 할 때 다음이 성립한다.

(1) $Z \sim \text{Exp}(\lambda)$

(2) $P(Z>x,\ I=k) = \dfrac{\lambda_k}{\lambda}e^{-\lambda x},\quad k=1,\ 2,\ \cdots,\ n$

증명 (1) $P(Z>x) = P(X_1>x,\ X_2>x,\ \cdots,\ X_n>x)$

$$= \prod_{i=1}^{n} P(X_i>x) = \prod_{i=1}^{n} e^{-\lambda_i x} = e^{-\lambda x}$$

(2) $P(Z>x,\ I=k) = P(X_i > X_k > x,\ 1\le i\le n,\ i\neq k)$

$$= \int_0^\infty P(X_i > X_k > x,\ 1 \le i \le n,\ i \ne k \mid X_k = t)\lambda_k e^{-\lambda_k t}\, dt$$

$$= \int_x^\infty P(X_i > t,\ 1 \le i \le n,\ i \ne k)\, \lambda_k e^{-\lambda_k t}\, dt$$

$$= \int_x^\infty \left[\prod_{i=1,\ i \ne k}^{n} e^{-\lambda_i t} \right] \lambda_k e^{-\lambda_k t}\, dt$$

$$= \lambda_k \int_x^\infty e^{-\lambda t}\, dt = \frac{\lambda_k}{\lambda} e^{-\lambda x}$$ □

따름정리 1.28

Z와 I는 서로 독립이고

$$P(I = k) = \frac{\lambda_k}{\lambda},\quad k = 1,\ 2,\ \cdots,\ n. \tag{1.19}$$

정리 1.29

$I = k$라는 가정하에서 $X_i - X_k > x_i,\ 1 \le i \le n,\ i \ne k$는 조건부로 독립이고 각각은 모수가 λ_i인 지수분포를 따른다. 즉

$$P(X_i - X_k > x_i,\ 1 \le i \le n,\ i \ne k \mid I = k)$$
$$= \prod_{i=1,\ i \ne k} e^{-\lambda_i x_i},\quad k = 1,\ 2,\ \cdots,\ n. \tag{1.20}$$

증명 먼저 I와 $X_i - X_k,\ 1 \le i \le n,\ i \ne k$의 결합분포를 구한다.

$$P(X_i - X_k > x_i,\ 1 \le i \le n,\ i \ne k,\ I = k)$$

$$= \int_0^\infty P(X_i - X_k > x_i,\ X_i > X_k,\ 1 \le i \le n,\ i \ne k \mid X_k = x)$$
$$\times \lambda_k e^{-\lambda_k x}\, dx$$

$$= \int_0^\infty P(X_i > x + x_i,\ X_i > x,\ 1 \le i \le n,\ i \ne k \mid X_k = x)\lambda_k e^{-\lambda_k x}\, dx$$

$$= \int_0^\infty P(X_i > x + x_i,\ 1 \le i \le n,\ i \ne k)\lambda_k e^{-\lambda_k x}\, dx$$

$$= \left(\prod_{i=1,\ i\ne k} e^{-\lambda_i x_i}\right)\int_0^\infty \lambda_k e^{-\lambda x}\, dx$$

$$= \frac{\lambda_k}{\lambda}\left(\prod_{i=1,\ i\ne k} e^{-\lambda_i x_i}\right) \tag{1.21}$$

식 (1.20)은 (1.19)와 (1.21)로부터 자명하다. □

정리 1.30

$X_k \sim \mathrm{Exp}(\lambda_k)\,(k=1,\ 2,\ \cdots,\ n)$가 서로 독립일 때 확률변수

$$Y_i = X_1 + \cdots + X_i,\quad i=1,\ 2,\ \cdots,\ n$$

의 결합확률밀도함수는 다음과 같다.

$$g(y_1,\ \cdots,\ y_n) = \left(\prod_{i=1}^n \lambda_i\right)\exp\left(-\lambda_n y_n - \sum_{i=1}^{n-1}(\lambda_i - \lambda_{i-1})y_i\right),$$

$$0 < y_1 < y_2 < \cdots < y_n < \infty.$$

특히 $\lambda_i = \lambda\,(i=1,\ 2,\ \cdots,\ n)$이면

$$g(y_1,\ \cdots,\ y_n) = \begin{cases} \lambda^n e^{-\lambda y_n}, & 0 < y_1 < \cdots < y_n < \infty \\ 0, & \text{그 밖에} \end{cases}.$$

증명 $X_1,\ \cdots,\ X_n$의 결합확률밀도함수는

$$f(x_1,\ \cdots,\ x_n) = \prod_{i=1}^n \lambda_i e^{-\lambda_i x_i},\quad 0 < x_i < \infty,\quad i=1,\ 2,\ \cdots,\ n$$

이므로 $X_1,\ \cdots,\ X_n$이 값을 취하는 영역은

$$\mathcal{D} = \{(x_1,\ \cdots,\ x_n) : 0 < x_i < \infty,\ i=1,\ 2,\ \cdots,\ n\}$$

이다. 또한 변환

$$y_i = x_1 + \cdots + x_i,\quad i=1,\ 2,\ \cdots,\ n$$

의 역변환을 구하면

$$x_1 = y_1,\ \ x_2 = y_2 - y_1,\ \cdots,\ x_i = y_i - y_{i-1},\ \cdots,\ x_n = y_n - y_{n-1}$$

이 되며 야코비 행렬식은

$$J = \begin{vmatrix} 1 & 0 & 0 & 0 & \cdots & 0 & 0 \\ -1 & 1 & 0 & 0 & \cdots & 0 & 0 \\ 0 & -1 & 1 & 0 & \cdots & 0 & 0 \\ 0 & 0 & -1 & 1 & \cdots & 0 & 0 \\ & & & \ddots & \ddots & & \\ 0 & 0 & 0 & 0 & \cdots & -1 & 1 \end{vmatrix} = 1$$

이다. 한편 역변환으로부터

$$x_1 = y_1 > 0,\ x_i = y_i - y_{i-1} > 0,\ i = 2,\ 3,\ \cdots,\ n$$

이므로 영역 $\mathcal{D}$에서 정의된 변환 $y_i = x_1 + \cdots + x_i (i = 1,\ 2,\ \cdots,\ n)$의 치역은

$$\mathcal{B} = \{(y_1,\ \cdots,\ y_n) : 0 < y_1 < y_2 < \cdots < y_n\}$$

이다. 따라서 $Y_i,\ \cdots,\ Y_n$의 결합확률밀도함수는 $(y_1,\ \cdots,\ y_n) \in \mathcal{B}$에 대하여는

$$\begin{aligned} g(y_1,\ \cdots,\ y_n) &= f(y_1,\ y_2 - y_1,\ \cdots,\ y_n - y_{n-1})|J| \\ &= \left(\prod_{i=1}^{n} \lambda_i\right) \exp\left(-\lambda_n y_n - \sum_{i=1}^{n-1} (\lambda_i - \lambda_{i-1}) y_i\right) \end{aligned}$$

이고 그 밖에서는 $g(y_1,\ \cdots,\ y_n) = 0$이다. □

1.12.3 정규분포

확률변수 X의 확률밀도함수가

$$f(x) = \frac{1}{\sqrt{2\pi}\,\sigma} e^{-\frac{(x-\mu)^2}{2\sigma^2}},\quad -\infty < x < \infty$$

(단 $-\infty < \mu < \infty,\ \sigma > 0$)일 때 X는 모수가 $(\mu,\ \sigma^2)$인 **정규분포**(normal distribution)를 따른다고 하고

$$X \sim \mathrm{N}(\mu,\ \sigma^2)$$

으로 나타낸다. 정규분포를 가우스분포(Gaussian distribution)라고 하기도 한다.

정리 1.31

$X \sim \mathrm{N}(\mu,\ \sigma^2)$일 때 $Y = aX + b \sim \mathrm{N}(a\mu + b,\ a^2\sigma^2)$ $(a \neq 0)$이다.

정리 1.31로부터 $X \sim \mathrm{N}(\mu,\ \sigma^2)$일 때

$$Z = \frac{X - \mu}{\sigma} \sim \mathrm{N}(0,\ 1)$$

임을 알 수 있다. 모수가 $(0,\ 1)$인 정규분포를 **표준정규분포**(standard normal distribution)라고 한다. 앞으로 표준정규분포의 확률밀도함수를 $\phi(x)$, 분포함수를 $\Phi(x)$로 나타낸다. 즉

$$\phi(x) = \frac{1}{\sqrt{2\pi}} e^{-x^2/2},\quad \Phi(x) = \frac{1}{\sqrt{2\pi}} \int_{-\infty}^{x} e^{-y^2/2}\, dy.$$

$X \sim \mathrm{N}(\mu,\ \sigma^2)$의 기댓값과 분산, 적률생성함수는 다음과 같다.

$$E[X] = \mu,\ \mathrm{Var}[X] = \sigma^2,\ M(t) = \exp\left(\mu t + \frac{\sigma^2 t^2}{2}\right)$$

정리 1.32 이항분포의 정규근사

$X_n \sim \mathrm{B}(n,\ p)$일 때 임의의 실수 $a < b$에 대하여 다음이 성립한다.

$$\lim_{n \to \infty} P\left(a \le \frac{X_n - np}{\sqrt{np(1-p)}} \le b\right) = \Phi(b) - \Phi(a)$$

정리 1.33

$X \sim \mathrm{N}(\mu_1,\ \sigma_1^2)$, $Y \sim \mathrm{N}(\mu_2,\ \sigma_2^2)$이 서로 독립이면 $X + Y \sim \mathrm{N}(\mu_1 + \mu_2,\ \sigma_1^2 + \sigma_2^2)$이다.

정리 1.34

$X \sim \mathrm{N}(\mu_1, \sigma_1^2)$, $Y \sim \mathrm{N}(\mu_2, \sigma_2^2)$이고 $X+Y \sim \mathrm{N}(\mu_1+\mu_2, \sigma_1^2+\sigma_2^2)$이면 X와 Y는 서로 독립이다.

1장 연습문제

1. $A \subset B$이면 $P(A) \leq P(B)$임을 보여라.

2. 다음 부등식을 증명하라.

$$P(A_1 A_2 \cdots A_n) \geq \sum_{i=1}^{n} P(A_i) - (n-1)$$

3. 식 (1.2)를 증명하라.

4. 식 (1.4)를 증명하라.

5. 다음 부등식을 증명하라.

$$P(\cup_{i=1}^{n} A_i) \leq \sum_{i=1}^{n} P(A_i)$$

6. 두 사건 A와 B가 서로 독립이면 A와 B^c도 서로 독립임을 보여라.

7. 세 사건 A, B, C가 서로 독립이면 B가 주어졌다는 가정하에 A와 C는 조건부독립인가?

8. 다음을 증명하라.

$$(a+b)^n = \sum_{k=0}^{n} \binom{n}{k} a^k b^{n-k}, \ n = 1, 2, \cdots$$

9. E_1, E_2, $\cdots$, E_n이 서로 독립일 때 다음을 보여라.

$$P(\cup_{i=1}^{n} E_i) = 1 - \prod_{i=1}^{n} (1 - P(E_i))$$

10. 확률변수 X의 분포함수가

$$F(x) = \begin{cases} 0, & x < 0 \\ \dfrac{x}{2}, & 0 \le x < \dfrac{1}{2} \\ \dfrac{1}{2}, & \dfrac{1}{2} \le x < 1 \\ 1 - \dfrac{1}{4x^3}, & x \ge 1 \end{cases}$$

일 때 다음을 구하라.

(1) $P\left(\frac{1}{4} < X \le 1\right)$ (2) $P\left(X > \frac{1}{2}\right)$

(3) $P(X = 1)$ (4) $P(X = 2)$

(5) $E[X]$ (6) $\mathrm{Var}[X]$

11. 확률변수 X의 확률밀도함수와 분포함수가 각각 $f(x)$와 $F(x)$이고 $F(0) = 0$일 때 $\lambda(x) = \dfrac{f(x)}{1 - F(x)}$ $(x \ge 0)$를 F의 고장률함수 또는 위험률함수라고 한다 다음을 보여라.

$$F(x) = 1 - \exp\left(-\int_0^x \lambda(t)\, dt\right)$$

12. 서로 독립이며 음이 아닌 연속확률변수 X_1과 X_2에 대하여 $Y = \min(X_1, X_2)$라 하자. X_i의 고장률함수를 $\lambda_i(t)$, $i = 1, 2$라 할 때 다음 물음에 답하라.

(1) Y의 확률밀도함수를 X_1과 X_2의 고장률함수로 나타내어라.

(2) 다음을 보여라.

$$P(X_1 < X_2 \mid Y = t) = \frac{\lambda_1(t)}{\lambda_1(t) + \lambda_2(t)}$$

13. 음이 아닌 확률변수 X에 대하여 $X_c = \max(X, c)$(단 $c > 0$는 상수)라 할 때 $E[X_c]$를 X의 분포함수 $F(x) = P(X \le x)$를 이용하여 나타내어라.

14. X가 음이 아닌 확률변수일 때 다음을 보여라. 단 $F(x) = P(X \le x)$이다.

$$E[X^n] = \int_0^\infty n x^{n-1} (1 - F(x)) dx$$

15. $X \sim \mathrm{U}(0, 1)$일 때 $Y = -\lambda \log X$ $(\lambda > 0$는 상수)의 확률밀도함수를 구하라.

16. 다음 확률변수에 대하여 라플라스-스틸체스 변환 $F^*(s)=E[e^{-sX}]$를 각각 구하고 $F^*(s)$를 이용하여 $\mu=E[X]$와 $\sigma^2=\mathrm{Var}[X]$를 각각 구하라.
(1) $X\sim \mathrm{Exp}(\lambda)$ (2) $X\sim \mathrm{Gam}(t,\ \lambda)$

17. $X\sim \mathrm{B}\left(1,\ \frac{1}{2}\right)$, $Y\sim \mathrm{N}(0,\ 1)$이고 서로 독립일 때 $Z=(-1)^X|Y|\sim \mathrm{N}(0,\ 1)$을 보여라.

18. $X\sim \mathrm{Poi}(\lambda)$, $Y\sim \mathrm{Poi}(\mu)$가 서로 독립일 때 $P(X=k|X+Y=n)\,(k=0,\ 1,\ \cdots,\ n)$을 구하라.

19. X와 Y가 서로 독립이면 $\mathrm{Cov}(X,\ Y)=0$임을 보여라.

20. 확률변수 X와 Y가 서로 독립이면 $\mathrm{Var}[X+Y]=\mathrm{Var}[X]+\mathrm{Var}[Y]$임을 보여라.

21. $X\sim \mathrm{Exp}(\lambda)$일 때 $E[X|X>t]$를 구하라.

22. X의 확률밀도함수가 $f(x)$일 때 $Y=X^2$의 확률밀도함수를 구하라.

23. X의 확률밀도함수가 $f(x)=\frac{1}{2}e^{-|x|}(-\infty<x<\infty)$일 때 X의 적률생성함수 $M(t)=E[e^{tX}]$를 구하라.

24. 음이 아닌 정수값을 갖는 확률변수 X의 확률생성함수가 $\Pi(z)=E[z^X]$일 때 다음 수열의 생성함수 $A(z)=\sum_{n=0}^{\infty}a_n z^n$을 구하라.
(1) $a_n=P(X\geq n),\ n=0,\ 1,\ 2,\ \cdots$
(2) $a_n=P(X\leq n),\ n=0,\ 1,\ 2,\ \cdots$

25. $f(x)$를 실수 전체의 집합 $\mathbb{R}$에서 정의된 우연속함수라 하자. 다음을 보여라.
(1) $f(x+y)=f(x)+f(y)\,(x,\ y\in\mathbb{R})$이면 $f(x)=cx$(c는 상수)이다.
(2) $f(x)>0$이고 $f(x+y)=f(x)f(y)\,(x,\ y\in\mathbb{R})$이면 $f(x)=e^{ax}$(a는 상수)이다.

26. Y가 주어졌다는 가정하에 X의 조건부분산은 다음과 같이 정의한다.

$$\mathrm{Var}[X|Y]=E[(X-E[X|Y])^2|Y]$$

다음을 보여라.

(1) $\mathrm{Var}[X] = E[\mathrm{Var}[X \mid Y]] + \mathrm{Var}[E[X \mid Y]]$

(2) $\mathrm{Var}[X] \ge E[\mathrm{Var}[X \mid Y]]$

27. 확률변수 X와 Y의 결합확률밀도함수가 $f(x,\ y) = 8xy\,(0 < x \le y \le 1)$일 때 다음을 구하라.

(1) $P(X < Y)$ (2) $P(X > Y)$ (3) $\mathrm{Cov}(X,\ Y)$

(4) $E[X \mid Y]$ (5) $E[X^2 \mid Y]$ (6) $\mathrm{Var}[X \mid Y]$

28. 도, 개, 걸, 윷, 모가 나올 확률이 각각 $p_1,\ p_2,\ \cdots,\ p_5$인 윷을 20번 던질 때 도, $\cdots$, 모가 나오는 횟수를 각각 $X_1,\ \cdots,\ X_5$라 하자.

(1) $(X_1,\ \cdots,\ X_5)$의 결합확률질량함수를 구하라.

(2) $(X_1,\ X_5)$의 결합확률질량함수를 구하라.

(3) $E[X_5 \mid X_1,\ X_2]$를 구하라.

(4) $E[X_5 \mid X_1,\ X_2,\ X_3,\ X_4]$를 구하라.

(5) $E[X_4 X_5 \mid X_1,\ X_2,\ X_3,\ X_4]$를 구하라.

29. $\Lambda = \lambda$라는 가정하에 X의 조건부분포는 모수가 λ인 푸아송분포를 따른다고 하자. $\Lambda \sim \mathrm{Exp}(\mu)$일 때 X의 확률질량함수를 구하라.

30. $X \sim \mathrm{B}(n,\ p),\ Y \sim \mathrm{B}(m,\ p)$이고 서로 독립일 때 $E[X \mid X+Y]$를 구하라.

31. $X_1,\ X_2,\ \cdots$가 서로 독립이며 같은 분포를 따르는 확률변수열이고 $E[X_1] = \mu$, $\mathrm{Var}[X_1] = \sigma^2$이다. 또한 N은 음이 아닌 정수값을 갖는 확률변수로서$X_i\,(i = 1,\ 2,\ \cdots)$와 독립일 때 $Y = \sum_{i=1}^{N} X_i$라 하자. 다음을 구하라.

(1) $M_Y(t) = E[e^{tY}]$ (2) $E[Y]$

(3) $\mathrm{Var}[Y]$

32. 공정한 주사위를 세 번 던질 때 n번째 시행에서 나오는 눈의 수를 $X_n\,(n = 1,\ 2,\ 3)$이라 하자. 또한 $Y_1 = X_1,\ Y_2 = X_1 + X_2,\ Y_3 = X_1 + X_2 + X_3$라 할 때 Y_1과 Y_3는 서로 독립이 아니지만 Y_2가 주어졌다는 가정하에 Y_1과 Y_3는 조건부로 독립임을 보여라.

33. 정리 1.23을 증명하라.

34. 연속확률변수 $X_1, X_2, \cdots, X_n$이 서로 독립이며 같은 분포를 따를 때 다음을 보여라.

$$P(X_1 < X_2 < \cdots < X_n) = \frac{1}{n!}$$

1장 참고문헌

이 장은 기초확률이론의 교재 및 확률과정론의 입문서에서 다루고 있는 기초적인 확률이론을 참고로 작성하였다. 이 장에서 증명이 생략된 부분은 신양우(2010)를 참고하기 바란다. 측도론을 바탕으로 하는 고급 확률론은 Breiman(1968), Billingsley (1979), Chung(1974), Durrett(1996) 등을 참고하기 바란다.

1. 신양우, 기초확률론, 개정판, 경문사, 2010.
2. Billingsley, P., *Probability and Mesure*, John Wiley and Sons, 1979.
3. Breiman, L., *Probability*, Addison-Wesley, 1968.
4. Chung, K. L., *A Course in Probability Theory*, 2nd ed., Academic Press, 1974.
5. Çinlar, E., *Introduction to Stochastic Processes*, Prentice-Hall, Inc., 1975.
6. Durrett, R., *Probability: Theory and Examples*, 2nd ed., Duxbury Press, 1996.
7. Feller, W., *An Introduction to Probability Theory and its Applications, Vol. I*, 3rd ed., John Wiley & Sons, 1968.
8. Ross, S. M., *A First Course in Probability*, 7th ed., Pearson Prentice Hall™, 2006.

제 2 장

확률과정

이 장에서는 확률과정의 정의와 확률과정의 분류에 대하여 살펴보고 이 책을 통하여 다룰 확률과정을 개략적으로 소개한다.

2.1 도입

주사위를 한 번 던질 때 나오는 눈의 수나 특정한 시점에서 임의로 한 사람을 선택할 때 그 사람의 키나 몸무게 등에 대한 확률적 특성을 알아보기 위해서는 한 개 또는 유한 개의 확률변수만으로 충분할 수 있다. 그러나 무한히 반복되는 게임에서 얻는 점수 변화, 물가 추이, 고속도로의 특정 지점에서 발생하는 교통사고 수 등과 같이 시간이나 위치가 변함에 따라 확률적 특성이 변하는 현상을 나타내기 위해서는 여러 개의 확률변수들을 필요로 한다. 몇 가지 예를 생각해보자.

예제 2.1 **동전던지기**

연속해서 동전을 던질 때 X_n을 n번째 시행에서 앞면이 나오면 1, 뒷면이 나오면 0의 값을 갖는 확률변수라 하자. 이때 특정한 시점, 예를 들어 세 번째 실험의 결과만 기술하기 위해서는 확률변수 X_3 하나면 충분하다. 그러나 무한히 반복되는 실험을 나타내기 위해서는 확률변수들 $\{X_n,\ n=1,\ 2,\ \cdots\}$을 필요로 한다. ■

예제 2.2 **사회계층이동**

사회 구성원의 계층을 상류, 중류, 하류 등과 같이 몇 개의 단계로 나눌 때 세대가 진행됨에 따라 계층간의 이동이 일어나게 된다. 계층의 이동은 개인의 능력이나 노력뿐만 아니라 여러 가지 사회환경에도 영향을 받게 된다. 따라서 계층의 구성과 이동은 결정적이기보다는 확률적인 특성을 가지고 있다고 보는 것이 적합할 것이다. X_n을 n번째 세대의 계층 구조를 나타내는 확률변수라 할 때 확률변수들의 모임 $\{X_n,\ n=1,\ 2,\ \cdots\}$은 계층이동 추이를 나타낸다. ■

예제 2.3 **종합주가지수**

X_0를 전년도 주식시장이 폐장될 때의 종합주가지수라 하고, X_n을 올해 n번째 거래일 마감시점의 종합주가지수라고 하면 $\{X_n,\ n=0,\ 1,\ 2,\ \cdots\}$은 매일 마감시간에 관측된 종합주가지수의 추이를 나타낸다. 또한 $X(0)$을 특정한 시점(예를 들어 올해 처음 개장할 시점)의 종합주가지수라 하고 $X(t)$를 그때부터 t시간이 지난 후의 지수라고 하면 $\{X(t),\ t \geq 0\}$는 주가지수의 연속적인 변화 추이를 나타낸다. ■

예제 2.4 **종의 수 추이**

어떤 동물의 개체 수는 기후, 환경, 먹이의 공급상태 등 주변 환경에 많은 영향을 받는다. 따라서 그 종의 개체 수의 변화 추이는 확률적인 특성을 지니게 된다. $X(t)$를 t시각에 그 종의 개체 수라 하면 확률변수들의 모임 $\{X(t),\ t \geq 0\}$는 개체 수의 변화 추이를 나타낸다. ■

예제 2.5

확률변수 $X(t,\ u)$를 t시각에 u에서의 온도라고 하면 $\{X(t,\ u),\ (t,\ u) \in [0,\ \infty) \times \mathbb{R}^3\}$는 시간과 위치의 변화에 따른 온도변화를 나타낸다. ■

위에서 언급한 예 이외에도 여러 개의 확률변수에 의하여 기술되는 실제 현상들을 쉽게 접할 수 있다. 이와 같이 관측하는 시점이나 장소에 따라 확률분포가 변하는 확률현상을 모형화하기 위하여 관측시점이나 위치 등을 매개변수로 하는 확률변수들의 모임을 확률과정이라 한다.

실제 자연현상이나 사회현상에서 나타나는 확률적 현상을 수학적으로 모형화하고 적용하기 위해서는 보통 다음의 단계를 거친다. 먼저 현상에 대한 충분한 이해를 바탕으로 그 현상을 특징짓는 요소를 발췌하여 모형을 단순화하고 추상화한다. 그 다음에는 단순화된 모형을 기술하기 위한 확률과정을 구성한다. 이를 위해서는 현장에서 자료를 수집한 후 그 현상을 기술하는 확률변수들의 분포와 상호간의 확률적 종속성 등을 결정하기 위한 통계적 절차가 필요하다. 끝으로 구성된 확률과정의 확률적 특성과 모형을 설명하기 위한 특성값들을 분석한다. 분석결과가 실제 현상을 잘 설명하는지 확인하고 그렇지 않은 경우에는 모형 및 분석방법에 대한 수정·보완작업을 수행하여 위의 과정을 반복한다.

이 책에서는 통계적 추론에 대한 논의는 생략하고 경제학·사회학·공학·생명과학 등에서 나타나는 현상들을 모형화하는 데 자주 사용되는 몇몇 확률과정에 대하여 살펴본다.

2.2 확률과정의 정의

확률변수들의 모임 $\boldsymbol{X} = \{X(t),\ t \in T\}$를 **확률과정**(stochastic process 또는 random process)이라 한다. 즉 각각의 $t \in T$에 대하여 $X(t)$는 확률변수이다. 이때 매개변수집합 T는 시스템을 관측하는 시점에 따라 $T = \{0, 1, 2, \cdots\}$와 같이 이산적일 수도 있고 $[0, \infty)$와 같이 연속적일 수도 있다. 이와 같이 T가 가산집합일 때 확률과정 $\boldsymbol{X}$를 **이산시간 확률과정**(discrete-time stochastic process)이라 한다. 한편 T가 $\mathbb{R}^+ = [0, \infty)$ 또는 $\mathbb{R} = (-\infty, \infty)$와 같이 구간으로 정해질 때 $\boldsymbol{X}$를 **연속시간 확률과정**(continuous-time stochastic process)이라 한다. 앞으로 이산시간 확률과정은 n과 아래첨자를 사용하여 $\{X_n\}$ 또는 $\{X_n, n = 0, 1, 2, \cdots\}$과 같이 나타내기로 한다.

예제 2.5와 같이 T는 일차원이 아닌 복잡한 형태를 지닐 수도 있다. 또한 $X(t)$를 경부고속도로에서 서울기점 t만큼 떨어진 지점까지 교통사고 수를 나타내면 확률과정 $\{X(t), t \in T\}$에서 T는 거리를 나타낸다. 이와 같이 매개변수집합 T는 여러 가지 의미를 지닐 수 있다. 그러나 여기서 다루는 대부분의 문제에서 사용되는 T는 시간을 나타내므로, 앞으로 여기서는 매개변수집합을 대표하는 의미에서 T를 **시간공간**(time space)이라 부르고 각 $t \in T$를 시점 또는 시각이라고 한다.

확률과정 $\boldsymbol{X} = \{X(t), t \in T\}$에서 확률변수 $X(t)$들이 취하는 값을 **상태**(state)라 하며 상태 전체 집합을 확률과정 $\boldsymbol{X}$의 **상태공간**(state space)이라 한다. 일반적으로 $X(t)$가 이산확률변수일 때 확률과정 $\boldsymbol{X}$는 **이산상태공간**을 갖는다고 하고, 연속확률변수일 때 **연속상태공간**을 갖는다고 한다. 확률변수들 $X(t)$가 표본공간 Ω에서 정의되었다면 확률과정 $\boldsymbol{X}$는 $\omega \in \Omega$와 $t \in T$에 대한 이변수함수 $X(t, \omega)$이다. 이때 고정된 $\omega \in \Omega$에 대하여 $t \in T$만의 함수로 보았을 때 함수 $X(\cdot, \omega)$를 확률과정 $\boldsymbol{X}$의 **표본경로**(sample path) 또는 **자취** 또는 **궤적**(trajectory)이라고 한다.

확률과정은 시간공간과 상태공간에 따라 표 1.1과 같이 분류한다.[1)]

| 표 1.1 | 시간공간과 상태공간에 따른 확률과정의 분류

상태공간 \ 시간공간	이산시간	연속시간
이산상태	이산시간 이산상태공간 확률과정	연속시간 이산상태공간 확률과정
연속상태	이산시간 연속상태공간 확률과정	연속시간 연속상태공간 확률과정

1) 모든 확률과정이 네 가지 중에 하나가 되는 것은 아니다.

예제 2.6 **단순확률보행**

앞면이 나올 확률이 $p(0<p<1)$이고 뒷면이 나올 확률이 $q=1-p$인 동전을 던지는 실험에서 Y_n을

$$Y_n = \begin{cases} 1, & n\text{번째 시행 결과가 앞면}(H)\text{인 경우} \\ -1, & n\text{번째 시행 결과가 뒷면}(T)\text{인 경우} \end{cases}$$

라 하고

$$X_n = X_{n-1} + Y_n = Y_1 + Y_2 + \cdots + Y_n, \quad n = 1,\ 2,\ \cdots \quad (\text{단 } X_0 = 0)$$

이라 하면 X_n은 원점에서 출발하여 n번 움직였을 때 수직선상의 위치로 생각할 수 있다. 이때 확률과정 $\boldsymbol{X} = \{X_0,\ X_1,\ \cdots\}$을 **단순확률보행**(simple random walk)이라 한다. 확률과정 $\boldsymbol{X}$의 상태공간은 $\mathbb{Z} = \{\cdots,\ -2,\ -1,\ 0,\ 1,\ 2,\ \cdots\}$이므로 $\boldsymbol{X}$는 이산시간 이산상태공간을 갖는 확률과정이다. 그림 2.1은 실험 결과가

$$\omega_1 = (H,\ T,\ H,\ T,\ H,\ T,\ T,\ H,\ H,\ H,\ T,\ H,\ \cdots),$$
$$\omega_2 = (T,\ H,\ H,\ H,\ T,\ H,\ T,\ H,\ T,\ T,\ H,\ H,\ \cdots)$$

일 때 각각의 경우에 대하여 점 $(n,\ X_n)$을 차례로 연결한 것이다.

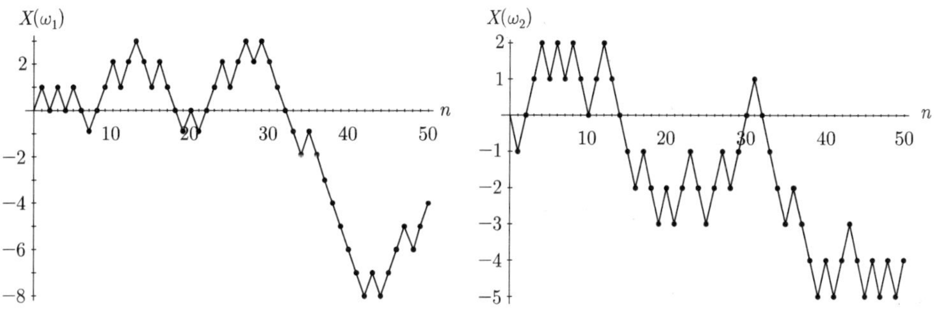

| 그림 2.1 | 단순확률보행의 표본경로 ■

예제 2.7 **기계수리모형**

컴퓨터센터의 메인 서버는 중단없이 지속적으로 작동되어야 한다. 그러나 바이러스에 의한 감염이나 고장 혹은 자료의 수정과 보완, 점검을 위하여 시스템을 중단하여야 할 필요가 있다. 수리나 점검이 완료되면 시스템이 재가동된다. 이와 같은 과정이 반복된

다고 할 때 컴퓨터 설치를 완료한 후 처음으로 가동되는 시점을 0이라 두고 $X(t)$를 다음과 같이 정의하자.

$$X(t) = \begin{cases} 0, & t\text{시각에 시스템이 작동 중} \\ 1, & t\text{시각에 시스템이 수리 중} \end{cases}$$

그러면 $\boldsymbol{X} = \{X(t),\ t \geq 0\}$는 시간의 변화에 따른 시스템의 작동상태를 나타내며 상태공간이 $\{0,\ 1\}$이고 시간공간이 $[0,\ \infty)$인 연속시간 이산상태공간 확률과정이다. 또한 $(0,\ t]$ 동안 시스템이 수리 중인 상태에 있는 시간 $Y(t)$는

$$Y(t) = \int_0^t X(s)ds, \quad t \geq 0$$

로 나타낼 수 있으며 $\boldsymbol{Y} = \{Y(t),\ t \geq 0\}$는 연속시간 연속상태공간 확률과정이다. 그림 2.2는 확률과정 $\boldsymbol{X}$와 $\boldsymbol{Y}$의 표본경로를 나타낸 것이다.

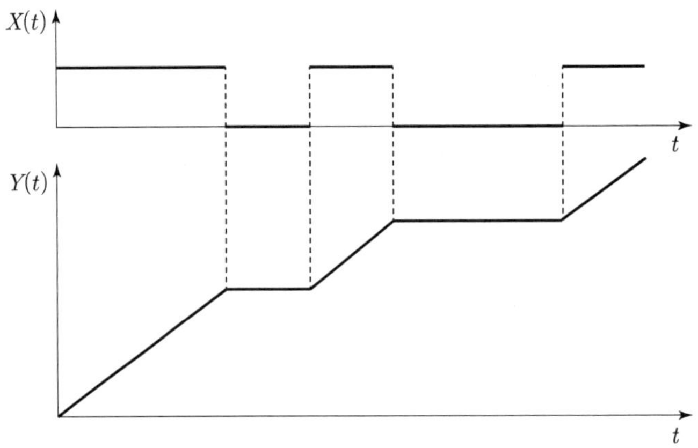

| 그림 2.2 | $\boldsymbol{X}$와 $\boldsymbol{Y}$의 표본경로 ■

예제 2.8 계수과정

어떤 도시에서 $(0,\ t]$시간 동안 발생한 교통사고 수를 $N(t)$라 하면 확률과정 $\boldsymbol{N} = \{N(t),\ t \geq 0\}$는 시간공간이 $T = [0,\ \infty)$이고 상태공간이 $S = \{0,\ 1,\ 2,\ \cdots\}$인 확률과정이다. 교통사고가 발생한 시점이 $t_1 < t_2 < \cdots$일 때 $\boldsymbol{N}$의 표본경로는 그림 2.3과 같은 계단모양의 증가하는 함수이다. 이와 같이 음이 아닌 정수값을 가지며 표본경로가 계단모양인 확률과정을 **계수과정**(counting process)이라 한다.

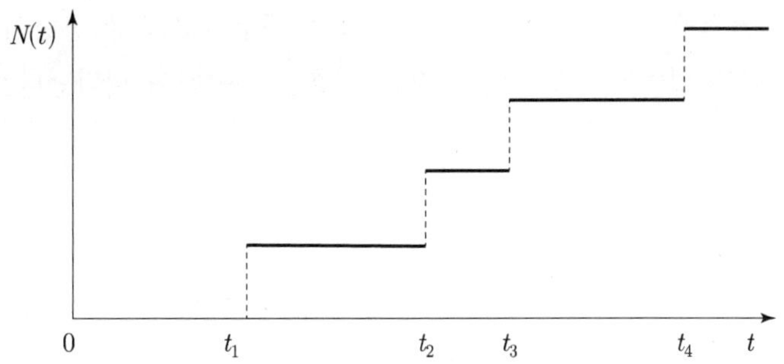

| 그림 2.3 | 계수과정 N의 표본경로 ■

예제 2.9 **대기행렬시스템**

한 명의 이발사가 근무하는 이발소를 생각하자. 고객들이 도착 순서에 따라 이발을 하고 이발을 마친 후에는 즉시 이발소를 떠난다. 만약 어떤 고객이 도착하였을 때 이발하고 있는 고객이 없다면 그 고객은 도착 즉시 이발하기 시작한다. 이발소에서 한 번에 수용할 수 있는 최대인원은 이발하는 고객과 대기 중인 고객을 포함하여 5명이라고 하자. 이발소에 5명의 고객이 있을 때 도착한 고객은 이발소에 들어가지 못하고 되돌아가야 한다. 이와 같이 작동하는 시스템을 **대기행렬시스템**(queueing system) 또는 **대기체계**라 한다.

대기행렬시스템은 일반적으로 다음과 같이 작동한다(그림 2.4). 고객들이 서비스를 받기 위하여 서비스 시설에 도착하였을 때 모든 서버가 서비스 중이면 대기행렬에서 기다리다가 자신의 순서가 되었을 때 서비스를 받기 시작한다. 서비스를 마친 고객은 시스템을 떠난다. 기본적인 대기행렬시스템은 고객의 도착 간격, 서버 수, 서비스 시간, 서비스 규칙, 대기실 크기 등에 의하여 설명된다. 이발소의 예에서 이발사는 서버에 해당되며, 이발하는 데 걸리는 시간은 서비스 시간, 이발하는 순서는 서비스 규칙에 해당

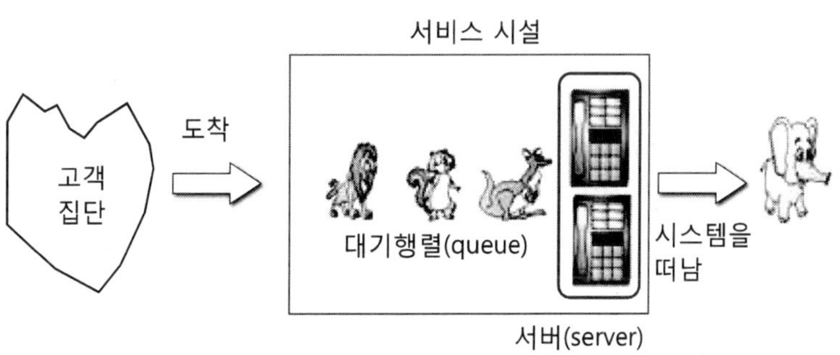

| 그림 2.4 | 대기행렬시스템

된다. 이때 이발소에서 수용할 수 있는 최대인원 5명이 시스템 용량이 된다.
대기행렬시스템은 일반적으로 다음과 같은 기호를 사용하여 나타낸다.

$$A/B/c/K/Z$$

여기서 A는 도착과정(도착시간 간격), B는 서비스 시간, c는 서버 수, K는 시스템 용량, Z는 서비스 규칙을 나타내며 $K=\infty$일 경우 K를 생략하기도 한다. 또한 시스템의 특성값에 영향을 미치지 않을 경우 서비스 규칙을 생략하기도한다. 대기행렬시스템에서 도착과정 또는 서비스 시간, 서비스 규칙을 나타내기 위하여 일반적으로 다음과 같은 기호가 사용된다.

- M : 도착시간 간격을 나타낼 때는 도착시간 간격이 서로 독립이고 지수분포를 따르는 것을 나타내고, 서비스 시간을 나타낼 때는 각 서버의 서비스 시간이 지수분포를 따른다는 것을 나타낸다.
- E_k : 얼랑-k분포를 나타낸다.
- H_k : k차 초지수분포(hyperexponential distribution)를 나타낸다.
- G : 분포가 특정되지 않은 일반적인 분포(general distribution)를 의미한다. 도착시간 간격이 서로 독립이라는 것을 나타내기 위하여 GI(general and independent)로 나타내기도 한다.
- $FCFS$: First Come First Served의 약자로 도착순서대로 서비스하는 규칙을 의미한다. $FIFO$(First In First Out)로 나타내기도 한다.
- $LCFS$: Last Come First Served의 약자로 도착순서의 역순으로 서비스하는 규칙을 의미한다. $LIFO$(Last In First Out)로 나타내기도 한다.

예를 들어 $M/G/3/5$ 대기행렬시스템은 도착시간 간격이 지수분포를 따르며, 서비스 시간은 일반적인 분포를 따르고 서버 수가 3명이며 서버를 포함한 대기실 크기는 5인 대기행렬시스템을 나타낸다.
시스템 내에 있는 고객 수와 서비스받을 때까지 기다리는 시간, 시스템 내에서 체류하는 시간 등이 대기체계를 설명하는 중요한 특성값들이다. $X(t)$를 t시각에 시스템에 있는 고객 수라 하자. 그러면 확률과정 $\boldsymbol{X}=\{X(t),\ t\geq 0\}$는 상태공간이 $S=\{0,\ 1,\ \cdots,\ K\}$인 연속시간 확률과정이다. n번째 고객의 서비스 시간을 S_n이라 하고, $V(t)$를 t시각에 시스템 안에 있는 고객을 모두 서비스하는 데 걸리는 시간이라고 하면 $\boldsymbol{S}=\{S_n,$

$n=1,\ 2,\ \cdots\}$는 이산시간 연속상태공간을 갖는 확률과정이고 $\boldsymbol{V}=\{V(t),\ t\geq 0\}$는 연속시간 연속상태공간을 갖는 확률과정이다. 또한 T_n을 n번째 고객이 시스템에 도착하는 시각, $A(t)$를 t시각까지 도착한 고객 수라 하면 $\{T_n,\ n=1,\ 2,\ \cdots\}$는 이산시간 연속상태공간을 갖는 확률과정이고 $\{A(t),\ t\geq 0\}$는 연속시간 이산상태공간을 갖는 확률과정이다. 그림 2.5는 $K=\infty$일 때 $\boldsymbol{S}$와 $\boldsymbol{V}$, $\boldsymbol{X}$의 표본경로를 나타낸 것이다.

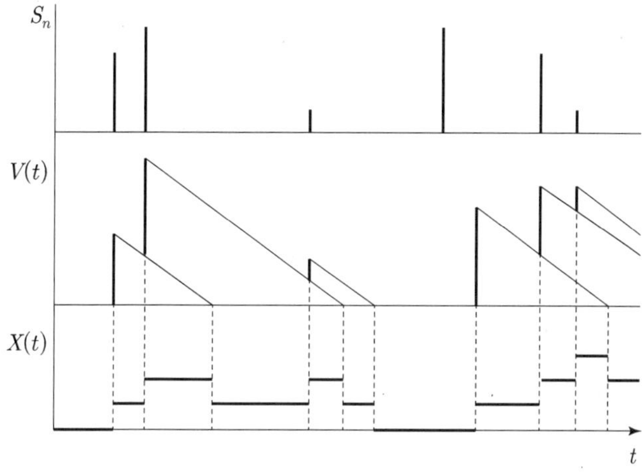

| 그림 2.5 | (가) $\boldsymbol{S}$의 표본경로 (나) $\boldsymbol{V}$의 표본경로 (다) $\boldsymbol{X}$의 표본경로 ■

2.3 확률과정의 분포

하나의 확률변수 X의 분포는 분포함수 $P(X\leq x)$에 의하여 정해진다는 것을 상기하자. 확률과정은 확률변수들의 모임이므로 $\boldsymbol{X}$의 분포를 알기 위해서는 확률변수들의 모임 $\{X(t),\ t\in T\}$에 속한 모든 확률변수 $X(t)$들 사이의 결합분포를 알아야 한다. $T=\{1,\ 2,\ \cdots,\ n\}$과 같이 유한집합인 경우에는 결합분포함수 $P(X_1\leq x_1,\ \cdots,\ X_n\leq x_n)$에 의하여 $\boldsymbol{X}$의 분포가 정해진다. 일반적으로 임의의 자연수 n과 $\{t_1,\ t_2,\ \cdots,\ t_n\}\subset T$에 대하여 결합확률분포

$$P(X(t_1)\leq x_1,\ \cdots,\ X(t_n)\leq x_n) \tag{2.1}$$

이 정해지면 확률과정 $\boldsymbol{X}$의 분포가 정해진다는 것이 알려져 있다.[2)]

일반적인 확률과정의 분포 (2.1)을 구하는 것은 쉽지 않으나 확률과정을 구성하는 확률변수들 사이에 특수한 확률적 종속성(dependence) 등이 있는 경우에는 그 분포를 구할 수 있는 경우가 있다.

정의 2.1 독립증분

모든 시각 $0 \le t_0 < t_1 < \cdots < t_n$에 대하여

$$X(t_1) - X(t_0),\ X(t_2) - X(t_1),\ \cdots,\ X(t_n) - X(t_{n-1})$$

이 서로 독립일 때 $\boldsymbol{X} = \{X(t),\ t \in T\}$는 **독립증분**(independent increments)을 갖는다고 한다.

확률과정 $\boldsymbol{X}$가 독립증분을 갖는다는 것은 서로 겹치지 않는 시간구간에서 확률과정의 변화량이 서로 독립이라는 것을 의미한다.

예제 2.10

X_n을 주식시장 개장 후 n거래일의 종합주가지수를 나타낸다고 하자. $X_{17} - X_{10}$은 10거래일부터 7거래일 동안의 종합주가지수 변동량을 나타내고 $X_{23} - X_{20}$은 20거래일 이후 3일간의 종합주가지수 변동량을 나타낸다. 이때 $\{X_n,\ n = 0,\ 1,\ 2,\ \cdots\}$가 독립증분을 갖는다고 가정하면 $X_{17} - X_{10}$과 $X_{23} - X_{20}$은 서로 겹치지 않는 거래일 사이의 변동량이므로 서로 독립이다. ■

예제 2.11

$N(t)$를 어느 도시에서 $[0,\ t)$ 동안 발생한 교통사고 수를 나타낸다고 하자. $\boldsymbol{N} = \{N(t),\ t \ge 0\}$가 독립증분을 가지면 오늘 저녁 오후 7시부터 오후 12시 사이에 발생하는 교통사고 수와 내일 오전 9시부터 10시 사이에 발생하는 교통사고 수는 서로 독립이다. ■

---

2) 엄밀하게 말하면 $\boldsymbol{X}$의 표본경로가 우연속이며 유한구간에서 불연속점의 수가 유한일 때, 이 결과가 성립한다.

정의 2.2 정상증분

모든 $t \in T$에 대하여 $X(t+s)-X(t)$가 같은 분포를 가질 때 $\boldsymbol{X}=\{X(t),\ t \in T\}$는 정상증분(stationary increments)을 갖는다고 한다.

정상증분을 갖는다는 것은 구간 $(t,\ s+t]$에서 확률과정의 변화량 $X(t+s)-X(t)$의 분포가 오직 구간의 길이 s에만 의존하고 시작 시점 t에는 의존하지 않는다는 것을 의미한다.

예제 2.12

예제 2.10에서 $\boldsymbol{X}=\{X_n,\ n=0,\ 1,\ 2,\ \cdots\}$가 정상증분을 갖는다면 어느 시점부터 시작하든 3일간의 거래일 동안의 종합주가지수 변동량은 같은 분포를 따른다. 예를 들어 100거래일이 지난 날부터 3일간의 주가지수 변동량 $X_{103}-X_{100}$과 101일 거래일이 지난 날부터 3거래일 동안의 종합주가지수 변동량 $X_{104}-X_{101}$은 같은 분포를 따른다. ■

예제 2.13

예제 2.11에서 $\boldsymbol{N}=\{N(t),\ t \ge 0\}$가 정상증분을 가지면 오늘 저녁 오후 7시부터 오후 12시까지 5시간 동안 발생하는 교통사고 수는 오후 10시부터 5시간 동안 발생하는 교통사고 수와 같은 분포를 따른다. ■

정리 2.1

$Y_1,\ Y_2,\ \cdots$가 서로 독립이며 같은 분포를 따를 때

$$X_n=\sum_{k=1}^{n} Y_k,\quad n \ge 1$$

이라 하면 $\boldsymbol{X}=\{X_n,\ n=0,\ 1,\ 2,\ \cdots\}\,(X_0=0)$는 독립증분과 정상증분을 갖는다.

증명 $0 \le n_0 < n_1 < \cdots < n_k$에 대하여

$$X_{n_i} - X_{n_{i-1}} = \sum_{j=n_{i-1}+1}^{n_i} Y_j, \quad i=1,\ 2,\ \cdots,\ k$$

이고 $Y_1,\ Y_2,\ \cdots$는 서로 독립이므로 $X_{n_i} - X_{n_{i-1}},\ i=1,\ \cdots,\ k$는 서로 독립이다. 따라서 $\boldsymbol{X}$는 독립증분을 갖는다.

한편 $Y_1,\ Y_2,\ \cdots$가 서로 독립이며 같은 분포를 따르므로

$$X_{n+k} - X_n = \sum_{j=1}^{k} Y_{n+j}$$

는 $X_k - X_0 = \sum_{j=1}^{k} Y_j$와 같은 분포를 따른다. 따라서 $\boldsymbol{X}$는 정상증분을 갖는다.

□

예제 2.14

예제 2.6의 단순확률보행 $\boldsymbol{X}$는 서로 독립이며 같은 분포를 따르는 확률변수들의 부분합으로 이루어지므로 독립증분과 정상증분을 갖는다. ■

정리 2.2

확률과정 $\boldsymbol{X}=\{X_n,\ n=1,\ 2,\ \cdots\}$가 독립증분을 가지면, $X_{n+1}-X_n$은 $\{X_1,\ X_2,\ \cdots,\ X_n\}$과 서로 독립이다.

증명 $Y_{n+1} = X_{n+1} - X_n\,(n=0,\ 1,\ 2,\ \cdots)\,(X_0=0)$이라 하자. $\boldsymbol{X}$가 독립증분을 가지므로 $Y_1,\ Y_2,\ \cdots,\ Y_{n+1}$은 서로 독립이다. 따라서 Y_{n+1}은 $\{Y_1,\ \cdots,\ Y_n\}$과 서로 독립이다. 따라서 $Y_{n+1} = X_{n+1} - X_n$은 $X_1 = Y_1,\ X_2 = Y_1 + Y_2,\ \cdots,\ X_n = Y_1 + \cdots + Y_n$과 서로 독립이다. □

이 절의 끝으로 널리 알려진 몇 가지 고전적인 확률과정을 소개한다.

예제 2.15 **푸아송과정**

표본경로가 우연속이고 단조증가하는 확률과정 $\boldsymbol{N}=\{N(t),\ t\ge 0\}$ $(N(0)=0)$가 독립증분과 정상증분을 가지며 각각의 $t>0$에 대하여 $N(t)\sim \mathrm{Poi}(\lambda t)$ $(\lambda>0$는 상수)

일 때 $\boldsymbol{N}$을 비율이 λ인 푸아송과정(Poisson process)이라고 한다. 푸아송과정은 연속시간 이산상태공간을 가지며 정상증분과 독립증분을 갖는 확률과정이다. 푸아송과정은 제6장에서 다룬다. ■

예제 2.16 **브라운운동**

확률과정 $\boldsymbol{X}=\{X(t),\ t\geq 0\}$ $(X(0)=0)$가 독립증분과 정상증분을 가지며 각각의 $t>0$에 대하여 $X(t)\sim \mathrm{N}(0,\ t)$일 때 $\boldsymbol{X}$를 브라운운동과정 또는 간단히 브라운운동(Browinan motion)이라고 한다. 브라운운동은 연속시간 연속상태공간을 가지며 정상증분과 독립증분을 갖는 확률과정이다. 브라운운동과정은 제9장에서 다룬다. ■

예제 2.17 **마르코프연쇄**

확률과정 $\boldsymbol{X}=\{X_n,\ n=0,\ 1,\ 2,\ \cdots\}$의 상태공간이 $\mathcal{S}=\{0,\ 1,\ 2,\ \cdots\}$이고 $i_0,\ \cdots,\ i_n,\ j\in\mathcal{S}$와 $n=0,\ 1,\ 2,\ \cdots$에 대하여

$$\begin{aligned} &P(X_{n+1}=j\,|\,X_0=i_0,\ \cdots,\ X_{n-1}=i_{n-1},\ X_n=i_n) \\ &\quad =P(X_{n+1}=j\,|\,X_n=i_n) \end{aligned} \tag{2.2}$$

일 때 $\boldsymbol{X}$를 이산시간 마르코프연쇄(discrete time Markov chain)라 한다. 조건 (2.2)는 현재까지의 이력 $\{X_0,\ X_1,\ \cdots,\ X_n\}$이 주어졌다는 가정하에 미래 상태 X_{n+1}은 오직 현재 상태 X_n에만 의존한다는 것을 의미한다. 이와 같은 성질을 마르코프성질(Markov property)이라 한다. 일반적으로 마르코프성질을 갖는 확률과정을 마르코프과정(Markov process)이라 한다. 특히 이산상태공간을 갖는 마르코프과정을 마르코프연쇄라 한다. 이산시간 마르코프연쇄는 제5장에서, 연속시간 마르코프연쇄는 제8장에서 다룬다. ■

예제 2.18 **갱신과정**

어떤 사건이 연속해서 발생할 때 $n-1$번째 사건과 n번째 사건이 발생할 시간간격을 X_n이라 하고 $(0,\ t]$ 동안 발생한 사건 수를 $N(t)$라 하자. $X_1,\ X_2,\ \cdots$가 서로 독립이며 같은 분포를 따를 때 $\{N(t),\ t\geq 0\}$를 갱신과정(renewal process)이라고 한다. 이산시간 갱신과정은 제4장에서, 일반적인 갱신과정은 제7장에서 다룬다. ■

예제 2.19 **마팅게일**

$\boldsymbol{X}=\{X_n,\ n=1,\ 2,\ \cdots\}$가 $n=1,\ 2,\ \cdots$에 대하여 $E[|X_n|]<\infty$과

$$E[X_{n+1}|X_1,\ \cdots,\ X_n]=X_n \tag{2.3}$$

을 만족할 때 $\boldsymbol{X}$를 마팅게일(martingale)이라 한다. X_n을 n번째 게임이 끝난 후에 도박사가 가지고 있는 돈의 액수라 하면 조건 (2.3)은 $n+1$번째 게임을 마친 후 그 도박사가 가지고 있는 돈의 액수의 기댓값은 과거에 가지고 있는 액수에 관계없이 n번째 게임 후에 가지고 있는 돈의 액수와 같다는 것을 뜻한다. 이러한 의미에서 마팅게일은 공정한 게임에 대한 모형으로 여겨진다. ■

예제 2.20 **정상과정**

임의의 $0<t_1<t_2<\cdots<t_n$과 $h>0$에 대하여 $(X(t_1+h),\ \cdots,\ X(t_n+h))$와 $(X(t_1),\ \cdots,\ X(t_n))$이 같은 분포를 따를 때 확률과정 $\boldsymbol{X}=\{X(t),\ t\in[0,\ \infty)\}$를 정상과정(stationary process)이라 한다. 확률과정이 정상적이라는 것은 어느 시점에서 시작하여도 확률과정의 확률적 특성은 변하지 않는다는 것을 의미한다.

한편 임의의 t와 $0<h$에 대하여 공분산 $\mathrm{Cov}(X(t+h),\ X(t))$가 t에는 의존하지 않고 h에만 의존할 때 $\boldsymbol{X}$를 약정상과정(weakly stationary process) 또는 공분산정상(covariance stationary)과정이라고 한다. ■

2장 연습문제

1. 다음과 같은 상태를 모형화하기 위한 확률과정의 시간공간과 상태공간을 결정하라.
   (1) 어떤 도시에서의 일별 교통사고 수의 추이
   (2) 특정 지역에서의 월별 강우량의 추이
   (3) 특정한 톨게이트를 통과한 자동차 수의 추이
   (4) 특정 지역에서 오존 농도의 변화
   (5) 시간 변화에 따른 어떤 댐의 수위 변화

2. 두 대의 주유기가 있는 주유소를 생각하자. 고객이 도착했을 때 다른 고객이 두 대의 주유기를 모두 사용하고 있으면 그 고객은 그 주유소에서 기름 넣기를 포기하고 떠난다. $X(t)$를 t시각에 사용 중인 주유기 수라 할 때, $\{X(t),\ t \geq 0\}$의 표본경로를 그려라.

3. 확률과정 $\boldsymbol{X} = \{X_n,\ n = 0,\ 1,\ 2,\ \cdots\}$(단 $X_0 = 0$)가 정상증분을 갖고 $E[X_1] = \mu$일 때, $E[X_n] = n\mu$가 됨을 보여라.

4. 확률과정 $\boldsymbol{X} = \{X_n,\ n = 0,\ 1,\ 2,\ \cdots\}$(단 $X_0 = 0$)가 정상증분과 독립증분을 가지며 $\mathrm{Var}[X_1] = \sigma^2$일 때, $\mathrm{Var}[X_n] = n\sigma^2$이 됨을 보여라.

5. 확률과정 $\boldsymbol{X} = \{X_n,\ n = 1,\ 2,\ \cdots\}$가 독립증분을 가지면 $\boldsymbol{X}$는 마르코프과정이 됨을 보여라.

6. 서로 독립인 확률변수 $X_1,\ X_2,\ \cdots$에 대하여 $S_n = \sum_{k=1}^{n} X_k$라 하자. $E[|X_n|] < \infty$이고 $E[X_n] = 0$일 때, $\{S_n,\ n = 1,\ 2,\ \cdots\}$는 마팅게일이 됨을 보여라.

7. 다음은 어떤 대기행렬시스템을 나타내는지 설명하라.
   (1) $M/M/1$
   (2) $M/G/\infty$
   (3) $GI/M/5/9$
   (4) $M/E_3/4/5/LSFS$

2장 참고문헌

확률과정은 여러 분야에서 다양하게 응용되므로 그 응용에 초점을 맞춘 여러 종류의 책이 있다. 고등 미적분학, 선형대수학, 기초확률론을 이수한 독자가 읽을 수 있는 책으로는 Çinlar(1975), Ross(2007, 1983), Feller(1968), Karlin and Taylor (1975), Wolf(1985) 등이 있다. 경영과학(operations research)에서 나타나는 확률모형을 다룬 좀 더 고급의 책으로는 Asmussen(1987), Heyman and Sobel(1982), Kulkarni(1995) 등이 있다. 특히 대기행렬이론에 적용되는 여러 확률과정에 대하여 고급의 수학적 배경을 요구하지 않으면서 그 결과와 함께 직관적인 해석을 덧붙인 책으로 이호우(2006)가 있다. 측도론을 바탕으로 하여 일반적인 확률과정을 다룬 책으로는 Doob(1953), Feller(1971), Karlin and Taylor(1981) 등이 있다.

1. 이호우, 대기행렬이론-확률과정론적 분석, 제3판, 시그마프레스, 2006.
2. Asmussen, S., *Applied Probability and Queues*, Wiley, 1987.
3. Bhat, U. N., *Elements of Applied Stochastic Processes*, 2nd ed., John Wiley & Sons, 1984.
4. Çinlar, E., *Introduction to Stochastic Processes*, Prentice-Hall, Inc., 1975.
5. Doob, J. L., *Stochastic Processes*, John Wiley & Sons, 1953.
6. Feller, W., *An Introduction to Probability Theory and its Applications, Vol. I*, 3rd ed., John Wiley & Sons, 1968.
7. Feller, W., *An Introduction to Probability Theory and its Applications, Vol. II*, 2nd ed., John Wiley & Sons, 1971.
8. Heyman D. P. and Sobel, M. J., *Stochastoic Models in Operations Research, Vol I. Stochastic Processes and Operating Characteristics*, McGraw-Hill Book Company, 1982.
9. Kao, E. P. C., *An Introduction to Stochastic Processes*, Duxbury Press, 1997.
10. Karlin, S. and Taylor, H. M., *A First Course in Stochastic Processes*, 2nd ed., Academic Press, 1975.

11. Karlin, S. and Taylor, H. M., *A Second Course in Stochastic Processes*, 2nd ed., Academic Press, 1981.
12. Kulkarni, V. G., *Modeling and Analysis of Stochastic Systems*, Chapman & Hall/CRC, 1995.
13. Taylor, H. M. and Karlin, S., *An Introduction to Stochastic Modeling*, 3rd ed., Academic Press, 1998, pp. 457~463.
14. Tijms, H. C., *Stochastic Models : An Algorithmic Approach*, John Wiley & Sons, 1994.
15. Ross, S. M., *Introduction to Probability Models*, 9th ed., Academic press, 2007.
16. Ross, S. M., *Stochastic Processes*, 2nd ed., John Wiley & Sons, 1996.
17. Wolff, R. W., *Stochastic Modeling and The Theory of Queues*, Prentice Hall, Inc., 1989.

제3장

베르누이과정과 단순확률보행

반복해서 동전을 던지는 실험에서 여러 가지 확률과정을 생각할 수 있다. 이와 같은 확률과정은 다양한 분야에 응용되며 푸아송과정이나 갱신과정, 마르코프연쇄, 브라운운동 등 여러 확률과정의 특성을 설명하는 데 매우 유용하다. 이 장에서는 동전을 던지는 실험에 기초한 확률과정으로써 베르누이과정과 단순확률보행의 특성을 살펴본다.

3.1 베르누이과정

동전을 한 번 던지는 실험에서 나타날 수 있는 결과는 '앞면' 또는 '뒷면' 두 가지 중 하나이다. 동전던지기와 마찬가지로 그 결과가 '성공'과 '실패' 두 가지로 나타나는 실험을 독립적으로 반복할 때 각 실험을 **베르누이시행**(Bernoulli trial)이라 한다.

성공할 확률이 $0 < p < 1$이고 실패할 확률이 $q = 1 - p$인 베르누이시행에서 n번째 시행의 결과가 '성공'이면 1의 값을, '실패'이면 0의 값을 갖는 확률변수를 X_n이라고 하자. 그러면 X_1, X_2, $\cdots$는 서로 독립이고 X_n의 확률질량함수는

$$P(X_n = 1) = p, \quad P(X_n = 0) = 1 - p$$

이다. 이때 확률과정 $\boldsymbol{X} = \{X_n,\ n = 1,\ 2,\ \cdots\}$를 성공할 확률이 p인 **베르누이과정**(Bernoulli process)이라 하고 앞으로는 $\boldsymbol{X} \sim \mathrm{BP}(p)$로 나타내기로 한다.

예제 3.1

조립라인에서 물건이 생산되어 나오는 경우를 생각하자. n번째 생산품이 불량품이면 1의 값을 갖고 합격품이면 0의 값을 갖는 확률변수를 X_n이라 하자. 이때 각 제품의 합격 여부가 다른 제품의 합격 여부와 독립이고 합격 가능성은 모든 제품이 동일하다면 확률과정 $\boldsymbol{X} = \{X_n,\ n = 1,\ 2,\ \cdots\}$는 베르누이과정이다. ■

예제 3.2

어떤 교차로에서 그 교차로를 통과하는 자동차의 45%는 좌회전을 하고 나머지는 직진하거나 우회전을 한다고 하자. X_n을 n번째 교차로를 통과하는 차가 좌회전을 하면 1, 그렇지 않으면 0의 값을 갖는 확률변수라 하자. 각각의 자동차가 어느 방향으로 갈지는 서로 독립이라고 하면 $\boldsymbol{X} = \{X_n,\ n = 1,\ 2,\ \cdots\} \sim \mathrm{BP}(0.45)$이다. ■

성공 횟수 $\boldsymbol{X} \sim \mathrm{BP}(p)$일 때,

$$N_k = X_1 + X_2 + \cdots + X_k, \quad k \geq 1 \ (N_0 = 0)$$

이라 하면 N_k는 처음 k번의 시행에서 성공한 횟수를 나타낸다. 또한 $N_{k+m} - N_k$는

$k+1$번째부터 $k+m$번째까지의 시행에서 성공한 횟수를 나타낸다.

정리 3.1

(1) $N_{k+m}-N_k \sim \mathrm{B}(m,\ p)$, 즉

$$P(N_{k+m}-N_k=n)=\binom{m}{n}p^n q^{m-n},\quad n=0,\ 1,\ \cdots,\ m.$$

(2) $\boldsymbol{N}=\{N_n,\ n=0,\ 1,\ 2,\ \cdots\}$는 독립증분과 정상증분을 갖는다.

증명 (1) $X_i \sim \mathrm{B}(1,\ p)$이고 $\{X_k\}$는 서로 독립이므로 정리 1.16에 의하여

$$N_{k+m}-N_k=\sum_{j=k+1}^{k+m} X_j \sim \mathrm{B}(m,\ p).$$

(2) N_k는 서로 독립이며 같은 분포를 따르는 확률변수의 합으로 나타나므로 정리 2.1에 의하여 자명하다. □

예제 3.3

다음을 구하라.

(1) $P(N_5=4,\ N_7=5,\ N_{13}=8)$　　(2) $E[N_5N_8]$

(3) $E[N_8 \mid N_5]$

풀이 (1) $P(N_5=4,\ N_7=5,\ N_{13}=8)$

$$=P(N_5=4,\ N_7-N_5=1,\ N_{13}-N_7=3)$$

$$=P(N_5=4)P(N_7-N_5=1)P(N_{13}-N_7=3)\ (\text{독립증분})$$

$$=P(N_5=4)P(N_2=1)P(N_6=3)\ (\text{정상증분})$$

$$=\binom{5}{4}p^4q\binom{2}{1}pq\binom{6}{3}p^3q^3$$

$$=200p^8q^5$$

(2) $E[N_5N_8]=E[N_5(N_8-N_5)+N_5^2]$

$$=E[N_5]E[N_8-N_5]+E[N_5^2]\ (\text{독립증분})$$

$$=5p\cdot 3p+25p^2+5pq=35p^2+5p$$

(3) $E[N_8 | N_5] = E[N_5 + (N_8 - N_5) | N_5]$

$$= N_5 + E[N_8 - N_5 | N_5]$$
$$= N_5 + E[N_8 - N_5] \quad \text{(독립증분)}$$
$$= N_5 + E[N_3] \quad \text{(정상증분)}$$
$$= N_5 + 3p$$

■

정리 3.2

$P(N_1 = i_1, \cdots, N_{n-1} = i_{n-1}, N_n = i) > 0$일 때 다음이 성립한다.

$$P(N_{n+1} = j | N_1 = i_1, \cdots, N_{n-1} = i_{n-1}, N_n = i)$$
$$= P(N_{n+1} = j | N_n = i) = \begin{cases} p, & j = i+1 \\ 1-p, & j = i \\ 0, & \text{그 밖에} \end{cases}$$

증명 $N_{n+1} = N_n + X_{n+1}$이고 N_n과 X_{n+1}은 서로 독립이므로

$$P(N_{n+1} = j | N_n = i) = P(X_{n+1} = j - i | N_n = i)$$
$$= P(X_{n+1} = j - i)$$

가 됨을 알 수 있다. 한편

$$P(N_{n+1} = j | N_1 = i_1, \cdots, N_{n-1} = i_{n-1}, N_n = i)$$
$$= P(N_{n+1} - N_n = j - i | N_1 = i_1, \cdots, N_{n-1} = i_{n-1}, N_n = i)$$
$$= P(N_{n+1} - N_n = j - i) \quad \text{(독립증분)}$$
$$= P(X_{n+1} = j - i)$$

이므로 정리가 증명된다. □

성공할 때까지의 시간 $\boldsymbol{X} = \{X_n, n = 1, 2, \cdots\} \sim \text{BP}(p)$일 때, n번째 성공할 때까지 시행한 횟수를 $T_n (n \geq 1, T_0 = 0)$이라 하자. 즉

$$T_1 = \inf\{n \geq 1 : X_n = 1\}$$
$$T_k = \inf\{n > T_{k-1} : X_n = 1\}, \ k = 2, 3, \cdots.$$

예를 들어 $X_1 = 0$, $X_2 = 1$, $X_3 = 0$, $X_4 = 0$, $X_5 = 1$, ⋯이면 $T_1 = 2$, $T_2 = 5$, ⋯이다.

정리 3.3

(1) $T_k \sim \text{NB}(k, p)(k = 1, 2, \cdots)$, 즉

$$P(T_k = n) = \binom{n-1}{k-1} p^k q^{n-k}, \quad n = k, k+1, \cdots.$$

(2) 임의의 정수 $0 < n_1 < \cdots < n_k < n$에 대하여

$$\begin{aligned} P(T_{k+1} = n \mid T_1 = n_1, \cdots, T_k = n_k) &= P(T_{k+1} = n \mid T_k = n_k) \\ &= pq^{n - n_k - 1}. \end{aligned}$$

증명 (1) k번째 성공이 n번째 시행에서 발생하기 위해서는 $(n-1)$번의 시행에서 $(k-1)$번의 성공이 발생하고 n번째 시행에서 성공이 발생하면 된다. 따라서 $\{T_k = n\} = \{N_{n-1} = k-1, X_n = 1\}$이다. N_{n-1}과 X_n은 서로 독립이고 $N_{n-1} \sim \text{B}(n-1, p)$이므로 다음을 얻는다.

$$\begin{aligned} P(T_k = n) &= P(N_{n-1} = k-1, X_n = 1) \\ &= P(N_{n-1} = k-1) P(X_n = 1) \\ &= \binom{n-1}{k-1} p^k q^{n-k} \end{aligned}$$

(2) $\{T_1 = n_1, \cdots, T_k = n_k\}$는 처음 n_k번의 시행에서 j번째 성공이 n_j $(j = 1, \cdots, k)$번째 시행에서 발생하였다는 것을 의미한다. 또한 $X_1, X_2, \cdots$는 서로 독립이므로 다음을 얻는다.

$$\begin{aligned} & P(T_1 = n_1, \cdots, T_k = n_k) \\ &= P(X_i = 0, i \neq n_j, 1 \leq i \leq n_k, X_{n_j} = 1, j = 1, \cdots, k) \\ &= p^k q^{n_k - k} \end{aligned}$$

같은 방법으로

$$P(T_{k+1} = n, T_1 = n_1, \cdots, T_k = n_k) = p^{k+1} q^{n-k-1}$$

임을 알 수 있다. 따라서

$$P(T_{k+1}=n \mid T_1=n_1,\ \cdots,\ T_k=n_k)=pq^{n-n_k-1}.$$

한편 $\{T_k=n_k\}=\left\{N_{n_k-1}=k-1,\ X_{n_k}=1\right\}$이고 $X_1,\ X_2,\ \cdots$는 서로 독립이므로 $\{T_k=n_k\}$는 $\{X_j,\ j\ge n_k+1\}$과 독립이다. 따라서

$$\begin{aligned} &P(T_{k+1}=n \mid T_k=n_k)\\ &=P\left(X_{n_k+1}=0,\ \cdots,\ X_{n-1}=0,\ X_n=1 \mid N_{n_k-1}=k-1,\ X_{n_k}=1\right)\\ &=P(X_{n_k+1}=0,\ \cdots,\ X_{n-1}=0,\ X_n=1)\\ &=pq^{n-n_k-1}. \end{aligned}$$

□

정리 3.3(2)로부터 T_k가 주어졌을 때 T_{k+1}과 $T_0,\ T_1,\ \cdots,\ T_{k-1}$은 조건부로 독립임을 알 수 있다.

따름정리 3.4

(1) $T_k-T_{k-1}\sim \mathrm{Geo}(p)\,(k=1,\ 2,\ \cdots)$이고 서로 독립이다.

(2) 확률과정 $\{T_n,\ \ n=0,\ 1,\ 2,\ \cdots\}$는 독립증분과 정상증분을 갖는다.

증명 (1) 정리 3.3(2)로부터 다음이 성립함을 알 수 있다.

$$\begin{aligned} &P\{T_{k+1}-T_k=m \mid T_1=n_1,\ \cdots,\ T_k=n_k\}\\ &=P\{T_{k+1}=m+n_k \mid T_1=n_1,\ \cdots,\ T_k=n_k\}\\ &=pq^{m+n_k-1-n_k}=pq^{m-1} \end{aligned}$$

따라서 $T_{k+1}-T_k$는 $T_1,\ \cdots,\ T_k$와 서로 독립이고 모수가 p인 기하분포를 따른다. $T_{k+1}-T_k$는 $T_0,\ T_1,\ \cdots,\ T_k$와 서로 독립이므로 $T_{k+1}-T_k$는 $T_j-T_{j-1},\ j=1,\ 2,\ \cdots,\ k$와 독립이다. 이와 같은 과정을 반복하면 $T_k-T_{k-1},\ k=1,\ 2,\ \cdots$는 서로 독립임을 알 수 있다.

(2) $\tau_k=T_k-T_{k-1}$로 두면 $T_n=\sum_{k=1}^{n}\tau_k$이므로 위의 (1)과 정리 2.1로부터 $\{T_n,\ n=0,\ 1,\ 2,\ \cdots\}$는 독립증분과 정상증분을 갖는다. □

예제 3.4

다음을 구하라.

(1) $P(T_1 = 3,\ T_5 = 9,\ T_7 = 17)$ (2) $E[T_5 | T_1,\ T_2,\ T_3]$

‖ **풀이** (1)

$$\begin{aligned} P(T_1 = 3,\ T_5 = 9,\ T_7 = 17) &= P(T_1 = 3,\ T_5 - T_1 = 6,\ T_7 - T_5 = 8) \\ &= P(T_1 = 3)P(T_5 - T_1 = 6)P(T_7 - T_5 = 8) \\ &= P(T_1 = 3)P(T_4 = 6)P(T_2 = 8) \\ &= \binom{3-1}{1-1} pq^{3-1} \binom{6-1}{4-1} p^4 q^{6-4} \binom{8-1}{2-1} p^2 q^{8-2} \\ &= 70p^7 q^{10} \end{aligned}$$

(2) 조건부기댓값의 CE3 성질에 의하여 $E[T_3 | T_1,\ T_2,\ T_3] = T_3$이므로

$$\begin{aligned} E[T_5 | T_1,\ T_2,\ T_3] &= E[T_5 - T_3 | T_1,\ T_2,\ T_3] + E[T_3 | T_1,\ T_2,\ T_3] \\ &= E[T_5 - T_3] + T_3 \quad \text{(독립증분)} \\ &= \frac{2}{p} + T_3. \quad \text{(정상증분)} \end{aligned}$$

■

발생시각의 조건부분포 성공할 확률이 p인 베르누이시행을 k번 시행하는 동안 한 번의 성공이 있었다면 몇 번째 시행에서 성공이 발생하였겠는가? 매 시행은 같은 조건하에서 독립적으로 이루어지므로 k번 시행하는 동안 한 번의 성공이 있었다면 $\{1,\ 2,\ \cdots,\ k\}$ 중 i번째 시행에서 성공이 발생할 확률은 $\frac{1}{k}$로 예상할 수 있다. 예상이 사실이라는 것을 다음과 같이 보일 수 있다.

$1 \le m \le k$에 대하여

$$\begin{aligned} P(T_1 = m | N_k = 1) &= \frac{P(T_1 = m,\ N_k = 1)}{P(N_k = 1)} \\ &= \frac{P(X_1 = 0,\ \cdots,\ X_{m-1} = 0,\ X_m = 1,\ X_{m+1} = 0,\ \cdots,\ X_k = 0)}{P(N_k = 1)} \\ &= \frac{pq^{k-1}}{\binom{k}{1} pq^{k-1}} = \frac{1}{k}. \end{aligned}$$

즉 $N_k = 1$이라는 가정하에 T_1은 $\{1, 2, \cdots, k\}$에서 균등분포를 따른다. 이 결과는 다음과 같이 $T_1, \cdots, T_n$에 대한 결합분포로 일반화시킬 수 있다.

정리 3.5

$$P(T_1 = k_1, \cdots, T_n = k_n \mid N_k = n) = \frac{1}{\binom{k}{n}}, \quad 1 \le k_1 < \cdots < k_n \le k \tag{3.1}$$

증명 따름정리 3.4에 의하여 $T_i - T_{i-1} \sim \mathrm{Geo}(p)\,(i = 1, 2, \cdots, n)$이고 서로 독립이므로 $1 \le k_1 < k_2 < \cdots < k_n \le k$에 대하여

$$\begin{aligned}
&P(T_1 = k_1,\ T_2 = k_2, \cdots, T_n = k_n \mid N_k = n)\\
&= \frac{P(T_1 = k_1,\ T_2 = k_2, \cdots, T_n = k_n,\ N_k = n)}{P(N_k = n)}\\
&= \frac{P(T_i - T_{i-1} = k_i - k_{i-1},\ i = 1, \cdots, n,\ T_{n+1} - T_n > k - k_n)}{P(N_k = n)}\\
&= \frac{pq^{k_1 - 1}\, pq^{k_2 - k_1 - 1} \cdots pq^{k_n - k_{n-1} - 1}\, q^{k - k_n}}{\binom{k}{n} p^n q^{k-n}}\\
&= \frac{1}{\binom{k}{n}}. \qquad \square
\end{aligned}$$

정리 3.5는 $N_k = n$이라는 가정하에서 $T_1, \cdots, T_n$의 조건부분포는 이산형 균등분포 $\mathrm{U}\{1, 2, \cdots, k\}$의 순서통계량의 분포와 같다는 것을 뜻한다(따름정리 1.15참조).

3.2 단순확률보행

3.2.1 도입 및 정의

서로 독립이며 같은 분포를 따르는 확률변수열 $Y_1, Y_2, \cdots$에 대하여

$$Z_n = \sum_{k=1}^{n} Y_k, \quad n \geq 1 \quad (Z_0 = 0)$$

이라 할 때 확률과정 $\boldsymbol{Z} = \{Z_n,\ n = 0,\ 1,\ 2,\ \cdots\}$를 **확률보행**(random walk)이라 한다. 특히 $P(Y_n = 1) = p,\ P(Y_n = -1) = 1 - p\ (0 < p < 1)$일 때 $\boldsymbol{Z}$를 **단순확률보행**(simple random walk)이라 하고 $p = \frac{1}{2}$인 단순확률보행을 **대칭단순확률보행**(symmetric simple random walk)이라 한다. 정리 2.1에 의하여 확률보행 $\boldsymbol{Z}$는 정상증분과 독립증분을 갖는다.

확률보행에 대한 일반적인 이론은 이 책의 범위를 벗어나므로 생략하고 이 절에서는 대칭단순확률보행에 대해서만 생각한다. 대칭단순확률보행은 다음과 같이 공정한 동전을 던지는 모형으로 생각할 수 있다.

공정한 동전을 반복해서 던질 때 확률변수 Y_n과 Z_n을 다음과 같이 정의하자.

$$Y_n = \begin{cases} 1, & n\text{번째 시행의 결과가 앞면} \\ -1, & n\text{번째 시행의 결과가 뒷면} \end{cases}$$

$$Z_n = Y_1 + \cdots + Y_n, \quad n = 1,\ 2,\ \cdots \quad (Z_0 = 0)$$

그러면 명백하게 $Y_1,\ Y_2,\ \cdots$는 서로 독립이며

$$P(Y_n = 1) = \frac{1}{2} = P(Y_n = -1)$$

이므로 확률과정 $\boldsymbol{Z} = \{Z_n,\ n = 0,\ 1,\ 2,\ \cdots\}$는 대칭단순확률보행이다. Z_n은 공정한 동전을 던져서 앞면이 나오면 1단위의 돈을 따고 뒷면이 나오면 1단위의 돈을 잃는 게임을 n번 시행하였을 때 딴 돈의 액수로 생각할 수 있다.

대칭단순확률보행 $\boldsymbol{Z}$의 상태공간은 정수 전체 집합 $\{0,\ \pm 1,\ \pm 2,\ \cdots\}$가 된다. $Z_k = a$일 때 $\boldsymbol{Z}$가 시각 k에 (또는 k번째 시행에서) 상태 a를 방문하였다고 한다. $\boldsymbol{Z}$가 방문한 시각과 상태를 $(k,\ a)$와 같이 순서쌍을 이용하여 나타내기도 한다. 예를 들어 $Z_5 = -3$일 때 $\boldsymbol{Z}$가 $(5,\ -3)$을 방문하였다고 하기도 하고 시각 5에 (또는 다섯째 시행에서) 상태 -3을 방문하였다고 하기도 한다.

$Z_i = z_i (i = 0,\ 1,\ \cdots,\ n)$일 때 $(x,\ y)$ 좌표평면에서 $(0,\ 0)$과 각각의 점 $(i,\ z_i)$를 그림 3.1과 같이 선분으로 연결하여 얻어지는 꺾은선 그래프 모양의 도형을 $(0,\ 0)$에서 출발하여 $(n,\ z_n)$에 도달하는 경로라고 하고 $(z_0,\ z_1,\ \cdots,\ z_n)$으로 나타내기로 한다. 이때

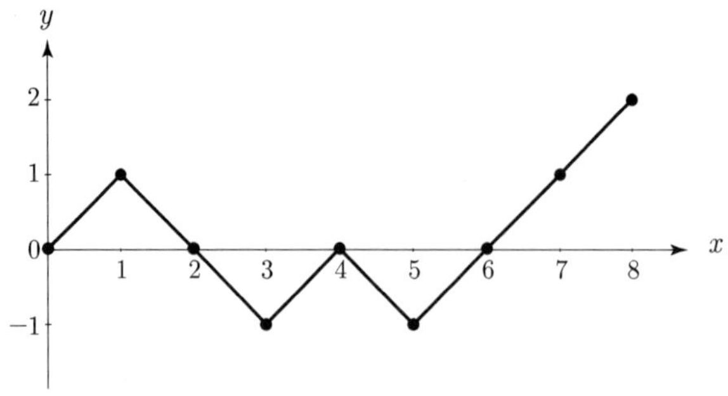

| 그림 3.1 | 경로 $(0, 1, 0, -1, 0, -1, 0, 1, 2)$

(i, z_i)와 $(i+1, z_{i+1})$을 연결한 선분을 이 경로의 변(side)이라고 한다. 변의 개수 n을 이 경로의 길이(length)라고 한다. 그림 3.1은 $(0, 0)$에서 출발하여 $(8, 2)$에 도달하는 길이 8인 경로를 나타낸 것이다.

$(Z_0, Z_1, \cdots, Z_n)$이 적당한 $1 \le k \le n$에 대하여 $Z_k = a$를 만족할 때 이 경로는 상태 a 또는 직선 $y=a$를 경유한다고 한다. 또한 $Z_{k-1} < a < Z_{k+1}$이거나 $Z_{k-1} > a > Z_{k+1}$이면 이 경로는 시각 k에 상태 a (또는 직선 $y=a$)를 통과한다고 한다. 그림 3.1의 경로는 시각 $k=2$와 시각 $k=6$에서 상태 0을 통과하고 시각 $k=4$에서는 상태 0을 경유하지만 통과하지는 않는다.

3.2.2 기본적인 성질

$\boldsymbol{Z}$가 방문한 시각과 상태 전체 집합은

$$\mathcal{L} = \{(n, k),\ n = 0, 1, 2, \cdots,\ k = 0, \pm 1, \pm 2, \cdots\}$$

가 됨을 알 수 있다. 이때 $A=(k, a)$, $B=(n, b) \in \mathcal{L}$ $(k \le n)$에 대하여 A에서 출발하여 B에 도달하는 경로 수를 $N_{A,B}$라 하자. 특히 $O=(0, 0)$일 때는 $N_{O,B}$를 간단히 N_B로 나타내기로 한다.

$\boldsymbol{Z}$가 원점 O에서 출발하여 (n, a)에 도달하기 위해서는 n번의 시행에서 동전의 앞면이 나온 횟수 h와 뒷면이 나온 횟수 t는 다음을 만족하여야 한다.

$$h+t=n,\ h-t=a,\ \text{즉}\ n+a=2h,\ n-a=2t$$

따라서 $(0, 0)$에서 출발하여 (n, a)에 도달하는 경로 수는

$$N_{(n,\ a)} = \binom{n}{\frac{n+a}{2}}$$

이다. 단 $x \geq 0$인 정수가 아니면 $\binom{n}{x} = 0$이다. 예를 들어 $N_{(5,\ 1)} = \binom{5}{3} = 10$이고 $N_{(5,\ 2)} = 0$이다. 자명하게 다음이 성립함을 알 수 있다.

보조정리 3.6

$(n,\ a)$에서 출발하여 $(m,\ b)$ $(n < m)$에 도달하는 경로 수는 $(0,\ 0)$을 출발하여 $(m-n,\ b-a)$에 도달하는 경로 수와 같다. 즉

$$N_{(n,\ a),\ (m,\ b)} = N_{(m-n,\ b-a)}.$$

단순확률보행의 분석에서 매우 유용한 쌍대성(duality)에 대하여 살펴본다. 길이 n인 경로 $(Z_0,\ Z_1,\ \cdots,\ Z_n)$에 대하여 Z_k^*를 다음과 같이 정의하자.

$$Z_k^* = Z_n - Z_{n-k} = \sum_{i=n-k+1}^{n} Y_i,\quad k = 1,\ 2,\ \cdots,\ n\ (Z_0^* = 0)$$

이때 $(Z_0^*,\ Z_1^*,\ \cdots,\ Z_n^*)$을 $(Z_0,\ Z_1,\ \cdots,\ Z_n)$의 **쌍대확률보행**(dual random walk)이라고 한다. 명백하게 $Z_0^* = Z_0$, $Z_n^* = Z_n$이며 길이 n인 확률보행의 경로와 쌍대확률보행의 경로는 일대일 대응이 된다.

보조정리 3.7

$(Z_1,\ \cdots,\ Z_n)$과 $(Z_1^*,\ \cdots,\ Z_n^*)$은 같은 분포를 따른다.

증명 $Y_1,\ \cdots,\ Y_n$이 서로 독립이며 같은 분포를 따르므로 $(Y_1,\ Y_2,\ \cdots,\ Y_n)$과 $(Y_n,\ Y_{n-1},\ \cdots,\ Y_1)$은 같은 분포를 따른다. Z_k^*의 정의에 의하여 $(Z_1,\ \cdots,\ Z_n)$과 $(Z_1^*,\ \cdots,\ Z_n^*)$은 같은 분포를 따른다는 것을 알 수 있다. □

Z_n의 확률질량함수를

$$p_{n,\, r} = P(Z_n = r)$$

로 두면 길이 n인 경로 수는 2^n이므로

$$p_{n,\, r} = \frac{1}{2^n} N_{(n,\, r)} = \binom{n}{\frac{n+r}{2}} 2^{-n}, \quad -n \le r \le n, \quad n = 0,\ 1,\ 2,\ \cdots.$$

특히 길이 n인 경로가 시각 n에 상태 0을 방문할 확률을

$$u_n = P(Z_n = 0)$$

이라 하면 $u_{2n+1} = 0\,(n = 0,\ 1,\ 2,\ \cdots)$이고

$$u_{2n} = P(Z_{2n} = 0) = \binom{2n}{n} 2^{-2n}, \quad n = 1,\ 2,\ \cdots \quad (u_0 = 1).$$

다음은 $n!$의 근사에 유용하게 사용되는 식으로 **스털링공식**(Stirling's formula)이라고 한다.[1)]

$$n! \sim \sqrt{2\pi n}\, n^n e^{-n} \tag{3.2}$$

스털링공식으로부터

$$u_{2n} \sim \frac{1}{\sqrt{\pi n}} \tag{3.3}$$

임을 알 수 있다.

한편 $E[Z_n] = 0$, $\mathrm{Var}[Z_n] = \sum_{k=1}^{n} \mathrm{Var}[Y_k] = n$이므로 중심극한정리에 의하여 다음을 얻는다. $n \to \infty$일 때

$$P\left(\frac{Z_n}{\sqrt{n}} \le x\right) \to \Phi(x) = \int_{-\infty}^{x} \frac{1}{\sqrt{2\pi}} e^{-y^2/2}\, dy. \tag{3.4}$$

---

1) $a_n \sim b_n$은 $\lim_{n\to\infty} \frac{b_n}{a_n} = 1$을 의미한다.

보조정리 3.8 반사원리(Reflection principle)

$A=(n,\ a)$, $B=(m,\ b)\,(n<m,\ \ a,\ b>0)$일 때 A에서 출발하여 x축을 경유하여 B에 도달하는 경로 수는 A의 x축에 대칭인 점 $A'=(n,\ -a)$에서 출발하여 B에 도달하는 경로 수와 같다.

증명 $(z_n=a,\ z_{n+1},\ \cdots,\ z_{m-1},\ z_m=b)$를 A에서 출발하여 x축을 경유하여 B에 도달하는 경로라 하고 이 경로가 x축과 처음으로 만나는 시각을 r이라 하자. 즉 $z_i>0\,(i=n,\ n+1,\ \cdots,\ r-1,\ z_r=0)$이다.. 그러면

$$(-z_n=-a,\ -z_{n+1},\ \cdots,\ -z_{r-1},\ z_r=0,\ z_{r+1},\ \cdots,\ z_{m-1},\ z_m=b)$$

는 $A'=(n,\ -a)$에서 출발하여 $B=(m,\ b)$에 도달하는 경로가 된다(그림 3.2). 한편 $(t_n=-a,\ t_{n+1},\ \cdots,\ t_{m-1},\ t_m=b)$가 A'에서 출발하여 B에 도달하는 경로라면 이 경로는 반드시 x축을 경유한다. 이 경로가 x축과 처음으로 만나는 시각을 r^*라고 하면 $t_i<0\,(i=n,\ \cdots,\ r^*-1,\ \ t_{r^*}=0)$이므로

$$(-t_n=a,\ -t_{n+1},\ \cdots,\ -t_{r^*-1},\ t_{r^*}=0,\ t_{r^*+1},\ \cdots,\ t_{m-1},\ t_m=b)$$

는 A에서 출발하여 x축을 경유하여 B에 도달하는 경로가 된다. 따라서 A에서 출발하여 x축을 경유하여 B에 도달하는 경로와 A'에서 출발하여 B에 도달하는 경로는 일대일 대응이 된다. □

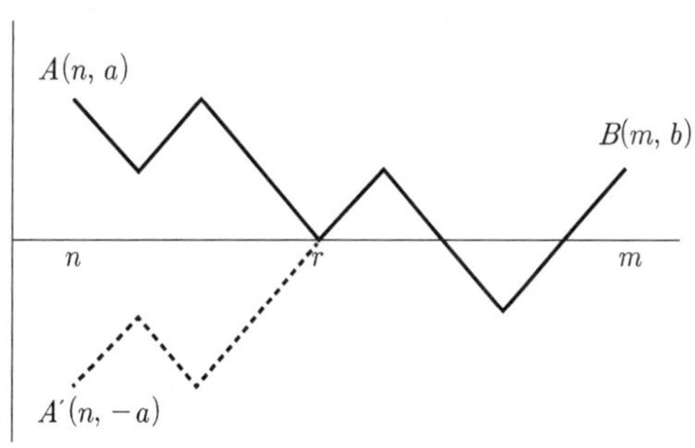

| 그림 3.2 | 반사원리

보조정리 3.9

$a>0$일 때

$$P(Z_1>0,\ \cdots,\ Z_{n-1}>0,\ Z_n=a)=\frac{1}{2}(p_{n-1,\ a-1}-p_{n-1,\ a+1})$$
$$=\frac{a}{n}p_{n,\ a}.$$

증명 $P(Z_1=1)=P(Z_1=-1)=\frac{1}{2}$이므로

$$P(Z_1>0,\ \cdots,\ Z_{n-1}>0,\ Z_n=a)$$
$$=\frac{1}{2}P(Z_2>0,\ \cdots,\ Z_{n-1}>0,\ Z_n=a\,|\,Z_1=1)$$

이고 $P(Z_2>0,\ \cdots,\ Z_{n-1}>0,\ Z_n=a\,|\,Z_1=1)$은 $(1,\ 1)$에서 출발하여 x축을 경유하지 않고 $(n,\ a)$에 도달할 확률과 같다. 한편 $(1,\ 1)$에서 출발하여 x축을 경유하지 않고 $(n,\ a)$에 도달하는 경로 수는 반사원리에 의하여 $N_{(n-1,\ a-1)}-N_{(n-1,\ a+1)}$이다. 따라서 다음을 얻는다.

$$P(Z_1>0,\ \cdots,\ Z_{n-1}>0,\ Z_n=a)=\frac{1}{2}(p_{n-1,\ a-1}-p_{n-1,\ a+1})$$

간단한 계산에 의하여

$$\frac{1}{2}(p_{n-1,\ a-1}-p_{n-1,\ a+1})=\frac{a}{n}p_{n,\ a}$$

임을 알 수 있다. 따라서 보조정리가 증명된다. □

예제 3.5 **투표문제**

'갑'과 '을' 두 명의 후보가 출마한 선거에서 갑이 $a>0$표차로 승리하였다. 투표자 수가 n명일 때 개표를 시작한 후로 갑이 을보다 항상 앞서 나갔을 확률은 얼마인가? 단 무효표는 없고 개표는 무작위로 이루어진다고 가정한다.

‖ **풀이** k장의 투표용지를 개봉했을 때 갑이 얻은 표의 수에서 을이 얻은 표의 수를 뺀

값을 Z_k라 하면 구하는 확률은 다음과 같다.

$$P(Z_1 > 0, \cdots, Z_{n-1} > 0 \mid Z_n = a) = \frac{a}{n}$$ ■

3.2.3 최초 방문시각

$\boldsymbol{Z}$가 $O=(0, 0)$에서 출발하여 상태 r을 처음으로 방문하는 시각을 T_r이라 하자. 즉 $T_r = \inf\{k \ge 1 : Z_k = r\}$. 그러면 $\{T_r = n\} = \{Z_1 \ne r, \cdots, Z_{n-1} \ne r, Z_n = r\}$이 됨을 알 수 있다. 특히 T_0는 $\boldsymbol{Z}$가 원점에 처음으로 되돌아오는 시각이다.

먼저 T_0의 확률적 특성에 대하여 살펴본다. $f_n = P(T_0 = n)\,(n=1, 2, \cdots)$이라 하면 $\{T_0 = n\} \subset \{Z_n = 0\}$이고 $u_{2n+1} = 0$이므로 $f_{2n+1} = 0\,(n=0, 1, 2, \cdots)$이 됨을 알 수 있다. 또한 $\{T_0 = 2k\}$라는 가정하에 $\{Z_{2n} = 0\}$이 발생할 확률은 $(2k, 0)$에서 출발하여 $(2n, 0)$을 방문할 확률과 같다. 이것은 원점 $(0, 0)$에서 출발하여 $(2n-2k, 0)$을 방문할 확률과 같다. 따라서

$$P(Z_{2n} = 0 \mid T_0 = 2k) = u_{2n-2k}.$$

전확률공식에 의하여 다음을 얻는다.

$$\begin{aligned} u_{2n} &= \sum_{k=1}^{n} P(Z_{2n} = 0 \mid T_0 = 2k) P(T_0 = 2k) \\ &= \sum_{k=1}^{n} u_{2n-2k} f_{2k}, \quad n = 1, 2, \cdots \end{aligned} \tag{3.5}$$

보조정리 3.10

$$P(Z_1 > 0, \cdots, Z_{2n} > 0) = \frac{1}{2} u_{2n}$$

증명 보조정리 3.9에 의하여 다음을 얻는다.

$$P(Z_1 > 0, \cdots, Z_{2n} > 0) = \sum_{k=1}^{\infty} P(Z_1 > 0, \cdots, Z_{2n-1} > 0, Z_{2n} = 2k)$$

$$= \frac{1}{2} \sum_{k=1}^{\infty} (p_{2n-1,\, 2k-1} - p_{2n-1,\, 2k+1})$$

$$= \frac{1}{2} p_{2n-1,\, 1}$$

한편 $p_{2n-1,\, 1} = u_{2n}$ 이므로 보조정리가 증명된다. □

정리 3.11

$$P(T_0 > 2n) = u_{2n}$$

증명 보조정리 3.10과 대칭성에 의하여 $P(Z_1 < 0, \cdots, Z_{2n} < 0) = \frac{1}{2} u_{2n}$ 이므로

$$\begin{aligned} P(T_0 > 2n) &= P(Z_1 \neq 0, \cdots, Z_{2n} \neq 0) \\ &= P(Z_1 > 0, \cdots, Z_{2n} > 0) + P(Z_1 < 0, \cdots, Z_{2n} < 0) \\ &= u_{2n}. \end{aligned}$$

□

따름정리 3.12

$$P(Z_1 \geq 0, \cdots, Z_{2n} \geq 0) = u_{2n}$$

증명 Z가 독립증분과 정상증분을 가지므로

$$\begin{aligned} \frac{1}{2} u_{2n} &= P(Z_1 > 0, \cdots, Z_{2n} > 0) \\ &= P(Z_1 = 1, Z_2 - Z_1 \geq 0, \cdots, Z_{2n} - Z_1 \geq 0) \\ &= \frac{1}{2} P(Z_2 - Z_1 \geq 0, \cdots, Z_{2n} - Z_1 \geq 0 | Z_1 = 1) \\ &= \frac{1}{2} P(Z_1 \geq 0, \cdots, Z_{2n-1} \geq 0). \end{aligned}$$

또한 $Z_{2n-1} \geq 0$은 홀수이므로 $Z_{2n-1} \geq 0$이면 $Z_{2n} \geq 0$이다. 따라서

$$P(Z_1 \geq 0, \cdots, Z_{2n-1} \geq 0) = P(Z_1 \geq 0, \cdots, Z_{2n} \geq 0).$$

□

따름정리 3.13

$$f_{2n} = P(T_0 = 2n) = \frac{1}{2n-1}u_{2n}, \quad n = 1,\ 2,\ \cdots$$

증명 정리 3.11로부터

$$\begin{aligned} f_{2n} &= P(T_0 > 2n-2) - P(T_0 > 2n) \\ &= u_{2n-2} - u_{2n} = \binom{2n-2}{n-1}2^{-(2n-2)} - \binom{2n}{n}2^{-2n} \\ &= \frac{1}{2n-1}u_{2n}. \end{aligned}$$

□

따름정리 3.14

$$E[T_0] = \infty$$

증명 (3.3)으로부터 다음을 얻는다.

$$2nf_{2n} = \frac{2n}{2n-1}u_{2n} \sim \frac{2n}{2n-1}\frac{1}{\sqrt{\pi n}} \sim \frac{1}{\sqrt{\pi n}}$$

한편 $\sum_{n=1}^{\infty}\frac{1}{\sqrt{\pi n}} = \infty$ 이므로 $\sum_{n=1}^{\infty}2nf_{2n} = \infty$ 이다.[2) □

정리 3.15

$r > 0$일 때

$$\begin{aligned} P(T_r = n) &= \frac{1}{2}(p_{n-1,\ r-1} - p_{n-1,\ r+1}) \\ &= \frac{r}{n}p_{n,\ r}, \quad n = 1,\ 2,\ \cdots \end{aligned} \tag{3.6}$$

---

2) $\sum_{n=1}^{\infty}\frac{1}{n^{\alpha}} < \infty$일 필요충분조건은 $\alpha > 1$이다. 또한 $a_n \geq 0,\ b_n \geq 0$이 $a_n \sim b_n$이면 $\sum_{n=1}^{\infty}a_n < \infty$일 필요충분조건은 $\sum_{n=1}^{\infty}b_n < \infty$이다.

증명 $P(T_r = n) = P(Z_j < r,\ j = 0,\ 1,\ \cdots,\ n-1,\ Z_n = r)$

$$= P(Z_j^* > 0,\ j = 1,\ 2,\ \cdots,\ n-1,\ Z_n^* = r)$$

$$= P(Z_j > 0,\ j = 1,\ 2,\ \cdots,\ n-1,\ Z_n = r) \text{ (보조정리 3.7)}$$

$$= \frac{1}{2}(p_{n-1,\ r-1} - p_{n-1,\ r+1}) \text{ (보조정리 3.9)}$$ □

따름정리 3.16

$$E[T_r] = \infty,\ r = 0,\ \pm 1,\ \pm 2,\ \cdots$$

증명 $r = 0$일 때는 따름정리 3.14에서 보였다. 정리 3.15와 (3.3)에 의하여

$$P(T_1 = 2k+1) = \frac{(2k)!}{(k+1)!k!} 2^{-(2k+1)}$$

$$= \frac{1}{2(k+1)} u_{2k} \sim \frac{1}{2(k+1)} \frac{1}{\sqrt{\pi k}}.$$

따라서 $E[T_1] = \infty$이다. 대칭성에 의하여 $E[T_{-1}] = \infty$이다. 한편 $r > 1$일 때 $T_r > T_1,\ T_{-r} > T_{-1}$이므로 따름정리가 증명된다. □

고정된 양의 정수 $a,\ b$에 대하여 $\boldsymbol{Z}$가 $A = (-a,\ b)$를 벗어나는 데 걸리는 시간을 T라 하자. 즉 $T = \min(T_{-a},\ T_b)$이다.

보조정리 3.17

$$E[T] < \infty$$

증명 $m = a + b$라 하자. 임의 정수 $x \in A$에 대하여 다음이 성립함을 알 수 있다.

$$P(x + Z_m \notin A) \geq P(Y_1 = 1,\ \cdots,\ Y_m = 1) = 2^{-m}$$

한편 $\boldsymbol{Z}$는 독립증분과 정상증분을 가지므로

$$P(Z_m \in A,\ Z_{2m} \in A) = \sum_{x \in A} P(Z_{2m} \in A \mid Z_m = x) P(Z_m = x)$$

$$\begin{aligned}
&= \sum_{x \in A} P(x + (Z_{2m} - Z_m) \in A \mid Z_m = x) P(Z_m = x) \\
&= \sum_{x \in A} P(x + Z_m \in A) P(Z_m = x) \\
&\le (1 - 2^{-m}) P(Z_m \in A) \\
&\le (1 - 2^{-m})^2.
\end{aligned}$$

같은 방법으로 다음이 성립함을 알 수 있다.

$$P(Z_m \in A, \cdots, Z_{km} \in A) \le (1 - 2^{-m})^k$$

한편

$$\sum_{j = km}^{(k+1)m - 1} P(T > j) \le mP(T > km), \quad k = 0, 1, \cdots,$$

$$P(T > km) \le P(Z_m \in A, \cdots, Z_{km} \in A) \le (1 - 2^{-m})^k$$

이므로

$$\begin{aligned}
E[T] &= \sum_{k=0}^{\infty} P(T > k) \le \sum_{k=0}^{\infty} mP(T > km) \\
&\le m \sum_{k=0}^{\infty} (1 - 2^{-m})^k = m2^m < \infty.
\end{aligned}$$

□

보조정리 3.18

$$E[Z_T] = 0$$

증명 다음을 주목하자.

$$\begin{aligned}
E[Z_T] &= \sum_{n=1}^{\infty} E[Z_n 1_{\{T=n\}}] = \sum_{n=1}^{\infty} \sum_{k=1}^{n} E[Y_k 1_{\{T=n\}}] \\
&= \sum_{k=1}^{\infty} \sum_{n=k}^{\infty} E[Y_k 1_{\{T=n\}}] = \sum_{k=1}^{\infty} E[Y_k 1_{\{T \ge k\}}]
\end{aligned}$$

단 1_A는 A가 성립하면 1, 그렇지 않으면 0의 값을 갖는 지시확률변수이다.

한편

$$\{T \geq k\} = \{Z_j \in A,\ j = 1,\ 2,\ \cdots,\ k-1\}$$

이고 $\{Z_j,\ j = 1,\ \cdots,\ k-1\}$은 Y_k와 서로 독립이므로 $1_{\{T \geq k\}}$와 Y_k는 서로 독립이다. 따라서

$$E[Y_k 1_{\{T \geq k\}}] = E[Y_k]E[1_{\{T \geq k\}}] = E[Y_1]P(T \geq k).$$

그러므로 다음을 얻는다.

$$E[Z_T] = E[Y_1]\sum_{k=1}^{\infty} P(T \geq k) = E[Y_1]E[T] \tag{3.7}$$

한편 $E[Y_1] = 0$이므로 보조정리가 증명된다. □

참고 식 (3.7)을 왈드(Wald)의 식이라 한다.

정리 3.19

$$P(T_{-a} < T_b) = \frac{b}{a+b}$$

증명 $P(Z_T = -a) + P(Z_T = b) = 1$이고 $P(Z_T = -a) = P(T_{-a} < T_b)$, $P(Z_T = b) = P(T_{-a} > T_b)$이므로 다음이 성립함을 알 수 있다.

$$\begin{aligned} E[Z_T] &= -aP(Z_T = -a) + bP(Z_T = b) \\ &= -aP(T_{-a} < T_b) + b(1 - P(T_{-a} < T_b)) \\ &= b - (a+b)P(T_{-a} < T_b) \end{aligned}$$

보조정리 3.18에 의하여 $E[Z_T] = 0$이므로 정리가 증명된다. □

따름정리 3.20

$$P(T_r < \infty) = 1,\ r = 0,\ \pm 1,\ \pm 2,\ \cdots$$

증명 다음을 주목하자.

$$P(T_{-a} < \infty) \ge P(T_{-a} < T_b) = \frac{b}{a+b}$$

여기서 $b \to \infty$이면 우변은 1에 수렴한다. 따라서 $P(T_{-a} < \infty) = 1$이다. 대칭성에 의하여 $P(T_a < \infty) = 1$임을 알 수 있다. □

따름정리 3.21

$\boldsymbol{Z}$가 상태 0에 다시 돌아오는 동안 상태 $r \neq 0$을 방문한 횟수를 V_r이라 할 때 $E[V_r] = 1$이다.

증명 먼저 $r > 0$이라 하고 다음을 정의하자.

$$I_n = \begin{cases} 1, & Z_1 > 0, \cdots, Z_{n-1} > 0, Z_n = r \\ 0, & \text{그 밖에} \end{cases}$$

그러면

$$V_r = \sum_{n=1}^{\infty} I_n$$

이고 보조정리 3.9와 정리 3.15에 의하여

$$E[I_n] = P(Z_1 > 0, \cdots, Z_{n-1} > 0, Z_n = r) = P(T_r = n)$$

이므로

$$E[V_r] = \sum_{n=1}^{\infty} E[I_n] = P(T_r < \infty) = 1.$$

$r < 0$인 경우는 대칭성에 의하여 성립한다. □

정리 3.22

$\boldsymbol{Z}$가 상태 0에 r번째 되돌아오는 데 걸리는 시간을 $T_0^{(r)}$이라 하면

$$P(T_0^{(r)} = n) = P(T_r = n - r).$$

증명 $T_0^{(r)} = n$이며 $Z_i \le 0,\ i = 1,\ 2,\ \cdots,\ n-1$인 경로 $(Z_1,\ \cdots,\ Z_n)$을 생각하자. 이 경로를 $T_0^{(r)} = n$인 경로의 대표경로라 하자(그림 3.3). 그러면 각 대표경로에 대하여 x축에 대칭인 경로가 대응된다(그림 3.3의 점선 부분). 각 대표경로에 대하여 $\boldsymbol{Z}$가 상태 0을 방문하는 시각 사이의 경로를 $P_1,\ \cdots,\ P_r$이라 하고 각각의 P_i와 대칭인 경로를 Q_i라 하자. 그러면 각각의 대표경로에 대하여 P_i와 Q_i의 조합으로 이루어지는 2^r개의 경로가 정해진다. 예를 들어 그림 3.3에서 $P_1P_2P_3,\ P_1P_2Q_3,\ P_1Q_2P_3,\ \cdots,\ Q_1Q_2Q_3$는 모두 대표경로 $P_1P_2P_3$에 대응되는 $T_0^{(3)} = 12$인 경로들이다. 일반적으로 $T_0^{(r)} = n$인 각 대표경로에 대하여 2^r개의 경로가 대응된다.

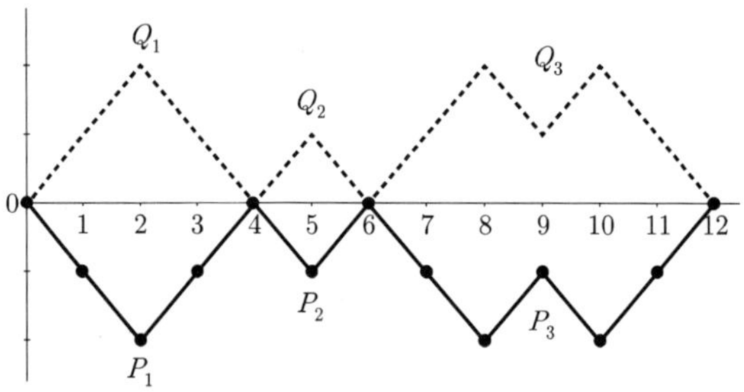

| 그림 3.3 | $T_0^{(3)} = 12$인 대표경로의 예

이제 대표경로 수를 구하기 위하여 대표경로가 하나 주어졌을 때 다음과 같은 경로를 생각하자. 대표경로에서 0을 방문하는 시점에서 기울기가 -1인 변을 하나씩 제거하고 나머지를 이어붙이면 길이가 $(n-r)$인 경로가 하나 대응된다. 그림 3.3의 대표경로에서 $(0,\ 0)$, $(4,\ 0)$, $(6,\ 0)$에서 기울기가 -1인 변을 하나씩 제거하여 이어붙이면 그림 3.4와 같이 길이가 $12-3=9$이고 시각 9에서 상태 3을 처음으로 방문하는 경로가 하나 정해진다(그림 3.4에서 진하게 표시한 변이 제거되는 변이다).

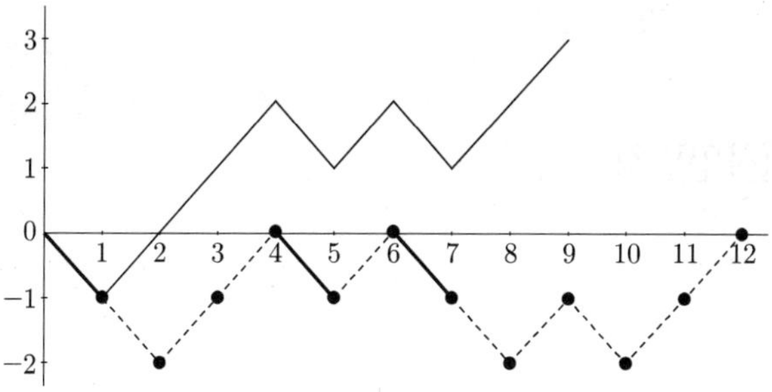

| 그림 3.4 | $T_0^{(3)}=12$인 대표경로에 대응되는 경로

역으로 시각 9에서 상태 3을 처음으로 방문하는 경로가 하나 주어지면 그림 3.5와 같이 $T_0^{(3)}=9+3=12$를 만족하는 길이 12인 대표경로가 하나 정해진다. 그림 3.5는 주어진 경로에 $(0,\ 0)$일 때 기울기가 -1인 선분을 하나 추가하고 대표경로가 0인 상태를 방문할 때마다 기울기가 -1인 선분을 하나씩 추가하여 얻어진 것이다(그림 3.5에서 진하게 표시한 변이 추가된 변이다).

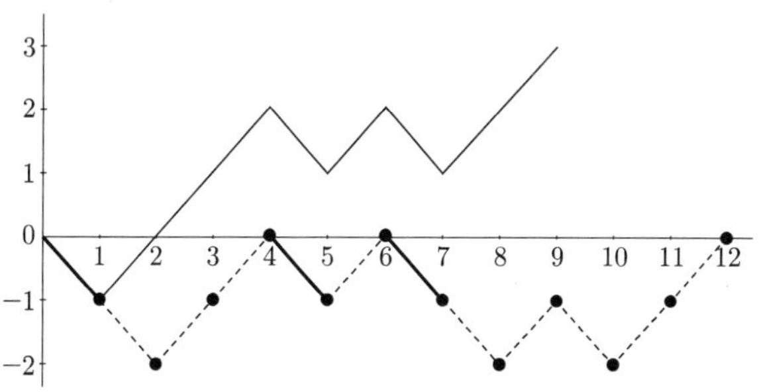

| 그림 3.5 | 주어진 경로에 대응되는 대표경로

일반적으로 $T_0^{(r)}=n$인 대표경로와 $(0,\ 0)$에서 출발하여 시각 $(n-r)$에 처음으로 상태 r을 방문하는 경로는 일대일 대응이 된다. 정리 3.15에 의하여 이 경로 수는 $P(T_r=n-r)2^{n-r}$이다. 각 대표경로에 대응되는 $T_0^{(r)}=n$인 경로 수는 2^r이므로 $(0,\ 0)$에서 출발하는 길이가 n인 2^n개의 경로 중 $T_0^{(r)}=n$을 만족하는 경로 수는

$$2^r \cdot P(T_r=n-r)2^{n-r}=2^n P(T_r=n-r)$$

이므로 정리가 증명된다. □

3.2.4 역사인법칙

길이 $2n$인 경로 $(Z_0, Z_1, \cdots, Z_{2n})$이 최근에 상태 0을 방문한 시각을 L_{2n}이라 하자. 즉

$$L_{2n} = \max\{m \le 2n : Z_{2m} = 0\}.$$

정리 3.23 최근에 0을 방문한 시각에 대한 이산 역사인법칙
$$P(L_{2n} = 2k) = u_{2k}u_{2n-2k}, \quad k = 0, 1, 2, \cdots, n \tag{3.8}$$

증명 $\boldsymbol{Z}$가 독립증분과 정상증분을 가지므로

$$\begin{aligned} P(L_{2n} = 2k) &= P(Z_{2k} = 0,\ Z_{2k+1} \ne 0,\ \cdots,\ Z_{2n} \ne 0) \\ &= P(Z_{2k+1} \ne 0,\ \cdots,\ Z_{2n} \ne 0 \mid Z_{2k} = 0)P(Z_{2k} = 0) \\ &= P(Z_1 \ne 0,\ \cdots,\ Z_{2n-2k} \ne 0)P(Z_{2k} = 0) \\ &= u_{2n-2k}u_{2k} \ (\text{정리 } 3.11) \end{aligned}$$ □

n과 k가 충분히 클 때 스털링공식에 의하여 다음을 알 수 있다.

$$P(L_{2n} = 2k) \approx \frac{1}{2n}\frac{1}{\pi}\frac{1}{\sqrt{\frac{2k}{2n}\left(1 - \frac{2k}{2n}\right)}}$$

사실 $0 < a < b < 1$에 대하여 $n \to \infty$일 때 다음이 성립함을 보일 수 있다.[3)]

$$P\left(a \le \frac{L_{2n}}{2n} \le b\right) \to \int_a^b \frac{1}{\pi}\frac{1}{\sqrt{x(1-x)}}\,dx \tag{3.9}$$

즉 n이 충분히 클 때 $\frac{L_{2n}}{2n}$의 분포는 근사적으로 모수가 $\left(\frac{1}{2}, \frac{1}{2}\right)$인 베타분포를 따른다. 한편 위의 적분 (3.9)에서 $y = \sqrt{x}$로 치환하면

3) Durrett, R., *Probability : Theory and Examples*, 2nd ed., Duxbury Press, 1996, pp. 199~200.

$$\int_a^b \frac{1}{\pi} \frac{1}{\sqrt{x(1-x)}} dx = \int_{\sqrt{a}}^{\sqrt{b}} \frac{2}{\pi} \frac{1}{\sqrt{1-y^2}} dy$$
$$= \frac{2}{\pi}(\sin^{-1}\sqrt{b} - \sin^{-1}\sqrt{a})$$

이므로 확률분포가 (3.8)과 같을 때 그 분포는 **아크사인법칙**(arc sine law) 또는 **역사인법칙**을 따른다고 한다. (3.9)로부터 충분히 큰 n에 대하여 역사인법칙을 따르는 분포를 근사할 수 있다. 예를 들어 n이 충분히 클 때 $P\left(\frac{L_{2n}}{2n} \le \frac{1}{2}\right) \approx \frac{1}{2}$이므로 다음과 같이 해석할 수 있다. 두 사람이 공정한 동전을 던지는 게임을 10,000회 하였을 때 5,000번 이후 한 사람이 항상 돈을 딴 상태에 있을 확률은 약 $\frac{1}{2}$이 된다.

길이가 $2n$인 경로 $(Z_0, \cdots, Z_{2n})$에서 Z_{2n}과 처음으로 같아지는 시각을 τ_{2n}이라 하자. 즉

$$\tau_{2n} = \inf\{0 \le j \le 2n : Z_j = Z_{2n}\}.$$

정리 3.24

$$P(\tau_{2n} = 2k) = u_{2k}u_{2n-2k}$$

증명
$$P(Z_j \ne Z_{2n},\ j=0, 1, 2, \cdots, 2k-1,\ Z_{2k} = Z_{2n})$$
$$= P(Z_{2n} - Z_j \ne 0,\ j=0, 1, 2, \cdots, 2k-1,\ Z_{2n} - Z_{2k} = 0)$$
$$= P(Z^*_{2n-j} \ne 0,\ j=0, 1, 2, \cdots, 2k-1,\ Z^*_{2n-2k} = 0)$$
$$= P(Z^*_{2n-2k} = 0,\ Z^*_j \ne 0,\ j=2k+1, 2k+2, \cdots, 2n)$$
$$= u_{2k}u_{2n-2k} \text{ (정리 3.23)}$$
□

길이가 $2n$인 경로 $(Z_0, \cdots, Z_{2n})$에 대하여 (x, y) 좌표의 제1사분면 $\{(x, y),\ x \ge 0,\ y \ge 0\}$에 있는 변의 개수를 U_{2n}이라고 하자. 예를 들어 그림 3.1에서 $U_8 = 4$이다.

정리 3.25

$$P(U_{2n} = 2k) = u_{2k}u_{2n-2k}, \quad k=0, 1, 2, \cdots, n$$

증명 $\beta_{2k,\,2n}=P(U_{2n}=2k)$라 하자. 수학적 귀납법을 이용하여 증명한다. $n=1$일 때 다음은 자명하다.

$$\beta_{2,\,2}=P(Z_1=1)=\frac{1}{2}=u_0u_2,$$

$$\beta_{0,\,2}=P(Z_1=-1)=\frac{1}{2}=u_0u_2$$

또한 따름정리 3.12에 의하여

$$\beta_{2n,\,2n}=P(Z_1\geq 0,\ \cdots,\ Z_{2n}\geq 0)=u_{2n}$$

이고 대칭성에 의하여 $\beta_{0,\,2n}=u_{2n}$이다.

이제 $1\leq k\leq n-1$에 대하여 정리가 성립한다고 가정하자. $U_{2n}=2k$이기 위해서 $\boldsymbol{Z}$는 시각 $2n$ 이전에 상태 0을 방문하여야 한다. $T_0=2m<2n$이라 하고 A_{2m}^+와 A_{2m}^-를 다음과 같이 정의하자.

$$A_{2m}^+=\{Z_1>0,\ \cdots,\ Z_{2m-1}>0,\ Z_{2m}=0\},$$

$$A_{2m}^-=\{Z_1<0,\ \cdots,\ Z_{2m-1}<0,\ Z_{2m}=0\}$$

그러면 대칭성에 의하여 $P(A_m^+)=P(A_m^-)$이고

$$f_{2m}=P(T_0=2m)=P(A_m^+)+P(A_m^-)$$

이므로 $P(A_m^+)=\frac{1}{2}f_{2m}=P(A_m^-)$이다. 전확률공식에 의하여

$$\begin{aligned}\beta_{2k,\,2n}&=\sum_{m=1}^{n}(P(U_{2n}=2k,\ A_{2m}^+)+P(U_{2n}=2k,\ A_{2m}^-))\\&=\frac{1}{2}\sum_{m=1}^{n}(P(U_{2n}=2k|A_{2m}^+)+P(U_{2n}=2k|A_{2m}^-))f_{2m}.\end{aligned}$$

$A_{2m}^+=\{U_{2m}=2m\}$이므로 A_{2m}^+가 발생하였다는 가정하에 $U_{2n}=2k$가 되기 위해서는 길이 $2n-2m$의 경로 $(Z_{2m+1},\ \cdots,\ Z_{2n})$에서 $2k-2m$개의 변이 제1 사분면에 있어야 한다. 따라서

$$P(U_{2n}=2k \mid A_{2m}^{+})=\beta_{2k-2m,\ 2n-2m},\quad m=1,\ 2,\ \cdots,\ k.$$

한편 A_{2m}^{-}가 발생하면 $U_{2m}=0$이므로 $(Z_{2m+1},\ \cdots,\ Z_{2n})$에서 제1사분면에 있는 변의 개수는 $2k$이어야 한다. 즉

$$P(U_{2n}=2k \mid A_{2m}^{-})=\beta_{2k,\ 2n-2m},\quad m=1,\ 2,\ \cdots,\ n-k.$$

따라서 귀납법의 가정에 의하여

$$\begin{aligned}
\beta_{2k,\ 2n} &= \frac{1}{2}\sum_{m=1}^{k} f_{2m}\beta_{2k-2m,\ 2n-2m}+\frac{1}{2}\sum_{m=1}^{n-k} f_{2m}\beta_{2k,\ 2n-2m} \\
&= \frac{1}{2}\sum_{m=1}^{k} f_{2m}u_{2k-2m}u_{2n-2k}+\frac{1}{2}\sum_{m=1}^{n-k} f_{2m}u_{2k}u_{2n-2k-2m} \\
&= \frac{1}{2}u_{2n-2k}\sum_{m=1}^{k} f_{2m}u_{2k-2m}+\frac{1}{2}u_{2k}\sum_{m=1}^{n-k} f_{2m}u_{2(n-k)-2m} \\
&= \frac{1}{2}u_{2n-2k}u_{2k}+\frac{1}{2}u_{2k}u_{2n-2k} \quad (\text{식 } (3.5)) \\
&= u_{2k}u_{2n-2k}
\end{aligned}$$

가 되어 정리가 증명된다. □

정리 3.26

$Z_{2n}=0$이라는 가정하에서 U_{2n}은 $\{0,\ 2,\ 4,\ \cdots,\ 2n\}$에서 균등분포를 따른다. 즉

$$P(U_{2n}=2k \mid Z_{2n}=0)=\frac{1}{n+1},\quad k=0,\ 1,\ 2,\ \cdots,\ n. \tag{3.10}$$

증명 $\gamma_{2k,\ 2n}=P(U_{2n}=2k \mid Z_{2n}=0)$이라 하자. $n=1$이면 명백하게 (3.10)이 성립한다. 이제 경로 길이가 $2n$보다 작을 때 (3.10)이 성립한다고 가정하자.
먼저 $k=n$일 때를 생각하자. 다음을 주목하자.

$$P(U_{2n}=2n \mid Z_{2n}=0)=\frac{1}{u_{2n}}P(Z_1\ge 0,\ \cdots,\ Z_{2n-1}\ge 0,\ Z_{2n}=0)$$

한편 $Z_1\ge 0,\ \cdots,\ Z_{2n-1}\ge 0,\ Z_{2n}=0$을 만족하는 경로 수는 $(1,\ 1)$을 출발

하여 -1을 경유하지 않고 $(2n,\ 0)$을 방문하는 경로 수와 같다. 또한 $(1,\ 1)$을 출발하여 -1을 경유하여 $(2n,\ 0)$에 도달하는 경로 수는 반사원리(정리 3.8)에 의하여 $\binom{2n-1}{n+1}$이다. 따라서 $Z_1 \geq 0,\ \cdots,\ Z_{2n-1} \geq 0,\ Z_{2n}=0$을 만족하는 경로 수는 다음과 같다.

$$\binom{2n-1}{n} - \binom{2n-1}{n+1} = \frac{1}{n+1}\binom{2n}{n}$$

따라서 $k=n$일 때 정리가 증명된다. $k=0$인 경우는 대칭성에 의하여 $k=n$인 경우와 같다.

$1 \leq k \leq n-1$이라 하고 $T_0=2r$이라 하자. 만약 $Z_1>0,\ \cdots,\ Z_{2r-1}>0,\ Z_{2r}=0$이면 $U_{2n}=2k$이기 위해서는 $1 \leq r \leq k$이고 길이가 $2n-2r$인 경로 $(Z_{2r},\ \cdots,\ Z_{2n})$에서 1사분면에 있는 변의 개수는 $2k-2r$이어야 한다. 귀납법의 가정에 의하여 경로 수는 다음과 같다.

$$\frac{1}{2}f_{2r}2^{2r}\frac{u_{2n-2r}2^{2n-2r}}{n-r+1} = \frac{2^{2n-2}}{r(n-r+1)}u_{2r-2}u_{2n-2r},\quad 1 \leq r \leq k \qquad (3.11)$$

(3.11)의 등식은 따름정리 3.13을 이용한 것이다.

만약 $Z_1<0,\ \cdots,\ Z_{2r-1}<0,\ Z_{2r}=0$이면 $U_{2n}=2k$이기 위해서는 $1 \leq k \leq n-r$이고 길이가 $2n-2r$인 경로 $(Z_{2r},\ \cdots,\ Z_{2n})$에서 1사분면에 있는 변의 개수는 $2k$이어야 한다. 귀납법의 가정에 의하여 이 경로 수는 다음과 같다.

$$\begin{aligned}&\frac{1}{2}f_{2r}2^{2r}\frac{u_{2n-2r}2^{2n-2r}}{n-r+1}\\ &\quad= \frac{2^{2n-2}}{r(n-r+1)}u_{2r-2}u_{2n-2r},\quad 1 \leq r \leq n-k\end{aligned} \qquad (3.12)$$

식 (3.12)의 우변에서 $j=n+1-r$로 두면 $1 \leq r \leq n-k$일 때 $k+1 \leq j \leq n$이므로 다음을 얻는다.

$$\sum_{r=1}^{n-k}\frac{u_{2r-2}u_{2n-2r}}{r(n-r+1)} = \sum_{j=k+1}^{n}\frac{1}{(n-j+1)j}u_{2n-2j}u_{2j-2}$$

따라서 $U_{2n}=2k$와 $Z_{2n}=0$을 만족하는 길이 $2n$인 모든 경로 수는

$$\sum_{r=1}^{k} \frac{2^{2n-2}}{r(n-r+1)} u_{2r-2} u_{2n-2r} + \sum_{r=1}^{n-k} \frac{2^{2n-2}}{r(n-r+1)} u_{2r-2} u_{2n-2r}$$
$$= \sum_{r=1}^{n} \frac{2^{2n-2}}{r(n-r+1)} u_{2r-2} u_{2n-2r}$$

이 되어 k에 의존하지 않음을 알 수 있다. 따라서

$$\gamma_{2,\ 2n} = \gamma_{4,\ 2n} = \cdots = \gamma_{2n-2,\ 2n}$$

이다. 한편 $\sum_{k=0}^{n} \gamma_{2k,\ 2n} = 1$이고 $\gamma_{0,\ 2n} = \gamma_{2n,\ 2n} = \frac{1}{n+1}$이므로

$$\gamma_{2,\ 2n} = \frac{1}{n-1}(1 - 2\gamma_{0,\ 2n}) = \frac{1}{n+1}$$

이 되어 정리가 증명된다. □

3.2.5 최댓값

다음을 정의하자.

$$M_n = \max_{0 \le k \le n} Z_k$$

보조정리 3.27

$$P(Z_n = k,\ M_n \ge r) = p_{n,\ 2r-k}, \quad r \ge k$$

증명 $(Z_0, \cdots, Z_n)$이 상태 r을 처음으로 방문하는 시각을 ν라 하자. 이 경로를 $P_1 = (Z_1, \cdots, Z_\nu = r)$과 $P_2 = (Z_\nu = r,\ Z_{\nu+1}, \cdots, Z_n = k)$로 나누면 P_2는 $(\nu,\ r)$에서 출발하여 $(n,\ k)$에 도달하는 길이가 $(n-\nu)$인 경로가 된다. 반사원리에 의하여 $(\nu,\ r)$에서 출발하여 $(n,\ k)$에 도달하는 경로 수는 $(\nu,\ r)$에서 출발하여 $(n,\ 2r-k)$에 도달하는 경로 수와 같다(그림 3.6). 따라서 $Z_n = k,\ M_n \ge r$를 만족하는 길이 n인 경로 수는 $(0,\ 0)$에서 출발하여 $(n,\ 2r-k)$에 도달하는 경로 수와 같다. 따라서 보조정리가 증명된다.

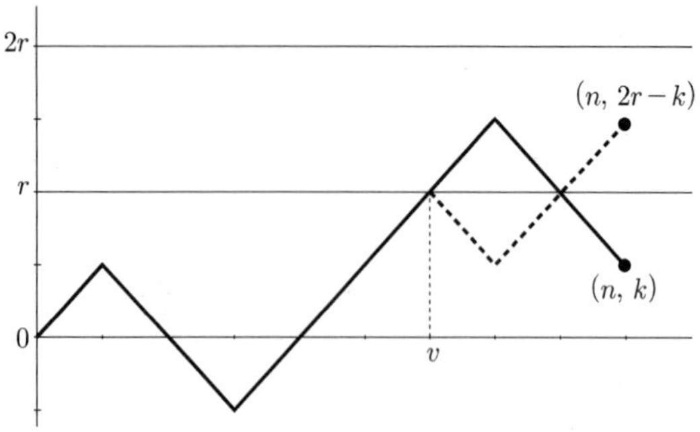

| 그림 3.6 | □

정리 3.28

$$P(M_n = r) = \max(p_{n,\,r},\ p_{n,\,r+1}),\quad r \geq 0$$

증명 $P(M_n = r) = \sum_k \big(P(M_n \geq r,\ Z_n = k) - P(M_n \geq r+1,\ Z_n = k)\big)$

$$= \sum_k \big(p_{n,\,2r-k} - p_{n,\,2r+2-k}\big)$$

$$= p_{n,\,r} + p_{n,\,r+1}$$

$p_{n,\,r}p_{n,\,r+1} = 0$이므로 정리가 증명된다. □

정리 3.29

$$P(Z_n > Z_j,\ j = 0,\ 1,\ \cdots,\ n-1) = \begin{cases} \frac{1}{2}u_n, & n\text{이 짝수} \\ \frac{1}{2}u_{n-1}, & n\text{이 홀수} \end{cases}$$

증명 보조정리 3.7에 의하여 다음을 알 수 있다.

$$P(Z_n > Z_j,\ j = 0,\ 1,\ \cdots,\ n-1) = P(Z_j^* > 0,\ j = 1,\ 2,\ \cdots,\ n)$$
$$= P(Z_j > 0,\ j = 1,\ 2,\ \cdots,\ n)$$

따라서 $n = 2k$이면 보조정리 3.10에 의하여 정리가 증명된다. 한편 $n = 2k+1$일 때 $Z_{2k} > 0$이면 Z_{2k}가 짝수이므로 $Z_{2k+1} > 0$이다. 따라서

$$P(Z_j > 0,\ j=1,\ \cdots,\ 2k+1) = P(Z_j > 0,\ j=1,\ \cdots,\ 2k) = \frac{1}{2}u_{2k}. \qquad \square$$

W_{2n}을 길이가 $2n$인 경로에서 최댓값이 처음으로 나타나는 시각이라 하자. 즉

$$W_{2n} = \min\{0 \le k \le 2n : Z_k = M_{2n}\}.$$

정리 3.30

$$P(W_{2n} = k) = \begin{cases} u_{2n}, & k = 0 \\ \dfrac{1}{2}u_{2\nu}u_{2n-2\nu}, & k = 2\nu \text{ 또는 } k = 2\nu+1,\ 1 \le k \le 2n \end{cases}$$

증명 따름정리 3.12와 정리 3.29로부터 다음을 각각 얻을 수 있다.

$$P(W_{2n} = 0) = P(M_{2n} = 0) = P(Z_1 \le 0,\ \cdots,\ Z_{2n} \le 0) = u_{2n},$$
$$P(W_{2n} = 2n) = P(Z_1 < Z_{2n},\ \cdots,\ Z_{2n-1} < Z_{2n}) = \frac{1}{2}u_{2n}$$

$1 < k < 2n$에 대하여 다음을 주목하자.

$$\{W_{2n} = k\} = A_1 \cap A_2$$

단

$$\begin{aligned} A_1 &= \{Z_1 < Z_k,\ \cdots,\ Z_{k-1} < Z_k\} = \{Z_k - Z_1 > 0,\ \cdots,\ Z_k - Z_{k-1} > 0\}, \\ A_2 &= \{Z_{k+1} \le Z_k,\ \cdots,\ Z_{2n} \le Z_k\} \\ &= \{Z_{k+1} - Z_k \le 0,\ \cdots,\ Z_{2n} - Z_k \le 0\}. \end{aligned}$$

$\boldsymbol{Z}$가 독립증분을 가지므로 A_1과 A_2는 서로 독립이다. 한편 정리 3.29로부터 $k = 2\nu$이거나 $k = 2\nu+1$이면

$$P(A_1) = \frac{1}{2}u_{2\nu},\quad \nu = 1,\ 2,\ \cdots,\ n-1$$

임을 알 수 있다. 한편 $P(A_2)$는 $(k,\ Z_k)$에서 출발하는 길이 $2n-k$인 경로가 모두 직선 $y = Z_k$ 아래에 있을 확률이다. 이것은 원점에서 출발하는 길이 $2n-k$

인 경로가 모두 $\{(x, y) : x \geq 0, y \leq 0\}$에 있을 확률과 같다. $Z_{2\nu+1} \leq 0$이면 $|Z_{2\nu+1}|$은 홀수이므로 $Z_{2\nu+2} \leq 0$이다. 따라서

$$P(Z_1 \leq 0, \cdots, Z_{2\nu+1} \leq 0) = P(Z_1 \leq 0, \cdots, Z_{2\nu+2} \leq 0) = u_{2\nu+2}.$$

따라서 $k = 2\nu$ 또는 $k = 2\nu + 1$이면

$$P(A_2) = P(Z_1 \leq 0, \cdots, Z_{2n-k} \leq 0) = u_{2n-2\nu}$$

이다. 따라서 $1 \leq k \leq 2n-1$이고 $k = 2\nu$ 또는 $k = 2\nu+1$일 때

$$P(W_{2n} = k) = P(A_1)P(A_2) = \frac{1}{2}u_{2\nu}u_{2n-2\nu}.$$ □

3장 연습문제

1. 어떤 공장에서 생산되는 볼베어링의 지름은 평균이 3이고 분산이 4×10^{-6}인 정규분포를 따른다고 한다. 생산된 볼베어링의 지름이 $[2.994,\ 3.006]$에 속하면 합격품으로 하고, 그렇지 않으면 불합격품이라 하자. X_n을 n번째 생산된 볼베어링이 합격품이면 1, 불합격품이면 0인 확률변수라 하자. 각 볼베어링이 합격품일지 불합격품일지는 서로 독립이라 하면 $\{X_n,\ n=1,\ 2,\ \cdots\}\sim \mathrm{BP}(p)$를 따른다. p를 구하라.

2. 베르누이과정 $\mathrm{BP}(0.7)$에서 성공 횟수 N_k에 대하여 다음을 구하라.
   (1) $P(N_1=0,\ N_3=0,\ N_7=2)$ (2) $P(N_5=3,\ N_{10}=7)$
   (3) $E[N_5N_8 \mid N_5]$ (4) $E[N_{11} \mid N_5]$

[3−5] $\boldsymbol{X}=\{X_1,\ X_2,\ \cdots\}\sim \mathrm{BP}(p)$일 때 N_k는 k번의 시행에서 성공 횟수, T_k는 k번 성공할 때까지의 시행 횟수를 나타낸다.

3. 다음을 구하라.
   (1) $E[N_5N_9 \mid N_2,\ N_3]$
   (2) $E[N_4+2N_5 \mid X_1=1,\ X_2=0,\ X_3=0,\ X_4=1]$

4. 다음을 구하라.
   (1) $E[T_{n+m} \mid T_n]$ (2) $P(N_m=j \mid N_{n+m}=k)$
   (3) $\mathrm{Var}[N_7-N_3]$ (4) $E[N_{n+m} \mid N_n]$

5. 다음을 구하라.
   (1) $P(T_1=k,\ T_2=m,\ T_3=n)$ (2) $P(T_3=n \mid T_1=k,\ T_2=m)$
   (3) $\mathrm{Var}[T_5-T_2]$ (4) $\mathrm{Cov}(T_2,\ T_5)$
   (5) $E[T_2 \mid N_m=2]\ (m>2)$

6. 보조정리 3.27의 결과를 이용하여 정리 3.15를 증명하라.

7. (1) $a>0,\ b>0$일 때 $x=-b$를 경유하지 않고 $(n,\ a)$에 도달하는 경로 수는

$N_{(n,\ a)} - N_{(n,\ a+2b)}$임을 보여라.

(2) $0 < a < b$일 때 $x = b$를 경유하지 않고 $(n,\ a)$에 도달하는 경로 수는 $N_{(n,\ a)} - N_{(n,\ 2b-a)}$임을 보여라.

8. $a > 0,\ b > 0,\ -b < c < a$라 하자. $(0,\ 0)$에서 두 직선 $x = -b$와 $x = a$를 경유하지 않고 $(n,\ c)$에 도달하는 경로 수는 다음과 같음을 보여라.

$$\sum_{k=-\infty}^{\infty} \left(N_{(n,\ 2k(a+b)+c)} - N_{(n,\ 2n(a+b)+2a-c)}\right)$$

9. 다음을 보여라.

$$u_0 u_{2n} + u_2 u_{2n-2} + \cdots + u_{2n} u_0 = 1$$

10. $P(Z_{2n} = 0 \mid Z_1 = 1) = P(Z_{2n} = 0 \mid Z_1 = -1)$이 되는 이유를 직관적으로 설명하고 이를 이용하여 $P(Z_{2n} = 0) = P(Z_{2n-1} = 1)$이 성립함을 보여라.

11. A, B 두 사람이 공정한 동전을 던져서 앞면이 나오면 A가 B로부터 1단위의 돈을 따고 뒷면이 나오면 B가 A로부터 1단위의 돈을 따는 게임을 생각하자. A와 B가 각각 a단위와 b단위의 돈을 가지고 게임할 때 A가 돈을 모두 딸 확률은 얼마인가?

3장 참고문헌

많은 확률과정론 책에서 베르누이과정과 단순확률보행을 마르코프과정이나 갱신과정 등의 특수한 경우로 다루었다. 이 장의 내용 중 베르누이 과정에 대해서는 Çinlar(1975, Chapter 3), 단순확률보행은 Feller(1968, Chapter Ⅲ)로부터 주로 가져온 것이다.

1. Çinlar, E., *Introduction to Stochastic Processes,* Prentice-Hall, Inc., 1975.
2. Durrett, R., *Probability : Theory and Examples,* 2nd ed., Duxbury Press, 1996.
3. Feller, W., *An Introduction to Probability Theory and its Applications, Vol. I,* 3rd ed., John Wiley & Sons, 1968.
4. Ross, S. M., *Stochastic Processes,* 2nd ed., John Wiley & Sons, 1996.

제 4 장

이산시간 갱신과정

어떤 사건의 발생시간 간격이 서로 독립이며 동일한 확률분포를 따라서 반복적으로 발생할 때 그 사건을 갱신(renewal)이라고 한다. 일정기간 동안 갱신이 발생하는 횟수로 이루어지는 확률과정 또는 갱신이 발생하는 시각으로 이루어지는 확률과정에 대한 이론을 갱신이론이라고 한다. 갱신이론은 마르코프연쇄 등과 같은 다른 확률과정의 이론을 전개하는 데 매우 유용한 이론이다. 이 장에서는 갱신 발생 간격이 양의 정수값을 갖는 이산확률변수인 경우에 국한하여 갱신이론을 살펴본다.

4.1 도입 및 정의

갱신과정에 대한 정의를 하기 전에 먼저 다음 예를 생각하자.

예제 4.1

어떤 건물의 안전요원은 매 시간마다 비상구 표시등이 제대로 켜져 있는지 점검하고 표시등이 작동하지 않으면 즉시 새로운 전구로 교체한다고 하자. 전구를 교체할 때 처음 설치한 전구와 같은 종류의 전구로 교체하면 교체되는 전구 수명은 서로 독립이며 같은 분포를 따른다. 이때 안전요원이 새로운 전구로 교체하는 사건을 A라 하면 A가 발생하는 시간 간격은 서로 독립이며 같은 분포를 따른다. ■

예제 4.2

동전을 던져서 앞면이 나오면 1단위의 돈을 따고 뒷면이 나오면 1단위의 돈을 잃게 되는 게임을 생각하자. Z_n을 n번째 게임이 끝난 후 딴 돈의 액수(n번의 게임에서 앞면이 나온 횟수에서 뒷면이 나온 횟수를 뺀 값)라 하자. 이 게임에서 본전이 되는 사건을 B라 하자. 즉 n번째 시행에서 사건 B가 발생하였다면 $Z_n = 0$이다. 이때 n번째 시행 이후에 진행되는 게임은 처음부터 다시 새롭게 시작하는 것과 같게 된다. 사건 B가 $(k-1)$번째 발생한 후 다시 한 번 더 발생할 때까지 시행한 횟수를 X_k라 하면 X_1, X_2, $\cdots$는 서로 독립이며 같은 분포를 따른다. ■

예제 4.3

어느 제과회사에서는 과자봉지 속에 N 종류의 쿠폰 중 한 가지씩 넣어서 판매한다. 각 과자봉지 속에 특정한 쿠폰이 들어 있을 확률은 동일하다. 처음에 한 종류의 쿠폰을 가지고 있다고 하자. 새로운 과자를 샀을 때 과자봉지 속에 들어 있는 쿠폰이 이미 가지고 있는 쿠폰과 같은 종류 중 하나일 때 사건 C가 발생하였다고 하자. 즉 현재 세 종류의 쿠폰을 가지고 있다고 할 때 새로 산 과자봉지 속에 있는 쿠폰이 세 가지 중 하나이면 사건 C가 발생한 것이고, 세 종류와 다른 종류의 쿠폰이 들어 있으면 사건 C가 발생하지 않은 것이다. 이때 S_n을 사건 C가 n번 발생할 때까지 새로 구매한 과자 수(과자봉지 수)라 하고 $X_n = S_n - S_{n-1}$ $(n = 1,\ 2,\ \cdots,\ S_0 = 0)$이라 하자. X_n은 이미 가지고 있는 것과 같은 종류의 쿠폰이 나올 때까지 수집한 서로 다른 종류의 쿠폰 수이므로 X_n이 클수록 X_{n+1}은 작아질 것이다. 따라서 $X_1,\ X_2,\ \cdots$는 서로 독립이 아니며 같은 분포를 따르지 않는다. ■

위의 예제 4.1의 사건 A와 예제 4.2의 사건 B와 같이 같이 서로 독립이며 동일한 확률분포를 따라서 반복적으로 발생하는 사건을 **갱신**(renewal)이라고 한다. 갱신(更新)에서 更은 '다시'라는 뜻이고 新은 '새롭다'는 뜻이다. 갱신은 사건이 한 번 발생하면 그 순간부터 새롭게 시작하는 것과 같다는 것을 의미한다. 예제 4.3의 사건 C는 발생시간 간격이 서로 독립이 아니므로 갱신이 아니다. 일반적으로 일정기간 동안 갱신이 발생하는 횟수로 이루어지는 확률과정을 갱신과정(renewal process)이라고 한다.

이제 $(n-1)$번째와 n번째 갱신이 발생하는 시간 간격을 $X_n\,(n=1,\ 2,\ \cdots)$이라 하고 n번째 갱신이 발생한 시각을 S_n이라 하자. 즉

$$S_n = X_1 + \cdots + X_n,\quad n=1,\ 2,\ \cdots .$$

그러면 $X_1,\ X_2,\ \cdots$는 서로 독립이며 같은 분포를 따르는 확률변수열이다. 이 장에서는 특별한 언급이 없는 한 X_n은 양의 정수값을 갖는 확률변수로 가정한다. 즉

$$\sum_{k=1}^{\infty} P(X_n = k) = 1.$$

시각 k까지 또는 k번의 시행에서 발생한 갱신 수를 N_k라고 하면 N_k는 다음과 같이 나타낼 수 있다.

$$N_k = \sup\{n : S_n \le k\}$$

예를 들어 만약 $S_3 \le k$이고 $S_4 > k$이면 세 번째 갱신은 k 또는 그 이전에 발생하고 네 번째 갱신은 k 이후에 발생하게 된다. 따라서 시각 k까지 발생한 갱신 수는 $N_k = 3$이다.

확률과정 $\boldsymbol{S}=\{S_n,\ n=0,\ 1,\ 2,\ \cdots\}$를 **갱신시각의 열** 또는 간단히 **갱신열**(renewal sequence)이라 하고 $\boldsymbol{N}=\{N_k,\ k=0,\ 1,\ 2,\ \cdots\}$를 갱신간격이 $\{X_n\}$인 **갱신과정** 또는 $\{X_n\}$에 의하여 생성되는 갱신과정이라고 한다.[1)]

1) $\boldsymbol{S}=\{S_n,\ n=0,\ 1,\ 2,\ \cdots\}$를 갱신과정이라 하고 $\boldsymbol{N}$을 갱신계수과정(renewal counting process)이라고

앞으로 특별한 언급이 없는한 갱신간격의 분포와 기댓값을 각각

$$f_k = P(X_n = k), \quad k = 1, 2, \cdots$$

$$\mu = E[X_n] = \sum_{k=1}^{\infty} k f_k$$

로 나타내고 $S_0 = 0$으로 둔다.

예제 4.4

성공할 확률이 p인 베르누이시행을 반복할 때 n번째 성공이 일어날 때까지 시행한 횟수를 S_n이라 하면 $X_n = S_n - S_{n-1}$, $n = 1, 2, \cdots$은 서로 독립이며 각각은 모수가 p인 기하분포를 따른다. 즉 $f_k = p(1-p)^{k-1} (k = 1, 2, \cdots)$이다. 따라서 k번의 시행에서 성공 횟수를 N_k라 할 때, 확률과정 $\{N_k, k = 0, 1, 2, \cdots\}$는 갱신간격의 분포가 $\{f_k, \ k = 1, 2, \cdots\}$인 갱신과정이다. ■

예제 4.5

예제 4.2에서 갱신간격의 분포는 따름정리 3.13에 의하여 $f_{2k+1} = 0$,

$$f_{2k} = \frac{1}{2k-1}\binom{2k}{k}2^{-2k}, \quad k = 1, 2, \cdots$$

이고 따름정리 3.14로부터 $\mu = E[X_n] = \infty$임을 알 수 있다. ■

4.2 극한정리

정리 4.1

$$P\left(\lim_{k\to\infty} N_k = \infty\right) = 1$$

부르는 경우도 있다.

증명 $N_\infty = \lim_{k\to\infty} N_k$는 갱신이 발생한 총 횟수이므로 $N_\infty < \infty$이기 위해서는 적당한 k에 대하여 k번째 갱신이 발생한 이후에 다음 갱신이 발생할 때까지 걸리는 시간이 무한히 커야한다. 즉

$$\{N_\infty < \infty\} = \cup_{k=1}^{\infty}\{X_k = \infty\}.$$

한편 $P(X_k < \infty) = 1$이므로

$$\begin{aligned} P(N_\infty < \infty) &= P\left(\cup_{k=1}^{\infty}\{X_k = \infty\}\right) \\ &\le \sum_{k=1}^{\infty} P(X_k = \infty) = 0. \end{aligned}$$

□

정리 4.2

$\mu = E[X_1] < \infty$일 때 확률 1로 다음이 성립한다.

$$\lim_{k\to\infty} \frac{N_k}{k} = \frac{1}{\mu}$$

증명 N_k는 시각 k까지 발생한 갱신 수이므로 S_{N_k}는 시각 k까지 발생한 갱신 중 최근에 갱신이 발생한 시각을 나타낸다. 따라서 $S_{N_k} \le k$이다. 또한 $S_{N_{k+1}}$은 시각 k를 지난 후에 처음으로 갱신이 발생한 시각을 나타내므로 $S_{N_{k+1}} > k$이다. 따라서 다음이 성립함을 알 수 있다.

$$\frac{S_{N_k}}{N_k} \le \frac{k}{N_k} < \frac{S_{N_{k+1}}}{N_k}$$

한편 $n \to \infty$일 때 대수의 강법칙에 의하여 $\frac{S_n}{n} \to \mu$이고 정리 4.1에 의하여 $N_n \to \infty$이므로, $k \to \infty$일 때 확률 1로 다음이 성립한다.

$$\frac{S_{N_k}}{N_k} \longrightarrow \mu,$$

$$\frac{S_{N_k+1}}{N_k} = \frac{S_{N_k+1}}{N_k+1}\frac{N_{k+1}}{N_k} \longrightarrow \mu$$

따라서 정리가 증명된다. □

정리 4.3

$E[X_n]=\mu$, $\mathrm{Var}[X_n]=\sigma^2<\infty$일 때 $n\to\infty$이면

$$P\left(\frac{N_n-n/\mu}{\sqrt{\sigma^2 n/\mu^3}}\le x\right)\longrightarrow\Phi(x)=\frac{1}{\sqrt{2\pi}}\int_{-\infty}^{x}e^{-y^2/2}dy.$$

증명 S_n은 서로 독립이며 같은 분포를 따르는 n개의 확률변수들의 합이므로 중심극한정리에 의하여 다음이 성립함을 알 수 있다.

$$P\left\{\frac{S_n-n\mu}{\sigma\sqrt{n}}<x\right\}\longrightarrow\Phi(x)=\frac{1}{\sqrt{2\pi}}\int_{-\infty}^{x}e^{-y^2/2}dy$$

이제 x를 고정시키고 r_n을 다음과 같이 두자.

$$r_n=\frac{n}{\mu}+x\sqrt{\frac{\sigma^2 n}{\mu^3}}$$

그러면 $n\to\infty$일 때 $\frac{\mu r_n}{n}\to 1$이므로 다음이 성립한다.

$$\begin{aligned}P\left(\frac{N_n-n/\mu}{\sqrt{\sigma^2 n/\mu^3}}\ge x\right)&=P\left(N_n\ge\frac{n}{\mu}+x\sqrt{\frac{\sigma^2 n}{\mu^3}}\right)=P(S_{r_n}\le n)\\&=P\left(\frac{S_{r_n}-\mu r_n}{\sigma\sqrt{r_n}}\le -x\sqrt{\frac{n}{\mu r_n}}\right)\\&\longrightarrow\Phi(-x)=1-\Phi(x)\end{aligned}$$ □

정리 4.3으로부터 n이 충분히 클 때 N_n에 대한 다음 근사식을 얻는다.

$$E[N_n]\approx\frac{n}{\mu},\quad \mathrm{Var}[N_n]\approx\frac{n\sigma^2}{\mu^3}$$

4.3 갱신방정식과 갱신정리

갱신간격의 분포 $f_k = P(X_1 = k)$에 대하여 $\boldsymbol{f} = \{f_k,\ k = 0,\ 1,\ 2,\ \cdots\}(f_0 = 0)$라 하자. 그러면

$$P(X_1 + X_2 = n | X_1 = k) = P(X_2 = n - k) = f_{n-k}$$

이므로 $S_2 = X_1 + X_2$의 확률질량함수는

$$\begin{aligned} P(S_2 = n) &= \sum_{k=0}^{n} P(X_1 + X_2 = n | X_1 = k) f_k \\ &= \sum_{k=0}^{n} f_k f_{n-k}, \quad n = 1,\ 2,\ \cdots\ (n \geq k) \end{aligned}$$

가 되어 S_2의 분포는 $\boldsymbol{f} * \boldsymbol{f} = \boldsymbol{f}^{(2)}$임을 알 수 있다.[2] 일반적으로 n번째 갱신이 발생하는 시각 $S_n = X_1 + \cdots + X_n$은 서로 독립이며 같은 분포를 따르는 확률변수 n개의 합이므로 S_n의 분포는 $\boldsymbol{f}^{(n)} = \left\{f_k^{(n)},\ k = 0,\ 1,\ \cdots\right\}$이 됨을 알 수 있다. 단 $\boldsymbol{f}^{(n)} = \boldsymbol{f}^{(n-1)} * \boldsymbol{f}$, $\boldsymbol{f}^{(0)} = \boldsymbol{\delta} = \{1,\ 0,\ 0,\ \cdots\}$이다.

또한 시각 k에 갱신이 발생할 확률을 u_k라 하고 $\boldsymbol{u} = \{u_n,\ n = 0,\ 1,\ 2,\ \cdots\}(u_0 = 1)$라 하자. 그러면 다음을 쉽게 알 수 있다.

$$\begin{aligned} u_k &= P(\text{적당한 } n\text{에 대하여 } S_n = k) \\ &= P\left(\cup_{n=1}^{\infty} \{S_n = k\}\right) = \sum_{n=1}^{\infty} P(S_n = k),\ k = 1,\ 2,\ \cdots \end{aligned}$$

정리 4.4

$\boldsymbol{u} = \{u_n\}$과 $\boldsymbol{f} = \{f_n\}$은 다음을 만족한다.

$$\boldsymbol{u} = \boldsymbol{\delta} + \boldsymbol{f} * \boldsymbol{u} \tag{4.1}$$

즉 $u_0 = 1,\ u_k = f_k u_0 + f_{k-1} u_1 + \cdots + f_1 u_{k-1} (k \geq 1)$.

---

2) $\boldsymbol{a} * \boldsymbol{b}$는 수열 $\boldsymbol{a}$와 $\boldsymbol{b}$의 합성곱을 나타낸다(제1.8절 참조).

증명 첫째 갱신이 시각 j에 발생하였다면 갱신과정은 j부터 새롭게 시작하는 것과 같으므로 시각 $k(k \geq j)$에 갱신이 발생할 확률은 $k-j$시각에 갱신이 발생할 확률과 같다. 즉

$$P(\text{적당한 } n\text{에 대하여 } S_n = k \mid X_1 = j) = u_{k-j}.$$

따라서 다음을 얻는다.

$$\begin{aligned} u_k &= \sum_{j=1}^{k} P(\text{적당한 } n\text{에 대하여 } S_n = k \mid X_1 = j) P(X_1 = j) \\ &= \sum_{j=1}^{k} f_j u_{k-j} \end{aligned}$$

□

예제 4.6 Geo/G/1 **대기행렬시스템**

베르누이과정을 따라 고객이 도착하고 한 명의 서버가 서비스를 하는 대기체계를 생각하자. 즉 시각 n에 고객이 외부로부터 도착할 확률은 p이고 그렇지 않을 확률은 $q = 1-p$이다. 도착하는 고객은 서버가 서비스 중이면 대기열에서 대기하고 서버가 쉬고 있는 중이면 도착 즉시 서비스를 받기 시작한다. 또한 시스템 내에 고객이 있을 경우 서버는 쉬지 않고 서비스를 한다고 가정하자. n번째 도착한 고객이 받아야 할 서비스 시간 $B_n (n = 1, 2, \cdots)$은 서로 독립이며 각각의 확률질량함수를 $b_k = P(B_n = k)$ $(k = 1, 2, \cdots)$라 하자. 이 시스템에서 고객이 도착하는 시간 간격은 모수가 p인 기하분포를 따르고 서비스 시간의 분포는 일반적인 분포를 따르므로 이와 같은 대기행렬시스템을 Geo/G/1 대기행렬시스템이라 한다.

이때 Z_n을 시각 n에 시스템에 있는 고객 수라 하고 $Z_0 = 0$을 가정하자. 시스템의 상태가 n번째 0이 된 후부터 $(n+1)$번째 0이 될 때까지의 시간 간격을 X_{n+1}이라 하자. $f_k = P(X_n = k)$와 $u_k = P(Z_k = 0)$은 다음 식을 만족한다.

$$u_n = f_1 u_{n-1} + f_2 u_{n-2} + \cdots + f_n u_0$$

■

따름정리 4.5

$\boldsymbol{u}$와 $\boldsymbol{f}$의 생성함수 $U(z) = \sum_{n=0}^{\infty} u_n z^n$과 $F(z) = \sum_{n=0}^{\infty} f_n z^n$은 다음을 만족한다.

$$U(z) = \frac{1}{1 - F(z)} \tag{4.2}$$

증명 정리 4.4와 합성곱의 성질(제1.8절 참조)에 의하여 자명하다. □

정리 4.6

$m_n = E[N_n]$, $b_n = P(X_1 \le n)$이라 할 때, $\boldsymbol{m} = \{m_n\}$, $\boldsymbol{b} = \{b_n\}$은 다음을 만족한다.

$$\boldsymbol{m} = \boldsymbol{b} + \boldsymbol{f} * \boldsymbol{m}$$

증명 $X_1 = k$이면 시각 k에 갱신이 처음 발생하고 $(k+1)$번째부터 n번째까지 $(n-k)$번의 시행에서 발생한 갱신 수는 N_{n-k}와 같은 분포를 따르므로

$$E[N_n \mid X_1 = k] = \begin{cases} 1 + E[N_{n-k}], & k \le n \\ 0, & k > n \end{cases}.$$

따라서

$$\begin{aligned} m_n &= \sum_{k=1}^{n} E[N_n \mid X_1 = k] f_k = \sum_{k=1}^{n} (1 + m_{n-k}) f_k \\ &= \sum_{k=1}^{n} f_k + \sum_{k=1}^{n} m_{n-k} f_k. \end{aligned}$$

□

수열 $\boldsymbol{c} = \{c_n,\ n = 0, 1, 2, \cdots\}$가 주어졌을 때 $\boldsymbol{x} = \{x_n\}_{n=0}^{\infty}$에 대한 방정식

$$\boldsymbol{x} = \boldsymbol{c} + \boldsymbol{f} * \boldsymbol{x} \tag{4.3}$$

를 **갱신방정식**(renewal equation)이라 한다. 특히 $\boldsymbol{c} = \boldsymbol{\delta}$일 때 갱신방정식

$$\boldsymbol{x} = \boldsymbol{\delta} + \boldsymbol{f} * \boldsymbol{x}$$

를 **기본갱신방정식**(basic renewal equation)이라 하고 기본갱신방정식의 해를 갱신방정식의 **기본해**(fundamental solution)라 한다.

정리 4.4로부터 $\boldsymbol{u} = \{u_n\}$은 기본갱신방정식을 만족함을 알 수 있다. 또한 $\boldsymbol{f} = \{f_n\}$이

주어지면 u_n은 다음과 같이 유일하게 정해진다.

$$u_n = f_n u_0 + f_{n-1} u_1 + \cdots + f_1 u_{n-1},\ n \geq 1 \quad (u_0 = 1)$$

정리 4.7
$\boldsymbol{x} = \boldsymbol{c} * \boldsymbol{u}$는 갱신방정식 (4.3)의 유일한 해가 된다.

증명 합성곱의 성질에 의하여 $\boldsymbol{c} * \boldsymbol{\delta} = \boldsymbol{c}$이고 $\boldsymbol{c} * (\boldsymbol{f} * \boldsymbol{u}) = \boldsymbol{f} * (\boldsymbol{c} * \boldsymbol{u})$이므로

$$\boldsymbol{c} * \boldsymbol{u} = \boldsymbol{c} * (\boldsymbol{\delta} + \boldsymbol{f} * \boldsymbol{u}) = \boldsymbol{c} * \boldsymbol{\delta} + \boldsymbol{c} * (\boldsymbol{f} * \boldsymbol{u}) = \boldsymbol{c} + \boldsymbol{f} * (\boldsymbol{c} * \boldsymbol{u})$$

가 되어 $\boldsymbol{c} * \boldsymbol{u}$는 갱신방정식 (4.3)의 해가 된다.

해의 유일성을 보이자. $\boldsymbol{x} = \{x_n\}$과 $\boldsymbol{y} = \{y_n\}$을 (4.3)의 해라 하고 $\boldsymbol{z} = \boldsymbol{x} - \boldsymbol{y}$라 두자. 명백하게 $z_0 = 0$이고 $\boldsymbol{z} = \boldsymbol{z} * \boldsymbol{f}$이다. 따라서 $\boldsymbol{z} = \boldsymbol{z} * \boldsymbol{f}^{(k)}\ (k = 1, 2, \cdots)$이다. 한편 $P\left(\lim_{n \to \infty} S_n = \infty\right) = 1$이므로

$$\lim_{k \to \infty} f_n^{(k)} = \lim_{k \to \infty} P(S_k = n) = 0,\ n = 0, 1, 2, \cdots$$

이다. 따라서 각각의 $n \geq 1$에 대하여 $k \to \infty$이면

$$|z_n| \leq \sum_{j=0}^{n-1} |z_j| f_{n-j}^{(k)} \longrightarrow 0$$

이므로 유일성이 증명된다. □

$\boldsymbol{f}$에 대하여 다음을 정의하자.

$$d = \mathrm{GCD}\{k \geq 1 : f_k > 0\}$$

단 $\mathrm{GCD}\{\cdot\}$는 집합 $\{\cdot\}$에 속한 정수의 최대공약수이다. 이때 $d > 1$이면 $\boldsymbol{f}$는 주기적(periodic)이라 하고 d를 $\boldsymbol{f}$의 주기(period)라 한다. $d = 1$일 때 $\boldsymbol{f}$는 비주기적(aperiodic)이라 한다. 만약 $f_k > 0$, $f_j > 0$이며 서로소인 k와 j가 존재하면 $\boldsymbol{f}$는 비주기적이다.[3)]

3) k와 j의 최대공약수가 1일 때 k와 j는 서로소라고 한다.

정리 4.8 갱신정리(Renewal theorem)

$\boldsymbol{f}$가 비주기적일 때 다음이 성립한다.

$$\lim_{n\to\infty} u_n = \frac{1}{\mu} \tag{4.4}$$

단 $\mu=\infty$일 때 $1/\mu=0$을 의미한다.

증명 이 정리의 증명에서 가장 어려운 부분은 $\lim_{n\to\infty} u_n$의 존재성에 관한 것이다. 이에 대한 증명은 제4.7절에서 소개하고 여기서는 극한이 존재할 때 (4.4)가 성립함을 보인다.

$\boldsymbol{u}$와 $\boldsymbol{f}$의 생성함수를 각각 $U(z)$와 $F(z)$라 하면 $F'(1)=\mu$이므로 생성함수의 성질 GF2(제1.8절)와 (4.2)에 의하여 다음을 얻는다.

$$\begin{aligned}\lim_{n\to\infty} u_n &= \lim_{z\to 1}(1-z)U(z)\\ &= \lim_{z\to 1}\frac{1-z}{1-F(z)} = \frac{1}{F'(1)} = \frac{1}{\mu}\end{aligned}$$

□

따름정리 4.9 기본갱신정리

$\boldsymbol{f}$가 비주기적일 때

$$\lim_{n\to\infty}\frac{E[N_n]}{n} = \frac{1}{\mu}.$$

증명 극한의 성질에서 $\lim_{n\to\infty} a_n = a$이면 $\lim_{n\to\infty}\frac{1}{n}\sum_{k=1}^{n} a_k = a$이므로 다음을 보이면 충분하다.

$$E[N_n] = u_1 + u_2 + \cdots + u_n$$

S_n과 N_n의 정의로부터 $P(N_n \ge k) = P(S_k \le n)$이므로

$$E[N_n] = \sum_{k=1}^{\infty} P(N_n \ge k) = \sum_{k=1}^{\infty} P(S_k \le n) = \sum_{k=1}^{\infty}\sum_{j=1}^{n} P(S_k = j)$$

$$= \sum_{j=1}^{n}\sum_{k=1}^{\infty} P(S_k = j) = \sum_{j=1}^{n} u_j. \qquad \square$$

따름정리 4.10

$\boldsymbol{f}$가 비주기적이고 $\sum_{n=0}^{\infty}|b_n| < \infty$일 때 $\boldsymbol{v} = \boldsymbol{b} * \boldsymbol{u}$에 대하여 다음이 성립한다.

$$\lim_{n\to\infty} v_n = \frac{1}{\mu}\sum_{k=0}^{\infty} b_k$$

증명 $B(z) = \sum_{n=0}^{\infty} b_n z^n$이라 하면 합성곱의 성질 C1에 의하여 $\boldsymbol{v}$의 생성함수 $V(z)$는 $V(z) = U(z)B(z)$이다. 따라서 GF1(제1.8절)에 의하여

$$\begin{aligned}\lim_{n\to\infty} v_n &= \lim_{z\to 1}(1-z)V(z)\\ &= \left(\lim_{z\to 1}(1-z)U(z)\right)\left(\lim_{z\to 1}B(z)\right) = \frac{B(1)}{\mu}.\end{aligned} \qquad \square$$

따름정리 4.11

$\boldsymbol{f}$가 비주기적이고 $\sum_{n=0}^{\infty}|b_n| < \infty$일 때 갱신방정식 $\boldsymbol{v} = \boldsymbol{b} + \boldsymbol{f} * \boldsymbol{v}$의 해 $\boldsymbol{v} = \{v_n\}$에 대하여 다음이 성립한다.

$$\lim_{n\to\infty} v_n = \frac{1}{\mu}\sum_{k=0}^{\infty} b_k$$

증명 정리 4.7과 따름정리 4.11에 의하여 자명하다. □

4.4 경과시간과 잔여시간

갱신간격이 $\{X_n\}$인 갱신열 $\{S_n\}$에 대하여 확률변수 A_n, B_n 및 X_n^*을 다음과 같이 정의하자.

$$A_n = n - S_{N_n},$$
$$B_n = S_{N_n+1} - n,$$
$$X_n^* = A_n + B_n$$

이때 A_n을 시각 n에서 **나이**(age), **경과시간**(elapsed time) 또는 **후방향재귀시간**(backward recurrence time)이라 한다. 또한 B_n을 시각 n에서 **잔여시간**(residual life 또는 residual time) 또는 **전방향재귀시간**(forward recurrence time)이라 하고 X_n^*을 **재귀시간**(recurrence time)이라고 한다.

현재까지 시행한 횟수가 n일 때 A_n은 최근에 갱신이 일어난 시각부터 현재까지의 시행한 횟수를 나타내고 B_n은 시각 n에서 다음 갱신이 일어날 때까지의 시행 횟수를 나타낸다. 예를 들어 $X_1 = 3$, $X_2 = 5$, $X_3 = 2$, $X_4 = 4$, $\cdots$일 때 $S_1 = 3$, $S_2 = 8$, $S_3 = 10$, $S_4 = 14$이므로 $N_1 = N_2 = 0$, $N_k = 1\,(3 \le k \le 7)$, $N_8 = 2$이다. 이때 $A_0 = 0$, $A_2 = 2$, $A_3 = 0$, $A_7 = 4$, $A_{10} = 0$이고 $B_0 = 3$, $B_2 = 1$, $B_3 = 5$, $B_{11} = 3$이다. 또한 $X_1^* = X_2^* = = 3$, $X_3^* = X_4^* = 5$이다(그림 4.1).

정리 4.12

$\boldsymbol{f} = \{f_n\}$이 비주기적일 때 A_n, B_n, X_n^*의 극한분포는 각각 다음과 같다.

$$\lim_{n\to\infty} P(A_n = k) = \frac{1}{\mu} P(X_1 > k), \quad k = 0,\ 1,\ \cdots$$

$$\lim_{n\to\infty} P(B_n = k) = \frac{1}{\mu} P(X_1 \ge k), \quad k = 1,\ 2,\ \cdots$$

$$\lim_{n\to\infty} P(X_n^* = k) = \frac{k}{\mu} P(X_1 = k), \quad k = 1,\ 2,\ \cdots$$

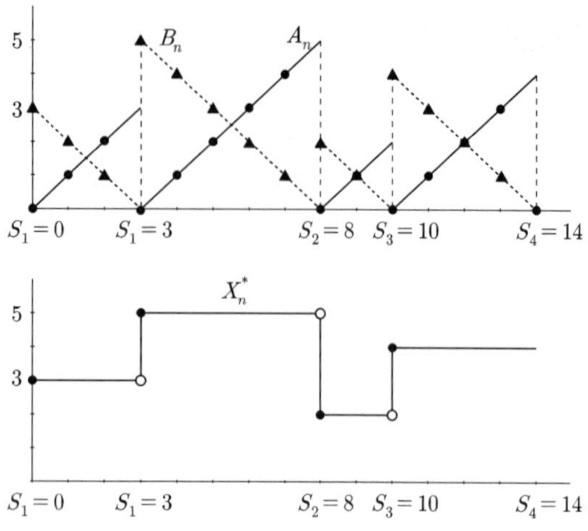

| 그림 4.1 | A_n, B_n, X_n^*의 표본경로

증명 정수 $k \geq 0$를 고정하고 $a_n = P(A_n = k)$라 하자. $X_1 > n$일 때 $A_n = n$이고, $X_1 = j \leq n$일 때 $P(A_n = k | X_1 = j) = a_{n-j}$이므로 다음이 성립함을 알 수 있다.

$$\begin{aligned} a_n &= P(X_1 > n,\ A_n = k) + P(X_1 \leq n,\ A_n = k) \\ &= P(X_1 > n)\delta_{nk} + \sum_{j=1}^{n} a_{n-j} f_j \end{aligned}$$

단 $i = j$일 때 $\delta_{ij} = 1$이고, $i \neq j$일 때 $\delta_{ij} = 0$이다. 따름정리 4.10에 의하여

$$\lim_{n \to \infty} a_n = \frac{1}{\mu} \sum_{n=0}^{\infty} P(X_1 > n)\delta_{nk} = \frac{1}{\mu} P(X_1 > k).$$

고정된 $k \geq 1$에 대하여 a_n과 유사한 방법으로 $b_n = P(B_n = k)$와 $x_n = P(X_n^* = k)$가 각각 다음 갱신방정식을 만족함을 알 수 있다.

$$\begin{aligned} b_n &= P(X_1 > n,\ B_n = k) + P(X_1 \leq n,\ B_n = k) \\ &= f_{n+k} + \sum_{j=0}^{n} b_{n-j} f_j, \\ x_n &= P(X_1 > n,\ X_n^* = k) + P(X_1 \leq n,\ X_n^* = k) \end{aligned}$$

$$= f_k 1_{\{k > n\}} + \sum_{j=0}^{n} x_{n-j} f_j$$

$\{b_n\}$과 $\{x_n\}$에 대한 위의 갱신방정식에 따름정리 4.10을 적용하면 정리가 증명된다. □

예제 4.7

손님을 얼마든지 수용할 수 있는 커다란 식당에 손님들이 집단으로 도착한다고 하자. 도착하는 집단 크기는 서로 독립이며 집단 크기가 균등분포 U$\{1, 2, \cdots, 10\}$을 따를 때 임의로 선택된 손님이 속한 집단 크기의 분포와 평균을 구하라.

‖ **풀이** 도착하는 손님을 한 줄로 세우고 각 손님에게 차례로 번호표를 나누어 준다고 하자. 한 집단이 도착할 때마다 갱신이 발생한 것으로 생각하면 각 집단의 첫 번째 손님의 번호를 갱신이 발생한 시각으로 볼 수 있다. 이때 각 집단 크기는 갱신발생 시간 간격으로 생각할 수 있다. 따라서 X_n을 n번째 도착한 집단 크기라고 하면 $X_1, X_2, \cdots$는 서로 독립이고 각각은 균등분포 U$\{1, 2, \cdots, 10\}$을 따른다. 따라서

$$P(X_n = k) = \frac{1}{10}, \quad k = 1, 2, \cdots, 10,$$

$$E[X_n] = \frac{55}{10}$$

이다. 정리 4.12에 의하여 임의로 선택한 손님이 속한 집단 크기 X^*의 분포와 평균은 각각

$$P(X^* = k) = \frac{kP(X_1 > k)}{E[X_1]} = \frac{k}{55}, \quad k = 1, 2, \cdots, 10,$$

$$E[X^*] = \sum_{k=1}^{10} k \cdot \frac{k}{55} = 7$$

이 되어 $E[X^*] > E[X_1]$임을 알 수 있다. ■

검사모순 정리 4.12로부터 X_n^*의 극한분포의 평균 $E[X^*]$은

$$E[X^*] = \frac{E[X_1^2]}{E[X_1]} \geq E[X_1]$$

임을 알 수 있다. 즉 $E[X^*]$는 보통의 갱신이 일어나는 구간 길이의 평균 $E[X_1]$보다 크다. 이것을 **검사모순**(inspection paradox)이라 한다. 이 현상은 다음과 같이 설명할 수 있다. 양의 정수의 집합을 서로소인 집합으로 분할하고 양의 정수 중 임의로 하나를 택한다고 하자. 이때 그 정수는 원소 개수가 작은 집합보다는 개수가 많은 집합에서 선택될 가능성이 클 것이다. 이와 마찬가지로 양의 정수에서 한 시점을 임의로 택할 때 그 시점이 속한 구간 길이 X^*는 일반적인 다른 구간 길이 X_n보다는 클 것이다.

4.5 갱신과정의 확장

갱신과정에서 갱신간격 $\{X_n\}$은 서로 독립이며 같은 분포를 따르고 $P(X_1 < \infty) = 1$인 확률변수열이었다. 이 절에서는 $\{X_n\}$에 대한 조건이 완화되었을 때의 확률과정에 대하여 살펴본다.

4.5.1 지연갱신과정

확률변수열 $\{X_n,\ n = 1,\ 2,\ \cdots\}$는 서로 독립이고 $\sum_{k=1}^{\infty} P(X_n = k) = 1$이며 X_1과 $X_n(n \geq 2)$의 분포를 각각

$$g_k = P(X_1 = k),\quad k = 1,\ 2,\ \cdots,$$
$$f_k = P(X_n = k),\quad k = 1,\ 2,\ \cdots \quad (n \geq 2)$$

라 하고 $\boldsymbol{g} = \{g_n\}(g_0 = 0)$이라 하자. $S_n = \sum_{k=1}^{n} X_k,\ n \geq 1\,(S_0 = 0)$이라 하고 N_k^D를 다음과 같이 정의하자.

$$N_k^D = \sup\{n : S_n \leq k\}$$

이때 확률과정 $\boldsymbol{N}^D = \{N_k^D,\ k = 0,\ 1,\ 2,\ \cdots\}$를 이산시간 **지연갱신과정**(delayed renewal process)이라고 한다. 지연이 없는 갱신과정을 **순수갱신과정**(pure renewal process)이라고 하기도 한다.

예제 4.8 **예제 4.1의 연속**

예제 4.1에서 전구를 교체할 때 처음에 설치되었던 전구보다 수명이 긴 다른 종류의 전구로 교체한다고 하면 n시간 동안 교체한 전구 수로 이루어지는 확률과정은 지연갱신과정이다. ■

예제 4.9 **예제 4.2의 연속**

예제 4.2에서 $Z_0 \neq 0$이면 처음 $Z_n = 0$이 발생할 때까지 시행 횟수와 두 번째, 세 번째, ⋯ 발생할 때까지 필요한 시행 횟수의 분포는 서로 다르다. 이때 n번의 시행에서 $Z_k = 0$이 발생한 횟수 $N_n^D = \sum_{k=1}^{n} 1_{\{Z_k = 0\}}$으로 이루어지는 확률과정 $\{N_n^D, n = 0, 1, 2, \cdots\}$는 지연갱신과정이다. ■

예제 4.10 **예제 4.6의 연속**

$\mathrm{Geo}/G/1$ 대기행렬시스템에서 $Z_0 \neq 0$이면 X_1과 $X_n (n \geq 2)$은 서로 다른 분포를 갖는다. 이때 $N_n^D = \sum_{k=1}^{n} 1_{\{Z_k = 0\}}$으로 이루어지는 확률과정 $\{N_n^D, n = 0, 1, 2, \cdots\}$는 지연갱신과정이다. ■

지연갱신과정의 정의에 의하여 $\widetilde{N}_n = N_{X_1+n}^D - 1$, $\widetilde{S}_n = S_n - X_1$으로 두면 $\{\widetilde{N}_n, n = 0, 1, 2, \cdots\}$는 갱신열이 $\{\widetilde{S}_n, n = 1, 2, \cdots\}$인 순수갱신과정이 됨을 알 수 있다. 따라서 u_n^D를 지연갱신과정에서 시각 n에 갱신이 발생할 확률이라 할 때

$$\begin{aligned} u_k^D &= P(\text{시각 } k\text{에 갱신이 발생}) \\ &= \sum_{j=1}^{k} P(\text{시각 } k\text{에 갱신이 발생} \mid X_1 = j) P(X_1 = j) \\ &= \sum_{j=1}^{k} u_{k-j} g_j \end{aligned}$$

이다. 즉

$$\boldsymbol{u}^D = \boldsymbol{g} * \boldsymbol{u}. \tag{4.5}$$

따름정리 4.10에 의하여 다음을 얻는다.

정리 4.13

$\boldsymbol{f} = \{f_n\}$이 비주기적일 때 다음이 성립한다.

$$\lim_{n \to \infty} u_n^D = \frac{1}{\mu} \quad (\text{단 } \mu = \sum_{k=1}^{\infty} k f_k)$$

4.5.2 주기적인 갱신과정

갱신간격 X_n의 분포 $\boldsymbol{f}$가 주기적일 때 갱신과정 $\boldsymbol{N}$을 주기적인 갱신과정이라 한다.

보조정리 4.14

$\boldsymbol{u}$와 $\boldsymbol{f}$는 주기가 같다.

증명 d_u와 d_f를 각각 $\boldsymbol{u}$와 $\boldsymbol{f}$의 주기라 하고 $A_u = \{n : u_n > 0\}$, $A_f = \{n : f_n > 0\}$이라 하자. 정리 4.4로부터 $u_n \geq f_n$이므로 $f_n > 0$이면 $u_n > 0$이다. 따라서 $A_f \subset A_u$이다. 그러므로 $d_f \geq d_u$이다.

이제 $d_f \leq d_u$를 보인다. $n \in A_u$라 하자. 그러면 적당한 m에 대하여 $f_n^{(m)} = P(S_m = n) > 0$이다. 한편 주기의 정의에 의하여 $j \notin D_f = \{kd_f \mid k = 1, 2, \cdots\}$이면 $f_j = 0$이므로

$$\begin{aligned} f_n^{(m)} &= \sum_{j=1}^{n} f_j f_{n-j}^{(m-1)} \\ &= \sum_{\{1 \leq j \leq n \,:\, jd_f \leq n\}} f_{jd_f} f_{n-jd_f}^{(m-1)} > 0. \end{aligned}$$

또한 $f_{n-jd_f}^{(m-1)} > 0$이기 위해서는 $n - jd_f \in D_f$이어야 한다. D_f는 덧셈에 대하여 닫혀 있으므로 $n \in D_f$이다. 따라서 $A_u \subset D_f$이고 $d_f \leq d_u$이다. □

따름정리 4.15

$\boldsymbol{f}$의 주기가 $d>1$일 때 다음이 성립한다.

(1) $\lim_{n\to\infty} u_{nd} = \dfrac{d}{\mu}$

(2) $\sum_{n=0}^{\infty} |b_n| < \infty$을 만족하는 $\boldsymbol{b}=\{b_n\}$에 대하여 $\boldsymbol{v}=\boldsymbol{b}*\boldsymbol{u}$라 할 때

$$\lim_{n\to\infty} v_{nd+j} = \frac{d}{\mu}\sum_{k=0}^{\infty} b_{kd+j},\quad j=0,\ 1,\ \cdots,\ d-1.$$

증명 (1) $\boldsymbol{f}$의 주기가 $d>1$이므로 보조정리 4.14에 의하여 $\boldsymbol{u}$의 주기도 d이다. 따라서 $u_{nd+j}=0,\ 0<j<d,\ n=0,\ 1,\ 2,\ \cdots$이다. $h_n=f_{nd},\ w_n=u_{nd}$로 두면 $\boldsymbol{h}=\{h_n\}$과 $\boldsymbol{w}=\{w_n\}$은 각각 주기가 1인 수열로 $\boldsymbol{w}=\boldsymbol{h}*\boldsymbol{w}$를 만족한다. 따라서 정리 4.8에 의하여 다음을 얻는다.

$$\lim_{n\to\infty} w_n = \frac{1}{\sum_{n=1}^{\infty} nh_n} = \frac{d}{\sum_{n=1}^{\infty} ndf_{nd}} = \frac{d}{\mu}$$

(2) 각 $0<j<d$에 대하여 $\tilde{b}_{n,\,j}=b_{nd+j}$라고 두면

$$v_{nd+j} = \sum_{k=0}^{nd+j} b_{nd+j-k}u_k = \sum_{m=0}^{n} b_{(n-m)d+j}u_{md} = \sum_{m=0}^{n} \tilde{b}_{n-m,\,j}w_m\ .$$

따름정리 4.10에 의하여 다음이 성립한다.

$$\lim_{n\to\infty} v_{nd+j} = \frac{\sum_{k=0}^{\infty}\tilde{b}_{k,\,j}}{\sum_{n=1}^{\infty} nh_n} = \frac{d}{\mu}\sum_{n=0}^{\infty} b_{nd+j}$$ □

4.5.3 일시적인 갱신과정

갱신간격의 분포 $\boldsymbol{f}$에 대하여 $f_\infty = 1-\sum_{k=1}^{\infty} f_k$라 하자. $f_\infty>0$일 때 갱신과정 $\boldsymbol{N}$을 일

시적인 갱신과정(transient renewal process) 또는 부족갱신과정(defective renewal process)이라 하고 $f_\infty = 0$일 때 $\boldsymbol{N}$을 재귀적인 갱신과정(recurrent renewal process)이라고 한다.

정리 4.16

일시적인 갱신과정 $\boldsymbol{N}$에 대하여 다음이 성립한다.

(1) $N_\infty = \lim\limits_{n\to\infty} N_n$이라 할 때

$$P(N_\infty = k) = f_\infty (1 - f_\infty)^k, \quad k = 0,\ 1,\ 2,\ \cdots.$$

(2) $\lim\limits_{n\to\infty} u_n = 0$

증명 (1)
$$\begin{aligned} P(N_\infty = k) &= P(X_1 < \infty,\ \cdots,\ X_k < \infty,\ X_{k+1} = \infty) \\ &= P(X_1 < \infty) \cdots P(X_k < \infty) P(X_{k+1} = \infty) \\ &= f_\infty (1 - f_\infty)^k, \quad k = 0,\ 1,\ 2,\ \cdots \end{aligned}$$

(2) 따름정리 4.5로부터

$$\sum_{n=0}^{\infty} u_n = \lim_{z\to 1} U(z) = \frac{1}{1 - F(1)} = \frac{1}{f_\infty} < \infty$$

이므로 $\lim\limits_{n\to\infty} u_n = 0$이다. □

따름정리 4.17

$\boldsymbol{N}$이 일시적인 갱신과정일 때 $E[N_\infty] = \dfrac{1}{1 - f_\infty}$이다.

4.6 재생성과정

동전을 던져서 앞면이 나오면 1단위의 돈을 따고 뒷면이 나오면 1단위의 돈을 잃게 되

는 게임을 생각하자. 이때 처음 n번의 게임에서 딴 돈의 누적액수를 Z_n이라 하자. 단 $Z_0=0$이고 돈을 잃었을 경우 Z_n은 음수가 된다. 또한 게임 시작 후 처음으로 본전이 되는 시각을 X_1이라 하자. 즉

$$X_1 = n \Leftrightarrow Z_1 \neq 0, \cdots, Z_{n-1} \neq 0, Z_n = 0.$$

그러면 Z_{X_1+k}는 처음으로 본전이 된 후부터 k번의 게임을 더 했을 때 딴 돈의 누적액수가 된다. 이 게임에서 한 번 본전이 되면 그때부터 진행되는 게임은 처음부터 게임을 다시 시작하는 것과 마찬가지이므로 $\boldsymbol{Z}^{(1)} = \{Z_{X_1}, Z_{X_1+1}, \cdots\}$과 $\boldsymbol{Z} = \{Z_0, Z_1, \cdots\}$은 확률적으로 같음을 알 수 있다. 즉 임의의 $k_1, \cdots, k_n$과 $j_1, \cdots, j_n$에 대하여

$$P(Z_{k_1} = j_1, \cdots, Z_{k_n} = j_n) = P(Z_{X_1+k_1} = j_1, \cdots, Z_{X_1+k_n} = j_n).$$

또한 이 게임에서 한 번 본전이 되면 그때부터 진행되는 게임에서 딴 돈의 누적 액수는 그 이전의 게임에서 딴 돈의 액수와 서로 독립이므로 $\boldsymbol{Z}^{(1)}$은 $\{Z_0, Z_1, \cdots, Z_{X_1-1}\}$과 서로 독립임을 알 수 있다. 마찬가지로 이 게임에서 n번째 본전이 될 때까지 시행된 횟수를 S_n이라 하면 S_n부터 그 이후로 진행되는 확률과정 $\{Z_{S_n}, Z_{S_n+1}, \cdots\}$은 $\boldsymbol{Z}$와 확률적으로 같고, 그 이전의 게임에서 딴 돈의 액수와는 서로 독립임을 알 수 있다.

이 절에서는 위의 예와 같이 어떤 특정한 사건이 발생하면 그 이후의 과정은 그 이전과 서로 독립이며 확률적으로 동일하게 반복되는 현상을 나타내는 확률과정을 생각한다.

정의 4.1 재생성과정

확률과정 $\boldsymbol{Z} = \{Z_n, n=0, 1, 2, \cdots\}$에 대하여 다음을 만족하는 갱신열 $\boldsymbol{S} = \{S_n, n=0, 1, 2, \cdots\}$가 존재할 때 $\boldsymbol{Z}$를 재생성시각의 열이 $\boldsymbol{S}$인 **재생성과정(regenerative process)**이라 한다.

(1) $\{Z_{S_n+k}, k=0, 1, 2, \cdots\}$는 $\boldsymbol{Z}$와 같은 분포를 따른다.

(2) $\{Z_{S_n+k}, k=0, 1, 2, \cdots\}$는 $\{Z_k, k=0, 1, 2, \cdots, S_n-1\}$과 독립이다.

재생성과정에서 $(n-1)$번째 재생성이 일어난 시각부터 n번째 재생성이 일어나기 직전까지의 확률과정 $\{Z_k, k=S_{n-1}, S_{n-1}+1, \cdots, S_n-1\}$을 n번째 **사이클(cycle)** 또는

순환마디라고 하고 $X_n = S_n - S_{n-1}$ $(S_0 = 0)$을 사이클의 길이라고 한다. 재생성과정의 정의로부터 각 사이클은 서로 독립이며 같은 분포를 따르는 것을 알 수 있다. 또한 사이클의 길이 $X_1, X_2, \cdots$는 서로 독립이며 같은 분포를 따른다.

$\boldsymbol{S}$가 지연갱신과정의 갱신열일 때, 즉 X_1과 X_n $(n \geq 2)$의 분포가 같지 않을 때, $\boldsymbol{Z}$를 **지연재생성과정**(delayed regenerative process)이라고 한다.

참고 1. 재생성시각의 열이 $\boldsymbol{S}$인 재생성과정에서 $N_k = \sup\{n : S_n \leq k\}$라고 할 때, 확률과정 $\{N_k, k=0, 1, \cdots\}$는 갱신과정이 된다. 이 갱신과정을 재생성과정 $\boldsymbol{Z}$에 매장된 갱신과정이라고 하기도 한다.

2. 확률과정 $\boldsymbol{Z}=\{Z_n, n=0, 1, 2, \cdots\}$에 대하여 다음을 만족하는 음이 아닌 확률변수 X_1이 존재하면 $\boldsymbol{Z}$는 재생성과정이 된다.

(1) $\left\{Z_{X_1+k}, k=0, 1, 2, \cdots\right\}$는 $\boldsymbol{Z}$와 같은 분포를 따른다.

(2) $\left\{Z_{X_1+k}, k=0, 1, 2, \cdots\right\}$는 $\{Z_k, k=0, 1, 2, \cdots, X_1-1\}$과 독립이다.

이에 대한 설명을 위하여 $Z_k^{(1)} = Z_{X_1+k}$라 하면 $\boldsymbol{Z}^{(1)} = \left\{Z_0^{(1)}, Z_1^{(1)}, \cdots\right\}$과 $\boldsymbol{Z}$는 확률적으로 같으므로, $\boldsymbol{Z}^{(1)}$에 대하여 위의 조건 (1)과 (2)를 만족하며 X_1과 같은 분포를 따르는 확률변수 X_2가 존재한다. 따라서 $Z_k^{(2)} = Z_{X_2+k}^{(1)} = Z_{X_1+X_2+k}$라 하면 $\boldsymbol{Z}^{(2)} = \left\{Z_0^{(2)}, Z_1^{(2)}, \cdots\right\}$는 $\boldsymbol{Z}^{(1)}$과 같은 분포를 따르고 $\left\{Z_k^{(1)}, k=0, 1, \cdots, X_2-1\right\}$과 독립이다. 따라서 $\boldsymbol{Z}^{(2)}$는 $\boldsymbol{Z}$와 같은 분포를 따르고 $\left\{Z_{X_1+k}, k=0, 1, \cdots, X_2-1\right\}$과 독립이다. 한편 $\boldsymbol{Z}^{(1)}$이 $\{Z_k, k=0, 1, \cdots, X_1-1\}$과 독립이므로 X_1과 X_2는 서로 독립임을 알 수 있다. 이와 같은 과정을 반복하면 서로 독립이며 같은 분포를 따르는 확률변수열 $\{X_n\}$이 존재한다. 이때 $S_n = \sum_{k=1}^{n} X_k$라 하면 $\{S_n\}$이 $\boldsymbol{Z}$에 대한 재생성시각의 열이 된다.

예제 4.11

앞면이 나올 확률이 $p(0<p<1)$인 동전을 던지는 실험에서 Z_n을 n번째 시행에서 얻어지는 앞면의 연(run)의 길이(연속해서 앞면이 나오는 횟수)라 하고 S_n을 n번째 뒷면이 나올 때까지 시행한 횟수라 하자. 다음 표는 Z_n과 S_n의 예이다. 단 H는 앞면, T는 뒷면을 나타낸다.

n	1	2	3	4	5	6	7	8	9	10	$\cdots$
시행결과	H	T	T	H	H	H	T	H	H	T	$\cdots$
Z_n	1	0	0	1	2	3	0	1	2	0	$\cdots$
S_k		S_1	S_2				S_3			S_4	$\cdots$

그러면 $\{Z_n\}$은 재생성시각의 열이 $\{S_n\}$인 재생성과정이고 사이클 길이 $X_n = S_n - S_{n-1}$은 모수가 $q = 1-p$인 기하분포를 따른다. ■

예제 4.12 **교대갱신과정**

한 대의 기계로 제품을 생산하는 공장을 생각하자. 이 기계는 처음에는 작동상태에 있으며 고장이 나면 수리를 한다. n번째 작동을 시작했을 때 고장 없이 작동하는 기간을 U_n이라 하고 고장이 났을 때 수리하는 데 걸리는 시간을 V_n이라
하자. U_n과 V_n은 양의 정수값을 갖는 확률변수로서 U_n은 서로 독립이며 같은 분포를 따르고 V_n도 서로 독립이며 같은 분포를 따른다. $S_n = \sum_{k=1}^{n}(U_n + V_n)(n = 1, 2, \cdots, S_0 = 0)$이라 하고 Z_k를 다음과 같이 정의하자.

$$Z_k = \begin{cases} 1, & \text{시각 } k\text{에 기계가 작동 중} \\ 0, & \text{시각 } k\text{에 기계가 수리 중} \end{cases}$$

그러면 $\{Z_n\}$은 재생성시각의 열이 $\{S_n\}$인 재생성과정이 된다. 이와 같은 재생성과정을 **교대갱신과정**(alternating renewal process)이라고 한다. ■

예제 4.13

갱신시각의 열이 $\boldsymbol{S} = \{S_n,\ n = 0, 1, 2, \cdots\}$일 때 후방향재귀시간의 열 $\{A_n\}$과 전방향재귀시간의 열 $\{B_n\}$은 재생성시각의 열이 $\boldsymbol{S}$인 재생성과정이지만 갱신과정 $\{N_n\}$은 재생성과정이 아니다. 또한 S_1과 $S_n - S_{n-1}(n \geq 2)$의 분포가 다르면 $\{A_n\}$과 $\{B_n\}$은 지연재생성과정이 된다. ■

예제 4.14 **이산시간 $GI/G/1$ 대기행렬시스템**

한 명의 서버가 서비스하는 대기행렬시스템에서 고객이 도착하는 시간 간격은 $\{1, 2, \cdots\}$에서 값을 갖는 이산확률변수로서 서로 독립이며 같은 분포를 따른다고 하자. 각

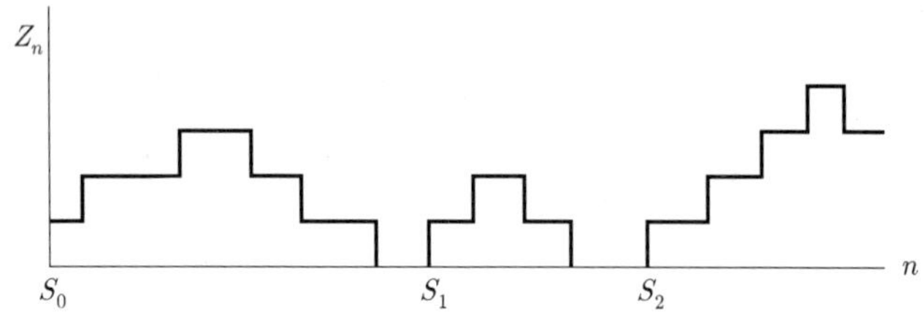

| 그림 4.2 | 이산시간 $GI/G/1$ 대기행렬시스템

고객의 서비스 시간도 이산확률변수로서 서로 독립이며 같은 분포를 따른다. 이때 도착 간격의 분포와 서비스 시간의 분포가 같을 필요는 없다. 이와 같은 대기행렬시스템을 이산시간 $GI/G/1$ 대기행렬시스템이라 한다.

이때 Z_n을 시각 n에 시스템에 있는 고객 수라 하고 시스템에 고객이 한 명도 없을 때 고객이 도착할 사건을 A라 하자. $Z_0 = 1$을 가정할 때 고객의 도착시간간격은 서로 독립이고 서비스 시간도 서로 독립이므로 사건 A가 발생하면 그 이후 시스템의 동작과정은 처음부터 시작하는 것과 확률적으로 같다. 따라서 사건 A가 n번째 발생한 시각을 S_n이라 하면 $\boldsymbol{Z} = \{Z_n,\ n=0,\ 1,\ 2,\ \cdots\}$는 재생성시각의 열이 $\{S_n\}$인 재생성과정이 된다(그림 4.2). 이때 $Z_0 \neq 1$이면 $\boldsymbol{Z}$는 지연재생성과정이 된다. ■

보조정리 4.18

$A \subset \mathbb{R}$에 대하여 $v_n = P(Z_n \in A)$이라 하자. $\boldsymbol{v} = \{v_n\}$은 다음 갱신방정식을 만족한다.

$$\boldsymbol{v} = \boldsymbol{b} + \boldsymbol{f} * \boldsymbol{u} \tag{4.6}$$

단 $b_n = P(Z_n \in A,\ X_1 > n)(n=0,\ 1,\ 2,\ \cdots)$이다.

증명 $Z_n^{(1)} = Z_{X_1+n}$이라고 두면 $\boldsymbol{Z}$가 재생성과정이므로 $\boldsymbol{Z}^{(1)} = \{Z_n^{(1)},\ n=0,\ 1,\ 2,\ \cdots\}$는 $\boldsymbol{Z}$와 같은 분포를 갖는다. 따라서

$$\begin{aligned} P(Z_n \in A,\ X_1 \le n) &= \sum_{k=1}^{n} P(Z_n \in A \mid X_1 = k) P(X_1 = k) \\ &= \sum_{k=1}^{n} P(Z_{n-k}^{(1)} \in A) P(X_1 = k) \end{aligned}$$

$$= \sum_{k=1}^{n} v_{n-k} f_k.$$

한편

$$v_n = P(Z_n \in A,\ X_1 > n) + P(Z_n \in A,\ X_1 \le n)$$

이므로 (4.6)이 증명된다. □

재생성과정 $\boldsymbol{Z}$와 $A \subset \mathbb{R}$에 대하여 Y_n을 다음과 같이 정의하자.

$$Y_n = \begin{cases} 1, & Z_n \in A \\ 0, & Z_n \notin A \end{cases} \tag{4.7}$$

그러면

$$M = Y_0 + Y_1 + \cdots + Y_{X_1 - 1}$$

은 한 사이클 동안 사건 $\{Z_n \in A\}$가 발생한 횟수를 나타낸다.

정리 4.19 재생성정리(Regenerative theorem)

$\boldsymbol{f}$가 비주기적이고 $E[M] < \infty$일 때 다음이 성립한다.

$$\lim_{n \to \infty} P(Z_n \in A) = \frac{E[M]}{\mu} \tag{4.8}$$

증명 다음을 주목하자.

$$\begin{aligned} E[M] &= \sum_{k=1}^{\infty} \sum_{n=0}^{k-1} P(Z_n \in A \mid X_1 = k) P(X_1 = k) \\ &= \sum_{n=0}^{\infty} \sum_{k=n+1}^{\infty} P(Z_n \in A \mid X_1 = k) P(X_1 = k) \\ &= \sum_{n=0}^{\infty} P(Z_n \in A,\ X_1 > n) \end{aligned}$$

보조정리 4.18과 따름정리 4.10에 의하여 정리가 증명된다. □

예제 4.15 **예제 4.11의 연속**

X_1은 모수가 $1-p$인 기하확률변수이므로 $E[X_1]=\dfrac{1}{1-p}$이다. 또한 각 $j=0,\ 1,\ \cdots$에 대하여 한 사이클 동안 $Z_n=j$인 사건은 $X_1>j$인 경우에 단 한 번만 발생하므로 $M=1_{\{X_1>j\}}$이다. 정리 4.19에 의하여

$$\lim_{n\to\infty}P(Z_n=j)=\frac{P(X_1>j)}{E[X_1]}=(1-p)p^j,\quad j=0,\ 1,\ 2,\ \cdots$$

이다. ■

예제 4.16 **예제 4.12의 연속**

$E[U_1+V_1]<\infty$일 때, 시간이 충분히 흘렀을 때 임의의 시점에서 시스템이 작동 중일 확률은

$$\lim_{n\to\infty}P(Z_n=1)=\frac{E[U_1]}{E[U_1]+E[V_1]}$$

이다. 즉 사이클 길이의 평균에 대한 작동시간 평균의 비율이 된다. ■

예제 4.17 **정리 4.12의 증명**

한 사이클 동안 $A_n=k$인 사건은 $X_1>k$인 경우에 단 한 번만 발생하므로 $M=1_{\{X_1>k\}}$이다. 정리 4.19에 의하여

$$\lim_{n\to\infty}P(A_n=k)=\frac{P(X_1>k)}{E[X_1]},\quad k=0,\ 1,\ 2,\ \cdots.$$

B_n과 X_n^*의 극한분포도 유사한 방법으로 보일 수 있다. ■

$\boldsymbol{Z}$가 지연재생성과정일 때 $g_k=P(X_1=k)$, $f_k=P(X_2=k)$라 하고 (4.7)과 같이 정의한 Y_n에 대하여

$$\widetilde{M}=Y_{X_1}+Y_{X_1+1}+\cdots+Y_{X_1+X_2-1}$$

이라 하면 $\widetilde{M}$은 두 번째 사이클 동안 사건 $\{Z_n \in A\}$가 발생한 횟수를 나타낸다.

정리 4.20

지연재생성과정 $\boldsymbol{Z}$에 대하여 $\boldsymbol{f}$가 비주기적이고 $E[\widetilde{M}] < \infty$일 때 다음이 성립한다.

$$\lim_{n \to \infty} P(Z_n \in A) = \frac{E[\widetilde{M}]}{E[X_2]} \tag{4.9}$$

증명 다음을 주목하자.

$$P(Z_n \in A) = P(Z_n \in A,\ X_1 > n) + P(Z_n \in A,\ X_1 \le n)$$

이때

$$\lim_{n \to \infty} P(Z_n \in A,\ X_1 > n) \le \lim_{n \to \infty} P(X_1 > n) = 0$$

이므로

$$\lim_{n \to \infty} P(Z_n \in A,\ X_1 \le n) = \frac{E[\widetilde{M}]}{E[X_2]}$$

임을 보이면 충분하다.

$Z_n^{(1)} = Z_{X_1 + n}$이라고 두면 $\boldsymbol{Z}^{(1)} = \{Z_n^{(1)},\ n = 0,\ 1,\ 2,\ \cdots\}$는 재생성시각의 열이 $\{S_n - X_1,\ n = 1,\ 2,\ \cdots\}$인 재생성과정이다. 따라서 $\tilde{v}_n = P(Z_n^{(1)} \in A)$에 대하여 다음을 얻는다.

$$\begin{aligned} P(Z_n \in A,\ X_1 \le n) &= \sum_{k=1}^{n} P(Z_n \in A \mid X_1 = k) g_k \\ &= \sum_{k=1}^{n} P(Z_{n-k}^{(1)} \in A) g_k \\ &= \sum_{k=1}^{n} \tilde{v}_{n-k} g_k \end{aligned}$$

한편 $\sum_{n=0}^{\infty} g_n = 1$이므로 정리 4.19와 따름정리 4.10으로부터 다음이 성립

함을 알 수 있다.

$$\lim_{n\to\infty} P(Z_n\in A,\ X_1 \le n) = \left(\lim_{n\to\infty} P(Z_n^{(1)}\in A)\right)\left(\sum_{n=0}^{\infty} g_n\right)$$

$$= \frac{E[\widetilde{M}]}{E[X_2]}$$

□

예제 4.18

앞면(H)이 나올 확률이 p, 뒷면(T)이 나올 확률이 $q=1-p$인 동전을 계속해서 던지는 실험에서 $HHTT$가 나올 때까지 시행한 횟수와 $HTHT$가 나올 때까지 시행한 횟수를 각각 N_{HHTT}와 N_{HTHT}라 할 때 다음을 구하라.

(1) $E[N_{HHTT}]$ (2) $E[N_{HTHT}]$

‖ **풀이** (1) Y_n을 n번째 던진 동전이 앞면이면 1, 뒷면이면 0이라 하고

$$Z_n = \begin{cases} 1, & Y_{n-3}=1,\ Y_{n-2}=1,\ Y_{n-1}=0,\ Y_n=0 \\ 0, & \text{그 밖에} \end{cases}$$

이라 하자. $Z_n=1$이 k번째 발생할 때까지 시행 횟수를 S_k라 하고 $X_k = S_k - S_{k-1}$이라 하면 $X_k(k\ge 1)$는 서로 독립이며 같은 분포를 따른다. 한편

$$P(Z_n=1) = P(Y_{n-3}=1,\ Y_{n-2}=1,\ Y_{n-1}=0,\ Y_n=0)$$
$$= p^2q^2,\quad n\ge 4$$

이므로

$$E[N_{HHTT}] = E[X_1] = \frac{1}{\lim_{n\to\infty} P(Z_n=1)} = \frac{1}{p^2q^2}.$$

(2) $$W_n = \begin{cases} 1, & Y_{n-3}=1,\ Y_{n-2}=0,\ Y_{n-1}=1,\ Y_n=0 \\ 0, & \text{그 밖에} \end{cases}$$

이라 하자. $W_n=1$이 k번째 발생할 때까지 시행한 횟수를 S_k라 하고 $X_k = S_k - S_{k-1}$이라고 하자. 예를 들어 처음 6번의 시행에서 $HTHTHT$가 나왔다면 $X_1=4$이고 $X_2=6$이다. X_1은 $HTHT$가 처음 발생할 때까지의 시행

횟수이지만 X_2는 $HTHT$가 발생한 후에 다시 $HTHT$가 발생할 때까지의 시행 횟수이므로 X_1과 X_2의 분포는 같지 않다. 따라서 $\{W_n\}$은 지연재생성과정이다.

$P(W_n = 1) = p^2q^2 (n \geq 4)$이므로 정리 4.20에 의하여 다음을 얻는다.

$$E[X_2] = \frac{1}{p^2q^2}$$

이때 $\frac{1}{p^2q^2}$은 $HTHT$에서 시작하여 다시 $HTHT$가 나올 때까지 시행한 횟수의 평균이다. 그런데 $HTHT$에서 시작하면 이미 HT는 얻어졌으므로 $HTHT$가 나올 때까지 필요한 시행 횟수 N_{HTHT}는 HT가 발생할 때까지의 시행 횟수 T_{HT}에 X_2를 더한 것과 같다. 한편 위의 (1)과 같은 방법에 의하여

$$E[N_{HT}] = \frac{1}{pq}$$

이므로

$$E[N_{HTHT}] = E[N_{HT}] + E[X_2] = \frac{1}{pq} + \frac{1}{p^2q^2}.$$ ■

4.7 갱신정리의 증명

$A = \{n \geq 1 : f_n > 0\}$으로 두고 A^+를 다음과 같이 정의하자.

$$A^+ = \{i_1a_1 + \cdots + i_ra_r \mid a_k \in A,\ i_k \in \mathbb{Z}^+,\ k = 1, \cdots, r,\ r = 1, 2, \cdots\}$$

보조정리 4.21

$\{f_n\}$이 비주기적일 때 $n \geq a$이면 $n \in A^+$을 만족하는 양의 정수 a가 존재한다. 즉 충분히 큰 양의 정수 n은 다음과 같이 나타낼 수 있다.4)

$$n = i_1 a_1 + \cdots + i_r a_r, \quad a_k \in A, \quad i_k \in \mathbb{Z}^+$$

갱신 정리의 증명 $r_n = P(X_1 > n)$이라 하고 시각 n에서의 경과시간을 A_n이라 하자. 그러면 $P(0 \le A_n \le n) = 1$이고 $A_n = k$일 필요충분조건은 시각 $n-k$에서 갱신이 발생하고 다음 갱신이 발생할 때까지 걸리는 시간이 k보다 커야 한다. 따라서 $P(A_n = k) = u_{n-k} r_k$이다. 그러므로 다음이 성립한다.

$$1 = \sum_{k=0}^{n} P(A_n = k) = \sum_{k=0}^{n} r_k u_{n-k} \tag{4.10}$$

$\lambda = \limsup_{n \to \infty} u_n$으로 두고 $\{u_{n_k}\}$를 $\lim_{k \to \infty} u_{n_k} = \lambda$를 만족하는 $\{u_n\}$의 부분수열이라 하자. 또한 $\epsilon > 0$을 임의로 주어진 양수라 하고 $a_1 \in A$, 즉 $f_{a_1} > 0$이라 하자. $\lim_{n \to \infty} r_n = 0$이므로 $r_N < \epsilon$을 만족하는 양의 정수 $N \ge a_1$이 존재한다. 한편 λ와 $\{u_{n_k}\}$의 정의로부터 충분히 큰 n_k에 대하여 다음을 얻는다.

$$\begin{aligned}
\lambda - \epsilon < u_{n_k} &= \sum_{j=1}^{n_k} f_j u_{n_k - j} \\
&\le f_{a_1} u_{n_k - a_1} + \sum_{j=1,\ j \ne a_1}^{N} f_j u_{n_k - j} + r_N \\
&< f_{a_1} u_{n_k - a_1} + (\lambda + \epsilon)(1 - f_{a_1}) + \epsilon
\end{aligned}$$

따라서

$$\lambda - \frac{3 - f_{a_1}}{f_{a_1}} \epsilon < u_{n_k - a_1} < \lambda + \epsilon$$

이므로 다음을 얻는다.

$$\lim_{k \to \infty} u_{n_k - a_1} = \lambda \tag{4.11}$$

같은 방법으로 (4.11)로부터 충분히 큰 N과 n_k에 대하여 다음이 성립함을 알 수 있다.

---

4) 증명은 Feller(1969, 336쪽)을 참조하라.

$$\lambda - \epsilon < u_{n_k - a_1} \leq f_{a_1} u_{n_k - 2a_1} + \sum_{j=1,\ j \neq a_1}^{N} f_j u_{n_k - a_1 - j} + r_N$$
$$< f_{a_1} u_{n_k - 2a_1} + (\lambda + \epsilon)(1 - f_{a_1}) + \epsilon$$

따라서 $\lim_{k \to \infty} u_{n_k - 2a_1} = \lambda$를 얻는다. 이와 같은 과정을 반복하면 다음이 성립함을 보일 수 있다.

$$\lim_{k \to \infty} u_{n_k - i} = \lambda, \quad i \in A^+$$

보조정리 4.21에 의하여 $n \geq a$이면 $n \in A^+$인 양의 정수 a가 존재한다. 임의로 주어진 양의 정수 M에 대하여 $n_k - M \geq a$인 n_k를 택하면

$$1 = \sum_{j=0}^{n_k - a} r_j u_{n_k - (a+j)} \geq \sum_{j=0}^{M} r_j u_{n_k - (a+j)}$$

이므로 $k \to \infty$이면

$$\lambda \sum_{j=0}^{M} r_j \leq 1$$

을 얻는다. $\sum_{j=0}^{\infty} r_j = \mu$이므로 다음을 얻는다.

$$\lambda \mu \leq 1 \tag{4.12}$$

이제

$$\nu = \liminf_{n \to \infty} u_n \geq \frac{1}{\mu} \tag{4.13}$$

을 보이면 충분하다. $\mu = \infty$이면 $\lambda \geq 1/\mu$는 자명하므로 $\mu < \infty$일 때 (4.12)와 유사한 방법으로 (4.13)을 보인다. $\{u_{m_k}\}$를 $\lim_{k \to \infty} u_{m_k} = \nu$를 만족하는 $\{u_n\}$의 부분수열이라 하자. 충분히 큰 $N \geq a_1$에 대하여 $r_N < \epsilon$이므로

$$\sum_{j=1,\ j \neq a_1}^{N} f_j = 1 - f_{a_1} - r_N > 1 - \epsilon - f_{a_1}$$

이다. 따라서 충분히 큰 $N \geq a_1$과 $m_k \geq N - a_1$에 대하여 다음을 얻는다.

$$\begin{aligned} \nu + \epsilon > u_{m_k} &\geq f_{a_1} u_{m_k - a_1} + \sum_{j=1,\ j \neq a_1}^{N} f_j u_{m_k - j} \\ &\geq f_{a_1} u_{m_k - a_1} + (\nu - \epsilon) \sum_{j=1,\ j \neq a_1}^{N} f_j \\ &> f_{a_1} u_{m_k - a_1} + (\nu - \epsilon)(1 - \epsilon - f_{a_1}) \end{aligned}$$

따라서

$$\nu - \epsilon < u_{m_k - a_1} < \nu + \frac{2 - f_{a_1} - \epsilon + \nu}{f_{a_1}} \epsilon$$

이므로

$$\lim_{k \to \infty} u_{m_k - a_1} = \nu$$

이다. 이와 같은 과정을 반복하면 다음이 성립함을 알 수 있다.

$$\lim_{k \to \infty} u_{m_k - i} = \nu, \quad i \in A^+$$

M을 임의로 주어진 양의 정수라 하고 a를 보조정리 4.21을 만족하는 양의 정수라 하면 $k \to \infty$일 때 다음을 얻는다.

$$1 \leq \sum_{j=0}^{M} r_j u_{m_k - a - j} + \sum_{j=M+1}^{\infty} r_j \longrightarrow \lambda \sum_{j=0}^{M} r_j + \sum_{j=M+1}^{\infty} r_j \tag{4.14}$$

식 (4.14)에서 $M \to \infty$이면 $1 \leq \nu\mu$를 얻는다. 따라서 정리가 증명된다. ■

4장 연습문제

1. 발생시간 간격 $X_n (n=1, 2, \cdots)$의 분포가

$$P(X_n=1)=0.3, \ P(X_n=2)=0.7$$

일 때 갱신과정 $\boldsymbol{N}=\{N_n, \ n=0\}$에 대하여 다음을 구하라.

(1) $P(N_n=2), \ n \geq 0$ (2) $E[N_n], \ n=0, 1, 2, 3, 4$

2. 발생시간 간격 X_n의 분포가

$$P(X_n=1)=0.2, \ P(X_n=2)=0.3, \ P(X_n=3)=0.5$$

인 갱신과정 $\boldsymbol{N}=\{N_n, \ n \geq 0\}$에 대하여 다음을 구하라.

(1) 시각 k에 갱신이 발생할 확률을 u_k라 할 때 $\lim_{k \to \infty} u_k$

(2) X_n^*를 시각 n에서의 재귀시간이라 할 때 $\lim_{n \to \infty} P(X_n^*=k), \ k \geq 1$

3. 앞면이 나올 확률이 p, 뒷면이 나올 확률이 $q=1-p$인 동전 네 개를 가지고 윷놀이를 한다. 수직선 위에서 도, 개, 걸, 윷, 모가 나오면 각각 1, 2, 3, 4, 5만큼씩 오른쪽으로 이동한다고 하자. X_n을 n번째 시행에서 움직인 거리라 할 때 다음 물음에 답하라.

(1) X_n의 분포를 구하라.

(2) $S_n=X_1+\cdots+X_n (n \geq 1)$이라 하자. 적당한 n에 대하여 양의 정수 k가 $S_n < k < S_{n+1}$을 만족하면 k는 통과지점이라 하고 $S_n=k$이면 k를 방문지점이라 하자. 예를 들어 $X_1=3, \ X_2=1$일 때 2는 통과지점이고 3과 4는 방문지점이 된다. 이 실험에서 k가 방문지점이 될 확률을 u_k라 할 때 $u_k (k=1, 2, 3)$와 $\lim_{k \to \infty} u_k$를 구하라.

(3) n보다 작거나 같은 방문지점 수를 N_n이라 할 때 $E[N_n], \ n=1, 2, 3, 4$를 구하라.

(4) 수직선 위의 양의정수 n에 대하여 n에서 다음 방문지점까지의 거리를 B_n이라

하자. $\lim_{n \to \infty} P(B_n = k)$를 구하라.

(5) 양의 정수 n에 대하여 최근 방문지점부터 n까지의 거리를 A_n이라 하자. 단 n지점이 방문지점이면 $A_n = 0$이다. $\lim_{n \to \infty} E[A_n]$을 구하라.

4. 갱신간격의 분포가 $\text{Geo}(p)$일 때 다음을 구하라.

(1) $P(S_n = k)$ (2) $P(N_n = k)$

(3) $\lim_{n \to \infty} u_n$ (4) $\lim_{n \to \infty} P(X_n^* = k)$

(5) $\lim_{n \to \infty} P(A_n = k)$ (6) $\lim_{n \to \infty} P(B_n = k)$

5. 갱신간격의 분포 $\boldsymbol{f} = \{f_n\}$이 비주기적이고 $\mu = \sum_{n=0}^{\infty} n f_n < \infty$일 때 경과시간 A_n과 잔여시간 B_n, 재귀시간 X_n^*의 극한분포에 대한 확률생성함수와 각각의 평균을 구하라.

6. 갱신간격 X_n의 분포가 $0 < P(X_n = 0) = \alpha < 1$일 때 다음을 보여라.

$$P(S_n < S_{n+1} = S_{n+2} = \cdots = S_{n+k} < S_{n+k+1}) = \alpha^{k-1}(1-\alpha)^2, \ \ k = 1, 2, \cdots$$

7. 갱신간격의 분포가 $\text{Poi}(\lambda)$일 때, 다음을 구하라.

(1) $P(S_n = k)$ (2) $P(N_n = k)$

(3) $\lim_{n \to \infty} u_n$ (4) $\lim_{n \to \infty} P(X_n^* = k)$

(5) $\lim_{n \to \infty} P(A_n = k)$ (6) $\lim_{n \to \infty} P(B_n = k)$

8. 재생성정리를 이용하여 B_n과 X_n^*에 대한 정리 4.12의 결과를 유도하라.

9. 관광공사에서는 올해를 한국방문의 해로 정하고 100만 번째 외국인 관광객에게 선물을 주기로 하였다. 관광객은 단체로 입국하는데 개인 관광은 크기가 1인 단체 관광으로 본다. 한 관광단체에 속한 관광객 수 X의 분포를 $P(X = i) = \alpha_i, \ i = 1, 2, \cdots$라 할 때, 다음 물음에 답하라.

(1) 100만 번째 관광객이 속한 관광단체의 크기를 X^*라 할 때 X^*의 분포를 구하라.

(2) 100만 번째 관광객이 속한 관광단에서 그 고객 앞에 있는 사람 수를 A, 그 관광

객 뒤에 있는 사람 수를 B라 할 때 A와 B의 분포를 각각 구하라.

(3) A와 B를 위의 (2)와 같이 정할 때 $P(A=i,\ B=j)$를 구하라.

10. 어떤 지역에서는 맑은 날이 지속되다가 비 또는 눈이 오는 날이 지속되기를 반복한다고 하자. 비 또는 눈이 오는 날이 지속되는 기간은 $X+1$일(단 $X \sim \mathrm{Poi}(2)$)이고 맑은 날은 $Y+1$일(단 $Y \sim \mathrm{B}(10,\ 0.8)$) 동안 지속된다고 하자. 맑은 날과 비 또는 눈이 오는 날의 길이는 서로 독립이라고 하자. 오랜 기간 동안 날씨를 관찰한다고 할 때 맑은 날의 비율은 얼마인가?

11. 갑돌이는 매일 새벽 인력시장에 나가서 일자리를 구하여 일을 하고 저녁에 품삯을 받는다. 그 동안 받은 품삯은 7일 또는 8일째 되는 날 저녁에 모두 저축한다. 단, 그 동안 하루도 일을 하지 못했을 경우는 0원을 저축한 것으로 본다. 그날그날 일자리를 구할 사건은 서로 독립이며 일자리를 구할 확률은 p이고 그렇지 못할 확률은 $q=1-p$이다. 하루 품삯은 일정하고 7일만에 저축할 확률은 0.7, 8일만에 저축할 확률은 0.3이라 하자. Z_n을 이와 같은 생활을 시작한 지 n번째 날 저녁(저축하는 날은 저축하기 직전)에 갑돌이가 저축하지 않고 가지고 있는 품삯의 액수(단위 : 일)라고 하자. 예를 들어 $Z_n=3$은 n번째 날 저녁에 그날 받은 품삯을 합하여 3일치 품삯을 의미한다. $\lim_{n\to\infty} P(Z_n=k)$를 구하라.

12. 갱신과정 $\{N_n\}$은 재생성과정이 되지 않는 이유를 설명하라.

13. 앞면(H)이 나올 확률이 p, 뒷면(T)이 나올 확률이 $q=1-p$인 동전을 계속해서 던지는 실험에서 HTH를 얻기 위하여 필요한 시행 횟수의 평균을 구하라.

4장 참고문헌

갱신과정은 대부분의 확률과정론 책에서 다루고 있는 주제이나 이산시간 갱신과정은 일반적인 갱신과정의 특수한 경우로 다루고 있다. 여기서는 수학적으로 다루기가 용이하면서 일반적인 갱신과정의 특성을 이해하는 데 도움이 될 것으로 생각하여 별도의 장으로 소개하였다. 이 장에서 제시한 갱신정리의 증명은 Asmussen(1987)을 인용한 것이다. 이산시간 갱신정리에 대해서는 Feller(1968), Karlin and Taylor (1975) 등을 참조하기 바란다.

1. Asmussen, S., *Applied Probability and Queues,* Wiley, 1987.
2. Durrett, R., *Essentials of Stochastic Processes,* Springer, 1999.
3. Feller, W., *An Introduction to Probability Theory and its Applications, Vol. I,* 3rd ed., John Wiley & Sons, 1968.
4. Karlin, S. and Taylor, H. M., *A First Course in Stochastic Processes,* 2nd ed., Academic Press, 1975.
5. Kulkarni, V. G., *Modeling and Analysis of Stochastic Systems,* Chapman & Hall/CRC, 1995.

제 5 장

이산시간 마르코프연쇄

미래의 상태가 최근의 상태에만 의존하는 성질을 마르코프성질이라 하며 마르코프 성질을 갖는 확률과정은 현실의 많은 현상을 모형화하고 분석하는 데 매우 유용한 확률과정이다. 이 장에서는 마르코프성질을 갖는 확률과정 중 이산시간 이산상태공간을 갖는 경우에 대하여 알아본다.

5.1 도입 및 정의

다음 예를 생각해보자. 그림 5.1과 같은 원탁에서 6명이 카드놀이를 하고 있다고 하자. 처음으로 카드를 배분할 사람은 공정한 주사위를 던져서 결정하고 그 다음부터는 매 게임에서 이긴 사람이 카드를 배분한다. 이때 X_0를 처음으로 카드를 배분한 사람이 앉아 있는 의자 번호, X_n을 n번째 게임에서 이긴 사람이 앉아 있는 의자 번호라 하자. 매 게임에서 특정한 위치에 있는 사람이 이길 확률은 그 게임에서 누가 카드를 배분하였는가에만 의존한다고 하자. 현재까지 n번의 게임의 결과가 $X_0 = i_0,\ X_1 = i_1,\ \cdots,\ X_{n-1} = i_{n-1}$, $X_n = i$라 할 때 다음 게임($n+1$번째 게임)에서 j번 의자에 앉은 사람이 이길 확률 $P(X_{n+1} = j | X_0 = i_0,\ \cdots,\ X_{n-1} = i_{n-1},\ X_n = i)$는 $P(X_{n+1} = j | X_n = i)$와 같음을 알 수 있다.

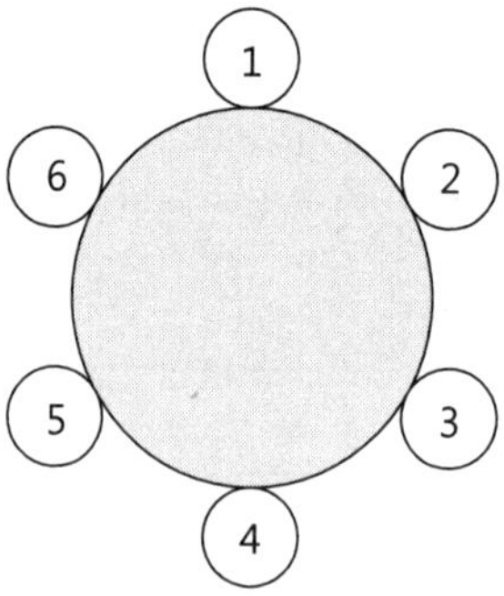

| 그림 5.1 | 원탁

이와 같이 확률과정 $\{X_n,\ n = 0,\ 1,\ 2,\ \cdots\}$가 과거로부터 현재까지의 이력 $X_0,\ X_1,\ \cdots,\ X_n$이 주어졌을 때 미래의 상태 X_{n+1}이 오직 현재의 상태 X_n에만 의존하는 성질을 마르코프성질(Markov property)이라 한다. 마르코프성질을 갖는 확률과정을 마르코프과정(Markov process)라 하며, 특히 이산상태공간을 갖는 마르코프과정을 마르코프연쇄(Markov chain)라 한다.

이 장 전체를 통하여 확률과정 $\boldsymbol{X} = \{X_n,\ n = 0,\ 1,\ 2,\ \cdots\}$의 상태공간 S는 다른 언급이 없는 한 $\{0,\ 1,\ 2,\ \cdots\}$의 부분집합을 나타내고, 확률과정 $\boldsymbol{X}$가 시각 n에 상태 j에 있을 사건은 $\{X_n = j\}$ 또는 $X_n = j$와 같이 나타낸다.

정의 5.1

확률과정 $\boldsymbol{X}=\{X_n,\ n=0,\ 1,\ 2,\ \cdots\}$가 모든 $i_0,\ \cdots,\ i_{n-1},\ i,\ j\in\mathcal{S}$와 $n=0,\ 1,\ 2,\ \cdots$에 대하여

$$\begin{aligned} &P(X_{n+1}=j\,|\,X_0=i_0,\ \cdots,\ X_{n-1}=i_{n-1},\ X_n=i) \\ &\quad =P(X_{n+1}=j\,|\,X_n=i) \end{aligned} \tag{5.1}$$

를 만족할 때 $\boldsymbol{X}$를 이산시간 **마르코프연쇄**(discrete time Markov chain)라고 한다.

마르코프성질을 나타내는 식 (5.1)은 각각의 시각 n에 대하여 X_n이 주어졌다는 가정 하에서 미래의 상태 X_{n+1}은 과거의 상태 $X_0,\ X_1,\ \cdots,\ X_{n-1}$과 조건부로 독립임을 의미한다. 조건부확률 $P(X_{n+1}=j\,|\,X_n=i)$를 $\boldsymbol{X}$의 **일 단계 전이확률**(one-step transition probability) 또는 간단히 **전이확률**이라 한다. 일 단계 전이확률이 현재의 시각 n에 의존하지 않을 때, 즉

$$p_{ij}=P(X_{n+1}=j\,|\,X_n=i),\quad i,\ j\in\mathcal{S}$$

일 때 마르코프연쇄 $\boldsymbol{X}$는 **시간동질**(time homogeneous)이라고 한다. 이 장에서는 시간동질인 마르코프연쇄에 대하여만 생각한다.

전이확률 $p_{ij}=P(X_{n+1}=j\,|\,X_n=i)$를 $(i,\ j)$ 성분으로 갖는 행렬 $P=(p_{ij})$

$$P=\begin{pmatrix} p_{00} & p_{01} & p_{02} & \cdots \\ p_{10} & p_{11} & p_{12} & \cdots \\ p_{20} & p_{21} & p_{22} & \cdots \\ \vdots & \vdots & \vdots & \end{pmatrix}$$

를 $\boldsymbol{X}$의 일 단계 전이확률행렬(transition probability matrix) 또는 간단히 전이확률행렬이라고 한다. 조건부확률의 성질에 의하여 전이확률행렬 P는 다음 성질을 만족함을 쉽게 알 수 있다.

(1) $0\le p_{ij}\le 1,\quad i,\ j\in\mathcal{S}$

(2) $\displaystyle\sum_{j\in\mathcal{S}}p_{ij}=1,\quad i\in\mathcal{S}$

위의 두 성질 (1)과 (2)를 만족하는 행렬 $P=(p_{ij})$를 **확률행렬**(stochastic matrix)이라

한다.

조건부확률

$$p_{ij}^{(m)} = P(X_{n+m} = j | X_n = i)$$

를 m 단계 전이확률이라 하고 행렬 $P^{(m)} = (p_{ij}^{(m)})$을 m 단계 전이확률행렬이라 한다. 각 $m \geq 0$에 대하여 m 단계 전이확률행렬 $P^{(m)} = (p_{ij}^{(m)})$도 확률행렬이 됨을 알 수 있다.

5.2 마르코프연쇄의 예

예제 5.1

날씨의 상태를 비가 오거나 그렇지 않은 상태 두 가지로만 나누는 경우를 생각하자. 이때 내일의 날씨는 오늘의 날씨에만 의존한다고 가정하자. 오늘 비가 오지 않을 때 내일도 비가 오지 않을 확률은 0.8이고, 오늘 비가 온다고 할 때 내일도 비가 올 확률은 0.3이라고 하자. X_n을 n번째 날 비가 오지 않으면 1, 비가 오면 2의 값을 갖는 확률변수라 하면 확률과정 $\{X_n, n \geq 0\}$은 상태공간이 $\{1, 2\}$인 마르코프연쇄가 되며 전이확률행렬은 다음과 같다.

$$P = \begin{matrix} & \begin{matrix} 1 & 2 \end{matrix} \\ \begin{matrix} 1 \\ 2 \end{matrix} & \begin{pmatrix} 0.8 & 0.2 \\ 0.7 & 0.3 \end{pmatrix} \end{matrix}$$

■

예제 5.2

어떤 기계의 상태는 '작동 중'이거나 '수리 중' 둘 중 하나의 상태로 있다고 하자. n번째 날에 작동 중인 기계가 그 다음날에도 작동 중일 확률은 α이고 n번째 날에 수리 중인 기계가 다음날 작동 중인 상태에 있을 확률을 $1-\beta$라 하자. 내일의 기계 상태는 오늘의 상태에만 의존하고 그 이전의 상태에는 의존하지 않는다고 가정하자. X_n을 n번째 날 기계가 작동 중이면 1, 수리 중이면 2의 값을 갖는 확률변수라 하자. 그러면 확률과정 $\{X_n, n \geq 0\}$은 상태공간이 $\{1, 2\}$이고 전이확률행렬이 다음과 같은 마르코프연쇄가 된다.

$$
P = \begin{array}{c} \\ 1 \\ 2 \end{array} \begin{array}{c} \begin{array}{cc} 1 & 2 \end{array} \\ \begin{pmatrix} \alpha & 1-\alpha \\ 1-\beta & \beta \end{pmatrix} \end{array}
$$

■

예제 5.3

그림 5.2와 같은 미로를 생각하자. 미로 속에 있는 쥐는 한 방에서 인접한 다른 방으로 갈 때 균등분포를 따라서 움직인다. 예를 들어 방 1에서 2와 4로 갈 확률은 각각 $\frac{1}{2}$이고, 방 5에서 인접한 방으로 갈 확률은 각각 $\frac{1}{3}$이다. X_n을 n번 움직인 직후 쥐가 있는 방의 번호라고 하자. 확률과정 $\boldsymbol{X} = \{X_n,\ n=0,\ 1,\ 2,\ \cdots\}$의 상태공간은 명백하게 $\{1,\ 2,\ \cdots,\ 6\}$이다. 미로 안에 있는 쥐가 다음에 갈 방의 번호는 현재의 위치에만 의존하므로 $\boldsymbol{X}$는 마르코프연쇄가 된다. 또한 $\boldsymbol{X}$의 전이확률행렬은 다음과 같다.

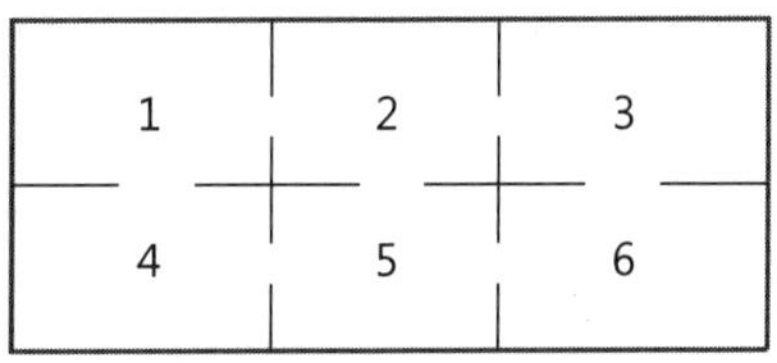

| 그림 5.2 | 미로 1

$$
P = \begin{array}{c} \\ 1 \\ 2 \\ 3 \\ 4 \\ 5 \\ 6 \end{array} \begin{array}{c} \begin{array}{cccccc} 1 & 2 & 3 & 4 & 5 & 6 \end{array} \\ \begin{pmatrix} 0 & \frac{1}{2} & 0 & \frac{1}{2} & 0 & 0 \\ \frac{1}{2} & 0 & 0 & 0 & \frac{1}{2} & 0 \\ 0 & 0 & 0 & 0 & 0 & 1 \\ \frac{1}{2} & 0 & 0 & 0 & \frac{1}{2} & 0 \\ 0 & \frac{1}{3} & 0 & \frac{1}{3} & 0 & \frac{1}{3} \\ 0 & 0 & \frac{1}{2} & 0 & \frac{1}{2} & 0 \end{pmatrix} \end{array}
$$

■

예제 5.4

확률변수열 $X_0,\ X_1,\ \cdots$은 서로 독립이며 각각의 확률질량함수를 $p_i = P(X_n = i)$, $i = 0,\ 1,\ 2,\ \cdots$라 하자. 그러면 X_{n+1}은 $X_0,\ \cdots,\ X_n$과 서로 독립이므로

$$P(X_{n+1}=j \mid X_0=i_0,\ \cdots,\ X_n=i_n)=P(X_{n+1}=j)=p_j,$$
$$P(X_{n+1}=j \mid X_n=i)=P(X_{n+1}=j)=p_j$$

이다. 따라서 $\{X_n,\ n=0,\ 1,\ 2,\ \cdots\}$는 다음과 같이 각 행이 모두 같은 전이확률행렬을 갖는 마르코프연쇄이다.

$$P=\begin{pmatrix} p_0 & p_1 & p_2 & \cdots \\ p_0 & p_1 & p_2 & \cdots \\ p_0 & p_1 & p_2 & \cdots \\ \vdots & \vdots & \vdots & \end{pmatrix}$$ ■

예제 5.5

1, 2, $\cdots$, N과 같이 번호가 붙어 있는 카드 파일에서 임의로 한 장의 카드를 꺼내 맨 위에 올려놓는 실험을 생각하자. X_0는 1번 카드의 처음 위치, X_n은 n번째 실험이 끝난 직후 1번 카드의 위치라 할 때 $\boldsymbol{X}=\{X_n,\ n=0,\ 1,\ 2,\ \cdots\}$는 마르코프연쇄가 됨을 보이고 $\boldsymbol{X}$의 전이확률을 구하라.

‖ **풀이** 자명하게 $\boldsymbol{X}$의 상태공간은 $S=\{1,\ 2,\ \cdots,\ N\}$이다. n번째 실험에서 1번 앞에 있는 카드가 선택될 사건을 A_n, 1번 뒤에 있는 카드가 선택될 사건을 B_n, 1번 카드가 선택될 사건을 C_n이라 하면, X_{n+1}은 다음과 같음을 알 수 있다.

$$X_{n+1}=\begin{cases} X_n, & A_{n+1}\text{이 발생할 경우} \\ X_n+1, & B_{n+1}\text{이 발생할 경우} \\ 1, & C_{n+1}\text{이 발생할 경우} \end{cases}$$

따라서 현재까지 실험의 결과 X_0, X_1, $\cdots$, X_n이 주어졌을 때 X_{n+1}은 X_n과 $(n+1)$번째 실험의 결과에만 의존한다. 한편 $(n+1)$번째 실험은 X_n의 상태에만 의존하므로 결국 X_{n+1}는 X_n에만 의존함을 알 수 있다. 따라서 $\boldsymbol{X}$는 마르코프연쇄가 된다.

이제 전이확률 $p_{ij}=P(X_{n+1}=j \mid X_n=i)$를 구한다. $X_n=i$이면 1번 카드 앞에는 $(i-1)$장의 카드가 있고 뒤에는 $(N-i)$장의 카드가 있으므로 $P(X_{n+1}=i \mid X_n=i)$는 1번 앞에 있는 카드가 선택될 확률 $\dfrac{i-1}{N}$과 같다. 같은 방법으로 p_{ij}, $1 \le i \le N$는 다음과 같음을 알 수 있다.

$$p_{ij}=\begin{cases}\dfrac{1}{N}, & j=1\\ \dfrac{i-1}{N}, & j=i\\ \dfrac{N-i}{N}, & j=i+1\\ 0, & \text{그 밖에}\end{cases}$$ ■

예제 5.6 **항아리 모형**

w개의 흰 공과 $(2N-w)$개의 검은 공을 두 개의 항아리 A, B에 각각 N개씩 나누어 넣었다. 단 $w<N$을 가정한다. 그 다음 양쪽 항아리에서 임의로 한 개씩의 공을 꺼내서 서로 다른 항아리에 넣는 실험을 생각하자. 즉 A에서 꺼낸 공은 항아리 B에 넣고 B에서 꺼낸 공은 항아리 A에 넣는다. X_0를 항아리 A에 처음 들어 있는 흰 공의 수, X_n을 n번째 실험이 끝난 후에 항아리 A에 들어 있는 흰 공의 개수라 할 때 확률과정 $\boldsymbol{X}=\{X_n,\ n\ge 0\}$이 마르코프연쇄가 됨을 보이고 $\boldsymbol{X}$의 상태공간과 전이확률을 구하라.

‖**풀이** 항아리 A에 들어 있는 흰 공의 개수는 기껏해야 w개이므로 $\boldsymbol{X}$의 상태공간은 $\mathcal{S}=\{0,\ 1,\ 2,\ \cdots,\ w\}$이다. 확률변수 A_n과 $B_n(n=1,\ 2,\ \cdots)$을 다음과 같이 정의하사.

$$A_n=\begin{cases}1, & n\text{번째 실험에서 항아리 } A\text{에서 흰 공이 나올 경우}\\ 0, & n\text{번째 실험에서 항아리 } A\text{에서 검은 공이 나올 경우}\end{cases}$$

$$B_n=\begin{cases}1, & n\text{번째 실험에서 항아리 } B\text{에서 흰 공이 나올 경우}\\ 0, & n\text{번째 실험에서 항아리 } B\text{에서 검은 공이 나올 경우}\end{cases}$$

그러면 다음이 성립함을 알 수 있다.

$$X_{n+1}=X_n+(B_{n+1}-A_{n+1}),\quad n=0,\ 1,\ 2,\ \cdots$$

따라서 $X_0=i_0,\ X_1=i_1,\ \cdots,\ X_n=i_n$이 주어졌을 때 X_{n+1}은 X_n과 A_{n+1}, B_{n+1}에 의하여 결정되는 것을 알 수 있다. 한편 A_{n+1}과 B_{n+1}의 분포는 다음과 같이 X_n에만 의존한다.

$$P(A_{n+1}=1\,|\,X_n=i)=\frac{i}{N},$$

$$P(B_{n+1}=1 \mid X_n=i)=\frac{w-i}{N}, \quad i=0,\ 1,\ \cdots,\ w$$

결과적으로 $X_0=i_0$, $X_1=i_1$, $\cdots$, $X_n=i_n$이 주어졌을 때 X_{n+1}의 조건부분포는 $X_n=i_n$에만 의존한다. 따라서 $\boldsymbol{X}$는 마르코프연쇄이다. 전이확률을 구하기 위하여 다음 사건을 정의한다.

$E_a=(n+1)$번째 실험에서 항아리 A에서 흰 공이 나올 사건,
$E_b=(n+1)$번째 실험에서 항아리 B에서 흰 공이 나올 사건

$X_n=0$일 때 X_{n+1}이 취할 수 있는 값은 0 또는 1이다.

$$p_{00}=P(X_{n+1}=0 \mid X_n=0)=P(E_b^c \mid X_n=0)=\frac{N-w}{N},$$
$$p_{01}=P(X_{n+1}=1 \mid X_n=0)=P(E_b \mid X_n=0)=\frac{w}{N}$$

$X_n=i\,(1 \le i < w)$일 때 X_{n+1}은 $i-1$, i, $i+1$ 중에서 값을 가질 수 있다. 한편 $\{X_n=i\}$가 주어졌다는 가정하에 E_a와 E_b는 조건부독립이므로 다음이 성립한다.

$$\begin{aligned} p_{i,\,i-1} &= P(X_{n+1}=i-1 \mid X_n=i) \\ &= P(E_aE_b^c \mid X_n=i)=P(E_a \mid X_n=i)P(E_b^c \mid X_n=i) \\ &= \frac{i}{N}\frac{N-w+i}{N}, \end{aligned}$$

$$\begin{aligned} p_{ii} &= P(X_{n+1}=i \mid X_n=i) \\ &= P(E_aE_b \mid X_n=i)+P(E_a^cE_b^c \mid X_n=i) \\ &= \frac{i}{N}\frac{w-i}{N}+\frac{N-i}{N}\frac{N-w+i}{N}, \end{aligned}$$

$$\begin{aligned} p_{i,\,i+1} &= P(X_{n+1}=i+1 \mid X_n=i) \\ &= P(E_a^cE_b \mid X_n=i)=\frac{N-i}{N}\frac{w-i}{N} \end{aligned}$$

$X_n=w$일 때 X_{n+1}이 취할 수 있는 값은 $w-1$ 또는 w이므로

$$p_{w,\, w-1} = P(E_a | X_n = w) = \frac{w}{N},$$

$$p_{ww} = P(E_a^c | X_n = w) = \frac{N-w}{N}. \qquad \blacksquare$$

정리 5.1

$Y_1,\ Y_2,\ \cdots$를 서로 독립인 확률변수열이라 하자. 확률변수 X_0가 $\{Y_n,\ n=1,\ 2,\ \cdots\}$와 서로 독립이고 X_{n+1}이

$$X_{n+1} = f(X_n,\ Y_{n+1}),\quad n = 0,\ 1,\ 2,\ \cdots \tag{5.2}$$

와 같이 X_n과 Y_{n+1}의 함수로 나타나면 확률과정 $\boldsymbol{X} = \{X_n,\ n=0,\ 1,\ \cdots\}$는 마르코프연쇄가 된다. 특히 $\{Y_n\}$이 독립이며 같은 분포를 따르면 $\boldsymbol{X}$는 시간동질인 마르코프연쇄가 된다.

증명 $g_1(X_0,\ Y_1) = f(X_0,\ Y_1)$으로 두고

$$g_n(X_0,\ Y_1,\ \cdots,\ Y_n) = f(g_{n-1}(X_0,\ Y_1,\ \cdots,\ Y_{n-1}),\ Y_n),\quad n \ge 2$$

이라 하면 식 (5.2)로부터 $X_n = g_n(X_0,\ Y_1,\ \cdots,\ Y_n)(n \ge 1)$과 같이 X_0와 $Y_1,\ \cdots,\ Y_n$에 의하여 정해진다. 가정에 의하여 Y_{n+1}과 $X_1,\ \cdots,\ X_n$은 서로 독립이므로 다음이 성립한다.

$$\begin{aligned}
&P(X_{n+1} = j | X_0 = i_0,\ \cdots,\ X_{n-1} = i_{n-1},\ X_n = i) \\
&\quad = P(f(X_n,\ Y_{n+1}) = j | X_0 = i_0,\ \cdots,\ X_{n-1} = i_{n-1},\ X_n = i) \\
&\quad = P(f(i,\ Y_{n+1}) = j | X_0 = i_0,\ \cdots,\ X_{n-1} = i_{n-1},\ X_n = i) \\
&\quad = P(f(i,\ Y_{n+1}) = j) \\
&\quad = P(f(X_n,\ Y_{n+1}) = j | X_n = i) \\
&\quad = P(X_{n+1} = j | X_n = i)
\end{aligned}$$

따라서 $\{X_n\}$은 마르코프연쇄이다. 한편 $\{Y_n\}$이 같은 분포를 따르면

$$\begin{aligned}
P(X_{n+1} = j | X_n = i) &= P(f(i,\ Y_{n+1}) = j) \\
&= P(f(i,\ Y_1) = j) = P(X_1 = j | X_0 = i)
\end{aligned}$$

가 되어 전이확률이 시각 n에 의존하지 않는다. □

따름정리 5.2

정수값을 갖는 확률변수 $Y_1,\ Y_2,\ \cdots$가 서로 독립이고 같은 분포를 따를 때

$$X_n = \sum_{k=1}^{n} Y_k,\quad n \geq 1\,(X_0 = 0)$$

이라 하면 확률과정 $\boldsymbol{X} = \{X_n,\ n = 0,\ 1,\ 2,\ \cdots\}$는 전이확률이 다음과 같은 마르코프연쇄이다.

$$P(X_{n+1} = j \mid X_n = i) = P(Y_{n+1} = j - i)$$

증명 $X_{n+1} = X_n + Y_{n+1}$이고 $Y_1,\ Y_2,\ \cdots$가 서로 독립이며 같은 분포를 따르므로 정리 5.1에 의하여 $\{X_n\}$은 마르코프연쇄이다. 한편 X_n과 Y_{n+1}이 서로 독립이므로 $\boldsymbol{X}$의 전이확률은 다음과 같다.

$$\begin{aligned} P(X_{n+1} = j \mid X_n = i) &= P(Y_{n+1} = j - i \mid X_n = i) \\ &= P(Y_{n+1} = j - i) \end{aligned}$$ □

예제 5.7

성공할 확률이 p인 베르누이시행을 n회 시행할 때 성공 횟수 N_n은 다음과 같이 서로 독립이며 각각은 성공할 확률이 p인 베르누이확률변수 $X_k(k=1,\ 2,\ \cdots)$의 합으로 나타낼 수 있다.

$$N_n = \sum_{k=1}^{n} X_k,\quad n = 1,\ 2,\ \cdots$$

따름정리 5.2에 의하여 $\{N_n,\ n \geq 0\}$은 상태공간이 $\{0,\ 1,\ 2,\ \cdots\}$이고 전이확률이 다음과 같은 마르코프연쇄이다.

$$p_{ij} = P(N_{n+1} = j \mid N_n = i) = \begin{cases} p, & j = i+1 \\ 1-p, & j = i \\ 0, & \text{그 밖에} \end{cases}$$ ■

예제 5.8

S_n을 성공할 확률이 p인 베르누이과정에서 n회 성공할 때까지 시행한 횟수라 하자. 정리 1.3으로부터 $Y_k = S_k - S_{k-1}$, $k=1, 2, \cdots$는 서로 독립이며 각각은 모수가 p인 기하확률변수이다. 한편 $S_n = \sum_{k=1}^{n} Y_k$이므로 따름정리 5.2에 의하여 $\{S_n\}$은 마르코프 연쇄가 된다. 전이확률은

$$\begin{aligned} p_{ij} &= P(S_{n+1} = j \mid S_n = i) \\ &= P(S_{n+1} - S_n = j - i) = \begin{cases} pq^{j-i-1}, & j \geq i+1 \\ 0, & \text{그 밖에} \end{cases} \end{aligned}$$

이고 일 단계 전이확률행렬은

$$P = \begin{pmatrix} 0 & p & pq & pq^2 & pq^3 & \cdots \\ & 0 & p & pq & pq^2 & \cdots \\ & & 0 & p & pq & \cdots \\ & & & \vdots & \vdots & \end{pmatrix}$$

이다. 또한

$$S_{n+m} - S_n = \sum_{k=n+1}^{n+m} Y_k \sim \mathrm{NB}(m,\ p)$$

이므로 m 단계 전이확률은 다음과 같다.

$$\begin{aligned} p_{ij}^{(m)} &= P(S_{n+m} = j \mid S_n = i) = P(S_m = j - i) \\ &= \begin{cases} \binom{j-i-1}{m-1} p^m q^{j-i-m}, & j \geq i+m \\ 0, & j < i+m \end{cases} \end{aligned}$$

■

예제 5.9

$Y_1,\ Y_2,\ \cdots$가 서로 독립이고 같은 분포를 따르며 각각의 확률질량함수가 $p_i = P(Y_n = i)\,(i = 0,\ 1,\ 2,\ 3,\ 4)$일 때 X_n을 다음과 같이 정의하자.

$$X_{n+1} = X_n + Y_{n+1} (\bmod 5)$$

단 $x = y (\bmod 5)$는 y를 5로 나누었을 때 나머지가 x임을 의미한다. 그러면 $\{X_n,\ n = 0,\ 1,\ 2,\ \cdots\}\,(X_0 = 0)$는 다음과 같은 전이확률행렬을 갖는 마르코프연쇄이다.

$$P=\begin{pmatrix} p_0 & p_1 & p_2 & p_3 & p_4 \\ p_4 & p_0 & p_1 & p_2 & p_3 \\ p_3 & p_4 & p_0 & p_1 & p_2 \\ p_2 & p_3 & p_4 & p_0 & p_1 \\ p_1 & p_2 & p_3 & p_4 & p_0 \end{pmatrix}$$

이와 같이 각각의 성분이 모두 음이 아니고 각 행의 합과 각 열의 합이 각각 1이 되는 행렬을 **이중확률행렬**(doubly stochastic matrix)이라 한다. ■

예제 5.10 **재고모형(inventory model)**

많은 상품들은 수요에 따른 안정적인 공급을 위하여 창고에 저장을 해두고 필요할 때 시장에 공급한다. $(s,\ S)$ 재고정책은 두 값 $0 \le s < S$에 의하여 다음과 같이 재고관리를 하는 방식이다. 재고수준은 특정한 시각에 주기적으로 조사를 하는데 만일 재고수준이 s보다 작으면 그 즉시 주문을 내어 재고수준을 S까지 끌어 올리고, s보다 크면 보충하지 않고 그대로 둔다. $t_0,\ t_1,\ \cdots$을 재고조사하는 시각이라 하자. X_n을 시각 t_n 직전의 재고 상태, Z_n을 $[t_{n-1},\ t_n)$ 동안의 수요량이라 하자. 그러면 다음을 얻는다.

$$\begin{aligned} X_{n+1} &= \begin{cases} (X_n - Z_{n+1})^+, & s < X_n \le S \\ (S - Z_{n+1})^+, & X_n \le s \end{cases} \\ &= (X_n - Z_{n+1})^+ 1_{\{s < X_n \le S\}} + (S - Z_{n+1})^+ 1_{\{X_n \le s\}} \end{aligned}$$

단 $x^+ = \max(x,\ 0)$이다. X_{n+1}은 X_n과 Z_{n+1}의 함수이므로 X_n이 주어졌다는 가정하에 Z_{n+1}과 $X_0,\ X_1,\ \cdots,\ X_{n-1}$이 조건부로 독립이면 정리 5.1로부터 $\{X_n,\ n \ge 0\}$은 상태공간이 $\{0,\ 1,\ 2,\ \cdots,\ S\}$인 마르코프연쇄가 된다. ■

예제 5.11 **대기행렬모형 I**

제2장의 예제 2.4와 같이 단일서버가 도착순서에 따라 서비스를 하며 무한의 대기실을 갖는 대기행렬모형을 생각하자. $X_0 = 0$이라 하고 $X_n (n \ge 1)$을 n번째 도착한 고객이 서비스를 마치고 시스템을 떠날 때 시스템에 남아 있는 고객 수라 하자. 또한 ξ_n을 n번째 서비스를 받는 고객의 서비스 시간 동안 도착한 고객 수라 하면 X_n과 ξ_n은 다음과 같은 관계가 있음을 알 수 있다.

$$X_{n+1} = \begin{cases} X_n - 1 + \xi_{n+1}, & X_n \geq 1 \\ \xi_{n+1}, & X_n = 0 \end{cases}$$

$$= (X_n - 1)^+ + \xi_{n+1}, \quad n = 0,\ 1,\ 2,\ \cdots$$

$\xi_1,\ \xi_2,\ \cdots$는 서로 독립이고 같은 분포를 따른다고 가정하고

$$P(\xi_n = k) = a_k,\ k = 0,\ 1,\ 2,\ \cdots$$

라 두자. 그러면 정리 5.1에 의하여 확률과정 $\boldsymbol{X} = \{X_n,\ n \geq 0\}$은 전이확률행렬이 다음과 같은 마르코프연쇄이다.

$$P = \begin{pmatrix} a_0 & a_1 & a_2 & a_3 & a_4 & \cdots \\ a_0 & a_1 & a_2 & a_3 & a_4 & \cdots \\ 0 & a_0 & a_1 & a_2 & a_3 & \cdots \\ 0 & 0 & a_0 & a_1 & a_2 & \cdots \\ 0 & 0 & 0 & a_0 & a_1 & \cdots \\ & & & \vdots & \vdots & \end{pmatrix}$$

■

예제 5.12 대기행렬모형Ⅱ

제2장의 예제 2.4와 같이 단일시버가 도착순서에 따라 서비스를 하며 무한의 대기실을 갖는 대기행렬모형을 생각하자. $Y_0 = 0$이라 하고 $Y_n (n \geq 1)$을 n번째 고객이 도착하기 직전에 시스템에 남아 있는 고객 수라 하자. 또한 η_{n+1}을 n번째 고객이 도착한 직후부터 $(n+1)$번째 고객이 도착하기 직전의 기간 동안 시스템에서 서비스를 제공 가능한 고객 수라 하자. 즉 η_{n+1}은 시스템에 충분히 많은 고객이 있을 때 서비스를 마칠 수 있는 고객 수이다. 따라서 η_{n+1}은 Y_n보다 클 수도 있다. Y_n과 η_{n+1}은 다음과 같은 관계가 있다.

$$Y_{n+1} = (Y_n + 1 - \eta_{n+1})^+,\quad n = 0,\ 1,\ 2,\ \cdots$$

$\eta_1,\ \eta_2,\ \cdots$가 서로 독립이며 같은 분포를 따른다고 가정하고

$$P(\eta_n = k) = b_k,\quad k = 0,\ 1,\ 2,\ \cdots$$

라 하자. 그러면 정리 5.1에 의하여 $\boldsymbol{Y} = \{Y_n,\ n \geq 0\}$은 다음과 같은 전이확률행렬을 갖는 마르코프연쇄가 된다.

$$P=\begin{pmatrix} \bar{b}_0 & b_0 & 0 & 0 & 0 & \cdots \\ \bar{b}_1 & b_1 & b_0 & 0 & 0 & \cdots \\ \bar{b}_2 & b_2 & b_1 & b_0 & 0 & \cdots \\ \bar{b}_3 & b_3 & b_2 & b_1 & b_0 & \cdots \\ \vdots & \vdots & \vdots & \vdots & \vdots & \end{pmatrix}$$

단 $\bar{b}_i = 1 - \sum_{j=0}^{i} b_i,\ i = 0,\ 1,\ 2,\ \cdots$이다. ■

예제 5.13 **분지과정**

어떤 개체는 그 개체가 소멸할 때 확률질량함수가 $P(Z=k) = a_k(k=0,\ 1,\ 2,\ \cdots)$인 확률변수 Z만큼의 후손을 생산한다고 하자. 각 후손들은 서로 독립적으로 후손을 남기고 소멸하는데 후손 수의 분포는 Z와 동일하다고 하자. $X_0 = 1$을 처음 개체 수라 하고 $X_n(n \geq 1)$을 n번째 세대에 있는 개체 수라 하자. $Z_{n+1}^{(i)}(i=0,\ 1,\ 2,\ \cdots)$을 n번째 세대의 i번째 개체가 남긴 후손 수라 하자. 그러면 $Z_n^{(i)}(n \geq 1,\ i \geq 1)$은 서로 독립이며 같은 분포를 따른다. 이때 $\{X_n\}$에 대하여 다음과 같은 관계식이 성립한다.

$$X_{n+1} = \begin{cases} \sum_{k=1}^{X_n} Z_{n+1}^{(k)}, & X_n \geq 1 \\ 0, & X_n = 0 \end{cases},\quad n=0,\ 1,\ 2,\ \cdots \tag{5.3}$$

정리 5.1에 의하여 $\boldsymbol{X} = \{X_n,\ n \geq 0\}$은 상태공간이 $S = \{0,\ 1,\ 2,\ \cdots\}$인 마르코프연쇄가 된다. 전이확률은 다음과 같다.

$$p_{ij} = \begin{cases} P(Z_1 + Z_2 + \cdots + Z_i = j), & i \geq 1 \\ 1, & i = j = 0 \\ 0, & i = 0,\ j \geq 1 \end{cases}$$

여기서 $Z_1,\ Z_2,\ \cdots$는 서로 독립이고 Z와 같은 분포를 따르는 확률변수들이다. 마르코프연쇄 $\boldsymbol{X}$를 **분지과정**(branching process)이라고 한다. 분지과정은 **골턴-왓슨과정**(Galton-Watson process)으로도 알려져 있다. ■

예제 5.14 **잔여수명과정**

갱신간격이 $X_n(n=1,\ 2,\ \cdots)$인 이산시간 갱신과정에서 B_n을 시각 n에서의 잔여수명이라 하면 $\boldsymbol{B}=\{B_n,\ n\geq 0\}$은 상태공간 $\{1,\ 2,\ \cdots\}$를 갖는 마르코프연쇄이다. $P(X_n=k)=a_k\ (k=1,\ 2,\ \cdots)$라 하고 $\boldsymbol{B}$의 전이확률을 구해보자. $B_n=1$이면 $n+1$에서 갱신이 발생하므로

$$p_{1j}=P(B_{n+1}=j\,|\,B_n=1)=P(X_1=j)=a_j,\quad j\geq 1$$

이다. 또한 $B_n=i\geq 2$이면 $B_{n+1}=i-1$이므로

$$p_{ij}=P(B_{n+1}=j\,|\,B_n=i)=\begin{cases}1, & j=i-1\\ 0, & j\neq i-1\end{cases},\quad i\geq 2.$$

따라서

$$P=\begin{pmatrix}a_1 & a_2 & a_3 & a_4 & \cdots\\ 1 & 0 & 0 & 0 & \cdots\\ & 1 & 0 & 0 & \cdots\\ & & 1 & 0 & \cdots\\ & & & \vdots & \end{pmatrix}.$$ ■

예제 5.15 나이과정

갱신간격이 $X_n\ (n=1,\ 2,\ \cdots)$인 이산시간 갱신과정에서 A_n을 시각 n에서의 나이라고 할 때, $\boldsymbol{A}=\{A_n,\ n\geq 0\}$은 상태공간이 $\{0,\ 1,\ 2,\ \cdots\}$이고 전이확률행렬이 다음과 같은 마르코프연쇄가 됨을 보여라.

$$P=\begin{pmatrix}1-p_0 & p_0 & 0 & 0 & \cdots\\ 1-p_1 & 0 & p_1 & 0 & \cdots\\ 1-p_2 & 0 & 0 & p_2 & \cdots\\ \vdots & \vdots & \vdots & \vdots & \ddots\end{pmatrix} \tag{5.4}$$

단

$$p_i=\frac{P(X_1>i+1)}{P(X_1>i)},\quad i=0,\ 1,\ 2,\ \cdots.$$

풀이 $\{S_n\}$을 갱신발생 시각의 열이라 하자. $\{A_n\}$의 표본경로는 S_k일 때 0에서 시작하여 $[S_k,\ S_{k+1}-1]$ 동안 n이 증가함에 따라 1만큼씩 증가하다가 시각 S_{k+1}에서 다시 0이 된다. 따라서

$$P(A_{n+1}=i+1 \mid A_n=i)+P(A_{n+1}=0 \mid A_n=i)=1$$

이므로 $P(A_{n+1}=0 \mid A_n=i)=1-P(A_{n+1}=i+1 \mid A_n=i)$이다.

한편 $A_n=i$이기 위해서는 시각 $n-i$에 갱신이 발생하고 다음 갱신이 발생할 때까지의 시간이 i보다 커야 하므로

$$\begin{aligned} P(A_n=i) &= \sum_{k=0}^{\infty} P(S_k=n-i,\ X_{k+1}>i) \\ &= P(X_1>i)\left(\sum_{k=0}^{\infty} P(S_k=n-i)\right). \end{aligned}$$

같은 방법으로 다음을 얻는다.

$$P(A_{n+1}=i+1,\ A_n=i)=P(X_1>i+1)\left(\sum_{k=0}^{\infty} P(S_k=n-i)\right)$$

따라서

$$P(A_{n+1}=i+1 \mid A_n=i)=\frac{P(X_1>i+1)}{P(X_1>i)},\quad i=0,\ 1,\ 2,\ \cdots. \qquad \blacksquare$$

5.3 마르코프연쇄의 결합분포

마르코프연쇄 $\boldsymbol{X}=\{X_n,\ n=0,\ 1,\ 2,\ \cdots\}$에서 X_0를 $\boldsymbol{X}$의 초기상태(initial state)라 하고 X_0의 분포를 초기분포(initial distribution)라 한다. 앞으로 X_n의 분포를

$$p_j^{(n)}=P(X_n=j),\ j\in\mathcal{S},\ n\ge 0$$

이라 하고 $\boldsymbol{p}^{(n)}=(p_j^{(n)},\ j\in\mathcal{S})$로 나타낸다.

이 절에서는 $\boldsymbol{X}$의 초기분포와 일 단계 전이확률로부터 $\{X_n\}$의 결합확률분포를 구할 수 있음을 보인다.

정리 5.3

$n \ge 0,\ m \ge 1$과 $i_0,\ i_1,\ \cdots,\ i_m \in \mathcal{S}$에 대하여

$$P(X_{n+1} = i_1,\ \cdots,\ X_{n+m} = i_m \mid X_n = i_0) = p_{i_0, i_1} p_{i_1, i_2} \cdots p_{i_{m-1}, i_m}.$$

증명 $E_k = \{X_{n+k} = i_k\}\ (k = 0,\ 1,\ \cdots,\ m)$이라 하면 조건부확률에 대한 곱의 공식 (1.2)에 의하여 다음이 성립한다.

$$P(E_1 E_2 \cdots E_m \mid E_0) = P(E_1 \mid E_0) P(E_2 \mid E_0 E_1) \cdots P(E_m \mid E_0 \cdots E_{m-1})$$

한편 $\{X_n\}$이 마르코프연쇄이므로

$$\begin{aligned} &P(E_k \mid E_0 \cdots E_{k-1}) \\ &= P(X_{n+k} = i_k \mid X_n = i_0,\ X_{n+1} = i_1,\ \cdots,\ X_{n+k-1} = i_{k-1}) \\ &= P(X_{n+k} = i_k \mid X_{n+k-1} = i_{k-1}) \\ &= p_{i_{k-1} i_k},\quad k = 1,\ 2,\ \cdots,\ m \end{aligned}$$

이다. 따라서 정리가 증명된다. □

정리 5.3은 마르코프연쇄 $\boldsymbol{X}$가 현재 i_0 상태에 있을 때 앞으로 m 단계 동안 연속해서 $i_1,\ \cdots,\ i_m$을 방문할 확률은 각 단계별로 i_{k-1}에서 i_k를 방문할 확률 $p_{i_{k-1} i_k}$를 차례로 곱한 것과 같다는 것을 보여준다.

따름정리 5.4

$$P(X_0 = i_0,\ X_1 = i_1,\ \cdots,\ X_m = i_m) = p_{i_0}^{(0)} p_{i_0, i_1} p_{i_1, i_2} \cdots p_{i_{m-1}, i_m}.$$

정리 5.5 채프만-콜모고로프 방정식(Chapman-Kolmogorov equation)

$$p_{ij}^{(n+m)} = \sum_{k \in \mathcal{S}} p_{ik}^{(n)} p_{kj}^{(m)},\quad m,\ n \ge 0,\quad i,\ j \in \mathcal{S} \tag{5.5}$$

증명 $p_{ij}^{(n+m)} = P(X_{n+m} = j \mid X_0 = i)$

$$
\begin{aligned}
&= \sum_{k \in S} P(X_{n+m} = j,\ X_n = k \mid X_0 = i) \\
&= \sum_{k \in S} P(X_{n+m} = j \mid X_n = k,\ X_0 = i) P(X_n = k \mid X_0 = i) \\
&= \sum_{k \in S} p_{ik}^{(n)} p_{kj}^{(m)}
\end{aligned}
$$

위의 셋째 등식은 조건부확률에 대한 곱의 공식 (1.2)에 의하여 성립하고 넷째 등식은 마르코프성질에 의하여 성립한다. □

식 (5.5)에서 $p_{ik}^{(n)} p_{kj}^{(m)}$는 i에서 출발하여 n 단계 후에 k에 도달하고 다시 k에서 출발하여 m 단계 후에 j에 있을 확률이다. 따라서 채프만-콜모고로프방정식은 $X_0 = i$에서 출발하여 $(m+n)$ 단계 후에 j에 있을 확률은 중간 단계에서 방문하는 모든 상태에 대한 확률을 합한 것과 같음을 의미한다(그림 5.3).

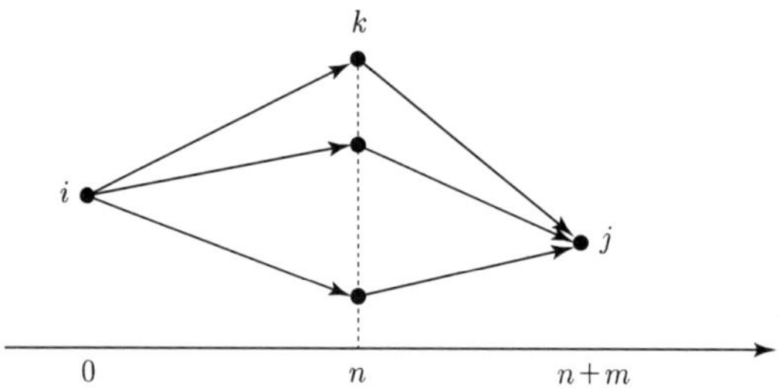

| 그림 5.3 |

식 (5.5)를 n 단계 전이확률행렬 $P^{(n)} = (p_{ij}^{(n)})$를 이용하여 표현하면 다음과 같다.

$$P^{(n+m)} = P^{(n)} P^{(m)}$$

특히

$$P^{(2)} = P^{(1)} P^{(1)} = P \cdot P = P^2$$

이므로 수학적 귀납법에 의하여 다음이 성립함을 알 수 있다.

$$P^{(n)} = P^{(n-1)} P = P^n \tag{5.6}$$

즉 n 단계 전이확률행렬은 일 단계 전이확률행렬을 n번 곱한 것과 같다.

따름정리 5.6

$$\boldsymbol{p}^{(n)} = \boldsymbol{p}^{(0)} P^{(n)}$$

증명 전확률공식에 의하여

$$\begin{aligned} p_k^{(n)} &= P(X_n = k) \\ &= \sum_{j \in \mathcal{S}} P(X_n = k \mid X_0 = j) P(X_0 = j) \\ &= \sum_{j \in \mathcal{S}} p_j^{(0)} p_{jk}^{(n)}, \quad k \in \mathcal{S}. \end{aligned}$$ □

예제 5.16 **예제 5.1의 연속**

오늘 비가 오지 않는다고 가정하자. 앞으로 3일 후에 비가 올 확률은 얼마인가? 앞으로 3일 후에는 비가 오지만 5일 뒤에는 비가 오지 않을 확률은 얼마인가?

‖ **풀이** 채프만-콜모고로프 방정식으로부터 $P^{(2)} = P^2$, $P^{(3)} = P^3$이므로

$$P = \begin{pmatrix} 0.8 & 0.2 \\ 0.7 & 0.3 \end{pmatrix}, \quad P^{(2)} = \begin{pmatrix} 0.78 & 0.22 \\ 0.77 & 0.23 \end{pmatrix}, \quad P^{(3)} = \begin{pmatrix} 0.778 & 0.222 \\ 0.777 & 0.223 \end{pmatrix}.$$

따라서 오늘 비가 오지 않는다는 가정하에서 3일 후에 비가 올 확률은

$$P(X_3 = 2 \mid X_0 = 1) = p_{12}^{(3)} = 0.222$$

이고 3일 후에는 비가 오지만 5일 뒤에는 비가 오지 않을 확률은

$$P(X_3 = 2,\ X_5 = 1 \mid X_0 = 1) = p_{12}^{(3)} p_{21}^{(2)} = (0.222)(0.77) = 0.17094.$$ ■

예제 5.17

상태공간이 $\{1, 2, 3\}$인 마르코프연쇄 $\{X_n, n = 0, 1, 2, \cdots\}$의 전이확률행렬이

$$P = \begin{pmatrix} 0.2 & 0.3 & 0.5 \\ 0.7 & 0 & 0.3 \\ 0.2 & 0.6 & 0.2 \end{pmatrix}$$

이고 초기분포가

$$p_1^{(0)} = 0.1,\ p_2^{(0)} = 0.3,\ p_3^{(0)} = 0.6$$

일 때 다음을 구하라.

(1) $P(X_2 = 2,\ X_5 = 3)$　　　　(2) $P(X_3 = j),\ j = 1,\ 2,\ 3$

‖ **풀이** (1) $P^{(n)} = P^n$ 으로부터

$$P^{(2)} = \begin{pmatrix} 0.35 & 0.36 & 0.29 \\ 0.2 & 0.39 & 0.41 \\ 0.5 & 0.18 & 0.32 \end{pmatrix},\quad P^{(3)} = \begin{pmatrix} 0.38 & 0.279 & 0.341 \\ 0.395 & 0.306 & 0.299 \\ 0.29 & 0.342 & 0.368 \end{pmatrix}$$

이므로

$$\begin{aligned} P(X_2 = 2,\ X_5 = 3) &= \sum_{i=1}^{3} P(X_0 = i) P(X_2 = 2,\ X_5 = 3 \mid X_0 = i) \\ &= p_1^{(0)} p_{12}^{(2)} p_{23}^{(3)} + p_2^{(0)} p_{22}^{(2)} p_{23}^{(3)} + p_3^{(0)} p_{32}^{(2)} p_{23}^{(3)} \\ &= 0.0780. \end{aligned}$$

(2) $\boldsymbol{p}^{(3)} = \boldsymbol{p}^{(0)} P^{(3)} = (0.3305,\ 0.3249,\ 0.3446)$이므로

$$P(X_3 = 1) = 0.3305,\quad P(X_3 = 2) = 0.3249,\quad P(X_3 = 3) = 0.3446.$$ ■

앞에서 X_0의 분포와 n 단계 전이확률행렬을 이용하여 X_n의 분포를 구하기 위해서는 행렬의 거듭제곱 P^n을 구할 필요가 있음을 알아보았다. 일반적으로 P^n을 구하는 것은 많은 계산량을 필요로 한다. 특히 $\boldsymbol{X}$의 상태공간이 무한집합일 때는 P^n을 구하는 것이 현실적으로 불가능할 수도 있다. 또한 X_n의 분포보다는 $n \to \infty$ 일 때 X_n의 분포에 관심이 있는 경우가 많다. 이때 다음과 같은 문제가 자연스럽게 제기된다.

(1) $n \to \infty$ 일 때 초기상태 X_0는 X_n의 분포는 어떻게 영향을 미치는가?

(2) 어떤 조건하에서 $n \to \infty$ 일 때 $p_{ij}^{(n)}$의 극한이 존재하는가?

(3) 또한 이 극한이 존재한다면 그 극한을 어떻게 구할 것인가?

이 문제에 대한 답을 하기 위한 준비과정으로 다음 절에서는 마르코프연쇄의 상태를 분류하고 그 특성을 살펴본다.

5.4 상태의 분류

5.4.1 상호도달가능성

그림 5.4와 같은 미로를 생각하자. 미로 속에 있는 쥐는 한 방에서 인접한 다른 방으로 갈 때 균등분포를 따라서 움직이며 미로 밖으로 한 번 나간 쥐는 미로 속으로 다시 들어가지 않는다. X_n을 n번 움직인 직후 쥐가 있는 방의 번호라 하자. 단 미로 밖은 상태 0으로 표기한다. 그러면 확률과정 $\boldsymbol{X}=\{X_n, n=0, 1, 2, \cdots\}$는 상태공간이 $\{0, 1, \cdots, 9\}$인 마르코프연쇄가 된다.

쥐가 처음에 2번 방에 있었다고 가정하자. 그러면 1번과 3번 방은 한 번에 갈 수 있다. 4번과 6번 방은 한 번 만에는 갈 수 없으나 두 번 만에는 갈 수 있다. 또한 세 번 만에 밖으로 나갈 수도 있다. 그러나 2번 방에서 출발하여 5, 7, 8, 9번 방에는 갈 수가 없다. 실제 $\boldsymbol{X}$의 전이확률은

$$p_{21}=p_{23}=\frac{1}{2}>0,\quad p_{24}^{(2)}=p_{26}^{(2)}=\frac{1}{4}>0,\quad p_{20}^{(3)}=\frac{1}{8}>0$$

이나 모든 $n\geq 0$에 대하여 $p_{2j}^{(n)}=0\,(j=5, 7, 8, 9)$이다.

마르코프연쇄 $\boldsymbol{X}$가 상태 i에서 유한번의 단계를 거쳐 상태 j로 갈 수 있을 때 상태 j는 상태 i로부터 도달가능하다고 한다. 앞의 예에서 상태 0은 모든 상태로부터 도달가능하나 0을 제외한 어떠한 상태도 상태 0으로부터 도달가능하지 않다.

일반적으로 적당한 $n\geq 0$에 대하여 $p_{ij}^{(n)}>0$일 때 상태 j는 상태 i로부터 **도달가능**(accessible)하다고 하고 이것을 $i\rightarrow j$로 나타내기로 한다. 특히 $i\rightarrow j$이고 $j\rightarrow i$일 때 i

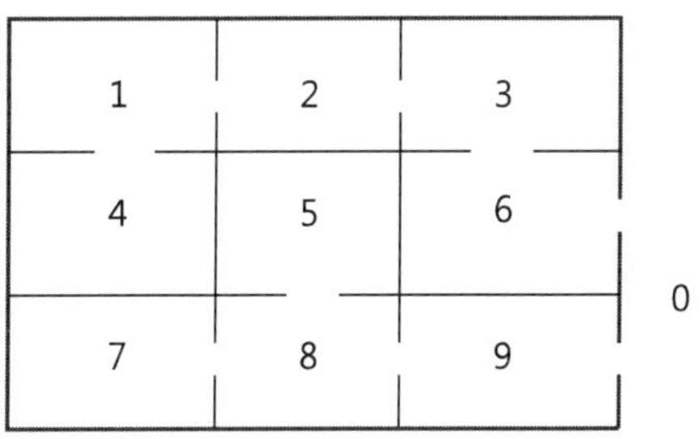

| 그림 5.4 | 미로 2

와 j는 **상호도달가능** 또는 **교통가능**(communicate)이라고 하고 $i \leftrightarrow j$로 나타내기로 한다. 마르코프연쇄 $\boldsymbol{X}$의 모든 상태가 상호도달가능일 때 $\boldsymbol{X}$를 **기약**(irreducible)이라고 한다.

정리 5.7

상호도달가능은 동치관계이다. 즉

(1) $i \leftrightarrow i$ [반사성(reflexivity)]

(2) $i \leftrightarrow j$이면 $j \leftrightarrow i$이다. [대칭성(symmetry)]

(3) $i \leftrightarrow j$이고 $j \leftrightarrow k$이면 $i \leftrightarrow k$이다. [추이성(transitivity)]

증명 (1) $p_{ii}^{(0)} = P(X_0 = i \mid X_0 = i) = 1 > 0$이므로 모든 상태 $i \in \mathcal{S}$는 자기 자신과 상호도달가능이다.

(2)는 정의로부터 자명하다.

(3) $i \leftrightarrow j$와 $j \leftrightarrow k$이면 $p_{ij}^{(n)} > 0$와 $p_{jk}^{(m)} > 0$를 만족하는 m과 n이 존재한다. 그러므로

$$p_{ik}^{(n+m)} = \sum_{b \in \mathcal{S}} p_{ib}^{(n)} p_{bk}^{(m)} \geq p_{ij}^{(n)} p_{jk}^{(m)} > 0.$$

따라서 $i \to k$가 증명된다. 같은 방법으로 $k \to i$도 증명된다. □

상태 i와 상호도달가능한 상태들의 집합을 $C(i) = \{j \in \mathcal{S} : i \leftrightarrow j\}$라 하자. 이때 $j \in C(i)$일 때 i와 j는 같은 **동치류**(equivalent class)에 속한다고 한다. $i \leftrightarrow j$이면 $C(i) = C(j)$이고, i와 j가 상호도달가능이 아니면 $C(i) \cap C(j) = \varnothing$ 임을 알 수 있다. 따라서 상태공간 $\mathcal{S}$는 동치류 $C(i)\,(i \in \mathcal{S})$에 의하여 분할된다. 같은 동치류에 속하는 상태들이 공유하는 성질을 **집단성질**(class property)이라고 한다. 뒤에서 나오는 주기, 재귀성, 일시성 등은 집단성질들의 예이다.

마르코프연쇄의 상태를 노드(node)로 보고 $p_{ij} > 0$일 때 노드 i와 노드 j를 i에서 j로 가는 화살표로 연결하면 마르코프연쇄의 일 단계 전이상태를 방향성 그래프(directed graph)로 표현할 수 있다. 이 그래프를 마르코프연쇄의 **상태전이그래프**(state transition graph) 또는 **상태전이그림**(diagram)이라 한다.

예제 5.18

마르코프연쇄 $\boldsymbol{X}$의 전이확률행렬이 다음과 같다고 하자.

$$P=\begin{array}{c} \\ 1 \\ 2 \\ 3 \\ 4 \\ 5 \\ 6 \end{array}\begin{array}{c} \begin{array}{cccccc} 1 & 2 & 3 & 4 & 5 & 6 \end{array} \\ \begin{pmatrix} 0 & 0 & 1 & 0 & 0 & 0 \\ 1 & 0 & 0 & 0 & 0 & 0 \\ 0 & 0.5 & 0 & 0.5 & 0 & 0 \\ 0 & 0 & 0 & 0 & 1 & 0 \\ 0 & 0 & 0 & 0 & 0 & 1 \\ 0 & 0 & 1 & 0 & 0 & 0 \end{pmatrix} \end{array}$$

$\boldsymbol{X}$의 상태전이그림(그림 5.5)로부터 모든 상태는 상호도달가능임을 알 수 있다. 따라서 $\boldsymbol{X}$는 기약이다.

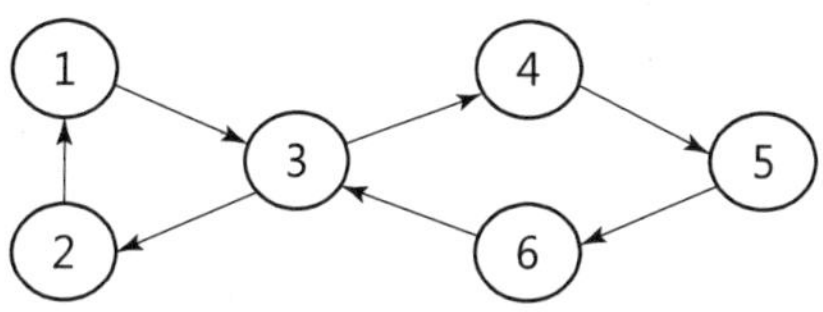

| 그림 5.5 | 상태전이그림 ■

예제 5.19

상태공간이 $\{0, 1, 2, 3, 4, 5\}$이고 전이확률행렬이 다음과 같은 마르코프연쇄를 생각하자.

$$P=\begin{pmatrix} \frac{1}{2} & \frac{1}{2} & 0 & 0 & 0 & 0 \\ \frac{2}{3} & \frac{1}{3} & 0 & 0 & 0 & 0 \\ 0 & 0 & \frac{1}{4} & \frac{3}{4} & 0 & 0 \\ 0 & 0 & \frac{1}{5} & \frac{4}{5} & 0 & 0 \\ \frac{1}{4} & 0 & \frac{1}{4} & 0 & \frac{1}{4} & \frac{1}{4} \\ \frac{1}{6} & \frac{1}{6} & \frac{1}{6} & \frac{1}{6} & \frac{1}{6} & \frac{1}{6} \end{pmatrix}$$

그림 5.6으로부터 동치류들은 $\{0, 1\}$, $\{2, 3\}$, $\{4, 5\}$임을 알 수 있다. 따라서 $\boldsymbol{X}$는 기약이 아니다.

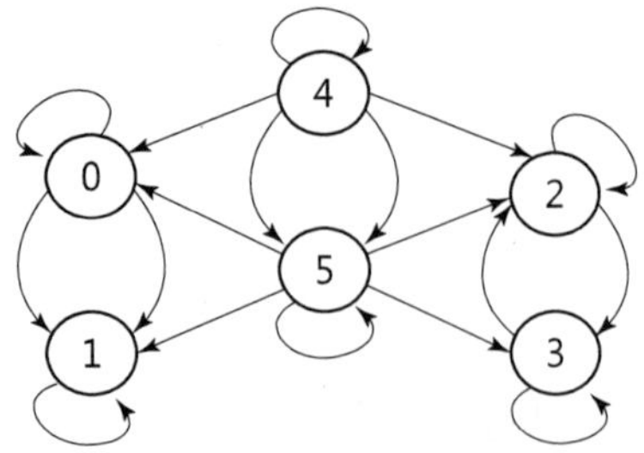

| 그림 5.6 | 상태전이그림 ■

예제 5.19에서 전이확률행렬의 모양이 다음과 같음을 알 수 있다.

$$P = \begin{pmatrix} P_1 & 0 & 0 & \cdots & 0 \\ 0 & P_2 & 0 & \cdots & 0 \\ 0 & 0 & P_3 & \cdots & 0 \\ \vdots & \vdots & \vdots & \ddots & \vdots \\ Q_1 & Q_2 & Q_3 & \cdots & Q \end{pmatrix} \tag{5.7}$$

일반적으로 기약이 아닌 마르코프연쇄의 전이확률행렬 P는 적당한 방법으로 상태의 순서를 바꿈으로써 (5.7)과 같이 나타낼 수 있다. 이때 P_i에 대응되는 상태의 집합은 무한집합이 될 수도 있다.

5.4.2 주기

$\boldsymbol{X} = \{X_n, n \geq 0\}$을 전이확률이 $p_{i,\ i+1} = p,\ p_{i,\ i-1} = 1 - p\,(i = 0,\ \pm 1,\ \pm 2,\ \cdots)$인 단순확률보행이라 하자(그림 5.7).

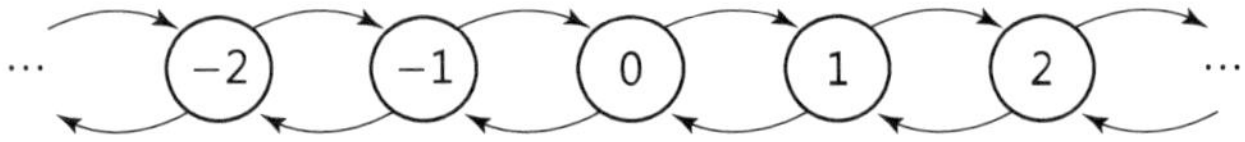

| 그림 5.7 | 단순확률보행의 상태전이그림

$\boldsymbol{X}$가 $X_0 = 0$에서 출발하여 상태 0으로 되돌아오기 위해서는 오른쪽으로 움직인 횟수와 왼쪽으로 움직인 횟수가 같아야 하므로 짝수 번의 전이가 일어난 후에야 0에 도달할 수 있게 된다. 실제 m 단계 전이확률은 다음과 같다.

$$p_{00}^{(2k+1)} = 0, \quad p_{00}^{(2k)} = \binom{2k}{k} p^k (1-p)^k > 0, \quad k = 1, 2, \cdots$$

따라서 n이 2, 4, 6, $\cdots$과 같이 2의 배수일 때만 $p_{00}^{(n)} > 0$이 된다. 이때 2를 상태 0의 주기라 한다.

일반적으로 각 상태의 주기를 다음과 같이 정의한다. 상태 $i \in \mathcal{S}$에 대하여

$$d_i = \text{GCD}\{n \geq 1 : p_{ii}^{(n)} > 0\}$$

를 i의 **주기(period)**라 한다. 여기서 GCD는 최대공약수를 뜻하고 $p_{ii}^{(n)} > 0$를 만족하는 자연수 n이 존재하지 않을 때는 $d_i = \infty$로 정의한다. $d_i > 1$일 때 상태 i는 **주기적(periodic)**이라 하고 $d_i = 1$일 때 **비주기적(aperiodic)**이라 한다.

참고 j가 주기적일 때 모든 $0 < k < d_j$에 대하여 $p_{jj}^{(k+nd_j)} = 0\,(n = 0, 1, 2, \cdots)$임을 알 수 있다.

정리 5.8 주기의 집단성질

$i \leftrightarrow j$이면 $d_i = d_j$이다.

증명 $i \leftrightarrow j$이므로 적당한 m, n에 대하여 $p_{ij}^{(n)} > 0$, $p_{jk}^{(m)} > 0$이다. $p_{ii}^{(s)} > 0$라 하면

$$p_{jj}^{(n+m)} \geq p_{ji}^{(n)} p_{ij}^{(m)} > 0,$$
$$p_{jj}^{(n+s+m)} \geq p_{ji}^{(n)} p_{ii}^{(s)} p_{ij}^{(m)} > 0$$

이므로 d_j는 $n+m$과 $n+s+m$의 공약수이다. 그러므로 d_j는 $n+s+m-(n+m) = s$의 약수이다. d_i는 $p_{ii}^{(s)} > 0$를 만족하는 모든 s들의 최대공약수이므로 d_j는 d_i의 약수이다. 같은 방법으로 d_i가 d_j의 약수임을 보일 수 있다. 따라서 $d_i = d_j$이다. □

정리 5.8에 의하여 기약인 마르코프연쇄는 모든 상태가 비주기적이든지 아니면 한 상태의 주기가 $d > 1$이면 다른 모든 상태의 주기도 d이다. 이때 임의의 상태 $i \in \mathcal{S}$의 주기를 마르코프연쇄의 주기라 한다.

기약이며 주기가 d인 마르코프연쇄는 상태의 순서를 바꿈으로써 전이확률행렬을 특수

한 형태로 나타낼 수 있다. 예를 들어 기약이며 $d=3$인 마르코프연쇄의 전이확률행렬은 다음과 같이 쓸 수 있다.

$$P = \begin{matrix} & \begin{matrix} C_0 & C_1 & C_2 \end{matrix} \\ \begin{matrix} C_0 \\ C_1 \\ C_2 \end{matrix} & \begin{pmatrix} O & \tilde{P}_0 & O \\ O & O & \tilde{P}_1 \\ \tilde{P}_2 & O & O \end{pmatrix} \end{matrix}$$

이때 P^2과 P^3은 각각 다음과 같은 형태가 됨을 알 수 있다.

$$P^2 = \begin{matrix} & \begin{matrix} C_0 & C_1 & C_2 \end{matrix} \\ \begin{matrix} C_0 \\ C_1 \\ C_2 \end{matrix} & \begin{pmatrix} O & O & P_0^* \\ P_1^* & O & O \\ O & P_2^* & O \end{pmatrix} \end{matrix}, \quad P^3 = \begin{matrix} & \begin{matrix} C_0 & C_1 & C_2 \end{matrix} \\ \begin{matrix} C_0 \\ C_1 \\ C_2 \end{matrix} & \begin{pmatrix} P_0 & O & O \\ O & P_1 & O \\ O & O & P_2 \end{pmatrix} \end{matrix}$$

따라서

$$P^{3n} = \begin{matrix} & \begin{matrix} C_0 & C_1 & C_2 \end{matrix} \\ \begin{matrix} C_0 \\ C_1 \\ C_2 \end{matrix} & \begin{pmatrix} P_0^n & O & O \\ O & P_1^n & O \\ O & O & P_2^n \end{pmatrix} \end{matrix}$$

예제 5.20

마르코프연쇄 $\boldsymbol{X}$의 상태공간이 $\{1,\ 2,\ \cdots,\ 7\}$이고 전이확률행렬이 다음과 같다고 하자.

$$P = \begin{pmatrix} 0 & 0 & \frac{1}{2} & \frac{1}{4} & \frac{1}{4} & 0 & 0 \\ 0 & 0 & \frac{1}{3} & 0 & \frac{2}{3} & 0 & 0 \\ 0 & 0 & 0 & 0 & 0 & \frac{1}{3} & \frac{2}{3} \\ 0 & 0 & 0 & 0 & 0 & \frac{1}{2} & \frac{1}{2} \\ 0 & 0 & 0 & 0 & 0 & \frac{3}{4} & \frac{1}{4} \\ \frac{1}{2} & \frac{1}{2} & 0 & 0 & 0 & 0 & 0 \\ \frac{1}{4} & \frac{3}{4} & 0 & 0 & 0 & 0 & 0 \end{pmatrix}.$$

이때 $\boldsymbol{X}$의 주기는 $d=3$임을 알 수 있다. 또한 $C_0=\{1,\ 2\}$, $C_1=\{3,\ 4,\ 5\}$, $C_2=\{6,\ 7\}$로 두면 P^2와 P^3는 각각 다음과 같음을 알 수 있다.

$$P^2 = \begin{array}{c} \\ C_0 \\ C_1 \\ C_2 \end{array}\!\!\begin{array}{c} \begin{array}{ccc} C_0 & C_1 & C_2 \end{array} \\ \begin{pmatrix} O & O & P_0^* \\ P_1^* & O & O \\ O & P_2^* & O \end{pmatrix} \end{array}, \quad P^3 = \begin{array}{c} \\ C_0 \\ C_1 \\ C_2 \end{array}\!\!\begin{array}{c} \begin{array}{ccc} C_0 & C_1 & C_2 \end{array} \\ \begin{pmatrix} P_0 & O & O \\ O & P_1 & O \\ O & O & P_2 \end{pmatrix} \end{array}$$

단 $P_0^* = \begin{pmatrix} \frac{23}{48} & \frac{25}{48} \\ \frac{11}{18} & \frac{7}{18} \end{pmatrix}$, $P_1^* = \begin{pmatrix} \frac{1}{3} & \frac{2}{3} \\ \frac{3}{8} & \frac{5}{8} \\ \frac{7}{16} & \frac{9}{16} \end{pmatrix}$, $P_2^* = \begin{pmatrix} \frac{5}{12} & \frac{1}{8} & \frac{11}{24} \\ \frac{3}{8} & \frac{1}{16} & \frac{9}{16} \end{pmatrix}$,

$$P_0 = \begin{pmatrix} \frac{71}{192} & \frac{121}{192} \\ \frac{29}{72} & \frac{43}{72} \end{pmatrix}, \quad P_1 = \begin{pmatrix} \frac{14}{36} & \frac{3}{36} & \frac{19}{36} \\ \frac{19}{48} & \frac{3}{32} & \frac{49}{96} \\ \frac{13}{32} & \frac{7}{64} & \frac{31}{64} \end{pmatrix}, \quad P_2 = \begin{pmatrix} \frac{157}{288} & \frac{131}{288} \\ \frac{111}{192} & \frac{81}{192} \end{pmatrix}.$$ ■

5.4.3 재귀성

이 절에서는 마르코프연쇄 $\boldsymbol{X}=\{X_n,\ n\ge 0\}$이 처음 출발한 상태로 얼마나 자주 되돌아오는지 살펴본다. 이러한 성질은 충분히 시간이 경과했을 때 $\boldsymbol{X}$의 상태에 대한 분포 $\lim_{n\to\infty} P(X_n=j)$의 존재성과 밀접한 관련이 있다.

$\boldsymbol{X}$가 X_0를 출발한 후 처음으로 j를 방문할 때까지의 전이 수를 T_j라 하자. 즉

$$T_j = \inf\{n\ge 1 : X_n = j\}.$$

단 모든 $n\ge 1$에 대하여 $X_n \ne j$이면 $T_j=\infty$로 정의한다. $X_0=j$라는 가정하에 언젠가는 j를 다시 방문할 확률을 f_j, 처음으로 j에 되돌아올 때까지 걸리는 시간의 평균을 m_j라 하자. 즉

$$f_j = P(T_j<\infty \mid X_0=j) = \sum_{k=1}^{\infty} P(T_j=k \mid X_0=j),$$

$$m_j = E[T_j | X_0 = j] = \sum_{k=1}^{\infty} kP(T_j = k | X_0 = j).$$

$f_j = 1$일 때 j는 **재귀적(recurrent)**이라 하고 $f_j < 1$일 때 j는 **일시적(transient)**이라고 한다. 재귀적인 상태 j가 $m_j < \infty$를 만족할 때 j는 **양재귀적(positive recurrent)**이라 하고 $m_j = \infty$일 때 **영재귀적(null recurrent)**이라 한다.

예제 5.21 **예제 4.11의 연속**

앞면이 나올 확률이 $p(0 < p < 1)$인 동전을 던지는 실험에서 X_n을 n번째 시행에서 얻어지는 앞면의 연(run)의 길이(연속해서 앞면이 나오는 횟수)라 하자. 예를 들어 동전을 던져서 얻어진 결과가

$$H,\ T,\ T,\ T,\ H,\ H,\ T,\ H,\ H,\ H,\ H,\ T,\ T,\ T,\ \cdots$$

이면 $X_1 = 1,\ X_2 = X_3 = X_4 = 0,\ X_5 = 1,\ X_6 = 2,\ X_7 = 0,\ X_8 = 1,\ X_{11} = 4$이다. $\boldsymbol{X} = \{X_n,\ n = 0,\ 1,\ 2,\ \cdots\}$는 상태공간이 $\{0,\ 1,\ 2,\ \cdots\}$이고 전이확률행렬이 다음과 같은 마르코프연쇄가 된다.

$$P = \begin{array}{c} \\ 0 \\ 1 \\ 2 \\ \vdots \end{array} \begin{array}{c} \begin{array}{ccccc} 0 & 1 & 2 & 3 & \cdots \end{array} \\ \begin{pmatrix} q & p & & & \\ q & & p & & \\ q & & & p & \\ \vdots & & & & \ddots \end{pmatrix} \end{array} \quad (\text{단 } q = 1 - p)$$

이때

$$P(T_0 = n | X_0 = 0) = p^{n-1}q, \quad n = 1,\ 2,\ \cdots$$

이므로

$$f_0 = P(T_0 < \infty | X_0 = 0) = \sum_{k=1}^{\infty} p^{n-1}q = 1,$$

$$m_0 = E[T_0 | X_0 = 0] = \sum_{n=1}^{\infty} np^{n-1}q = \frac{1}{q} < \infty$$

이다. 따라서 상태 0은 양재귀적이다. ■

$X_0 = j$일 때 마르코프연쇄 $\boldsymbol{X}$가 j를 n번째 다시 방문하는 시각을 $T_j(n)$이라 하고 방문하는 시간 간격을 $\tau_j(n) = T_j(n) - T_j(n-1)\,(n \ge 1,\ T_j(0) = 0)$이라 하자. 단 모든 $k > T_j(n-1)$에 대하여 $X_k \ne j$이면 $T_j(n) = \infty$로 둔다. 명백하게 $T_j(1) = T_j$이고 $\tau_j(1) = T_j(1)$이다.

정리 5.9

$X_0 = j$라는 가정하에서 $\tau_j(1),\ \tau_j(2),\ \cdots$는 서로 독립이고 각각은 T_j와 같은 분포를 따른다.

증명 $X_0 = j$라는 가정하에서 $\tau_j(1) = T_j$이므로 $\tau_j(1),\ \tau_j(2),\ \cdots$가 서로 독립이고 같은 분포를 따른다는 것을 보이면 충분하다

먼저 다음을 보이자.

$$
\begin{aligned}
&P(\tau_j(2) = n \mid X_0 = j,\ \tau_j(1) = m) \\
&= P(X_{m+1} \ne j,\ \cdots,\ X_{m+n-1} \ne j,\ X_{m+n} = j \mid X_0 = j, \\
&\qquad X_1 = j,\ X_1 \ne j,\ \cdots\ X_{m-1} \ne j,\ X_m = j) \\
&= P(X_{m+1} \ne j,\ \cdots,\ X_{m+n-1} \ne j,\ X_{m+n} = j \mid X_m = j) \\
&= P(X_1 \ne j,\ \cdots,\ X_{n-1} \ne j,\ X_n = j \mid X_0 = j) \\
&= P(\tau_j(1) = n \mid X_0 = j)
\end{aligned}
$$

따라서

$$
\begin{aligned}
P(\tau_j(2) = n \mid X_0 = j) &= \sum_{m=1}^{\infty} P(\tau_j(2) = n \mid X_0 = j,\ \tau_j(1) = m) P(\tau_j(1) = m \mid X_0 = j) \\
&= P(\tau_j(1) = n \mid X_0 = j) \sum_{m=1}^{\infty} P(\tau_j(1) = m \mid X_0 = j) \\
&= P(\tau_j(1) = n \mid X_0 = j)
\end{aligned}
$$

가 되어 $\tau_j(1)$과 $\tau_j(2)$는 같은 분포를 따른다. 한편

$$
\begin{aligned}
&P(\tau_j(1) = m,\ \tau_j(2) = n \mid X_0 = j) \\
&\quad = P(\tau_j(2) = n \mid X_0 = j,\ \tau_j(1) = m) P(\tau_j(1) = m \mid X_0 = j)
\end{aligned}
$$

$$= P(\tau_j(1) = n | X_0 = j) P(\tau_j(1) = m | X_0 = j)$$
$$= P(\tau_j(2) = n | X_0 = j) P(\tau_j(1) = m | X_0 = j)$$

이므로 $\tau_j(1)$과 $\tau_j(2)$는 서로 독립이다.

유사한 방법으로 $\tau_j(1)$, $\tau_j(2)$, $\cdots$가 서로 독립이고 같은 분포를 따른다는 것을 보일 수 있다. □

마르코프연쇄 $\boldsymbol{X}$에 대하여

$$1_{\{X_n = j\}} = \begin{cases} 1, & X_n = j \\ 0, & X_n \neq j \end{cases}$$

라 하면 $\boldsymbol{X}$가 j를 방문하는 총 횟수 N_j는 다음과 같이 나타낼 수 있다.

$$N_j = \sum_{n=0}^{\infty} 1_{\{X_n = j\}}$$

정리 5.10

$$P(N_j = m | X_0 = j) = f_j^{m-1}(1 - f_j), \quad m = 1, 2, \cdots$$

증명 다음을 주목하자.

$$\{N_j = m\} = \{T_j(1) < \infty, \cdots, T_j(m-1) < \infty, T_j(m) = \infty\}$$
$$= \{\tau_j(1) < \infty, \cdots, \tau_j(m-1) < \infty, \tau_j(m) = \infty\}$$

정리 5.9로부터 다음을 얻는다.

$$\begin{aligned} &P(N_j = m | X_0 = j) \\ &\quad = P(\tau_j(1) < \infty | X_0 = i) \cdots P(\tau_j(m-1) < \infty | X_0 = j) \\ &\qquad \times P(\tau_j(m) = \infty | X_0 = j) \\ &\quad = f_j^{m-1}(1 - f_j) \end{aligned}$$

□

따름정리 5.11

$$P(N_j < \infty \mid X_0 = j) = \begin{cases} 1, & f_j < 1 \\ 0, & f_j = 1 \end{cases}$$

$$E[N_j \mid X_0 = j] = \begin{cases} \dfrac{1}{1-f_j}, & f_j < 1 \\ \infty, & f_j = 1 \end{cases}$$

정리 5.12

(1) j가 재귀적일 필요충분조건은

$$\sum_{n=0}^{\infty} p_{jj}^{(n)} = \infty. \tag{5.8}$$

(2) j가 일시적이면 $\lim_{n\to\infty} p_{jj}^{(n)} = 0$이다.

증명 (1) 따름정리 5.11에 의하여 j가 재귀적이라는 것은 $E[N_j \mid X_0 = j] = \infty$와 동치임을 알 수 있다. 한편

$$E[1_{\{X_n = j\}} \mid X_0 = j] = P(X_n = j \mid X_0 = j) = p_{jj}^{(n)}$$

이므로

$$E[N_j \mid X_0 = j] = \sum_{n=0}^{\infty} E(1_{\{X_n = j\}} \mid X_0 = j) = \sum_{n=0}^{\infty} p_{jj}^{(n)}$$

이 되어 (5.8)이 증명된다.

(2) j가 일시적이면 $\sum_{n=0}^{\infty} p_{jj}^{(n)} < \infty$이므로 자명하다.[1) □

---

1) $\sum_{n=0}^{\infty} a_n < \infty$이면 $\lim_{n\to\infty} a_n = 0$이다.

정리 5.13 재귀성의 집단성질

$i \leftrightarrow j$일 때 i가 재귀적이면 j도 재귀적이다.

증명 m, n을 $p_{ij}^{(m)} > 0$와 $p_{ji}^{(n)} > 0$를 만족하는 양의 정수라 하자. 그러면 임의의 정수 $s \geq 0$에 대하여

$$p_{jj}^{(n+s+m)} \geq p_{ji}^{(n)} p_{ii}^{(s)} p_{ij}^{(m)}$$

이고

$$\sum_{s=0}^{\infty} p_{jj}^{(n+s+m)} \geq p_{ji}^{(n)} p_{ij}^{(m)} \sum_{s=0}^{\infty} p_{ii}^{(s)} = \infty$$

이므로 정리 5.11에 의하여 j는 재귀적이다. □

재귀성은 집단성질이므로 기약인 마르코프연쇄에서 한 상태가 재귀적이면 모든 상태가 재귀적이다. 이때, 마르코프연쇄는 재귀적이라고 한다.

예제 5.22

X_n을 성공할 확률이 p인 베르누이시행을 n회 수행하였을 때, 성공한 횟수라 하면 $\{X_n, n \geq 0\}$이 마르코프연쇄가 됨은 이미 알고 있다(예제 5.7). 이때 상태공간은 $\mathcal{S} = \{0, 1, 2, \cdots\}$이고 모든 $j \in \mathcal{S}$에 대하여 $j \rightarrow j+1$이나 $j+1 \nrightarrow j$이므로 모든 상태가 일시적이다. ■

예제 5.23 1차원 단순확률보행

$\boldsymbol{X} = \{X_n, n = 0, 1, 2, \cdots\}$를 전이확률이

$$p_{i,\, i+1} = p, \quad p_{i,\, i-1} = q = 1 - p, \quad i = 0, \pm 1, \pm 2, \cdots$$

인 단순확률보행이라 하자. $\boldsymbol{X}$는 기약이므로 모든 상태가 일시적이든지 아니면 재귀적이다. 그러므로 상태 0에 대하여만 살펴보아도 충분하다. 상태 0의 주기가 2므로 0이 재귀적인지를 판단하기 위하여 $\sum_{n=0}^{\infty} p_{00}^{(2n)} = \infty$의 여부만 살펴보면 충분하다. 한편

$$p_{00}^{(2n)} = \binom{2n}{n} p^n q^n = \frac{(2n)!}{n!n!}(pq)^n, \quad n = 1, 2, \cdots$$

이므로 스털링공식 (3.2)를 이용하면 다음을 얻는다.

$$p_{00}^{(2n)} \sim \frac{(4pq)^n}{\sqrt{\pi n}}$$

따라서 $\sum_{n=0}^{\infty} p_{00}^{(2n)} < \infty$일 필요충분조건은

$$\sum_{n=0}^{\infty} \frac{(4pq)^n}{\sqrt{\pi n}} < \infty$$

이다.[2] $p = \frac{1}{2}$이면 $4pq = 1$이고, $p \neq \frac{1}{2}$이면 $4pq < 1$이므로 $p = \frac{1}{2}$일 경우만 $\sum_{n=0}^{\infty} p_{00}^{(2n)} = \infty$가 되어 $\boldsymbol{X}$가 재귀적이다. 이때 $\boldsymbol{X}$는 따름정리 3.14에 의하여 영재귀적이다. ■

예제 5.24 **2차원 대칭확률보행과 3차원 대칭확률보행**

2차원 대칭확률보행은 상태공간이 $\mathbb{Z}^2 = \{(i, j), i, j = 0, \pm 1, \pm 2, \cdots\}$이고 한 점 (i, j)에서 전이가 일어날 경우 각각 $\frac{1}{4}$의 확률로 $(i+1, j)$, $(i-1, j)$, $(i, j+1)$ 또는 $(i, j-1)$ 중의 하나로 전이가 일어나는 마르코프연쇄를 말한다. 3차원 대칭확률보행은 상태공간이 $\mathbb{Z}^3$이고 각 $\boldsymbol{x} \in \mathbb{Z}^3$에 대하여 전이확률이

$$p_{\boldsymbol{x}, \boldsymbol{x} \pm \boldsymbol{e}_i} = \frac{1}{6}, \quad i = 1, 2, 3$$

인 마르코프연쇄이다. 단 $\boldsymbol{e}_1 = (1, 0, 0)$, $\boldsymbol{e}_2 = (0, 1, 0)$, $\boldsymbol{e}_2 = (0, 0, 1)$이다.

2차원 대칭확률보행과 3차원 대칭확률보행은 모두 기약이다. 그러나 2차원 대칭확률보행은 영재귀적인 반면 3차원 대칭확률보행은 일시적인 것으로 알려져 있다. ■

---

2) 따름정리 3.14 증명 참조

5.5 극한분포

예제 5.11에서 상태공간이 $\{1,\ 2,\ 3\}$이고 전이확률행렬이

$$P=\begin{pmatrix}0.2 & 0.3 & 0.5\\ 0.7 & 0 & 0.3\\ 0.2 & 0.6 & 0.2\end{pmatrix}$$

인 마르코프연쇄 $\{X_n,\ n=0,\ 1,\ 2,\ \cdots\}$에 대하여 채프만-콜모고로프방정식을 사용하여 $P^{(2)}$와 $P^{(3)}$를 구하였다. 같은 방법으로 $P^{(9)}$와 $P^{(13)}$을 구하면 다음과 같다.

$$P^{(9)}=\begin{pmatrix}0.354156 & 0.308641 & 0.337203\\ 0.354332 & 0.308447 & 0.337222\\ 0.354380 & 0.308612 & 0.337008\end{pmatrix},$$

$$P^{(13)}=\begin{pmatrix}0.354288 & 0.308569 & 0.337142\\ 0.354286 & 0.308573 & 0.337140\\ 0.354282 & 0.308572 & 0.337146\end{pmatrix}$$

위의 수치결과로부터 $n\to\infty$일 때 $p_{ij}^{(n)}$는 초기상태 i와 무관하게 일정한 값에 가까이 가는 것을 알 수 있다. 이 절에서는 마르코프연쇄 $\boldsymbol{X}$가 상태 i에서 출발하여 시간이 충분히 지난 뒤 상태 j에 있을 확률 $\lim_{n\to\infty}p_{ij}^{(n)}$에 대하여 살펴본다.

마르코프연쇄 $\boldsymbol{X}$가 초기상태 X_0를 출발한 후 상태 j를 처음으로 방문할 때까지의 전이 수 T_j에 대하여 $f_j(k)=P(T_j=k\,|\,X_0=j)$라 하고 $u_j(k)=p_{jj}^{(k)}$라 하자.

보조정리 5.14

$\boldsymbol{f}_j=\{f_j(k),\ k\ge 0\}$, $\boldsymbol{u}_j=\{u_j(k),\ k\ge 0\}$는 다음 갱신방정식을 만족한다.

$$\boldsymbol{u}_j=\boldsymbol{\delta}+\boldsymbol{u}_j*\boldsymbol{f}_j,\quad j\in\mathcal{S} \tag{5.9}$$

증명 T_j의 정의와 마르코프성질에 의하여 다음을 얻는다.

$$\begin{aligned}&P(X_n=j\,|\,T_j=k,\ X_0=j)\\ &=P(X_n=j\,|\,X_0=j,\ X_1\ne j,\ \cdots,\ X_{k-1}\ne j,\ X_k=j)\\ &=P(X_n=j\,|\,X_k=j)\end{aligned}$$

$$= u_j(n-k)$$

따라서

$$u_j(n) = P(X_n = j \mid X_0 = j)$$
$$= \sum_{k=0}^{n} P(X_n = j \mid T_j = k,\ X_0 = j) P(T_j = k \mid X_0 = j)$$
$$= \sum_{k=0}^{n} u_j(n-k) f_j(k),\quad n = 0,\ 1,\ 2,\ \cdots.$$
□

정리 5.15

마르코프연쇄 $\boldsymbol{X} = \{X_n,\ n \geq 0\}$이 기약이며 비주기적일 때 다음이 성립한다.

(1) $\lim\limits_{n \to \infty} p_{jj}^{(n)} = \dfrac{1}{m_j},\quad j \in \mathcal{S}$ (5.10)

단 $m_j = E[T_j \mid X_0 = j]$이고, $m_j = \infty$이면 $\dfrac{1}{m_j} = 0$이다.

(2) $\lim\limits_{n \to \infty} p_{ij}^{(n)} = \lim\limits_{n \to \infty} p_{jj}^{(n)},\quad i,\ j \in \mathcal{S}$ (5.11)

증명 (1) 보조정리 5.14와 갱신정리(정리 4.8)에 의하여 자명하다.

(2) 먼저 $i,\ j \in \mathcal{S}$를 고정시키고 $g(n) = P(T_j = n \mid X_0 = i)$라 하면 T_j의 정의와 마르코프성질에 의하여 다음을 얻는다.

$$p_{ij}^{(n)} = \sum_{k=0}^{n} P(X_n = j \mid T_j = k,\ X_0 = i) P(T_j = k \mid X_0 = i)$$
$$= \sum_{k=0}^{n} P(X_n = j \mid X_k = j) P(T_j = k \mid X_0 = i)$$
$$= \sum_{k=0}^{n} p_{jj}^{(n-k)} g(k),\quad n = 0,\ 1,\ 2,\ \cdots$$

한편

$$\sum_{k=0}^{\infty} g(k) = P(T_j < \infty \mid X_0 = i)$$

이므로 따름정리 4.10과 (5.10)으로부터 다음을 얻는다.

$$\lim_{n\to\infty} p_{ij}^{(n)} = \lim_{n\to\infty} v(n) = \left(\lim_{n\to\infty} p_{jj}^{(n)}\right) P(T_j < \infty \mid X_0 = i) \tag{5.12}$$

$\boldsymbol{X}$가 일시적이면 정리 5.12에 의하여 $\lim_{n\to\infty} p_{jj}^{(n)} = 0$이므로 (5.12)로부터 다음이 성립함을 알 수 있다.

$$\lim_{n\to\infty} p_{ij}^{(n)} = 0 = \lim_{n\to\infty} p_{jj}^{(n)}$$

$\boldsymbol{X}$가 재귀적일 때는 (5.12)로부터 $P(T_j < \infty \mid X_0 = i) = 1$을 보이면 충분하다. $\boldsymbol{X}$가 기약이므로 $p_{ji}^{(m)} > 0$를 만족하는 양의 정수 m이 존재한다. $\boldsymbol{X}$가 재귀적이면 $P(T_j < \infty \mid X_0 = j) = 1$이므로

$$\begin{aligned} 0 &= P(T_j = \infty \mid X_0 = j) \\ &\geq P(T_j = \infty \mid X_0 = j,\ X_m = i) P(X_m = i \mid X_0 = j) \\ &= P(T_j = \infty \mid X_m = i) p_{ji}^{(m)}. \end{aligned}$$

따라서 $P(T_j < \infty \mid X_0 = i) = 1$이고 (5.11)이 증명된다. □

참고 정리 5.16으로부터 기약이며 비주기적인 마르코프연쇄에 대하여 $n \to \infty$일 때 $p_{ij}^{(n)}$는 초기 조건에 영향을 받지 않고 일정한 값에 수렴하는 것을 알 수 있다.

정리 5.16

기약인 마르코프연쇄 $\boldsymbol{X}$의 주기가 $d > 0$일 때 다음이 성립한다.

(1) $\lim_{n\to\infty} p_{jj}^{(nd)} = \dfrac{d}{m_j},\quad j \in \mathcal{S}$

(2) $\lim_{n\to\infty} p_{jj}^{(nd+k)} = 0,\quad 0 < k < d,\quad j \in \mathcal{S}$

증명 (1) 보조정리 5.14와 따름정리 4.15에 의하여 자명하다.

(2) $p_{jj}^{(nd+k)} = 0\,(0 < k < d,\ n = 0,\ 1,\ 2,\ \cdots)$이므로 자명하다. □

따름정리 5.17 양재귀적인 성질의 집단성

$i \leftrightarrow j$일 때 i가 양재귀적이면 j도 양재귀적이다.

증명 $i \leftrightarrow j$이므로 $p_{ij}^{(n)} > 0$와 $p_{ji}^{(m)} > 0$를 만족하는 양의 정수 n, m이 존재한다. 채프만-콜모고로프방정식에 의하여 다음을 얻는다.

$$p_{jj}^{(m+s+n)} = \sum_{k \in \mathcal{S}} \sum_{l \in \mathcal{S}} p_{jk}^{(m)} p_{kl}^{(s)} p_{lj}^{(n)} \geq p_{ji}^{(m)} p_{ii}^{(s)} p_{ij}^{(n)}$$

위 식의 양변에서 $s \to \infty$이면 정리 5.16에 의하여 다음을 얻는다.

$$\frac{1}{m_j} = \lim_{s \to \infty} p_{jj}^{(m+s+n)} \geq p_{ji}^{(m)} \left(\lim_{s \to \infty} p_{ii}^{(s)} \right) p_{ij}^{(n)} = p_{ji}^{(m)} p_{ij}^{(n)} \frac{1}{m_i}$$

한편 상태 i가 양재귀적이므로 $\frac{1}{m_i} > 0$이다. 따라서 $m_j < \infty$이다. □

따름정리 5.17로부터 기약인 마르코프연쇄의 한 상태가 양재귀적이면 모든 상태가 양재귀적이라는 것을 알 수 있다. 이때 마르코프연쇄는 양재귀적이라 한다. 마르코프연쇄가 기약이고 비주기적이며 양재귀적일 때 **에르고딕**(ergodic)이라 한다.

정리 5.18

마르코프연쇄 $\boldsymbol{X} = \{X_n,\ n \geq 0\}$이 기약이고 비주기적일 때 다음 중 단 한 가지만 성립한다.

(1) $\boldsymbol{X}$는 일시적이다. 이때 $\lim_{n \to \infty} p_{ij}^{(n)} = 0,\ \ i,\ j \in \mathcal{S}$.

(2) $\boldsymbol{X}$는 영재귀적이다. 이때 $\lim_{n \to \infty} p_{ij}^{(n)} = 0,\ \ i,\ j \in \mathcal{S}$.

(3) $\boldsymbol{X}$는 양재귀적이다. 이때 모든 $i,\ j \in \mathcal{S}$에 대하여 극한

$$\lim_{n \to \infty} p_{ij}^{(n)} = \pi_j > 0$$

가 존재한다. 또한 $\{\pi_j\}$는 다음 방정식의 유일한 해이다.

$$\pi_j = \sum_{i \in \mathcal{S}} \pi_i p_{ij}, \quad j \in \mathcal{S} \tag{5.13}$$

$$\sum_{j \in \mathcal{S}} \pi_j = 1 \tag{5.14}$$

증명 $\boldsymbol{X}$가 기약이므로 정리 5.13과 따름정리 5.17로부터 $\boldsymbol{X}$는 일시적이거나 영재귀적이거나 양재귀적이다.

(1) j가 일시상태이면 정리 5.15와 정리 5.12로부터 다음을 얻는다.

$$\lim_{n \to \infty} p_{ij}^{(n)} = \lim_{n \to \infty} p_{jj}^{(n)} = 0, \quad i, j \in \mathcal{S}$$

(2) j가 영재귀적이면 $m_j = \infty$이므로 정리 5.15에 의하여 자명하다.

(3) 정리 5.15에 의하여 $\lim_{n \to \infty} p_{ij}^{(n)} = \pi_j$가 존재하고 $\pi_j > 0 (j \in \mathcal{S})$이다. 이제 $\{\pi_j, j \in \mathcal{S}\}$가 (5.13)을 만족함을 보인다. 논의의 편의를 위하여 유한의 상태공간을 갖는 마르코프연쇄에 대하여 생각하자. 마르코프연쇄 $\boldsymbol{X}$의 상태공간을 $\mathcal{S} = \{0, 1, 2, \cdots, M\}$이라 하자. 그러면 채프만-콜모고로프방정식에 의하여 다음을 알 수 있다.

$$p_{ij}^{(n+1)} = \sum_{k=0}^{M} p_{ik}^{(n)} p_{kj}, \quad i, j \in \mathcal{S} \tag{5.15}$$

(5.15)에서 $n \to \infty$이면 다음을 얻는다.

$$\pi_j = \lim_{n \to \infty} p_{ij}^{(n+1)} = \lim_{n \to \infty} \sum_{k=0}^{M} p_{ik}^{(n)} p_{kj} = \sum_{k=0}^{M} \left(\lim_{n \to \infty} p_{ik}^{(n)} \right) p_{kj} = \sum_{k=0}^{M} \pi_k p_{kj}$$

한편 n 단계 전이확률행렬 $P^{(n)}$이 확률행렬이므로 $\sum_{k=0}^{M} p_{ij}^{(n)} = 1$이다.
이 식의 양변에서 $n \to \infty$이면 (5.14)를 얻는다.

이제 (5.13)과 (5.14)의 해가 유일함을 보이자. $x_j \geq 0$인 수열 $\{x_j, j \in \mathcal{S}\}$가 $\sum_{j \in \mathcal{S}} x_j = 1$과

$$x_j = \sum_{i \in \mathcal{S}} x_i p_{ij} \tag{5.16}$$

를 만족한다고 하자. 식 (5.16)의 양변에 p_{jk}를 곱하고 j에 대하여 합하면 다음을 얻는다.

$$x_k = \sum_{j \in \mathcal{S}} x_j p_{jk} = \sum_{j \in \mathcal{S}} x_j p_{jk}^{(2)}$$

이와 같은 과정을 반복하면

$$x_k = \sum_{j \in \mathcal{S}} x_j p_{jk}^{(n)}$$

이고 여기서 $n \to \infty$ 이면

$$x_k = \sum_{j \in \mathcal{S}} x_j \lim_{n \to \infty} p_{jk}^{(n)} = \left(\sum_{j \in \mathcal{S}} x_j\right)\pi_k = \pi_k$$

가 되어 유일성이 증명된다. □

참고 정리 5.18의 (5.13)과 (5.14)를 벡터 $\boldsymbol{\pi} = (\pi_j,\ j \in \mathcal{S})$와 행렬 $P = (p_{ij})$를 이용하여 표현하면 다음과 같이 쓸 수 있다.

$$\boldsymbol{\pi} P = \boldsymbol{\pi}, \quad \boldsymbol{\pi}\mathbf{e} = 1$$

단 $\mathbf{e} = (1, 1, 1, \cdots)^t$는 모든 성분이 1인 열벡터이다.

따름정리 5.19

$\boldsymbol{X}$의 상태공간이 유한이고 기약이면 $\boldsymbol{X}$는 에르고딕이다.

증명 $\boldsymbol{X}$의 상태공간을 $\mathcal{S} = \{1, 2, \cdots, M\}$이라 하면 각각의 n에 대하여

$$\sum_{j=1}^{M} p_{ij}^{(n)} = 1 \tag{5.18}$$

이다. $\boldsymbol{X}$가 일시적이거나 영재귀적이면 $\lim_{n \to \infty} p_{ij}^{(n)} = 0$이므로 식 (5.18)의 양변에 $n \to \infty$이면 우변은 1에 수렴하나 좌변은 0에 수렴하여 모순이 된다. □

예제 5.25

마르코프연쇄 $\boldsymbol{X}$의 상태공간이 $\{1, 2, 3\}$이고 전이확률행렬이 다음과 같다고 하자.

$$P=\begin{pmatrix}0.3 & 0.5 & 0.2\\ 0.6 & 0 & 0.4\\ 0 & 0.4 & 0.6\end{pmatrix}$$

$\boldsymbol{X}$는 에르고딕이므로 $\boldsymbol{X}$의 극한분포 $\boldsymbol{\pi}=(\pi_1,\ \pi_2,\ \pi_3)$는 다음 연립방정식을 만족한다.

$$\begin{aligned}
&\pi_1+\pi_2+\pi_3=1,\\
&\pi_1=0.3\pi_1+0.6\pi_2\\
&\pi_2=0.5\pi_1 \qquad\qquad +0.4\pi_3\\
&\pi_3=0.2\pi_1+0.4\pi_2+0.6\pi_3
\end{aligned}$$

위의 연립방정식의 해는 다음과 같다.

$$\boldsymbol{\pi}=\left(\frac{6}{23},\ \frac{7}{23},\ \frac{10}{23}\right)$$

사실

$$\lim_{n\to\infty}P^n=\begin{pmatrix}\frac{6}{23} & \frac{7}{23} & \frac{10}{23}\\ \frac{6}{23} & \frac{7}{23} & \frac{10}{23}\\ \frac{6}{23} & \frac{7}{23} & \frac{10}{23}\end{pmatrix}. \qquad \blacksquare$$

예제 5.26

마르코프연쇄 $\boldsymbol{X}$의 상태공간은 $S=\{0,\ 1,\ \cdots,\ N\}$이고 전이확률행렬은 다음과 같다고 하자.

$$P=\begin{pmatrix}r_0 & p_0 & & & & \\ q_1 & r_1 & p_1 & & & \\ & q_2 & r_2 & p_2 & & \\ & & \ddots & \ddots & \ddots & \\ & & & q_{N-1} & r_{N-1} & p_{N-1}\\ & & & & q_N & r_N\end{pmatrix}$$

단 각각의 i에 대하여 $p_i>0,\ q_i>0$이고 적당한 $0\le j\le N$에 대하여 $r_j>0$이다. 그러면 $\boldsymbol{X}$는 기약이고 비주기적이며 유한의 상태공간을 가지므로 $\boldsymbol{X}$는 에르고딕이다. 따라서 $\boldsymbol{X}$의 극한분포 $\boldsymbol{\pi}=(\pi_j,\ j\in S)$가 유일하게 존재하고 $\boldsymbol{\pi}$는 다음 연립방정식을 만족한다.

$$\pi_0 = r_0\pi_0 + q_1\pi_1, \tag{5.19}$$

$$\pi_i = p_{i-1}\pi_{i-1} + r_i\pi_i + q_{i+1}\pi_{i+1},\quad 1 \le i \le N-1, \tag{5.20}$$

$$\pi_N = p_{N-1}\pi_{N-1} + r_N\pi_N \tag{5.21}$$

P가 확률행렬이므로 다음 식을 얻는다.

$$r_0 = 1 - p_0,\quad r_i = 1 - p_i - q_i,\quad 1 \le i \le N-1,\quad r_N = 1 - q_N$$

이것을 (5.19)와 (5.20), (5.21)에 대입하여 정리하면 다음을 얻는다.

$$\pi_1 q_{1-}\pi_0 p_0 = 0,$$
$$\pi_{i+1}q_{i+1} - \pi_i p_i = \pi_i q_i - \pi_{i-1}p_{i-1},\quad 1 \le i \le N-1,$$
$$\pi_N q_N - \pi_N p_{N-1} = 0$$

위 식에서 π_1부터 시작하여 차례로 $\pi_i(1 \le i \le N)$를 π_0의 항으로 나타내면 다음과 같다.

$$\pi_i = \pi_0 \frac{p_0 p_1 \cdots p_{i-1}}{q_1 q_2 \cdots q_i},\quad 1 \le i \le N \tag{5.22}$$

한편

$$1 = \sum_{i=0}^{N} \pi_i = \pi_0\left(1 + \sum_{i=0}^{N} \frac{p_0 p_1 \cdots p_{i-1}}{q_1 q_2 \cdots q_i}\right).$$

이므로

$$\pi_0 = \left(1 + \sum_{i=0}^{N} \frac{p_0 p_1 \cdots p_{i-1}}{q_1 q_2 \cdots q_i}\right)^{-1}.$$

■

예제 5.27 잔여수명

예제 5.14에서 갱신간격의 분포가 $a_k = P(X_1 = k),\ k = 1,\ 2,\ \cdots$인 이산시간 갱신과정에서 잔여수명과정 $\boldsymbol{B}=\{B_n\}$은 다음과 같은 전이확률행렬을 갖는 마르코프연쇄가 됨을 알아보았다.

$$P = \begin{pmatrix} a_1 & a_2 & a_3 & a_4 & \cdots \\ 1 & 0 & 0 & 0 & \cdots \\ & 1 & 0 & 0 & \cdots \\ & & 1 & 0 & \cdots \\ & & & \vdots & \end{pmatrix}$$

$a_k > 0$이므로 상태 1로부터 일 단계만에 모든 상태로 도달가능하다. 또한 $j \to j-1 \to j-2 \to \cdots \to 1$이므로 모든 상태는 상호도달가능이다. 따라서 $\boldsymbol{B}$는 기약이다. $p_{11} = a_1 > 0$이므로 상태 1은 비주기적이다. 따라서 $\boldsymbol{B}$는 비주기적이다.

한편 $\boldsymbol{B}$가 1에서 출발하여 1로 되돌아오는 데 걸리는 시간 T_1의 분포는

$$P(T_1 = k \mid B_0 = 1) = a_k, \quad k = 1, 2, \cdots$$

이므로

$$f_1 = P(T_1 < \infty \mid B_0 = 1) = \sum_{k=1}^{\infty} a_k = 1$$

이 되어 $\boldsymbol{B}$는 재귀적이다. 만약 $E[X_1] < \infty$이면

$$m_1 = E[T_1 \mid B_0 = 1] = E[X_1] < \infty$$

이므로 $\boldsymbol{B}$는 양재귀적이고 $E[X_1] = \infty$이면 영재귀적이다.

이제 $E[X_1] < \infty$을 가정하고 $\boldsymbol{B}$의 극한분포를 $\boldsymbol{\pi}$라 하자. 연립방정식 $\boldsymbol{\pi} P = \boldsymbol{\pi}$로부터 다음을 얻는다.

$$\pi_j = a_j \pi_1 + \pi_{j+1}, \quad j \geq 1$$

위의 방정식을 다시 쓰면 다음과 같다.

$$\begin{aligned} \pi_1 &= a_1 \pi_1 + \pi_2 \\ \pi_2 &= a_2 \pi_1 + \pi_3 \\ &\vdots \\ \pi_{n-1} &= a_{n-1} \pi_1 + \pi_n \end{aligned}$$

위 식의 양변을 더한 후 π_1에 대하여 정리하면 다음을 얻는다.

$$\pi_n = \pi_1\left(1 - \sum_{k=1}^{n-1} a_k\right) = \pi_1 P(X_1 \geq n), \quad n = 1, 2, \cdots$$

정규화 조건

$$1 = \sum_{n=1}^{\infty} \pi_j = \pi_1 \sum_{n=1}^{\infty} P(X_1 \geq n) = \pi_1 E[X_1]$$

으로부터 극한분포는 다음과 같음을 알 수 있다(정리 4.12 참고).

$$\pi_j = \frac{P(X_1 \geq j)}{E[X_1]}, \quad j = 1, 2, \cdots$$

■

예제 5.28 나이과정

예제 5.15에서 갱신간격의 분포가 $a_k = P(X_1 = k),\ k = 1, 2, \cdots$인 이산시간 갱신과정에서 나이과정 $\boldsymbol{A} = \{A_n\}$은 다음과 같은 전이확률행렬을 갖는 마르코프연쇄가 됨을 알아보았다.

$$P = \begin{pmatrix} 1-p_0 & p_0 & 0 & 0 & \cdots \\ 1-p_1 & 0 & p_1 & 0 & \cdots \\ 1-p_2 & 0 & 0 & p_2 & \cdots \\ \vdots & \vdots & \vdots & \vdots & \end{pmatrix}$$

단 $p_i = \dfrac{P(X_1 > i+1)}{P(X_1 > i)}\,(i = 0, 1, 2, \cdots)$이다. 만약 $0 < p_i < 1$이면 마르코프연쇄 $\boldsymbol{A}$ $\boldsymbol{A}$는 기약이며 $p_{00} = 1 - p_0 > 0$이므로 비주기적이다. $\boldsymbol{A}$의 극한분포 $\boldsymbol{\pi}$가 존재할 때 $\boldsymbol{\pi}$는 디음의 연립방정식을 만족한다.

$$\pi_0 = \pi_0(1-p_0) + \pi_1(1-p_1) + \cdots, \tag{5.23}$$

$$\pi_i = \pi_{i-1}p_{i-1}, \quad i \geq 1 \tag{5.24}$$

한편

$$p_0 p_1 \cdots p_{i-1} = P(X_1 > i)$$

이므로 (5.24)로부터 다음을 얻는다.

$$\pi_i = \pi_0(p_0 p_1 \cdots p_{i-1}) = \pi_0 P(X_1 > i), \quad i \geq 1$$

따라서 정규화 조건

$$1 = \sum_{i=0}^{\infty} \pi_i = \pi_0 \sum_{i=0}^{\infty} P(X_1 > i) = \pi_0 E[X_1]$$

으로부터 $E[X_1] < \infty$ 일 때 $\boldsymbol{A}$의 극한분포는 다음과 같음을 알 수 있다(정리 4.12 참고).

$$\pi_j = \frac{P(X_1 > j)}{E[X_1]}, \quad j = 0, 1, 2, \cdots$$ ■

정상분포 확률분포 $\boldsymbol{p} = (p_i, \ i \in \mathcal{S})$가

$$\boldsymbol{p}P = \boldsymbol{p}$$

를 만족할 때, $\boldsymbol{p}$를 마르코프연쇄 $\boldsymbol{X}$ 또는 P의 **정상분포**(stationary distribution)라고 한다.[3)]

참고 정리 5.18로부터 에르고딕인 마르코프연쇄의 극한분포는 정상분포가 됨을 알 수 있다. 그러나 일반적으로 정상분포와 극한분포가 항상 일치하는 것은 아니다.

정리 5.20

에르고딕인 마르코프연쇄 $\boldsymbol{X}$의 유일한 정상분포 $\boldsymbol{p}$는 다음과 같다.

$$p_j = \frac{1}{m_i} E\left[\sum_{n=0}^{T_i - 1} 1_{\{X_n = j\}} \mid X_0 = i \right], \quad j \in \mathcal{S} \tag{5.25}$$

증명 $X_0 = i$일 때 $\boldsymbol{X}$가 상태 i를 n번째 다시 방문하는 시각을 $T_i(n)$이라 하면 마르코프성질에 의하여 $\boldsymbol{X}$는 재생성시각의 열이 $\{T_i(n), \ n = 0, 1, 2, \cdots\}$ $(T_i(0) = 0)$인 재생성과정이 됨을 알 수 있다(정리 5.9).

한편 $X_0 = i$일 때 $T_i(n) - T_i(n-1)$은 T_i와 같은 분포를 따르므로 재생성정리(정리 4.19)에 의하여 다음을 얻는다.

3) 정상분포를 안정상태의 분포(steady state distribution) 또는 평형상태의 분포(equilibrium distribution) 또는 불변분포(invariant distribution)라고 부르기도 한다.

$$\lim_{n\to\infty} p_{ij}^{(n)} = \frac{1}{m_i} E\left[\sum_{n=0}^{T_i-1} 1_{\{X_n=j\}} | X_0 = i\right], \quad j \in \mathcal{S}$$

에르고딕인 마르코프연쇄는 극한분포와 정상분포가 같으므로 (5.25)가 증명된다. □

참고 1. $E\left[\sum_{n=0}^{T_i-1} 1_{\{X_n=j\}} | X_0 = i\right]$는 마르코프연쇄 $\boldsymbol{X}$가 상태 i에서 출발하여 다시 i로 되돌아오기 직전까지 상태 j를 방문한 평균횟수를 의미한다. 따라서 π_j는 특정한 상태에서 출발하여 다시 그 상태로 되돌아오기 직전까지 j를 방문한 평균횟수의 비율을 의미한다. 특히 $E\left[\sum_{n=0}^{T_i-1} 1_{\{X_n=1\}} | X_0 = i\right] = 1$이므로 $p_i = \dfrac{1}{m_i}$이다.

2. 기약이며 양재귀적인 마르코프연쇄 $\boldsymbol{X}$의 주기가 $d > 1$일 때 $\boldsymbol{X}$의 정상분포 $\mathbf{p} = (p_j, j \in \mathcal{S})$와 극한분포는 다음 관계를 만족한다.

$$\lim_{n\to\infty} p_{jj}^{(nd)} = dp_j, \quad j \in \mathcal{S}$$

정리 5.21

마르코프연쇄 $\boldsymbol{X} = \{X_n, n \geq 0\}$의 초기분포 $p_j = P(X_0 = j), j \in \mathcal{S}$가 정상분포이면 X_n의 분포도 $\{p_j\}$이다. 즉

$$p_j = P(X_n = j), \ j \in \mathcal{S}, \ n = 1, 2, \cdots.$$

증명 전확률공식과 정상분포의 정의로부터 다음이 성립한다.

$$P(X_1 = j) = \sum_{i=0}^{\infty} P(X_1 = j | X_0 = i) P(X_0 = i) = \sum_{i=0}^{\infty} p_i p_{ij} = p_j$$

수학적 귀납법에 의하여 정리가 증명된다. □

예제 5.29

상태공간이 $\{1, 2\}$이고 전이확률행렬이

$$P = \begin{pmatrix} 1-a & a \\ b & 1-b \end{pmatrix}, \quad 0 < a < 1, \quad 0 < b < 1$$

인 마르코프연쇄의 정상분포를 구하라.

‖**풀이** 방정식 $\boldsymbol{p}P = \boldsymbol{p}$로부터 다음 연립방정식을 얻는다.

$$p_1 = (1-a)p_1 + b\pi_2,$$
$$p_2 = ap_1 + (1-b)\pi_2$$

따라서 $ap_1 = bp_2$이다. 한편 $p_1 + p_2 = 1$이므로

$$p_1 = \frac{b}{a+b}, \quad p_2 = \frac{a}{a+b}.$$ ■

정리 5.22 에르고딕 정리

에르고딕인 마르코프연쇄 $\boldsymbol{X}$의 극한분포를 $\boldsymbol{\pi} = (\pi_j,\ j \in \mathcal{S})$라고 할 때 확률 1로 다음이 성립한다.

$$\pi_j = \lim_{n \to \infty} \frac{1}{n} \sum_{k=1}^{n} 1_{\{X_k = j\}}, \quad j \in \mathcal{S} \tag{5.26}$$

증명 $X_0 = i$일 때 $\boldsymbol{X}$가 1, $\cdots$, k 동안 상태 i를 방문하는 횟수를 $N_i(k)$라 하자. 즉

$$N_i(k) = \sum_{n=1}^{k} 1_{\{X_n = i\}}, \quad k = 1,\ 2,\ \cdots.$$

마르코프성질에 의하여 확률과정 $\{N_i(k),\ k=1,\ 2,\ \cdots\}$는 갱신시각의 열이 $\{T_i(n),\ n=0,\ 1,\ 2,\ \cdots\}$ $(T_i(0)=0)$인 갱신과정이 됨을 알 수 있다(정리 5.9). 정리 4.2와 정리 5.15에 의하여 확률 1로 다음이 성립한다.

$$\lim_{k \to \infty} \frac{N_i(k)}{k} = \frac{1}{E[T_i | X_0 = i]} = \pi_i, \quad i \in \mathcal{S}$$ □

식 (5.26)으로부터 π_j는 $\boldsymbol{X}$가 장기간에 걸쳐서 j를 방문하는 횟수에 대한 비율과 같음을 알 수 있다. 한편 전이확률 p_{ij}는 현재 i 상태에 있을 때 j로 전이가 일어날 비율이므

로 $\pi_i p_{ij}$는 $\boldsymbol{X}$가 장기간에 걸쳐서 상태 i에서 j로의 전이가 일어날 횟수의 비율, 즉 전이율을 의미한다. 또한 $\sum_{i \in S} \pi_i p_{ij}$는 상태 j로의 유입률, 즉 상태 j를 방문하는 비율을 의미한다. 한편

$$\pi_j = \pi_j \sum_{i \in S} p_{ji} = \sum_{i \in S} \pi_j p_{ji}$$

는 j로부터의 이탈률, 즉 상태 j를 벗어나는 비율로 해석할 수 있다. 따라서 방정식 (5.13)은 상태 j로부터의 총 이탈률과 j로의 총 유입률이 같다는 것을 의미한다. 이와 같은 의미에서 방정식 (5.13)을 **전체 평형방정식**(global balance equation) 또는 간단히 **평형방정식**이라고 한다.

상태공간 S를 A와 B로 분할하자. 즉 $A \cap B = \varnothing$, $A \cup B = S$이다. 그리고 r_{AB}를 A에서 B로의 평균 전이율, r_{BA}를 B에서 A로의 평균 전이율이라 하면 다음과 같이 쓸 수 있다.

$$\begin{aligned} r_{AB} &= \sum_{i \in A} \pi_i \sum_{j \in B} p_{ij} = \sum_{i \in A} \sum_{j \in B} \pi_i p_{ij}, \\ r_{BA} &= \sum_{i \in B} \pi_i \sum_{j \in A} p_{ij} = \sum_{i \in B} \sum_{j \in A} \pi_i p_{ij} \end{aligned}$$

이 경우 $r_{AB} = r_{BA}$가 성립함을 보일 수 있다. 이 방정식을 **교차평형방정식**(cross balance equation)이라고 한다.

예제 5.30

어떤 생산라인을 통하여 생산된 모든 제품은 출하되기 전 여러 가지 형태의 품질검사를 받는다고 하자. 품질검사의 결과를 편의상 1, 2, $\cdots$, m으로 나타내자. X_n을 n번째 생산된 제품의 품질검사 결과라 할 때 $\{X_n,\ n = 1,\ 2,\ \cdots\}$는 전이확률이 $p_{ij}(1 \le i,\ j \le m)$인 마르코프연쇄가 된다고 하자. 품질검사의 결과가 합격으로 판정될 상태의 집합을 A라 하고, 불합격으로 판정될 제품의 상태의 집합을 A^c라 하자. 즉 n번째 제품의 품질검사 결과 $X_n \in A$이면 제품은 합격품이고 $X_n \in A^c$이면 제품은 불합격품이다. 이때 다음을 구하라.

(1) 합격품 다음에 불합격품이 생산될 비율 r_{AA^c}

(2) 연속해서 생산되는 합격품 개수의 평균 U

(3) 연속해서 생산되는 불합격품 개수의 평균 D

(4) 합격품의 비율

‖ **풀이** $\boldsymbol{\pi} = (\pi_k,\ 1 \le k \le m)$를 마르코프연쇄 $\{X_n\}$의 정상분포라 하자. 그러면 합격품의 비율은

$$\sum_{i \in A} \pi_i$$

이다. 각각의 $i \in A$와 $j \in A^c$에 대하여 상태 i에서 상태 j로 전이가 일어날 비율은 $\pi_i p_{ij}$이므로 합격품이 생산된 바로 다음에 생산된 제품이 검사 결과가 $j \in A^c$가 되어 불합격품이 될 비율은 $\sum_{i \in A} \pi_i p_{ij}$이다. 그러므로

$$r_{AA^c} = \sum_{i \in A} \sum_{j \in A^c} \pi_i p_{ij}.$$

한편 평균적으로 $U+D$개의 제품을 생산하는 동안 합격품에서 불합격품으로 전이가 일어나는 횟수는 한 번이므로

$$r_{AA^c} = \frac{1}{U+D}$$

이다. 따라서

$$\frac{1}{U+D} = \sum_{i \in A} \sum_{j \in A^c} \pi_i p_{ij}.$$

또한 $U+D$개의 제품 중 U개가 합격품이므로 합격품의 비율은

$$\frac{U}{U+D} = \sum_{i \in A} \pi_i.$$

위의 결과를 종합하면 다음을 얻는다.

$$U = \frac{\sum_{i \in A} \pi_i}{\sum_{i \in A} \sum_{j \in A^c} \pi_i p_{ij}},$$

$$D=\frac{1-\sum_{i\in A}\pi_i}{\sum_{i\in A}\sum_{j\in A^c}\pi_i p_{ij}}=\frac{\sum_{i\in A^c}\pi_i}{\sum_{i\in A}\sum_{j\in A^c}\pi_i p_{ij}}$$

예를 들어 검사 결과의 상태가 다음과 같은 전이확률행렬을 갖는 마르코프연쇄를 따른다고 하자.

$$P=\begin{pmatrix}\frac{1}{4} & \frac{1}{4} & \frac{1}{2} & 0\\ 0 & \frac{1}{4} & \frac{1}{2} & \frac{1}{4}\\ \frac{1}{4} & \frac{1}{4} & \frac{1}{4} & \frac{1}{4}\\ \frac{1}{4} & \frac{1}{4} & 0 & \frac{1}{2}\end{pmatrix}$$

이때 상태 1과 2는 합격품의 상태를 나타내고 3과 4는 불합격품의 상태를 나타낸다고 하자. $\{X_n\}$의 정상분포는 $\boldsymbol{\pi}P=\boldsymbol{\pi}$, $\boldsymbol{\pi}\mathbf{e}=1$로부터

$$\pi_1=\frac{3}{16},\quad \pi_2=\frac{1}{4},\quad \pi_3=\frac{14}{48},\quad \pi_4=\frac{13}{48}$$

이다. 따라서

$$r_{AA^c}=\pi_1(p_{13}+p_{14})+\pi_2(p_{23}+p_{24})=\frac{9}{32},$$

$$U=\frac{14}{9},\quad D=2$$

이고 합격품의 비율은 다음과 같다.

$$\frac{U}{U+D}=\pi_1+\pi_2=\frac{7}{16}$$ ■

5.6 흡수상태를 갖는 마르코프연쇄

마르코프연쇄 $\boldsymbol{X}=\{X_n,\ n\geq 0\}$의 상태 $i\in\mathcal{S}$가

$$p_{ii} = P(X_{n+1} = i \mid X_n = i) = 1$$

을 만족할 때 i를 **흡수상태**(absorbing state)라 한다.

상태공간이 $\mathcal{S} = \{0,\ 1,\ 2,\ \cdots,\ n,\ n+1,\ \cdots,\ n+m\}$인 마르코프연쇄 $\boldsymbol{X}$에 대하여 $B = \{0,\ 1,\ \cdots,\ n\}$을 $\boldsymbol{X}$의 흡수상태의 집합, $A = \{n+1,\ \cdots,\ n+m\}$을 일시상태의 집합이라 하자. 그러면 전이확률행렬 $P = (p_{ij})$를 다음과 같이 쓸 수 있다.

$$P = \begin{matrix} & \begin{matrix} B & A \end{matrix} \\ \begin{matrix} B \\ A \end{matrix} & \begin{pmatrix} I & O \\ V & Q \end{pmatrix} \end{matrix} \tag{5.27}$$

단 I는 $(n+1)\times(n+1)$ 단위행렬이고 O는 크기가 $(n+1)\times m$인 영행렬이다. 또한 $V = (p_{ij})_{i\in A,\ j\in B}$는 $m\times(n+1)$ 행렬이고 $Q = (p_{ij})_{i,\ j\in A}$는 $m\times m$ 행렬이다.

이 절에서는 (5.27)과 같은 전이확률행렬을 갖는 마르코프연쇄 $\boldsymbol{X}$가 일시상태 $i\in A$에서 출발하여 흡수상태 $j\in B$에 도달할 확률과 흡수상태에 도달할 때까지 걸리는 전이 수의 분포에 대하여 살펴본다.

5.6.1 흡수확률

정리 5.23

마르코프연쇄 $\boldsymbol{X}$가 i에서 출발하여 궁극적으로 j에 도달할 확률을

$$\pi_{ij} = \lim_{k\to\infty} p_{ij}^{(k)},\quad i,\ j\in\mathcal{S}$$

라 하면 $\Pi = (\pi_{ij})$는 다음과 같다.

$$\Pi = \begin{matrix} & \begin{matrix} B & A \end{matrix} \\ \begin{matrix} B \\ A \end{matrix} & \begin{pmatrix} I & O \\ (I-Q)^{-1}V & O \end{pmatrix} \end{matrix} \tag{5.28}$$

증명 채프만-콜모고로프방정식으로부터 다음이 성립함을 알 수 있다.

$$P^{(k)} = P^k = \begin{pmatrix} I & O \\ V_k & Q^k \end{pmatrix}$$

단 $V_k = (I+Q+Q^2+\cdots+Q^{k-1})V$이다.

한편 $i,\ j \in A$일 때 j가 일시상태이므로 $\lim_{k\to\infty} p_{ij}^{(k)} = 0$이다. 따라서

$$\lim_{k\to\infty} Q^k = O$$

이다. 또한

$$(I-Q)\left(\sum_{\nu=0}^{k-1} Q^\nu\right) = I - Q^k = \left(\sum_{\nu=0}^{k-1} Q^\nu\right)(I-Q)$$

(단 $Q^0 = I$는 단위행렬)이므로

$$\sum_{\nu=0}^{\infty} Q^\nu = (I-Q)^{-1}$$

임을 알 수 있다. 따라서 정리가 증명된다. □

예제 5.31 도박꾼의 파산문제(Gambler's ruin problem)

A, B 두 사람이 다음과 같은 게임을 하고 있다고 하자. 앞면이 나올 확률이 p인 동전을 던져서 앞면이 나오면 B가 A에게 1단위만큼의 돈을 주고 뒷면이 나오면 A가 B에게 1단위만큼의 돈을 주기로 한다. 두 사람 중 한 사람이 돈을 모두 잃게 되면 게임은 끝나게 된다. A가 가지고 있는 돈과 B가 가지고 있는 돈을 합한 총 액수를 c라 할 때 A가 돈을 모두 딸 확률을 구하라.

‖ **풀이** 정리 5.23을 이용하는 방법과 첫 단계 분석법으로 알려진 풀이방법 두 가지 방법을 소개한다.

1. 정리 5.23을 이용하는 방법 : X_n을 n번째 게임이 끝난 다음 A가 가지고 있는 돈의 액수라 하면 $\boldsymbol{X} = \{X_n,\ n=0,\ 1,\ 2,\ \cdots\}$는 상태공간이 $S=\{0,\ 1,\ 2,\ \cdots c\}$인 마르코프연쇄가 된다. 둘 중 한 사람이 돈을 모두 잃으면 게임이 끝나므로 두 상태 0과 c는 흡수상태이다. $B=\{0,\ c\}$, $A=\{1,\ 2,\ \cdots,\ c-1\}$로 두고 상태 순서를 바꾸면 전이확률행렬 P를 다음과 같이 쓸 수 있다.

$$P = \begin{array}{c} \\ 0 \\ c \\ A \end{array} \begin{array}{c} \begin{array}{ccc} 0 & c & A \end{array} \\ \begin{pmatrix} 1 & 0 & O \\ 0 & 1 & O \\ \boldsymbol{v}_0 & \boldsymbol{v}_c & Q \end{pmatrix} \end{array}$$

여기서 $\boldsymbol{v}_0$, $\boldsymbol{v}_c$ 및 Q는 다음과 같다.

$$\boldsymbol{v_0} = \begin{pmatrix} q \\ 0 \\ 0 \\ \vdots \\ 0 \\ 0 \end{pmatrix}, \quad \boldsymbol{v_c} = \begin{pmatrix} 0 \\ 0 \\ 0 \\ \vdots \\ 0 \\ p \end{pmatrix}, \quad Q = \begin{array}{c} \\ 1 \\ 2 \\ 3 \\ \vdots \\ c-2 \\ c-1 \end{array} \begin{array}{c} \begin{array}{cccccc} 1 & 2 & 3 & \cdots & c-2 & c-1 \end{array} \\ \begin{pmatrix} 0 & p & & & & \\ q & 0 & p & & & \\ & q & 0 & \ddots & & \\ & & \ddots & \ddots & p & \\ & & & q & 0 & p \\ & & & & q & 0 \end{pmatrix} \end{array}$$

단 $q = 1-p$이다. A가 i단위의 돈을 가지고 게임할 때 돈을 모두 딸 확률을 π_i라 하면 명백하게 $\pi_c = 1$이고 $\pi_0 = 0$이다. $\boldsymbol{\pi} = (\pi_1, \pi_2, \cdots, \pi_{c-1})^t$라고 두자. 단 $\boldsymbol{x}^t$는 행렬 $\boldsymbol{x}$의 전치행렬을 나타낸다. A가 돈을 모두 딸 확률은 c에 흡수될 확률이므로 (5.28)에 의하여 다음을 얻는다.

$$\boldsymbol{\pi} = (I-Q)^{-1}\boldsymbol{v_c}$$

참고로 B가 j단위의 돈을 가지고 게임을 시작하였을 때 B가 돈을 모두 딸 확률은 벡터 $(I-Q)^{-1}\boldsymbol{v}_0$의 j번째 성분이다.

2. **첫 단계 분석법** : (5.28)에서는 $I-Q$의 역행렬을 구할 필요가 있었다. 그러나 여기서 소개하는 첫 단계 분석법은 마르코프연쇄에서 첫 번째 단계의 상태에 대한 조건부확률로부터 재귀적인 식을 구하고 이에 대한 해를 축차적으로 구하는 방법이다.

A 또는 B 둘 중 한 사람이 돈을 모두 따야 게임이 끝나게 되므로 게임이 끝나는 시각 T는 다음과 같이 쓸 수 있다.

$$T = \inf\{n \geq 1 : X_n = 0 \text{ 또는 } X_n = c\}$$

A가 i단위의 돈을 가지고 시작할 때 궁극적으로 A가 돈을 모두 딸 확률을

$$u_i = P(X_T = c \mid X_0 = i), \quad i = 0, 1, \cdots, c$$

라 하면 명백하게

$$u_0 = 0, \quad u_c = 1$$

이다. $X_0 = i\,(1 \le i \le c-1)$일 때 첫 번째 게임이 끝난 후의 상태는 A가 그 게임에서 이기면 $X_1 = i+1$이고 지면 $X_1 = i-1$이다. 따라서 다음을 얻는다.

$$\begin{aligned} u_i &= P(X_T = c \mid X_0 = i) \\ &= P(X_T = c \mid X_1 = i+1)p + P(X_T = c \mid X_1 = i-1)q \\ &= pu_{i+1} + qu_{i-1}, \quad 1 \le i \le c \end{aligned}$$

위의 식은 $u_i = pu_i + qu_i$를 이용하여 다음과 같이 쓸 수 있다.

$$u_{i+1} - u_i = \frac{q}{p}(u_i - u_{i-1}), \quad i = 1,\ 2,\ \cdots,\ c-1$$

또한 $u_0 = 0$이므로 이 식을 나열하면 다음과 같다.

$$\begin{aligned} u_2 - u_1 &= \frac{q}{p}(u_1 - u_0) = \frac{q}{p}u_1 \\ u_3 - u_2 &= \frac{q}{p}(u_2 - u_1) = \left(\frac{q}{p}\right)^2 u_1 \\ &\ \ \vdots \\ u_i - u_{i-1} &= \frac{q}{p}(u_{i-1} - u_{i-2}) = \left(\frac{q}{p}\right)^{i-1} u_1 \\ &\ \ \vdots \\ u_c - u_{c-1} &= \frac{q}{p}(u_{c-1} - u_{c-2}) = \left(\frac{q}{p}\right)^{c-1} u_1 \end{aligned}$$

이 식에서 처음 $(i-1)$개의 식을 더하면 다음을 얻는다.

$$u_i - u_1 = u_1\left[\left(\frac{q}{p}\right) + \left(\frac{q}{p}\right)^2 + \cdots + \left(\frac{q}{p}\right)^{i-1}\right]$$

따라서

$$u_i = \begin{cases} \dfrac{1-(q/p)^i}{1-(q/p)}u_1, & \dfrac{q}{p} \ne 1\text{일 때} \\ iu_1, & \dfrac{q}{p} = 1\text{일 때} \end{cases}, \quad i = 1,\ 2,\ \cdots,\ c.$$

경계조건 $u_c = 1$로부터 다음을 얻는다.

$$u_i = \begin{cases} \dfrac{1-(q/p)^i}{1-(q/p)^c}, & p \neq \dfrac{1}{2}\text{일 때} \\ \dfrac{i}{c}, & p = \dfrac{1}{2}\text{일 때} \end{cases}, \quad i = 1,\ 2,\ \cdots,\ c.$$ ■

예제 5.32

어떤 제약회사에서 새롭게 개발된 약의 효과가 이전의 약보다 더 좋은지를 평가하기 위하여 다음과 같은 방법을 사용하고자 한다. 먼저 상태가 비슷한 환자의 쌍을 선택한 다음 한 명에게는 이전의 약을, 다른 한 명에게는 새로운 약을 투여한 다음 효과를 관찰한다. 이와 같은 실험을 여러 쌍의 환자에게 계속하여 실시하면서 각각의 약에 대한 치료효과가 나타난 환자 수를 계산한다. 새로운 약으로 치료한 환자 수와 이전 약으로 치료한 환자 수의 차이가 미리 정해진 수보다 커지면 실험을 중단하고 더 많은 치료효과를 본 약의 효과가 더 좋다고 판정하려고 한다. 좀더 자세한 설명을 위하여 이전 약을 1번 약, 새로운 약을 2번 약이라 하고 P_1과 P_2를 각각 1번 약과 2번 약의 치료율이라 하자. 여기서 $P_i(i = 1,\ 2)$는 알려져 있지 않다고 하자. 확률변수 X_i와 Y_i를 다음과 같이 정의하자.

$$X_i = \begin{cases} 1, & i\text{번째 쌍의 한 환자가 1번 약으로 치료되었을 경우} \\ 0, & \text{그렇지 않은 경우} \end{cases}$$

$$Y_i = \begin{cases} 1, & i\text{번째 쌍의 다른 한 환자가 2번 약으로 치료되었을 경우} \\ 0, & \text{그렇지 않은 경우} \end{cases}$$

그러면 $U_n = \sum_{j=1}^{n} X_j$와 $V_n = \sum_{j=1}^{n} Y_j$는 각각 n쌍의 환자에게 한 명에게는 1번 약을, 다른 한 명에게는 2번 약을 투여했을 때 치료된 환자 수를 나타낸다. 미리 정해진 수 M에 대하여 $|U_n - V_n| = M$이 되는 순간 실험을 중단한다. 만약 $U_n - V_n = M$이면 1번 약의 치료 효과가 더 높고 $U_n - V_n = -M$이면 2번 약의 치료 효과가 더 높다고 판정하고자 한다. 즉 $U_n - V_n = M$이면 $P_1 > P_2$이고 $U_n - V_n = -M$이면 $P_1 < P_2$이다. 이러한 판정방식에서 잘못 판정할 확률을 구하라.

‖ **풀이** $Z_n = U_n - V_n$이라 하자. 그러면 $\{Z_n,\ n = 0,\ 1,\ 2,\ \cdots\}(Z_0 = 0)$는 상태공간

이 $S=\{-M,\ -M+1,\ \cdots,\ M-1,\ M\}$이며 전이확률행렬이 다음과 같은 마르코프연쇄이다. $p_{-M,\ -M}=1$, $p_{M,\ M}=1$이고, $-M<i<M$에 대하여

$$p_{ij}=\begin{cases} P_1(1-P_2), & j=i+1 \\ (1-P_1)P_2, & j=i-1 \\ P_1P_2+(1-P_1)(1-P_2), & j=i \\ 0, & \text{그 밖에} \end{cases}$$

한편 $\{Z_n\}$의 상태가 1만큼 증가하든지 감소했다고 가정할 때 그 결과가 증가 또는 감소로 나타날 확률은 각각 다음과 같다.

$$p=P(\text{1만큼 증가} \mid \text{1만큼 증가 또는 감소})=\frac{P_1(1-P_2)}{P_1(1-P_2)+(1-P_1)P_2},$$

$$q=P(\text{1만큼 감소} \mid \text{1만큼 증가 또는 감소})=\frac{(1-P_1)P_2}{P_1(1-P_2)+(1-P_1)P_2}$$

따라서 실험결과 $P_2<P_1$이라고 판정할 확률은 상태 $Z_0=0$에서 출발하여 Z_n이 상태 $-M$에 도달하기 전 M에 도달할 확률과 같다. 이 문제를 다음과 같이 도박꾼의 파산문제(예제 5.31)로 변형하여 생각할 수 있다. A와 B 두 사람이 각각 M단위의 돈을 가지고 게임을 하는데 $\{Z_n\}$의 상태가 1만큼 증가하면 A가 1단위 만큼의 돈을 B로부터 받고 1만큼 감소하면 A가 1단위 만큼의 돈을 B에게 준다. 매 게임에서 A가 이길 확률은 p이고 질 확률은 q이다. 이때 A가 돈을 모두 딸 확률이 $P_2<P_1$이라고 판정할 확률이다. 즉 예제 5.31에서 $c=2M$일 때 u_M이 $P_2<P_1$이라고 판정할 확률이다. 예제 5.31로부터 다음을 얻는다.

$$P(P_2<P_1\text{이라고 판정})=\frac{1-(q/p)^M}{1-(q/p)^{2M}}$$

예를 들어 $P_1=0.6$이고 $P_2=0.4$라 하자. $M=5$이면 $P_2>P_1$이라고 판정할 확률은

$$1-\frac{1-(q/p)^M}{1-(q/p)^{2M}}=0.017$$

이고 $M=10$일 때 잘못 판정할 확률은 0.0003이 된다. ■

5.6.2 도달시간

전이확률행렬이 (5.27)과 같은 마르코프연쇄 $\boldsymbol{X}$가 흡수상태 $B \subset S$에 도달하는데 걸리는 시간을 T_B라 하자. 즉

$$T_B = \min\{k \geq 0 : X_k \in B\}.$$

$\boldsymbol{X}$가 $i \in A$에서 출발하였다는 가정하에 T_B의 조건부확률질량함수를

$$p_i(k) = P(T_B = k \mid X_0 = i), \ i \in A, \quad k = 1, 2, \cdots$$

라 하고 $p_i(k)$를 성분으로 갖는 m차원 열벡터를 다음과 같이 쓰자.

$$\boldsymbol{p}(k) = (p_{n+1}(k), \ p_{n+2}(k), \ \cdots, \ p_{n+m}(k))^t$$

정리 5.24

$$\boldsymbol{p}(k) = Q^{k-1} V\mathbf{e}, \quad k = 1, 2, \cdots \tag{5.29}$$

증명 명백하게

$$p_i(1) = P(T_B = 1 \mid X_0 = i) = \sum_{j \in B} p_{ij}, \quad i \in A$$

이므로

$$\boldsymbol{p}(1) = V\mathbf{e}$$

가 되어 $k = 1$일 때 (5.29)가 성립한다. $k \geq 2$일 때

$$P(T_B = k \mid X_0 = i, \ X_1 = j) = 0, \quad i \in A, \quad j \in B$$

이므로 전확률공식에 의하여 다음을 얻는다.

$$\begin{aligned} p_i(k) &= P(T_B = k \mid X_0 = i) = \sum_{j \in A} P(T_B = k \mid X_1 = j, \ X_0 = i) p_{ij} \\ &= \sum_{j \in A} p_{ij} P(T_B = k-1 \mid X_0 = j) \\ &= \sum_{j \in A} p_{ij} p_j(k-1), \quad k \geq 2, \quad i \in A \end{aligned}$$

이것을 벡터와 행렬의 곱으로 표현하면

$$\boldsymbol{p}(k) = Q\boldsymbol{p}(k-1), \quad k \geq 2$$

이다. 따라서

$$\boldsymbol{p}(k) = Q^{k-1}\boldsymbol{p}(1), \quad k \geq 2$$

이고 $k=1$일 때의 결과와 조합하면 (5.29)를 얻는다. □

한 개의 흡수상태를 갖는 경우 특별한 경우로서 상태공간이 $\mathcal{S}=\{0, 1, 2, \cdots, m\}$이고 전이확률행렬은 다음과 같은 마르코프연쇄를 생각하자.

$$P = \begin{pmatrix} 1 & \boldsymbol{O} \\ \boldsymbol{q} & Q \end{pmatrix}$$

여기서 Q는 $m \times m$ 행렬로서 일시상태 $A = \{1, 2, \cdots, m\}$에 해당하는 전이확률행렬이고 $\boldsymbol{q}$는 A에서 흡수상태 0으로의 전이확률을 나타내는 $m \times 1$ 행렬이다. 이때 $1 \leq i \leq m$에서 출발하여 흡수상태 0에 도달할 때까지 걸리는 시간 $T_{\{0\}}$의 분포 $p_i(k) = P(T_{\{0\}} = k | X_0 = i)$는 다음과 같다.

$$p_i(k) = [Q^{k-1}\boldsymbol{q}]_i, \quad k \geq 1, \quad i \in A \tag{5.30}$$

따라서 $P(X_0 = i) = \alpha_i (i = 0, 1, 2, \cdots, m)$이면 $p(k) = P(T_{\{0\}} = k)$는 다음과 같음을 알 수 있다.

$$\begin{aligned} p(0) &= \alpha_0, \\ p(k) &= \boldsymbol{\alpha} Q^{k-1}\boldsymbol{q}, \quad k \geq 1 \end{aligned} \tag{5.31}$$

단 $\boldsymbol{\alpha} = (\alpha_1, \cdots, \alpha_m)$이다. (5.31)과 같은 확률분포를 이산 **상형분포**(phase type distribution)라 하고 $PH_d(\boldsymbol{\alpha}, Q)$로 나타낸다.

이제 상태공간이 $\mathcal{S} = \{0, 1, 2, \cdots, m\}$이고 0이 흡수상태인 마르코프연쇄 $\boldsymbol{X}$가 흡수상태에 도달할 때까지 일시상태를 방문하는 횟수의 평균에 대하여 알아보자.

마르코프연쇄 $\boldsymbol{X}$가 흡수상태 0을 방문할 때까지 상태 j를 방문하는 횟수를 N_j $(1 \leq j \leq m)$라 하면 전확률공식에 의하여 다음을 얻는다.

$$\begin{aligned} m_{ij} &= E[N_j | X_0 = i] \\ &= \delta_{ij} + \sum_{k=1}^{m} p_{ik} E[N_j | X_0 = i,\ X_1 = k] \\ &= \delta_{ij} + \sum_{k=1}^{m} p_{ik} m_{kj},\quad 1 \le i,\ j \le m \end{aligned} \tag{5.32}$$

단 $i = j$이면 $\delta_{ij} = 1$이고 $i \neq j$이면 $\delta_{ij} = 0$이다.[4)]

m_{ij}를 $(i,\ j)$ 성분으로 하는 $m \times m$ 행렬을 $M = (m_{ij})$로 두고 식 (5.32)를 행렬형태로 쓰면 $M = I + QM$이므로

$$M = (I - Q)^{-1}. \tag{5.33}$$

또한 i에서 출발하여 흡수상태에 도달할 때까지 걸리는 시간의 기댓값은

$$\mu_i = \sum_{j=1}^{m} m_{ij},\quad 1 \le i \le m$$

이므로 (5.33)으로부터 $\boldsymbol{\mu} = (\mu_1,\ \cdots,\ \mu_m)^t$는 다음과 같다.

$$\boldsymbol{\mu} = M\mathbf{e} = (I - Q)^{-1}\mathbf{e} \tag{5.34}$$

예제 5.33　도박꾼의 파산문제 연속

예제 5.31에서 $c = 5,\ p = 0.6$일 때 두 개의 흡수상태 0과 c를 제외하고 남은 상태로 이루어진 부분행렬 Q는 다음과 같다.

$$Q = \begin{array}{c} \\ 1 \\ 2 \\ 3 \\ 4 \end{array} \begin{array}{c} \begin{array}{cccc} 1 & 2 & 3 & 4 \end{array} \\ \begin{pmatrix} 0 & 0.6 & 0 & 0 \\ 0.4 & 0 & 0.6 & 0 \\ 0 & 0.4 & 0 & 0.6 \\ 0 & 0 & 0.4 & 0 \end{pmatrix} \end{array}$$

따라서 게임이 끝날 때까지 시행한 게임의 횟수 T의 조건부 평균 $\mu_i = E[T | X_0 = i]\ (i = 1,\ 2,\ 3,\ 4)$는 다음과 같다.

$$\boldsymbol{\mu} = (I - Q)^{-1}\mathbf{e}$$

4) 이와 같이 정의되는 δ_{ij}를 크로네커 델타(Kronecker delta)라고 한다.

$$= \begin{pmatrix} 1.54028 & 1.35071 & 1.06635 & 0.63981 \\ 0.900474 & 2.25118 & 1.77725 & 1.06635 \\ 0.473934 & 1.18483 & 2.25118 & 1.35071 \\ 0.189573 & 0.473934 & 0.900474 & 1.54028 \end{pmatrix} \begin{pmatrix} 1 \\ 1 \\ 1 \\ 1 \end{pmatrix}$$

$$= (4.59716,\ 5.99526,\ 5.26066,\ 3.10427)^t$$ ■

5.7 역행과정과 역행가능성

이 절에서는 에르고딕인 마르코프연쇄가 시간이 역으로 진행될 때 얻어지는 확률과정의 특성을 살펴본다. 시간이 역으로 한없이 진행될 수 있도록 하기 위하여 시간공간이 정수 전체 집합 $\mathbb{Z}=\{\cdots, -2, -1, 0, 1, 2, \cdots\}$인 마르코프연쇄를 생각한다.

마르코프연쇄 $\boldsymbol{X}=\{\cdots, X_{-2}, X_{-1}, X_0, X_1, X_2, \cdots\}$의 상태공간을 $\mathcal{S}$, 전이확률행렬을 $P=(p_{ij})$, 정상분포를 $\boldsymbol{\pi}=(\pi_j,\ j\in\mathcal{S})$라 하자. 각각의 시각 $n\in\mathbb{Z}$에 대하여 $P(X_n=j)=\pi_j,\ j\in\mathcal{S}$일 때 $\boldsymbol{X}$는 정상상태에 있다고 한다. 이 절 전체를 통하여 마르코프연쇄 $\boldsymbol{X}$가 정상상태에 있다고 가정한다. $Y_n=X_{-n}$으로 두었을 때 얻어지는 확률과정 $\boldsymbol{Y}=\{Y_n,\ n\in\mathbb{Z}\}$을 $\boldsymbol{X}$의 **역행과정**(reversed process)이라고 한다. $\boldsymbol{Y}$와의 구분을 위하여 $\boldsymbol{X}$를 **순행과정**(forward process)이라고 부르기도 한다.

정리 5.25

$\boldsymbol{X}$의 역행과정 $\boldsymbol{Y}$는 전이확률행렬이 $Q=(q_{ij})$,

$$q_{ij}=\frac{\pi_j p_{ji}}{\pi_i},\quad i,\ j\in\mathcal{S} \tag{5.35}$$

인 마르코프연쇄이다. 또한 $\boldsymbol{\pi}$는 $\boldsymbol{Y}$의 정상분포이다.

증명 시각 n 이전의 $\boldsymbol{Y}$ 상태 $A_n=\{Y_k,\ k<n\}=\{X_{-k},\ -k>-n\}$와 이후 상태 $B_n=\{Y_k,\ k>n\}=\{X_{-k},\ -k<-n\}$는 순행과정 $\boldsymbol{X}$의 관점에서 보았을 때 각각 시각 $-n$ 이후 상태와 $-n$ 이전 상태가 된다. $\boldsymbol{X}$가 마르코프연쇄이므로 $Y_n=X_{-n}$이 주어졌다는 가정하에서 A_n과 B_n은 조건부로 독립이다. 따라서

$\boldsymbol{Y}$는 마르코프연쇄이다. $\boldsymbol{Y}$의 전이확률 q_{ij}는 다음과 같다.

$$\begin{aligned} q_{ij} &= P(Y_{m+1}=j \mid Y_m=i) = P(X_{-m-1}=j \mid X_{-m}=i) \\ &= \frac{P(X_{-m-1}=j,\ X_{-m}=i)}{P(X_{-m}=i)} \\ &= \frac{P(X_{-m}=i \mid X_{-m-1}=j)P(X_{-m-1}=j)}{P(X_{-m}=i)} \\ &= \frac{\pi_j p_{ji}}{\pi_i},\quad i,\ j \in \mathcal{S} \end{aligned}$$

끝으로 $\boldsymbol{\pi}$가 $\boldsymbol{Y}$의 정상분포가 됨을 보인다. 식 (5.35)의 양변에 π_i를 곱한 뒤 i에 대하여 합하면 다음을 얻는다.

$$\sum_{i\in\mathcal{S}} \pi_i q_{ij} = \pi_j \sum_{i\in\mathcal{S}} p_{ji} = \pi_j,\quad j\in\mathcal{S}$$

기약인 마르코프연쇄의 정상분포는 유일하므로 $\boldsymbol{\pi}$는 $\boldsymbol{Y}$의 정상분포이다. □

따름정리 5.26

$\boldsymbol{Y}$의 n단계 전이확률행렬 $Q^{(n)} = (q_{ij}^{(n)})$은 다음과 같다.

$$q_{ij}^{(n)} = P(Y_n = j \mid Y_0 = i) = \frac{\pi_j p_{ji}^{(n)}}{\pi_i},\quad i,\ j\in\mathcal{S}$$

증명 정리 5.25에서 q_{ij}를 구하는 방법을 반복하면 증명된다. □

$\boldsymbol{X}$의 전이확률과 역행과정 $\boldsymbol{Y}$의 전이확률이 같을 때, 즉 $P=Q$일 때 $\boldsymbol{X}$는 **역행가능**(time reversible)이라고 한다. 정리 5.25로부터 다음이 성립함을 알 수 있다.

정리 5.27

마르코프연쇄 $\boldsymbol{X}$가 역행가능일 필요충분조건은

$$\pi_i p_{ij} = \pi_j p_{ji},\quad i,\ j\in\mathcal{S} \tag{5.36}$$

이다.

식 (5.36)을 상세평형방정식(detailed balance equation)이라 한다.

예제 5.34

상태공간이 $S=\{0, 1, 2, \cdots, M\}$이고, 다음과 같은 전이확률 행렬을 갖는 마르코프연쇄 $\boldsymbol{X}$를 생각하자.

$$P=\begin{pmatrix} q & p & & & \\ q & 0 & p & & \\ & \ddots & \ddots & \ddots & \\ & & q & 0 & p \\ & & & q & p \end{pmatrix}$$

단 $0<p<1$, $q=1-p$이다. $\boldsymbol{X}$의 정상분포는 다음과 같음을 알 수 있다(예제 5.26).

$$\pi_j=\frac{(1-\rho)\rho^j}{1-\rho^{M+1}},\quad j=0, 1, 2, \cdots, M \text{ (단 } \rho=\frac{p}{q})$$

따라서

$$\pi_i p_{i,\,i+1}=\pi_i p=\pi_{i+1}q=\pi_{i+1}p_{i+1,\,i},\quad i=0, 1, \cdots, M$$

이므로 $\boldsymbol{X}$는 역행가능이다. ■

예제 5.35 **경과시간과 잔여수명의 관계**

$\boldsymbol{B}=\{B_n\}$과 $\boldsymbol{A}=\{A_n\}$을 각각 예제 5.14와 예제 5.15에서 정의한 잔여수명과정과 나이과정이라고 하고 $C_n=B_n-1$이라 하자. $\boldsymbol{C}=\{C_n\}$은 $\boldsymbol{A}$의 역행과정이지만 역행가능은 아님을 보여라.

‖ **풀이** 예제 5.14와 예제 5.15로부터 $\boldsymbol{C}$의 전이확률행렬 $P=(p_{ij})$와 $\boldsymbol{A}$의 전이확률행렬 $Q=(q_{ij})$는 각각 다음과 같음을 알 수 있다.

$$p_{i,\,i-1}=1,\quad i\geq 1,\quad p_{0j}=P(X_1=j+1),\quad j\geq 0,$$

$$q_{i,\,i+1}=\frac{P(X_1>i+1)}{P(X_1>i)},\quad q_{i0}=1-q_{i,\,i+1}=\frac{P(X_1=i+1)}{P(X_1>i)},\quad i\geq 0$$

단 X_1은 첫 번째 갱신이 발생할 때까지의 시간이다.

또한 예제 5.27로부터 $\boldsymbol{C}$의 정상분포는 $\pi_j = \dfrac{P(X_1 > j)}{E[X_1]}$, $j = 0, 1, 2, \cdots$이므로 다음이 성립함을 알 수 있다.

$$\pi_0 p_{0j} = \frac{P(X_1 = j+1)}{E[X_1]} = \frac{P(X_1 > j)}{E[X_1]} \frac{P(X_1 = j+1)}{P(X_1 > j)} = \pi_j q_{j0}, \quad j \geq 0,$$

$$\begin{aligned}\pi_i p_{i,\ i-1} &= \frac{P(X_1 > i)}{E[X_1]} = \frac{P(X_1 > i-1)}{E[X_1]} \frac{P(X_1 > i)}{P(X_1 > i-1)} \\ &= \pi_{i-1} q_{i-1,\ i}, \quad i \geq 1\end{aligned}$$

따라서 $\boldsymbol{C}$는 $\boldsymbol{A}$의 역행과정이지만 $P \neq Q$이므로 $\boldsymbol{A}$는 역행가능이 아니다.

■

정리 5.28

주기가 3 이상인 마르코프연쇄는 역행가능하지 않다.

증명 마르코프연쇄 $\boldsymbol{X}$가 역행가능하다고 가정하자. 그리고 적당한 $i, j \in \mathcal{S}$에 대하여 $p_{ij} > 0$라 하자. 그러면 $p_{ji} = (\pi_i / \pi_j) p_{ij} > 0$이다. 따라서 $p_{ii}^{(2)} \geq p_{ij} p_{ji} > 0$가 되고 $\boldsymbol{X}$의 주기는 2 이하이다. □

참고 주기가 2인 마르코프연쇄는 역행가능할 수 있다.

다음 정리는 정상분포에 대한 조건 없이 전이확률만으로 마르코프연쇄의 역행가능성에 대한 판단기준을 제시한다.

정리 5.29 콜모고로프의 기준(Kolmogorov's criterion)

에르고딕인 마르코프연쇄 $\boldsymbol{X}$가 역행가능일 필요충분조건은 각각의 상태 i에서 시작하여 다시 i로 되돌아오는 경로의 확률이 역의 경로의 확률과 같다는 것이다. 즉 만약 경로 $i \to i_1 \to i_2 \to \cdots \to i_{n-1} \to i$를 통하여 되돌아왔다면 다음이 성립한다.

$$p_{i,\ i_1} p_{i_1,\ i_2} \cdots p_{i_{n-1},\ i} = p_{i,\ i_{n-1}} p_{i_{n-1},\ i_{n-2}} \cdots p_{i_1,\ i} \tag{5.37}$$

증명 $\boldsymbol{X}$가 역행가능이라 하자. 그러면 $p_{ij}=q_{ij}=(\pi_j/\pi_i)p_{ji}(i,\ j\in\mathcal{S})$이므로

$$\begin{aligned} p_{i,\,i_1}p_{i_1,\,i_2}\cdots p_{i_{n-1},\,i} &= q_{i,\,i_1}q_{i_1,\,i_2}\cdots q_{i_{n-1},\,i} \\ &= \left(\frac{\pi_{i_1}}{\pi_i}p_{i_1,\,i}\right)\left(\frac{\pi_{i_2}}{\pi_{i_1}}p_{i_2,\,i_1}\right)\cdots\left(\frac{\pi_i}{\pi_{i_{n-1}}}p_{i,\,i_{n-1}}\right) \\ &= p_{i,\,i_{n-1}}p_{i_{n-1},\,i_{n-2}}\cdots p_{i_1,\,i}. \end{aligned}$$

역으로 모든 $i,\ i_1,\ \cdots,\ i_k,\ j\in\mathcal{S}$에 대하여

$$p_{i,\,i_1}p_{i_1,\,i_2}\cdots p_{i_k,\,j}p_{j,\,i}=p_{i,\,j}p_{j,\,i_k}p_{i_{k-1},\,i_{k-2}}\cdots p_{i_1,\,i}$$

를 가정하자. 위 식에서 모든 $i_1,\ \cdots,\ i_k\in\mathcal{S}$에 대하여 합하면 채프만-콜모고로프방정식에 의하여 다음을 얻는다.

$$p_{ij}^{(k+1)}p_{ji}=p_{ij}p_{ji}^{(k+1)}$$

여기서 $k\to\infty$이면 $\pi_j p_{ji}=\pi_i p_{ij}$를 얻는다. □

정리 5.30
에르고딕인 마르코프연쇄 $\boldsymbol{X}$의 상태공간과 전이확률행렬을 각각 $\mathcal{S}$와 $P=(p_{ij})$라 하자. 확률분포 $\boldsymbol{x}=(x_j,\ j\in\mathcal{S})$와 전이확률행렬 $P^*=(p_{ij}^*)$가 $$x_i p_{ij}=x_j p_{ji}^*,\quad i,\ j\in\mathcal{S}$$ 를 만족하면 $\boldsymbol{x}$는 $\boldsymbol{X}$의 정상분포이고 $P^*=(p_{ij}^*)$는 역행과정의 전이확률행렬이다.

증명 $x_i p_{ij}=x_j p_{ji}^*$의 양변을 i에 대하여 합하면 다음을 얻는다.

$$\sum_{i\in\mathcal{S}}x_i p_{ij}=x_j\sum_{i\in\mathcal{S}}p_{ji}^*=x_j,\quad j\in\mathcal{S}$$

따라서 $\boldsymbol{x}$는 $\boldsymbol{X}$의 정상분포이다. 또한

$$p_{ij}^*=\frac{x_j p_{ji}}{x_i},\quad i,\ j\in\mathcal{S}$$

이므로 p_{ij}^*는 $\boldsymbol{X}$의 역행과정의 전이확률이다. □

따름정리 5.31 역행가능과정의 절단

역행가능한 마르코프연쇄 $\boldsymbol{X}$의 상태공간을 $\mathcal{S}$, 정상분포를 $\boldsymbol{\pi}$, 전이확률행렬을 $P=(p_{ij})$라 하자. 이때 상태공간이 $A(\neq \varnothing)\subset \mathcal{S}$이고 전이확률이

$$p_{ij}^A = \begin{cases} p_{ij}, & j \neq i \\ p_{ii} + \sum_{j\in A^c} p_{ij}, & j = i \end{cases}$$

인 마르코프연쇄를 $\boldsymbol{X}^A = \left\{X_n^A,\ n \geq 0\right\}$이라 하자. 만약 $\boldsymbol{X}^A$가 기약이면 $\boldsymbol{X}^A$는 역행가능하고 정상분포 $\boldsymbol{\pi}^A = (\pi_j^A,\ j\in A)$는 다음과 같다.

$$\pi_j^A = \frac{\pi_j}{\sum_{k\in A}\pi_k},\quad j\in A$$

증명 $\boldsymbol{X}$가 역행가능하므로 각각의 $i,\ j\in A\,(i\neq j)$에 대하여 다음이 성립하는 것은 쉽게 알 수 있다.

$$\pi_i^A\, p_{ij}^A = \frac{\pi_i p_{ij}}{\sum_{k\in A}\pi_k} = \frac{\pi_j p_{ji}}{\sum_{k\in A}\pi_k} = \pi_j^A\, p_{ji}^A$$

$\pi_j^A > 0$이고 $\sum_{j\in A}\pi_j^A = 1$이므로 정리 5.30에 의하여 따름정리가 증명된다. □

5장 연습문제

1. 앞면이 나올 확률이 p인 동전을 계속해서 던지는 실험을 생각하자. 동전을 n번 던질 때 나오는 앞면의 수에서 뒷면의 수를 뺀 값을 $X_n(X_0=0)$이라 할 때 , 확률과정 $\boldsymbol{X}=\{X_n,\ n \geq 0\}$이 마르코프연쇄가 됨을 보이고 $\boldsymbol{X}$의 상태공간과 전이확률을 구하라.

2. 앞면이 나올 확률이 각각 p_1과 p_2인 동전 2개를 동시에 던지는 실험에서 동전 1과 동전 2를 n번 던질 때 나오는 앞면의 수를 각각 X_n과 Y_n이라 하고 $Z_n = X_n - Y_n$이라 하자. 확률과정 $\boldsymbol{Z}=\{Z_n,\ n \geq 0\}$이 마르코프연쇄가 됨을 보이고 상태공간과 전이확률을 구하라.

3. 세 명의 선수가 다음과 같은 방식으로 게임을 진행한다고 하자. 먼저 두 명의 선수가 게임을 하고 그 게임의 승자와 나머지 선수가 다시 게임을 한다. 이와 같은 방식으로 게임을 반복할 때, n번째 게임을 하는 선수의 쌍을 X_n이라 하자. 예를 들어 처음에 1번 선수와 2번 선수가 게임을 하였다면 $X_1=\{1,\ 2\}$이다. 만약 이 게임에서 2번 선수가 이겼다면 $X_2=\{2,\ 3\}$이다. 두 번째 게임에서 3번 선수가 이겼다면 $X_3=\{1,\ 3\}$이다. 다음 물음에 답하라.
   (1) $\boldsymbol{X}=\{X_n,\ n \geq 1\}$은 마르코프연쇄가 됨을 보여라.
   (2) i번 선수와 j번 선수가 게임을 할 때 i번 선수가 j번 선수를 이길 확률을 $b_{ij}(i,\ j=1,\ 2,\ 3)$라 하고 비기는 경우는 없다고 할 때, $\boldsymbol{X}$의 상태공간과 전이확률을 구하라.
   (3) Y_n을 n번째 게임에서의 승자라고 할 때, $\boldsymbol{Y}=\{Y_n,\ n \geq 1\}$은 마르코프연쇄가 되지 않는 이유를 설명하라.

4. 그림 5.1과 같은 원탁에서 6명이 카드놀이를 한다고 하자. 카드는 1번 사람이 분배하고 게임을 한 다음 카드를 분배한 사람이 그 게임에서 이기면 1번이 다시 분배를 하고 게임에서 지게 되면 2번 사람이 카드를 분배한다. 이와 같이 i번째 사람이 카드를 분배한 게임에서 i가 이기면 다음 게임에서 i가 다시 카드를 분배하고 i가 그 게임에서 지면 $(i+1)$번 사람이 다음 게임에서 카드를 분배한다. 단 6번 사람 다음은 1번으로 넘어간다. 매 게임은 독립적으로 이루어지며, 카드를 분배한 사람이 i일 때 i

가 그 게임에서 이길 확률은 $p_i(i=1,\ 2,\ \cdots,\ 6)$라 하자. X_n을 n번째 게임에서 카드를 분배한 사람이라 할 때, $\boldsymbol{X}=\{X_n,\ n\geq 0\}$이 마르코프연쇄가 됨을 보이고 $\boldsymbol{X}$의 상태공간과 전이확률을 구하라.

5. 버그(bug)가 있는 컴퓨터 프로그램을 생각하자. 실제 프로그램 내에 버그가 있는지는 알지 못하며 프로그램을 실행할 때 문제가 발생하면 버그가 하나씩 발견된다고 하자. 버그를 수리하는 과정에서 새로운 버그가 추가될 수도 있다. 광범위한 데이터에 대하여 프로그램이 만족스럽게 실행될 때까지 이 과정을 계속한다고 하자. 이 현상을 다음과 같이 모형화하자. k개의 버그가 있는 프로그램을 실행할 때 버그가 발견될 확률은 p_k이고 발견되지 않을 확률은 $q_k=1-p_k$이다. 물론 $p_0=0$이다. 발견된 버그를 수리하는 과정에서 새롭게 i개의 버그가 생길 확률을 $b_i(i=0,\ 1,\ 2,\ 3)$라 하자. 프로그램을 n번째 실행하기 직전에 프로그램 안에 있는 버그 수를 X_n이라 하자. 버그가 발견되고 새로운 버그가 생기는 것은 과거와 독립이라고 할 때 $\boldsymbol{X}=\{X_n,\ n\geq 0\}$이 마르코프연쇄가 됨을 보이고 상태공간과 전이확률을 구하라.

6. 각각의 $n=0,\ 1,\ \cdots$에 대하여 구간 $[n,\ n+1)$을 n번째 슬롯(slot)이라 한다. 다음과 같이 작동하는 통신시스템을 생각하자. 매 슬롯 기간 동안에 전송을 위하여 도착하는 메시지 수는 독립이며 한 슬롯에 k개의 메시지가 도착할 확률을 $a_k(k=0,\ 1,\ 2,\ \cdots)$라 하자. n번째 슬롯에 도착한 메시지는 n번째 슬롯이 끝나기 직전에 전송한다. 한 번에 한 개의 메시지만 전송하면 전송은 성공적으로 이루어지며 전송에 성공한 메시지는 시스템을 떠난다. 그러나 한 번에 두 개 이상의 메시지를 전송하면 충돌이 발생하며 어떤 메시지도 전송할 수가 없다. 충돌로 인하여 전송에 실패한 메시지는 시스템에 남아서 다음 슬롯이 끝나기 직전에 전송을 시도한다. 전송에 실패한 경험이 있는 메시지는 각 슬롯의 끝에 전송을 시도할 확률은 p이며 각 메시지는 독립적으로 전송을 시도한다. n번째 슬롯이 끝난 직후 시스템에 남아 있는 메시지 수를 X_n이라 할 때, $\boldsymbol{X}=\{X_n,\ n\geq 0\}$이 마르코프연쇄가 됨을 보이고 상태공간과 전이확률을 구하라.

7. 서로 독립이며 같은 분포를 따르는 확률변수열 $\{X_n,\ n=0,\ 1,\ 2,\ \cdots\}$에 대하여 다음을 정의하자.

(1) $S_n = \sum_{j=0}^{n} X_j$ (2) $K_n = X_{n-1} + X_n$

(3) $Y_n = \max\{X_0, \cdots, X_n\}$ (4) $Z_n = \min\{X_0, \cdots, X_n\}$

확률과정 $\{S_n\}$, $\{Y_n\}$, $\{Z_n\}$, $\{K_n\}$ 중 어느 것이 마르코프연쇄가 되는지 결정하라. $P(X_n = j) = a_j > 0\,(j = 0, 1, 2, \cdots)$라 할 때 위의 확률과정 중 마르코프연쇄인 것의 전이확률을 구하라.

8. 그림 5.8과 같이 5개의 노드가 모두 연결되어 있는 네크워크를 따라 쥐와 고양이가 이동한다고 하자. 쥐와 고양이는 독립적으로 동시에 이동하며 한 노드에서 다른 노드로 갈 확률은 $\frac{1}{4}$로 모두 동일하다. 쥐와 고양이가 같은 노드에서 만나면 쥐는 고양이에게 잡혀먹히게 된다. 쥐가 고양이에게 잡히면 그 자리에서 계속 머무는 것으로 본다. n번 움직인 직후에 쥐와 고양이 위치를 각각 X_n과 Y_n이라 하자. 다음 물음에 답하라.

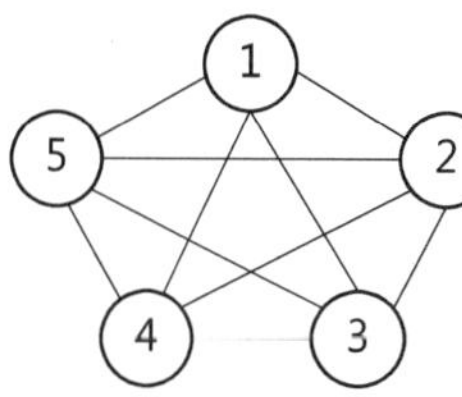

| 그림 5.8 | 네크워크

(1) 확률과정 $(\boldsymbol{X}, \boldsymbol{Y}) = \{(X_n, Y_n), n \ge 0\}$이 마르코프연쇄가 됨을 보이고 상태공간과 전이확률행렬을 구하라.

(2) n번 움직인 후 쥐가 살아남을 확률은 얼마인가?

(3) Z_n을 n번 이동 후에 쥐가 살아 있으면 1, 고양이에게 잡혀먹히면 0의 값을 갖는 확률변수라 할 때, $\boldsymbol{Z} = \{Z_n, n = 0, 1, 2, \cdots\}$이 마르코프연쇄가 됨을 보이고 $\boldsymbol{Z}$의 전이확률을 구하라.

9. $\boldsymbol{X} = \{X_n, n \ge 0\}$과 $\boldsymbol{Y} = \{Y_n, n \ge 0\}$을 서로 독립인 마르코프연쇄라 하자. $\boldsymbol{X}$의 상태공간과 전이확률이 각각 $\mathcal{S}_X$와 $P_X = (p_{ij})$이고 $\boldsymbol{Y}$의 상태공간과 전이확률이 각각 $\mathcal{S}_Y$와 $P_Y = (q_{ij})$일 때, 확률과정 $(\boldsymbol{X}, \boldsymbol{Y}) = \{(X_n, Y_n), n \ge 0\}$이 마르코프연쇄가 됨을 보이고 $(\boldsymbol{X}, \boldsymbol{Y})$의 상태공간과 전이확률을 구하라.

10. 마르코프연쇄 $\boldsymbol{X}$의 상태공간은 $S=\{0,\ 1,\ 2\}$이고 전이확률행렬은 다음과 같다고 하자.

$$P=\begin{pmatrix} 0.3 & 0.5 & 0.2 \\ 0.2 & 0.6 & 0.2 \\ 0 & 0.7 & 0.3 \end{pmatrix}$$

초기분포가 $P(X_0=0)=0.5,\ P(X_0=1)=0.1,\ P(X_0=2)=0.4$일 때 다음을 구하라.

(1) $P(X_1=1,\ X_2=1,\ X_3=2 \mid X_0=0)$

(2) $P(X_1=1,\ X_3=2,\ X_5=0)$

(3) $P(X_1=1,\ X_3=2,\ X_5=0 \mid X_0=0)$

(4) $P(X_1=1,\ X_2=1,\ X_3=2)$

(5) $\mathrm{Cov}(X_2,\ X_3)$

11. 마르코프연쇄 $\boldsymbol{X}$의 상태공간이 $S=\{1,\ 2,\ 3,\ 4,\ 5,\ 6\}$이고 전이확률행렬이 다음과 같다고 하자.

$$P=\begin{pmatrix} \frac{1}{6} & \frac{1}{6} & \frac{1}{6} & \frac{1}{6} & \frac{1}{6} & \frac{1}{6} \\ 0 & 0 & \frac{2}{6} & \frac{4}{6} & 0 & 0 \\ \frac{1}{6} & \frac{2}{6} & \frac{1}{6} & 0 & \frac{1}{6} & \frac{1}{6} \\ \frac{1}{6} & \frac{1}{6} & \frac{1}{6} & 0 & \frac{1}{6} & \frac{2}{6} \\ \frac{1}{6} & \frac{1}{6} & \frac{1}{6} & 0 & \frac{2}{6} & \frac{1}{6} \\ \frac{2}{6} & \frac{1}{6} & 0 & \frac{1}{6} & \frac{1}{6} & \frac{1}{6} \end{pmatrix}$$

다음을 보이고 (1)의 결과가 마르코프연쇄의 정의와 배치되는지 그렇지 않은지를 설명하라.

(1) $P(X_2=6 \mid X_1 \in \{3,\ 4\},\ X_0=2) \neq P(X_2=6 \mid X_1 \in \{3,\ 4\})$

(2) $P(X_2=6 \mid X_1=2,\ X_0 \in \{3,\ 4\}) = P(X_2=6 \mid X_1=2)$

12. 전이확률행렬이 $P=(p_{ij})$인 마르코프연쇄 $\boldsymbol{X}$에 대하여 초기상태를 처음으로 벗어나는 시각 τ를 다음과 같이 정의한다.

$$\tau = \inf\{n \ge 0,\ X_n \ne X_0\}$$

이때 $E[\tau | X_0 = i]$를 p_{ii}를 이용하여 나타내어라.

13. N개의 공을 두 개의 항아리 A와 B에 나누어 넣고 그 중 임의로 한 개의 공을 택하여 다른 항아리에 넣는다. X_n을 n번째 실험을 마친 후 항아리 A 속에 들어 있는 공의 개수라 할 때 다음 물음에 답하라.

(1) $\mu_n = E[X_n]\,(n = 0,\ 1,\ 2,\ \cdots)$이 다음을 만족함을 보여라.

$$\mu_{n+1} = 1 + \left(1 - \frac{2}{N}\right)\mu_n$$

(2) (1)의 결과를 이용하여 다음이 성립함을 보여라.

$$\mu_n = \frac{N}{2} + \left(1 - \frac{2}{N}\right)^n \left(\mu_0 - \frac{N}{2}\right)$$

14. 다음과 같은 전이확률행렬을 갖는 마르코프연쇄의 동치류들을 구하고 각 상태가 주기적인지 비주기적인지 판정하라. 어떤 상태가 일시적인지 재귀적인지를 결정하라.

(1) $P = \begin{pmatrix} 0 & 0 & 1 & 0 \\ 1 & 0 & 0 & 0 \\ \frac{1}{2} & \frac{1}{2} & 0 & 0 \\ \frac{1}{3} & \frac{1}{3} & \frac{1}{3} & 0 \end{pmatrix}$ (2) $P = \begin{pmatrix} 0 & 1 & 0 & 0 \\ 0 & 0 & 0 & 1 \\ 0 & 1 & 0 & 0 \\ \frac{1}{3} & 0 & \frac{2}{3} & 0 \end{pmatrix}$

(3) $P = \begin{pmatrix} 0 & \frac{1}{2} & \frac{1}{2} \\ \frac{1}{2} & 0 & \frac{1}{2} \\ \frac{1}{2} & \frac{1}{2} & 0 \end{pmatrix}$ (4) $P = \begin{pmatrix} \frac{1}{4} & \frac{3}{4} & 0 & 0 & 0 \\ \frac{1}{2} & \frac{1}{2} & 0 & 0 & 0 \\ 0 & 0 & 1 & 0 & 0 \\ 0 & 0 & 0 & \frac{1}{3} & \frac{2}{3} \\ 1 & 0 & 0 & 0 & 0 \end{pmatrix}$

15. N개의 공을 두 개의 항아리 A, B에 나누어 넣고 다음 실험을 한다. 앞면이 나올 확률이 p인 동전을 던져서 앞면이 나오면 항아리 A에서, 뒷면이 나오면 항아리 B에서 한 개의 공을 꺼낸다. 선택된 항아리 속에 남아 있는 공이 하나도 없을 경우 동전을 던진 결과에 상관없이 다른 항아리에서 공을 하나 선택한다. 그러면 항아리 속에 있는 공의 전체 개수는 $(N-1)$개다. 그다음 항아리 속에 남아 있는 공 개수의 비율과

같은 확률로 선택된 공을 항아리에 넣는다. 즉 항아리 A에 i개의 공이 있고 항아리 B에 j개의 공이 있을 때, 선택된 공을 $\frac{i}{N-1}$의 확률로 A에 넣고 $\frac{j}{N-1}$의 확률로 B에 넣는다. X_n을 n번째 실험이 끝난 후 항아리 A에 들어 있는 공 개수라 할 때 다음 물음에 답하라.

(1) $\boldsymbol{X}=\{X_n,\ n \ge 0\}$이 마르코프연쇄가 됨을 보여라.

(2) $\boldsymbol{X}$의 상태공간과 동치류들을 구하고 각 상태들이 일시적인지 재귀적인지를 판정하라.

16. 다음과 같은 전략을 가지고 매 게임에 임하는 도박꾼을 생각하자. 만일 그가 4단위 이상의 돈을 가지고 있으면 매 게임에서 2단위 만큼의 돈을 건다. 이때 도박꾼은 각각의 확률 0.25, 0.30, 0.45로 4, 3, 0단위의 돈을 따게 된다. 만약 도박꾼이 4단위보다 적은 돈을 가지고 있으면 1단위의 돈을 건다. 이 경우 도박꾼은 각각의 확률 0.45와 0.55로 2, 0단위의 돈을 딴다. 도박꾼이 돈이 하나도 없을 경우에는 게임이 종료된다. X_n을 도박꾼이 n번째 게임을 마친 후 가지고 있는 돈의 액수라 할 때 다음 물음에 답하라.

(1) $\boldsymbol{X}=\{X_n,\ n \ge 0\}$은 마르코프연쇄가 됨을 보이고 전이확률을 구하라.

(2) 마르코프연쇄 $\boldsymbol{X}$의 동치류를 구하라.

17. 마르코프연쇄 $\boldsymbol{X}$의 전이확률행렬이

$$P=\begin{pmatrix} 1-a & a \\ b & 1-b \end{pmatrix},\quad 0<a,\quad b<1$$

일 때 다음을 증명하라.

$$P^n=\frac{1}{a+b}\begin{pmatrix} b & a \\ b & a \end{pmatrix}+\frac{(1-a-b)^n}{a+b}\begin{pmatrix} a & -a \\ -b & b \end{pmatrix}$$

이 사실을 이용하여 $\boldsymbol{X}$의 극한분포를 구하라.

18. 마르코프연쇄 $\boldsymbol{X}$의 전이확률행렬이 다음과 같을 때 $\pi_{ij}=\lim_{n\to\infty}P(X_n=j\,|\,X_0=i)$를 구하라.

(1) $P=\begin{pmatrix} \frac{1}{2} & \frac{1}{4} & \frac{1}{4} \\ \frac{2}{3} & 0 & \frac{1}{3} \\ \frac{3}{5} & \frac{2}{5} & 0 \end{pmatrix}$

(2) $P=\begin{pmatrix} \frac{1}{2} & 0 & \frac{1}{2} & 0 & 0 \\ 0 & \frac{1}{4} & 0 & \frac{3}{4} & 0 \\ 0 & 0 & \frac{1}{3} & 0 & \frac{2}{3} \\ \frac{1}{4} & \frac{1}{2} & 0 & \frac{1}{4} & 0 \\ \frac{1}{3} & 0 & \frac{1}{3} & 0 & \frac{1}{3} \end{pmatrix}$

19. 예제 5.3에서 시간이 충분히 지났을 때 쥐가 각 방에 있을 확률을 구하라.

20. N개의 공이 들어 있는 항아리에서 임의로 한 개의 공을 택한 다음 앞면이 나올 확률이 p인 동전을 던져서 앞면이 나오면 선택된 공 대신 흰 공을, 뒷면이 나오면 검은 공을 항아리 속에 넣는 실험을 생각하자. 이 실험을 무한히 반복한 후에 항아리 속에 들어 있는 흰 공 개수의 분포를 구하라.

21. 5개의 흰 공과 7개의 검은 공을 두 개의 항아리 A, B에 각각 6개씩 나누어 넣고 양쪽 항아리에서 임의로 한 개씩의 공을 꺼내서 서로 다른 항아리에 넣는 실험을 생각하자. 즉 A에서 꺼낸 공은 항아리 B에 넣고 B에서 꺼낸 공은 항아리 A에 넣는다. X_n을 n번째 실험이 끝난 후 항아리 A에 들어있는 흰 공 개수라 할 때 다음 물음에 답하라.

(1) 확률과정 $\boldsymbol{X}=\{X_n,\ n\geq 0\}$이 마르코프연쇄가 됨을 보이고 $\boldsymbol{X}$의 상태공간과 전이확률을 구하라.

(2) 이 실험을 무한히 반복한 후 항아리 A에 들어 있는 흰 공 개수의 분포를 구하라.

(3) 12개의 공 가운데 임의로 6개를 택하여 항아리 A에 넣고 나머지 6개를 B에 넣을 때, X_0를 A에 있는 흰 공 개수라 하자. X_1, X_2, X_3의 분포를 구하고 (2)의 결과와 비교하라.

22. A, B, C 세 개의 부서가 있는 어느 회사에서 회사원들의 부서를 다음과 같은 전이확률을 따라 주기적으로 변경한다고 하자.

$$\begin{array}{c} \\ A \\ B \\ C \end{array}\begin{array}{c} \begin{array}{ccc} A & B & C \end{array} \\ \begin{pmatrix} 0.7 & 0.2 & 0.1 \\ 0.2 & 0.6 & 0.2 \\ 0.1 & 0.4 & 0.5 \end{pmatrix} \end{array}$$

시간이 충분히 흐른 뒤 각 부서에 있는 인원의 비율을 구하라.

23. 사회학자들은 보통 사회계층을 상류, 중류, 하류 세 가지로 나눌 때 한 가계의 계층은 그 가계 윗세대의 계층에 의존한다고 가정한다. 다음과 같은 확률로 계층의 이동이 일어난다고 할 때 충분한 시간이 흐른 뒤 각 계층의 비율을 구하라.

		자식의 계층		
		하류	중류	상류
부모 계층	하류	0.40	0.50	0.10
	중류	0.05	0.70	0.25
	상류	0.05	0.50	0.45

24. 맥주를 생산하는 어떤 회사에서는 매월 소비자의 맥주 구매형태를 조사한다고 한다. 시중에는 A, B, C 세 종류의 맥주가 판매되고 있다고 하자. 고객들은 다음과 같은 전이확률을 따라 맥주를 구매한다고 한다.

$$\begin{array}{c} \\ A \\ B \\ C \end{array}\begin{array}{c} \begin{array}{ccc} A & B & C \end{array} \\ \begin{pmatrix} 0.3 & 0.2 & 0.5 \\ 0.3 & 0.4 & 0.3 \\ 0.3 & 0.1 & 0.6 \end{pmatrix} \end{array}$$

시간이 충분이 흐른 뒤에 각 맥주의 시장점유율은 얼마인가?

25. 내일 날씨는 오늘 날씨에만 의존한다고 하자. 오늘 비가 올 때 내일 비가 올 확률을 a, 오늘 비가 오지 않을 때 내일 비가 올 확률을 b라 하자. 다음 물음에 답하라.

(1) 계속해서 비가 오는 기간의 평균길이는 얼마인가?

(2) 장기간에 걸쳐서 관찰한다고 할 때 비 오는 날의 비율을 구하라.

26. 어떤 사람이 r개의 우산을 가지고 있다고 하자. 그는 출근하기 전에 비가 오면 우산을 가지고 사무실로 갔다가 비가 그치면 우산을 사무실에 그대로 두고 퇴근한다. 퇴근할 때 비가 오면 사무실에 있는 우산을 가지고 퇴근했다가 그 이튿날 아침에 비가 오지 않으면 우산을 집에 두고 출근한다. 만약 모든 우산이 집에 있는데 퇴근할 때

비가 온다면 그는 비를 맞게 된다. 우산이 모두 사무실에 있는 경우도 마찬가지다. 그가 출근하기 전에 비가 올 확률과 퇴근하기 전에 비가 올 확률은 동일하게 p로 과거와는 서로 독립이라 하자. 그 사람이 비에 맞는 날의 비율을 구하라. 만약 그가 3개의 우산을 가지고 있다면 p가 얼마일 때 그가 비에 맞을 확률이 가장 커지겠는가?

27. [기계수리모형] N대의 기계를 가지고 작업하는 공장을 생각하자. 각 기계는 독립적으로 작동하며 작동하는 기계가 어느 날 고장이 날 확률은 $0 < p < 1$이다. 그 공장에는 c명의 수리공이 있으며 한 명의 수리공은 한 번에 한 대의 기계만을 수리한다. 아침에 출근한 수리공은 고장 난 기계가 있으면 수리를 시작하여 저녁에 퇴근하기 전 수리를 모두 마친다고 하자. 아침에 수리할 기계가 없으면 다른 일을 처리하고 하루 중에 고장 난 기계는 다음 날 아침 수리를 시작한다. 예를 들어 3명의 수리공이 있는데 아침에 출근하니 2대가 고장이 나 있었다면 2명은 기계수리하는 일을 하고 나머지 한 명은 다른 일을 한다. 그날 작업 중에 다시 4대가 고장이 났다면 그 이튿날 아침 3명 전원이 기계수리에 참여하여 각자 한 대씩 수리를 시작한다. X_n을 n번째 날 아침에 발견된 고장 난 기계 수, Y_n을 n번째 날 새롭게 고장 난 기계 수라 하자.

(1) 다음 관계가 성립함을 보여라.

$$X_{n+1} = Y_n - \min\{X_n, c\}, \quad n = 1, 2, \cdots$$

(2) 마르코프연쇄 $\boldsymbol{X} = \{X_n\}$의 상태공간과 전이확률을 구하라.

(3) $N = 3$, $c = 1$이라 하고 장기간에 걸쳐서 관찰했을 때 하루에 가동되는 평균 기계 수를 구하라.

28. 상태공간이 유한인 마르코프연쇄 $\boldsymbol{X}$가 기약이며 비주기적이고 전이확률행렬 $P = (p_{ij})_{i,\, j \in S}$가 모든 i와 j에 대하여

(a) $p_{ij} \geq 0$ (b) $\sum_{i \in S} p_{ij} = 1$ (c) $\sum_{j \in S} p_{ij} = 1$

을 만족할 때 $\boldsymbol{X}$의 극한분포는 다음과 같음을 보여라.

$$\pi_j = \lim_{n \to \infty} P(X_n = j) = \frac{1}{M}, \quad j \in S$$

단 M은 상태공간의 원소 수이다.

29. 공정한 주사위를 던지는 실험에서 X_n을 n번째 나오는 주사위 눈이라 하고 $Y_n = \sum_{k=1}^{n} X_k$라 할 때, 다음을 구하라.

$$\lim_{n \to \infty} P(Y_n\text{이 13의 배수})$$

30. 예제 5.5에서 충분히 많은 실험을 행한 후 1번 카드의 위치에 대한 분포를 구하라.

31. [기약이 아닌 마르코프연쇄의 극한분포] 전이확률행렬이 다음과 같은 마르코프연쇄에서 재귀적인 동치류와 일시적인 동치류를 구하라. 또한 각각의 마르코프연쇄에서 $\pi_{ij} = \lim_{n \to \infty} P(X_n = j \mid X_0 = i)$라 할 때, 행렬 $\boldsymbol{\pi} = (\pi_{ij})$를 구하라.

(1) $P = \begin{pmatrix} \frac{1}{2} & 0 & \frac{1}{2} & 0 & 0 \\ \frac{1}{4} & \frac{1}{2} & \frac{1}{4} & 0 & 0 \\ \frac{1}{2} & 0 & \frac{1}{2} & 0 & 0 \\ 0 & 0 & 0 & \frac{1}{2} & \frac{1}{2} \\ 0 & 0 & 0 & \frac{1}{2} & \frac{1}{2} \end{pmatrix}$ (2) $P = \begin{pmatrix} \frac{1}{2} & \frac{1}{2} & 0 & 0 & 0 & 0 \\ \frac{2}{3} & \frac{1}{3} & 0 & 0 & 0 & 0 \\ 0 & 0 & \frac{1}{4} & \frac{3}{4} & 0 & 0 \\ 0 & 0 & \frac{1}{5} & \frac{4}{5} & 0 & 0 \\ \frac{1}{4} & 0 & \frac{1}{4} & 0 & \frac{1}{4} & \frac{1}{4} \\ \frac{1}{6} & \frac{1}{6} & \frac{1}{6} & \frac{1}{6} & \frac{1}{6} & \frac{1}{6} \end{pmatrix}$

(도움말: 기약이 아닌 경우는 각 동치류별로 극한을 구하라.)

32. $\boldsymbol{X} = \{X_n,\ n \ge 0\}$이 에르고딕인 마르코프연쇄일 때 $Y_n = (X_{n-1},\ X_n)$이라 하자. 이때 $\boldsymbol{Y} = \{Y_n,\ n \ge 1\}$이 마르코프연쇄가 됨을 보이고 $\boldsymbol{Y}$의 극한분포 $\lim_{n \to \infty} P(Y_n = (i,\ j))$를 구하라.

33. $\boldsymbol{X} = \{X_n,\ n = 0,\ 1,\ 2,\ \cdots\}$는 상태공간이 $\mathcal{S}$이고 과거 이력이 주어졌을 때, 미래 상태는 최근 $L \ge 1$개의 상태에 의존하는 확률과정이라 하자. 즉 $j,\ i_k \in \mathcal{S}\ (k = 0,\ 1,\ 2,\ \cdots,\ n,\ n > L)$에 대하여 다음이 성립한다.

$$\begin{aligned} & P(X_{n+1} = j \mid X_k = i_k,\ k = 0,\ 1,\ \cdots,\ n) \\ & \quad = P(X_{n+1} = j \mid X_k = i_k,\ k = n-L+1,\ n-L+2,\ \cdots,\ n) \end{aligned}$$

$L = 1$일 때 X는 마르코프연쇄이나 $L > 1$이면 $\boldsymbol{X}$는 마르코프연쇄가 아니다. Y_n을

다음과 같이 정의하자.

$$Y_n = (X_n,\ X_{n+1},\ \cdots,\ X_{n+L-1}),\quad n = 0,\ 1,\ 2,\ \cdots$$

그러면 $\boldsymbol{Y} = \{Y_n,\ n = 0,\ 1,\ 2,\ \cdots\}$는 상태공간이 $\mathcal{S}^L = \{(i_1,\ \cdots,\ i_L) : i_k \in \mathcal{S},\ k = 1,\ 2,\ \cdots,\ L\}$인 마르코프연쇄가 됨을 보여라.

34. 내일 날씨는 오늘과 어제의 이틀 날씨에만 의존한다고 하자. 어제와 오늘 맑을 때 내일 맑을 확률은 0.8, 어제는 맑지 않고 오늘은 맑을 때 내일 맑을 확률은 0.6, 어제는 맑고 오늘은 맑지 않을 때 내일 맑을 확률은 0.4, 어제와 오늘 모두 맑지 않을 때 내일 맑을 확률은 0.1이라 하자. X_n을 n번째 날 뒤에 맑으면 0, 그렇지 않으면 1의 값을 갖는 확률변수라 하자. 다음 물음에 답하라.

(1) $\boldsymbol{X} = \{X_n,\ n = 0,\ 1,\ \cdots\}$는 마르코프연쇄가 되지 않음을 보여라.

(2) $Y_n = (X_{n-1},\ X_n)$이라 할 때 $\boldsymbol{Y} = \{Y_n,\ n = 1,\ 2,\ \cdots\}$는 마르코프연쇄가 됨을 보이고 상태공간과 전이확률행렬을 구하라.

(3) $\{Y_n\}$의 극한분포를 구하라.

(4) 장기간에 걸쳐서 관찰하였을 때 비 온 날의 비율을 구하라.

35. 기약인 마르코프연쇄 $\boldsymbol{X}$의 전이확률행렬 $P = (p_{ij})$가 $P^2 = P$를 만족할 때 X는 비주기적이고 모든 $i,\ j$에 대하여 $p_{ij} = p_{jj}$임을 보여라.

36. 마르코프연쇄 $\boldsymbol{X}$의 상태공간은 $\mathcal{S} = \{0,\ 1,\ 2,\ 3,\ 4\}$이고 전이확률행렬은 다음과 같다고 하자. $X_0 = i\,(i = 0,\ 1,\ 2)$일 때 $\boldsymbol{X}$가 상태 4에 도달하기 전 3에 도달할 확률을 구하라.

$$P = \begin{pmatrix} 0.1 & 0.2 & 0 & 0.3 & 0.4 \\ 0.4 & 0 & 0.3 & 0.1 & 0.2 \\ 0.5 & 0.1 & 0.1 & 0.2 & 0.1 \\ 0.4 & 0 & 0 & 0 & 0.6 \\ 0.1 & 0.6 & 0.1 & 0.1 & 0.1 \end{pmatrix}$$

37. 그림 5.4와 같은 미로에서 1번 방에서 출발한 쥐가 미로를 빠져나가기 위하여 필요한 이동횟수의 평균을 구하라.

38. 상태공간이 $\mathcal{S} = \{0,\ 1,\ 2,\ 3,\ 4\}$이고 전이확률행렬이 다음과 같은 마르코프연쇄 $\boldsymbol{X}$가 $X_0 = i\,(i = 1,\ 2,\ 3)$일 때 흡수상태에 도달하기 전 상태 2를 방문하는 평균횟수를 구하라.

$$P=\begin{pmatrix} 1 & 0 & 0 & 0 & 0 \\ 1-p & 0 & p & 0 & 0 \\ 0 & 1-p & 0 & p & 0 \\ 0 & 0 & 1-p & 0 & p \\ 0 & 0 & 0 & 0 & 1 \end{pmatrix}$$

39. 앞의 연습문제 8에서 쥐가 고양이에게 잡혀먹힐 때까지 걸리는 시간의 기댓값을 구하라.

40. 이산 상형분포 $PH_d(\boldsymbol{\alpha}, Q)$의 확률생성함수가

$$P(z)=\sum_{k=0}^{\infty} z^k p(k)=\alpha_0+z\boldsymbol{\alpha}(I-zQ)^{-1}\mathbf{q}, \quad |z| \leq 1$$

임을 보이고 이를 이용하여 k차 계승적률이

$$P^{(k)}=k!\boldsymbol{\alpha} Q^{k-1}(I-Q)^{-k}\mathbf{e}, \quad k=1, 2, \cdots$$

임을 보여라.

41. 확률질량함수 $\{p_k, k=1, 2, \cdots, m\}$은 이산 상형분포로 나타낼 수 있음을 보여라.

42. 기하분포 $p_k=p(1-p)^{k-1}$, $0<p<1$, $k=1, 2, \cdots$를 이산 상형분포 $PH_d(\boldsymbol{\alpha}, Q)$로 나타낼 때 $\boldsymbol{\alpha}$와 행렬 Q를 구하라.

43. 갑돌이는 범죄를 저지르고 도피 중인데 A, B, C 세 지역을 옮겨다니면서 은신처를 바꾼다. 갑돌이가 은신처를 바꾸는 과정은 전이확률행렬이 P_1인 마르코프연쇄를 따른다고 한다. 경찰은 전이확률이 P_2인 마르코프연쇄를 따라 갑돌이를 추격한다. 갑돌이와 경찰은 독립적으로 움직이며 한 지역에서 다른 지역으로 이동하는 시간은 매일 자정이라고 가정하자. 갑돌이와 경찰이 같은 지역에 있을 경우 갑돌이가 경찰에 체포될 확률을 0.5라 할 때 갑돌이가 경찰에 잡힐 때까지 걸리는 시간의 기댓값을 구하라.

$$P_1=\begin{matrix} & \begin{matrix} A & B & C \end{matrix} \\ \begin{matrix} A \\ B \\ C \end{matrix} & \begin{pmatrix} 0 & 0.4 & 0.6 \\ 0.7 & 0 & 0.3 \\ 0.1 & 0.9 & 0 \end{pmatrix} \end{matrix}, \quad P_2=\begin{matrix} & \begin{matrix} A & B & C \end{matrix} \\ \begin{matrix} A \\ B \\ C \end{matrix} & \begin{pmatrix} 0.3 & 0.2 & 0.5 \\ 0.8 & 0.1 & 0.1 \\ 0.5 & 0.2 & 0.3 \end{pmatrix} \end{matrix}$$

44. [재고모형] (3, 8) 재고정책을 채택한 재고모형에서 매주 재고조사를 한다고 하자. 일주일간 상품의 요구량은 비율이 λ인 푸아송분포를 따르고 상품의 요구량은 재고량에 독립이라고 하자. X_n을 n번째 주가 시작되기 직전에 파악한 재고량이라 할 때 다음 물음에 답하라.

(1) 마르코프연쇄 $\boldsymbol{X} = \{X_n,\ n \geq 0\}$은 상태공간이 $\mathcal{S} = \{0,\ 1,\ 2,\ \cdots,\ 8\}$이고 전이확률행렬이 다음과 같음을 보여라.

$$P = \begin{pmatrix} r_7 & p_7 & p_6 & p_5 & p_4 & p_3 & p_2 & p_1 & p_0 \\ r_7 & p_7 & p_6 & p_5 & p_4 & p_3 & p_2 & p_1 & p_0 \\ r_7 & p_7 & p_6 & p_5 & p_4 & p_3 & p_2 & p_1 & p_0 \\ r_7 & p_7 & p_6 & p_5 & p_4 & p_3 & p_2 & p_1 & p_0 \\ r_3 & p_3 & p_2 & p_1 & p_0 & 0 & 0 & 0 & 0 \\ r_4 & p_4 & p_3 & p_2 & p_1 & p_0 & 0 & 0 & 0 \\ r_5 & p_5 & p_4 & p_3 & p_2 & p_1 & p_0 & 0 & 0 \\ r_6 & p_6 & p_5 & p_4 & p_3 & p_2 & p_1 & p_0 & 0 \\ r_7 & p_7 & p_6 & p_5 & p_4 & p_3 & p_2 & p_1 & p_0 \end{pmatrix}$$

단 $p_n = e^{-4}\dfrac{4^n}{n!},\quad r_n = 1 - \sum_{k=0}^{n} p_k,\quad n = 1,\ 2,\ \cdots.$

(2) $X_0 = 8$일 때, 다음 번 재고조사 전에 품귀현상이 일어날 확률은 얼마인가?

(3) $X_0 = 8$일 때, 다음 두 주 동안 새로 주문을 내지 않아도 될 확률은 얼마인가?

(4) $X_0 = 4$일 때, 처음으로 구매 주문을 낼 때까지 걸리는 시간의 평균을 구하라.

45. 그림 5.1과 같이 원탁 주위에 0, 1, $\cdots$, 6과 같이 번호가 붙은 의자가 놓여 있다. 한 아이가 한 의자에서 다른 의자로 옮겨다니며 놀고 있다고 하자. 아이는 한 번 움직일 때 확률 $0 < p < 1$로 오른쪽으로, 확률 $q = 1 - p$로 왼쪽으로 한 칸씩 움직인다. 즉 현재 아이가 의자 i에 있다면 다음 번 위치는 $i+1$(오른쪽)이거나 $i-1$(왼쪽)이다. X_n을 n번 움직인 후 아이가 앉아 있는 자리 번호라 하자. $X_0 = 1$일 때, 다음 물음에 답하라.

(1) $\{X_n\}$의 극한분포를 구하라.

(2) 출발한 자리로 되돌아올 때까지 필요한 전이 수의 평균을 구하라.

(3) $\{X_n\}$이 역행과정일 필요충분조건은 무엇인가?

5장 참고문헌

마르코프연쇄는 그 응용범위가 광범위하여 대부분의 확률과정론 책에서 다루고 있는 주제이다. 이 장에서 소개하는 예제와 연습문제는 주로 Çinlar(1975), Ross(2007, 1983), Feller(1968), Karlin and Taylor(1975), Wolf(1985), Kulkarni (1995), Brémaud(1999) 등을 참고하였다. 마르코프연쇄를 자세하게 다룬 책으로 Chung(1967), Kemmney and Snell(1960), Kemmney, Snell and Knapp(1966) 등이 있다. 상형분포에 대한 내용은 Neuts(1981)에서 자세히 다루고 있다. 역행과정에 대한 성질과 그 응용에 대해서는 Kelly(1979)에서 자세히 다루고 있다.

1. 이호우, 대기행렬이론-확률과정론적 분석, 제3판, 시그마프레스, 2006.
2. Brémaud, P., *Markov Chains, Gibbs Fields, Monte Carlo Simulation, and Queues*, Springer-Verlag, 1999.
3. Chung, K. L., *Markov Chains with Stationary Transition Probabilities*, Springer-Verlag, 1967.
4. Çinlar, E., *Introduction to Stochastic Processes*, Prentice-Hall, Inc., 1975.
5. Feller, W., *An Introduction to Probability Theory and its Applications, Vol. I*, 3rd ed., John Wiley & Sons, 1968.
6. Heyman, D. P. and Sobel, M. J., *Stochastoic Models in Operations Research, Vol I. Stochastic Processes and Operating Characteristics*, McGraw-Hill Book Company, 1982.
7. Kao, E. P. C., *An Introduction to Stochastic Processes*, Duxbury Press, 1997.
8. Karlin, S. and Taylor, H. M., *A First Course in Stochastic Processes*, 2nd ed., Academic Press, 1975.
9. Kelly, F. P., *Reversibility and Stochastic Networks*, John Wiley & Sons, 1979.
10. Kemeny, J. and Snell, L. J., *Finite Markov Chains*, Van Nostrand, 1960.
11. Kemeny, J., Snell, L. J. and Knapp, A. W., *Denumerable Markov Chains*, Van Nostrand, 1966.

12. Kulkarni, V. G., *Modeling and Analysis of Stochastic Systems*, Chapman & Hall/CRC, 1995.
13. Neuts, M. F., *Matrix Geometric Solution Solutions in Stochastic Models : An Algorithmic Approach*, Dover, 1981.
14. Ross, S. M., *Introduction to Probability Models*, 9th ed., Academic press, 2007.
15. Ross, S. M., *Stochastic Processes*, 2nd ed., John Wiley & Sons, 1996.
16. Wolff, R. W., *Stochastic Modeling and The Theory of Queues*, Prentice Hall, Inc., 1989.

제6장

푸아송과정

일정 기간 동안 특정한 사건이 발생하는 횟수와 발생시간 간격에 대한 확률모형은 그 자체의 중요성뿐만 아니라 다른 현상을 모형화하는 요소로서도 중요한 역할을 한다. 어떤 사건이 발생한 횟수를 나타내는 확률과정을 계수과정이라 한다. 이 장에서는 계수과정 중 푸아송과정이라는 아주 특수한 형태의 연속시간 확률과정을 다룬다.

6.1 도입

2003년 발생한 태풍 매미는 중형급이지만 많은 피해를 주었다.[1)] 우리나라가 기상관측을 시작한 때부터 기간 t 동안 우리나라에 상륙한 중형급 이상의 태풍 수, 어떤 프로야구선수가 프로에 입문한 때부터 기간 t 동안 친 홈런 수 등과 같이 $(0,\ t]$ 동안 특정한 사건이 발생한 횟수를 $N(t)$라 할 때 확률과정 $\boldsymbol{N}=\{N(t),\ t\geq 0\}$를 **계수과정**(counting process)이라 한다. 계수과정은 사건이 발생한 횟수 등을 나타내므로 $\boldsymbol{N}$의 상태공간은 $\{0,\ 1,\ 2,\ \cdots\}$이고 표본경로는 단조증가함수다. 즉 $s<t$일 때 $N(s)\leq N(t)$이다. 또한 $N(t)$는 시각 t를 포함하는 구간 $(0,\ t]$ 동안 사건이 발생한 횟수를 나타내므로 $N(t)$의 표본경로는 우연속(right continuous)이 됨을 알 수 있다. 계수과정의 표본경로는 그림 6.1과 같다.

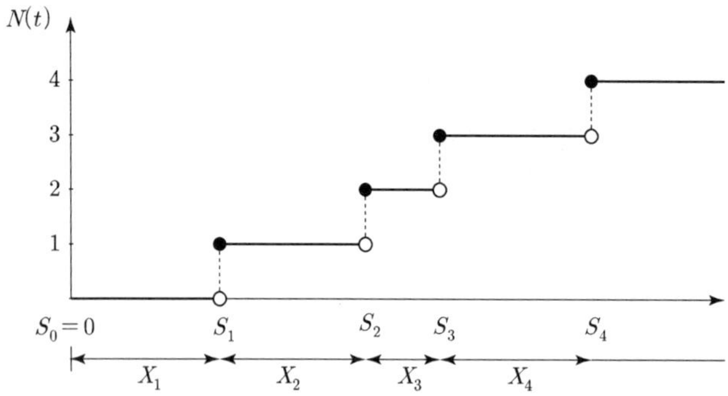

| 그림 6.1 | 계수과정의 표본경로

계수과정 $\boldsymbol{N}=\{N(t),\ t\geq 0\}$에서 $(n-1)$번째와 n번째 사건이 발생하는 시간 간격을 X_n이라 하면 n번째 사건이 발생하는 시각 S_n과 $(0,\ t]$ 동안 발생한 사건 수 $N(t)$는 다음과 같이 나타낼 수 있다.

$$S_n = X_1 + X_2 + \cdots + X_n,\quad n=1,\ 2,\ \cdots,$$
$$N(t)=\max\{n\geq 0 : S_n \leq t\},\quad t\geq 0$$

$X_n(n\geq 1)$이 서로 독립이며 같은 분포를 따를 때 계수과정 $\boldsymbol{N}$을 갱신계수과정(renewal counting process) 또는 간단히 갱신과정(renewal process)이라고 한다. 일반적인 갱신계

1) 초속 15m의 풍속이 미치는 반지름이 300km 이상 500km 미만인 태풍을 중형급이라 한다.

수과정은 제7장에서 다루기로 하고 이 장에서는 X_n이 지수분포를 따르는 경우에 대해서 만 살펴본다.

6.2 푸아송과정의 정의

계수과정에서 사건발생시간 간격이 서로 독립이고 같은 분포를 따르며 각각의 분포가 지수분포라는 것과 동치인 조건이 여러 가지 있다. 여기서는 논의의 편의를 위하여 다음과 같은 푸아송과정의 정의로부터 시작한다.

정의 6.1

계수과정 $\boldsymbol{N}=\{N(t),\ t \geq 0\}$가 다음 조건을 만족할 때 비율이 $\lambda > 0$인 **푸아송과정**(Poisson process)이라고 한다.

(1) $N(0)=0$

(2) $\boldsymbol{N}$은 독립증분과 정상증분을 갖는다.

(3) $N(t)$는 모수가 λt인 푸아송분포를 따른다. 즉

$$P(N(t)=n)=e^{-\lambda t}\frac{(\lambda t)^n}{n!},\quad n=0,\ 1,\ 2,\ \cdots.$$

$\boldsymbol{N}$이 비율 λ를 갖는 푸아송과정일 때 $\{N(t),\ t \geq 0\} \sim PP(\lambda)$ 또는 간단히 $\boldsymbol{N} \sim PP(\lambda)$로 나타내기로 한다. $\boldsymbol{N} \sim PP(\lambda)$일 때 $N(t) \sim \mathrm{Poi}(\lambda t)$[2]이므로

$$E[N(t)]=\lambda t,\quad \mathrm{Var}[N(t)]=\lambda t,\quad t>0.$$

또한 $\boldsymbol{N}$이 정상증분을 가지므로 $N(t+s)-N(s) \sim \mathrm{Poi}(\lambda t)$이다.

예제 6.1

어떤 사건이 단위시간당 3의 비율인 푸아송과정을 따라서 발생할 때 다음을 구하라.

2) $X \sim \mathrm{Poi}(\lambda)$는 X는 모수가 λ인 푸아송분포를 따른다는 것을 의미한다. 제1.11.5절 참조.

(1) 오후 8시부터 오후 9시 사이에 하나의 사건도 발생하지 않을 확률

(2) 오후 6시와 오후 7시 30분 사이에 2개 이상의 사건이 발생할 확률

‖ **풀이** $N(t)$를 t시간 동안 발생한 사건 수라 하면 $\{N(t),\ t \geq 0\} \sim PP(3)$이다. 따라서

(1) $P(N(9)-N(8)=0)=e^{-3\cdot(9-8)}=e^{-3}$

(2) $P(N(7.5)-N(6)\geq 2)=1-(P(N(1.5)=0)+P(N(1.5)=1))$

$= 1-5.5e^{-4.5}$ ■

정리 6.1

$\boldsymbol{N} \sim PP(\lambda)$일 때 $0=t_0 \leq t_1 \leq t_2 \leq \cdots \leq t_n$과 음이 아닌 정수 $0 \leq k_1 \leq k_2 \leq \cdots \leq k_n$에 대하여 다음이 성립한다.

$$P(N(t_1)=k_1,\ N(t_2)=k_2,\ \cdots,\ N(t_n)=k_n)$$
$$=e^{-\lambda t_n}\frac{(\lambda t_1)^{k_1}}{k_1!}\frac{(\lambda(t_2-t_1))^{k_2-k_1}}{(k_2-k_1)!}\cdots\frac{(\lambda(t_n-t_{n-1}))^{k_n-k_{n-1}}}{(k_n-k_{n-1})!}$$

증명 다음을 주목하자.

$$\{N(t_1)=k_1,\ \cdots,\ N(t_n)=k_n\}$$
$$=\{N(t_i)-N(t_{i-1})=k_i-k_{i-1},\ i=1,\ 2,\ \cdots,\ n\}$$

$\boldsymbol{N}$이 정상증분을 가지므로 $N(t_i)-N(t_{i-1}) \sim \mathrm{Poi}(\lambda(t_i-t_{i-1}))(i=1,\ 2,\ \cdots,\ n)$이다. 또한 $\boldsymbol{N}$이 독립증분을 가지므로 다음을 얻는다.

$$P(N(t_1)=k_1,\ N(t_2)=k_2,\ \cdots,\ N(t_n)=k_n)$$
$$=P(N(t_i)-N(t_{i-1})=k_i-k_{i-1},\ i=1,\ 2,\ \cdots,\ n)\quad (k_0=0)$$
$$=\prod_{i=1}^{n}P(N(t_i)-N(t_{i-1})=k_i-k_{i-1})$$
$$=\prod_{i=1}^{n}e^{-\lambda(t_i-t_{i-1})}\frac{(\lambda(t_i-t_{i-1}))^{k_i-k_{i-1}}}{(k_i-k_{i-1})!}$$
$$=e^{-\lambda t_n}\prod_{i=1}^{n}\frac{(\lambda(t_i-t_{i-1}))^{k_i-k_{i-1}}}{(k_i-k_{i-1})!}$$
□

정리 6.2

$\{N(t),\ t \geq 0\} \sim PP(\lambda)$일 때 다음이 성립한다.

(1) $\mathrm{Cov}(N(t),\ N(s)) = \lambda s,\quad 0 < s < t$

(2) $P(N(s) = k \mid N(t) = n) = \binom{n}{k}\left(\frac{s}{t}\right)^k\left(1 - \frac{s}{t}\right)^{n-k},\quad 0 < s < t,$

$k = 0,\ 1,\ \cdots,\ n$

증명 (1) $\boldsymbol{N}$이 독립증분과 정상증분을 가지고 $N(t) \sim \mathrm{Poi}(\lambda t)$이므로

$$\begin{aligned} E[N(s)N(t)] &= E[N(s)(N(t) - N(s))] + E[N(s)^2] \\ &= E[N(s)]E[N(t) - N(s)] + E[N(s)^2] \quad \text{(독립증분)} \\ &= \lambda s \cdot \lambda(t - s) + (\lambda s + (\lambda s)^2) \quad \text{(정상증분)} \\ &= \lambda s(\lambda t + 1). \end{aligned}$$

따라서

$$\mathrm{Cov}(N(s),\ N(t)) = E[N(s)N(t)] - E[N(s)]E[N(t)] = \lambda s.$$

(2) $P(N(s) = k \mid N(t) = n)$

$$\begin{aligned} &= \frac{P(N(s) = k,\ N(t) = n)}{P(N(t) = n)} \\ &= \frac{P(N(s) = k)P(N(t) - N(s) = n - k)}{P(N(t) = n)} \\ &= \left[e^{-\lambda s}\frac{(\lambda s)^k}{k!}e^{-\lambda(t-s)}\frac{(\lambda(t-s))^{n-k}}{(n-k)!}\right] \Big/ \left[e^{-\lambda t}\frac{(\lambda t)^n}{n!}\right] \\ &= \binom{n}{k}\left(\frac{s}{t}\right)^k\left(1 - \frac{s}{t}\right)^{n-k} \end{aligned}$$

□

푸아송과정에 대한 추가적인 특성을 살펴보기 위하여 다음을 정의하자. $\boldsymbol{N} \sim PP(\lambda)$일 때 구간 B에 대하여 $N(B)$를 푸아송과정에서 사건이 발생한 시점들 중 B에 포함된 시점의 개수라 하자. 예를 들어 $B = (s,\ t + s]$이면 $N(B) = N(t + s) - N(s)$, $B = (u,\ v] \cup (s,\ t]$이고 $0 \leq u < v < s < t$이면 $N(B) = N((u,\ v]) + N((s,\ t]) = N(v) - N(u) + N(t) - N(s)$를 의미한다. 다음에서 구간 $B = (a,\ b]$의 길이를 $|B| = b - a$로 나타낸다.

정리 6.3

계수과정 $\boldsymbol{N}=\{N(t),\ t \ge 0\}$가 비율이 λ인 푸아송과정일 필요충분조건은 임의의 서로 겹치지 않는 구간 $B_1,\ B_2,\ \cdots,\ B_n$, 즉 $B_i \cap B_j = \varnothing\ (i \ne j)$에 대하여 다음이 성립하는 것이다.

$$P(N(B)=k)=e^{-\lambda b}\frac{(\lambda b)^k}{k!},\quad k=0,\ 1,\ 2,\ \cdots$$

단 $B=\cup_{i=1}^{n} B_i$이고 $b=\sum_{i=1}^{n}|B_i|$이다.

증명 $\boldsymbol{N} \sim PP(\lambda)$이라 하자. 푸아송과정은 정상증분을 가지므로 $N(B_i) \sim \mathrm{Poi}(\lambda|B_i|)$이고 독립증분을 가지므로 $N(B_1),\ \cdots,\ N(B_n)$은 서로 독립이다. 따라서 정리 1.20에 의하여 $N(B)=\sum_{i=1}^{n} N(B_i) \sim \mathrm{Poi}(\lambda b)$이다. 충분조건을 증명하기 위하여 $t_0 < t_1 < \cdots < t_n$에 대하여 $B_i=(t_{i-1},\ t_i]$, $b_i=t_i-t_{i-1}(1 \le i \le n)$이라 두자. 가정에 의하여 $N(B_i) \sim \mathrm{Poi}(\lambda b_i)\ (i=1,\ 2,\ \cdots,\ n)$이고 $\sum_{i=1}^{n} N(B_i)\mathrm{Poi}\left(\lambda \sum_{i=1}^{n} b_i\right)$이다. 정리 1.21에 의하여 $N(B_1),\ \cdots,\ N(B_n)$은 서로 독립이다. 그러므로 확률과정 $\boldsymbol{N}$은 독립증분을 갖는다. 따라서 $\boldsymbol{N}$은 푸아송과정이다. □

정리 6.4

$\boldsymbol{N} \sim PP(\lambda)$일 때 서로 겹치지 않는 구간 B_i, $1 \le i \le n$에 대하여

$$\begin{aligned} &P(N(B_1)=k_1,\ \cdots,\ N(B_n)=k_n \mid N(B)=k) \\ &\quad = \frac{k!}{k_1!k_2!\cdots k_n!}\left(\frac{b_1}{b}\right)^{k_1}\left(\frac{b_2}{b}\right)^{k_2}\cdots\left(\frac{b_n}{b}\right)^{k_n}. \end{aligned}$$

단 $B=\cup_{i=1}^{n} B_i$, $|B_i|=b_i$, $b=\sum_{i=1}^{n} b_i$, $k=\sum_{i=1}^{n} k_i$이다.

증명 $\{N(B_1)=k_1,\ \cdots,\ N(B_n)=k_n\} \subset \{N(B)=k\}$이고 $N(B_1),\ \cdots,\ N(B_n)$은 서로 독립이며 각각은 $N(B_i) \sim \mathrm{Poi}(\lambda b_i)$이므로

$$P(N(B_1)=k_1,\ \cdots,\ N(B_n)=k_n \mid N(B)=k)$$

$$
\begin{aligned}
&= \frac{P(N(B_1)=k_1,\ \cdots,\ N(B_n)=k_n)}{P(N(B)=k)} \\
&= \frac{P(N(B_1)=k_1)\cdots P(N(B_n)=k_n)}{P(N(B)=k)} \\
&= \left[e^{-\lambda b_1}\frac{(\lambda b_1)^{k_1}}{k_1!}\cdots e^{-\lambda b_n}\frac{(\lambda b_n)^{k_n}}{k_n!} \right] \Big/ \left[e^{-\lambda b}\frac{(\lambda b)^k}{k!} \right] \\
&= \frac{k!}{k_1!k_2!\cdots k_n!}\left(\frac{b_1}{b}\right)^{k_1}\left(\frac{b_2}{b}\right)^{k_2}\cdots\left(\frac{b_n}{b}\right)^{k_n}.
\end{aligned}
$$

□

6.3 사건발생시간 간격

$\boldsymbol{N}=\{N(t),\ t \ge 0\} \sim PP(\lambda)$에 대하여 n번째 사건이 발생하는 시각을 S_n이라 하고 $X_n = S_n - S_{n-1}(n=1,\ 2,\ \cdots,\ S_0=0)$이라 하자. 이 절에서는 X_n과 S_n의 분포와 성질에 대하여 알아본다.

정리 6.5
$X_1,\ X_2,\ \cdots$는 서로 독립이고 $X_n \sim \mathrm{Exp}(\lambda)(n=1,\ 2,\ \cdots)$이다.

증명 정의 6.1의 조건 (3)에 의하여

$$P(X_1 > t) = P(N(t)=0) = e^{-\lambda t}$$

이므로 X_1은 모수가 λ인 지수분포를 따른다. 또한

$$
\begin{aligned}
P(X_2 > t \mid X_1 = s) &= P(N(t+s)-N(s)=0 \mid X_1 = s) \\
&= P(N(t+s)-N(s)=0) \\
&= e^{-\lambda t}
\end{aligned}
$$

이므로 X_1과 X_2는 서로 독립이며 $X_2 \sim \mathrm{Exp}(\lambda)$이다. 이와 같은 방식을 반복하면 수학적 귀납법에 의하여 정리가 증명된다. □

따름정리 6.6

$S_n \sim \text{Erlang}(n,\ \lambda)$이다. 즉 S_n의 확률밀도함수는

$$f_n(t) = \lambda e^{-\lambda t}\frac{(\lambda t)^{n-1}}{(n-1)!},\quad t \ge 0.$$

증명 $S_n = \sum_{k=1}^{n} X_k$이므로 정리 6.5와 정리 1.25에 의하여 자명하다. □

참고 따름정리 6.6은 다음과 같이 $N(t)$와 S_n의 관계를 이용하여 증명할 수 있다. n번째 사건이 t시각 이전에 발생할 사건은 $(0,\ t]$ 동안 n개 이상의 사건이 발생할 사건과 동치이므로

$$P(S_n \le t) = P(N(t) \ge n) = \sum_{k=n}^{\infty} e^{-\lambda t}\frac{(\lambda t)^k}{k!}. \tag{6.1}$$

위 식의 우변을 t에 관하여 미분하면 S_n의 확률밀도함수를 구할 수 있다.

예제 6.2

어떤 사건이 시간당 비율이 2인 푸아송과정을 따라 발생한다고 할 때 4개의 사건이 발생할 때까지 걸리는 시간의 평균은 $E[S_4] = \frac{4}{2} = 2$이다. ■

6.4 푸아송과정의 동치조건 I

이 절에서는 정리 6.5의 역이 성립함을 보인다. 즉 계수과정에서 사건발생시간 간격이 서로 독립이고 각각이 지수분포를 따르면 그 계수과정은 푸아송과정이 됨을 보인다.

이 절 전체를 통하여 특별한 언급이 없는 한 계수과정 $\boldsymbol{N} = \{N(t),\ t \ge 0\}$에서 $(n-1)$번째와 n번째 사건이 발생하는 시간 간격을 X_n이라 하고, n번째 사건이 발생하는 시각을 $S_n = \sum_{k=1}^{n} X_k$라 하자. 또한 $X_1,\ X_2,\ \cdots$는 서로 독립이며 각각은 모수가 λ인 지수분포를 따른다고 가정하자.

보조정리 6.7

$$P(N(t)=k)=e^{-\lambda t}\frac{(\lambda t)^k}{k!},\quad k=0,\ 1,\ 2,\ \cdots$$

증명 S_n과 $N(t)$의 정의에 의하여 $\{N(t)\geq n\}=\{S_n\leq t\}$임을 알 수 있다. 또한 $S_k\sim \text{Erlang}(k,\ \lambda)$(정리 1.25)이므로

$$\begin{aligned}P(N(t)=k)&=P(N(t)\geq k)-P(N(t)\geq k+1)\\&=P(S_k\leq t)-P(S_{k+1}\leq t)\\&=\left[1-\sum_{j=0}^{k-1}e^{-\lambda t}\frac{(\lambda t)^j}{j!}\right]-\left[1-\sum_{j=0}^{k}e^{-\lambda t}\frac{(\lambda t)^j}{j!}\right]\\&=e^{-\lambda t}\frac{(\lambda t)^k}{k!},\quad k=0,\ 1,\ 2,\ \cdots.\end{aligned}$$

□

계수과정의 재귀시간 계수과정 $\boldsymbol{N}=\{N(t),\ t\geq 0\}$에 대하여 $S_{N(t)}$는 현재 시각을 t라 할 때 최근 사건이 발생한 시각을 의미한다. 또한 $S_{N(t)+1}$은 t시각 이후 처음 사건이 발생하는 시각을 의미한다. 최근 사건이 발생한 시점부터 현재까지 경과한 시간 $A(t)$와 현재 시각부터 다음 사건이 발생할 때까지 걸리는 시간 $B(t)$는 다음과 같이 나타낼 수 있다(그림 6.2 참조).

$$A(t)=t-S_{N(t)},\quad B(t)=S_{N(t)+1}-t$$

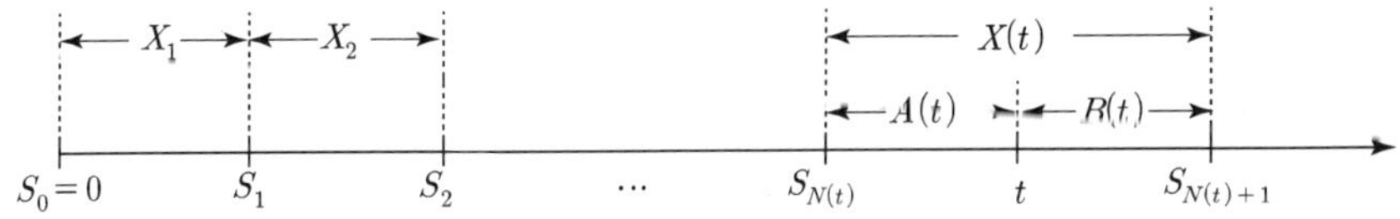

| 그림 6.2 | t시각에서 나이와 잔여수명, 재귀간격

이때 $A(t)$를 t시각에서의 **나이**(age), **경과시간**(elapsed time) 또는 **후방향재귀시간**(backward recurrence time)이라 하고 $B(t)$를 **잔여수명**(residual life time) 또는 **전방향재귀시간**(forward recurrence time)이라 한다. 또한 $\{X_n\}$들 중 시각 t를 포함하는 구간의 길이 $X_{N(t)}=A(t)+B(t)$를 시각 t에서의 **재귀시간**(recurrent time) 또는 **재귀간격**이라고 한다.

보조정리 6.8

$B(t)$는 $\{N(s),\ s \le t\}$와 독립이고 $B(t) \sim \mathrm{Exp}(\lambda)$이다.

증명 다음을 주목하자. $N(t)=k$이고 $S_{N(t)}=x$이면

$$B(t)=S_{N(t)+1}-t=S_k+X_{k+1}-t=X_{k+1}+x-t$$

이다. 또한 $\{N(u),\ 0 \le u \le t\}$는 $\{S_1,\ \cdots,\ S_{N(t)},\ X_{N(t)+1}\}$에 의하여 완전히 결정되므로, $N(t)=k,\ S_{N(t)}=x$일 때 $\{N(u),\ 0 \le u \le t\}$는 $\{S_1,\ \cdots,\ S_{k-1},\ S_k=x,\ X_{k+1}>x-t\}$에 의하여 결정된다. 따라서 다음을 얻는다.

$$\begin{aligned}
&P(B(t)>y \mid N(t)=k,\ S_{N(t)}=x,\ N(u),\ 0 \le u \le t)\\
&=P(S_k+X_{k+1}-t>y \mid N(t)=k,\ S_{N(t)}=x,\ N(u),\ 0 \le u \le t)\\
&=P(X_{k+1}>t+y-x \mid N(t)=k,\ S_1,\ \cdots,\ S_{k-1},\ S_k=x,\ X_{k+1}>t-x)\\
&=P(X_{k+1}>t+y-x \mid X_{k+1}>t-x)\\
&=e^{-\lambda y}\ \text{(지수분포의 무기억성)}
\end{aligned}$$

따라서 보조정리가 증명된다. □

보조정리 6.9

$N_s(t)=N(s+t)-N(t) \sim \mathrm{Poi}(\lambda t)$이고 $\boldsymbol{N}_s=\{N_s(t),\ t \ge 0\}$는 $\{N(u),\ 0 \le u \le s\}$와 독립이다.

증명 $\boldsymbol{N}_s$의 발생시간 간격을 $X_n^s\ (n=1,\ 2,\ \cdots)$라 하자. $\boldsymbol{N}_s$에서 첫째 사건이 발생하는 시각은 $B(s)$이므로 보조정리 6.8에 의하여 $X_1^s=B(s) \sim \mathrm{Exp}(\lambda)$이다. 계수과정 $\boldsymbol{N}$의 발생시간 간격이 서로 독립이며 각각은 모수가 λ인 지수분포를 따르므로 $X_1^s,\ X_2^s,\ \cdots$는 서로 독립이며 $X_n^s \sim \mathrm{Exp}(\lambda)\ (n \ge 2)$이다. 따라서 보조정리 6.7에 의하여 $N_s(t) \sim \mathrm{Poi}(\lambda t)$이다.

$X_n^s\ (n \ge 2)$는 $\{N(u),\ 0 \le u \le s\}$와 독립이고 보조정리 6.8에 의하여 $X_1^s=B(s)$가 $\{N(u),\ 0 \le u \le s\}$와 독립이므로 $\boldsymbol{N}_s$는 $\{N(u),\ 0 \le u \le s\}$와 독립이다. □

정리 6.10

계수과정 $\boldsymbol{N}=\{N(t),\ t \geq 0\}$의 사건발생시간 간격이 X_n일 때 $\boldsymbol{N} \sim PP(\lambda)$일 필요충분조건은 $X_1,\ X_2,\ \cdots$이 서로 독립이며 $X_n \sim \mathrm{Exp}(\lambda)$이다.

증명 필요조건은 정리 6.5에 의하여 증명되었다. 보조정리 6.9에 의하여 $N(t+s)-N(s) \sim \mathrm{Poi}(\lambda t)$이다. 또한 $0 \leq t_1 < t_2 < t_3 < t_4$일 때 보조정리 6.9에 의하여 $N(t_4)-N(t_3)$는 $\{N(t),\ 0 \leq t \leq t_3\}$와 독립이므로 $N(t_4)-N(t_3)$는 $N(t_2)-N(t_1)$과 독립이다. 이와 같은 과정을 일반화하면 $\boldsymbol{N}$은 독립증분을 가짐을 알 수 있다. 따라서 충분조건이 증명된다. □

참고 구간 $[0,\ \infty)$를 크기가 $\delta>0$인 부분구간으로 나누고 각 구간 $(k\delta,\ (k+1)\delta)$에서 앞면이 나올 확률이 $p_\delta=\lambda\delta(\lambda>0$는 고정된 상수)와 같이 구간의 길이에 비례하는 동전을 한 번씩 던지는 실험을 생각하자. 이때 n번의 시행에서 나타난 앞면의 수를 $N_\delta^{(n)}$이라 하고 n번째 앞면이 나타난 후로 $(n+1)$번째 앞면이 나타날 때까지 걸리는 시간을 $X_\delta^{(n+1)}$이라 하자. 정리 3.1에서 확률과정 $\left\{N_\delta^{(n)},\ n=0,\ 1,\ 2,\ \cdots\right\}$는 독립증분과 정상증분을 가지며 $N_\delta^{(n)} \sim \mathrm{B}(n,\ p_\delta)$임을 보였다. 즉

$$P(N_\delta^{(n)}=k)=\binom{n}{k}p_\delta^k(1-p_\delta)^{n-k},\quad k=0,\ 1,\ 2,\ \cdots,\ n. \tag{6.2}$$

또한 따름정리 3.4에 의하여 $X_\delta^{(1)},\ X_\delta^{(2)},\ \cdots$는 서로 독립이고

$$P(X_\delta^{(n)}>k\delta)=(1-p_\delta)^k,\quad k=0,\ 1,\ 2,\ \cdots \tag{6.3}$$

이다. (6.2)와 (6.3)에서 $t=n\delta$를 고정하고 $p_\delta=\dfrac{\lambda t}{n}$로 치환한 다음 $n\to\infty$ 했을 때 t시각까지 발생한 앞면의 수 $N(t)$의 분포는 다음과 같음을 알 수 있다(정리 1.22).

$$P(N(t)=k)=\lim_{n\to\infty}P(N_\delta^{(n)}=k)=e^{-\lambda t}\frac{(\lambda t)^k}{n!},\quad k=0,\ 1,\ 2,\ \cdots$$

이때 사건발생시간 간격의 분포는 다음과 같이 지수분포에 수렴한다.

$$\lim_{n\to\infty}P(X_\delta^{(1)}>t)=\lim_{n\to\infty}\left(1-\frac{\lambda t}{n}\right)^n=e^{-\lambda t}$$

위의 논의로부터 푸아송과정은 베르누이과정에서 성공 횟수를 나타내는 확률과정 $\{N_n,\ n=$

0, 1, 2, ⋯}의 극한으로 생각할 수 있다.

검사모순 이 절의 끝으로 이산시간 갱신과정에서 살펴보았던 검사모순이 푸아송 과정에서도 발생함을 보인다.

정리 6.11

$\boldsymbol{N} \sim PP(\lambda)$일 때 $A(t) = t - S_{N(t)}$의 분포는 다음과 같다.

$$P(A(t) \le u) = \begin{cases} 1 - e^{-\lambda u}, & 0 \le u < t \\ 1, & t \le u \end{cases}$$

증명 $A(t) \le t$이므로 명백하게 $t \le u$이면 $P(A(t) \le u) = 1$이다. 또한 $0 \le u < t$에 대하여

$$P(A(t) > u) = P(N(t) - N(t-u) = 0) = P(N(u) = 0) = e^{-\lambda u}$$

이므로 정리가 증명된다. □

보조정리 6.8과 정리 6.11로부터 특정한 시각 t를 포함하는 구간 $(S_{N(t)}, S_{N(t)+1}]$의 길이 $X_{N(t)}$에 대한 평균은

$$\begin{aligned} E[X_{N(t)}] &= E[(S_{N(t)+1} - t) + (t - S_{N(t)})] \\ &= E[B(t) + A(t)] = \frac{1}{\lambda} + E[A(t)] \\ &> \frac{1}{\lambda} = E[X_n] \end{aligned}$$

이 되어 보통의 사건발생시간 간격 X_n 평균보다 크다는 것을 알 수 있다. 이와 같은 현상을 **검사모순**(inspection paradox)이라고 한다.

6.5 푸아송과정의 동치조건 Ⅱ

이 절에서는 드물게 일어나는 사건으로 푸아송과정을 정의하는 방법에 대하여 살펴본다.

함수 $f(x)$가 다음을 만족할 때 $f(x)$를 $o(h)$ 함수라 하고 $f(h)=o(h)$와 같이 나타낸다.3)

$$\lim_{h\to 0}\frac{f(h)}{h}=0$$

예를 들어 $\lim_{h\to 0}\frac{h^2}{h}=0$이므로 $f(x)=x^2$은 $o(h)$이다. 그러나 $a\neq 0$일 때 $\lim_{h\to 0}\frac{ah}{h}=a\neq 0$이므로 $f(x)=ax$는 $o(h)$가 아니다. $f(x)$와 $g(x)$가 $o(h)$ 함수이면 실수 a, b에 대하여 $af(h)+bg(h)=o(h)$이다.

정리 6.12

계수과정 $\boldsymbol{N}=\{N(t),\ t\geq 0\}$가 비율 $\lambda>0$를 갖는 푸아송과정일 필요충분조건은 다음을 만족하는 것이다.

(1) $N(0)=0$

(2) $\boldsymbol{N}$은 독립증분과 정상증분을 갖는다.

(3) $P(N(h)=1)=\lambda h+o(h)$, 즉 $\lim_{h\to 0}\frac{1}{h}P(N(h)=1)=\lambda$.

(4) $P(N(h)\geq 2)=o(h)$, 즉 $\lim_{h\to 0}\frac{1}{h}P(N(h)\geq 2)=0$.

증명 $\boldsymbol{N}$이 푸아송과정이면 정의 6.1의 (2)와 (3)으로부터 정리 6.12의 조건 (2)가 성립한다. $a\neq 0$일 때 $f(x)=e^{ax}-1-ax$는 $o(h)$ 함수이므로

$$\begin{aligned}P(N(h)=1)&=\lambda he^{-\lambda h}=\lambda h-(\lambda h)^2+\lambda h(e^{-\lambda h}-1+\lambda h)\\&=\lambda h+o(h),\\P(N(h)\geq 2)&=1-P(N(h)=0)-P(N(h)=1)\end{aligned}$$

3) $o(h)$를 리틀 오 에이치(little-oh of h)라고 읽는다.

$$= 1 - e^{-\lambda h} - \lambda h e^{-\lambda h} = o(h).$$

정리의 역은 $N(t)$의 확률생성함수가

$$G(t,\ z) = E[z^{N(t)}] = e^{\lambda t(z-1)}$$

임을 보이면 충분하다. 조건 (2)에 의하여 $N(t)$와 $N(t+s) - N(t)$는 서로 독립이고 $\boldsymbol{N}$이 정상증분을 가지므로 $N(t+s) = N(t) + (N(t+s) - N(t))$의 확률생성함수는

$$G(t+s,\ z) = E[z^{N(t)}]E[z^{N(t+s)-N(t)}] = G(t,\ z)G(s,\ z).$$

따라서 $G(t,\ z)$는 다음과 같다(제1장 연습문제 28번).

$$G(t,\ z) = e^{tg(z)}$$

단 $g(z) = G'(0,\ z)$이다. 이제 $g(z) = \lambda(z-1)$을 보이면 충분하다.
$G(0,\ z) = 1$이고

$$\begin{aligned} G(t,\ z) &= \sum_{n=0}^{\infty} z^n P(N(t) = n) \\ &= 1 + (z-1)P(N(t) = 1) + \sum_{n=2}^{\infty}(z^n - 1)P(N(t) = n) \end{aligned}$$

이므로

$$\begin{aligned} g(z) &= \lim_{t \to 0} \frac{1}{t}(G(t,\ z) - 1) \\ &= (z-1)\lim_{t \to 0}\frac{1}{t}P(N(t) = 1) + \lim_{t \to 0}\frac{1}{t}\sum_{n=2}^{\infty}(z^n - 1)P(N(t) = n). \end{aligned}$$

한편 조건 (3)에 의하여

$$\lim_{t \to 0}\frac{1}{t}P(N(t) = 1) = \lambda$$

이고 조건 (4)에 의하여 $0 \le z \le 1$일 때

$$0 \le \lim_{t \to 0} \frac{1}{t} \sum_{n=2}^{\infty} |z^n - 1| P(N(t) = n)$$
$$\le \lim_{t \to 0} \frac{1}{t} \sum_{n=2}^{\infty} P(N(t) = n) = \lim_{t \to 0} \frac{1}{t} P(N(t) \ge 2) = 0$$

이므로 $g(z) = \lambda(z-1)$이 되어 정리가 증명된다. □

6.6 도착시간의 조건부분포

어떤 사건이 푸아송과정을 따라서 발생할 때, t시각까지 정확하게 하나의 사건이 발생했다면 그 사건은 언제 발생하였겠는가? 푸아송과정은 독립증분과 정상증분을 가지므로 구간 $(0,\ t)$ 중에서 어느 시점에서나 발생할 가능성이 같을 것으로 추측할 수 있다. 즉 실제 사건이 발생한 시간의 분포는 균등분포 $\mathrm{U}(0,\ t)$를 따른다고 추측할 수 있다. 이 추측이 성립한다는 것을 다음과 같이 보일 수 있다. $0 \le s \le t$에 대하여

$$\begin{aligned} P(S_1 \le s \mid N(t) = 1) &= \frac{P(S_1 < s,\ N(t) = 1)}{P(N(t) = 1)} \\ &= \frac{P(N(s) = 1,\ N(t) - N(s) = 0)}{P(N(t) = 1)} \\ &= \frac{\lambda s e^{-\lambda s} e^{-\lambda(t-s)}}{\lambda t e^{-\lambda t}} \\ &= \frac{s}{t} \end{aligned}$$

이고 이것은 $\mathrm{U}(0,\ t)$의 분포함수이다. 다음 정리는 $N(t) = n$이라는 가정하에서 $S_1,\ S_2,\ \cdots,\ S_n$의 조건부분포는 서로 독립이며 균등분포 $\mathrm{U}(0,\ t)$를 따르는 확률변수의 순서통계량의 분포와 같다는 것을 보여준다.

정리 6.13

$\boldsymbol{N} = \{N(t),\ t \ge 0\} \sim PP(\lambda)$일 때 $N(t) = n$이라는 가정하에서 $S_1,\ S_2,\ \cdots,\ S_n$의 조건부결합확률밀도함수는 다음과 같다.

$$f(t_1, t_2, \cdots, t_n | N(t) = n) = \frac{n!}{t^n}, \quad 0 < t_1 < t_2 < \cdots < t_n < t \tag{6.4}$$

증명 $0 < t_1 < t_2 < \cdots < t_n < t$에 대하여 $t_i + h_i < t_{i+1}$, $i = 1, 2, \cdots, n$을 만족하도록 $h_i > 0$를 선택하자. 그러면

$$\begin{aligned} &P(t_i + h_i < S_i \le t_{i+1},\ i = 1, 2, \cdots, n | N(t) = n) \\ &= \frac{P(N((t_i + h_i, t_{i+1}]) = 1,\ 1 \le i \le n,\ N((0, t] - \cup_{i=1}^{n} (t_i + h_i, t_{i+1}]) = 0)}{P(N(t) = n)} \\ &= \frac{\lambda h_1 e^{-\lambda h_1} \cdots \lambda h_n e^{-\lambda h_n} e^{-\lambda(t - h_1 - \cdots - h_n)}}{e^{-\lambda t} (\lambda t)^n / n!} \\ &= \frac{n!}{t^n} h_1 \cdots h_n. \end{aligned}$$

위 식의 양변을 $h_1 \cdots h_n$으로 나누고 $h_i \to 0\,(1 \le i \le n)$ 하면 (6.4)를 얻는다.

□

예제 6.3

버스정류장에 비율이 λ인 푸아송과정을 따라서 고객이 도착한다고 하자. 버스가 t시각에 출발한다고 할 때 $(0, t]$ 사이에 도착한 고객이 기다리는 시간의 합을 X라 할 때 $E[X]$를 구하라.

‖ **풀이** S_i를 i번째 고객이 도착한 시각이라 하면 $X = \sum_{i=1}^{N(t)} (t - S_i)$이다. $N(t) = n$이라는 가정하에서 X의 조건부평균은

$$\begin{aligned} E\left[\sum_{i=1}^{N(t)} (t - S_i) | N(t) = n\right] &= E\left[\sum_{i=1}^{n} (t - S_i) | N(t) = n\right] \\ &= nt - E\left[\sum_{i=1}^{n} S_i | N(t) = n\right]. \end{aligned}$$

정리 6.13에 의하여 $N(t) = n$이라는 가정하에서 $S_1, \cdots, S_n$의 조건부분포는 $(0, t)$상에서 균등확률변수의 순서통계량 $U_{(1)}, \cdots, U_{(n)}$의 분포와 같다. 또

한 $\sum_{i=1}^{n} U_{(i)} = \sum_{i=1}^{n} U_i$이므로

$$E\left[\sum_{i=1}^{n} S_i | N(t)=n\right] = E\left[\sum_{i=1}^{n} U_{(i)}\right] = E\left[\sum_{i=1}^{n} U_i\right] = \frac{nt}{2}.$$

따라서

$$E\left[\sum_{i=1}^{N(t)} (t-S_i) | N(t)=n\right] = nt - \frac{nt}{2} = \frac{nt}{2}$$

이므로

$$E[X] = E[E[X|N(t)]] = \frac{t}{2}E[N(t)] = \frac{\lambda t^2}{2}.$$

■

정리 6.14

$\boldsymbol{N} = \{N(t),\ t \ge 0\} \sim PP(\lambda)$일 때 $S_n = t$라는 가정하에서 $S_1,\ S_2,\ \cdots,\ S_{n-1}$의 조건부결합확률밀도함수는

$$f(t_1,\ t_2,\ \cdots,\ t_{n-1} | S_n = t) = \frac{(n-1)!}{t^{n-1}},\quad 0 < t_1 < t_2 < \cdots < t_{n-1} < t.$$

증명 $S_n \sim \text{Erlang}(n,\ \lambda)$이므로 S_n의 확률밀도함수는

$$f_{S_n}(t) = \lambda e^{-\lambda t}\frac{(\lambda t)^{n-1}}{(n-1)!},\quad t > 0$$

이고 $S_1,\ \cdots,\ S_n$의 결합확률밀도함수는 정리 1.30에 의하여

$$f(t_1,\ t_2,\ \cdots,\ t_{n-1},\ t) = \lambda^n e^{-\lambda t},\quad 0 < t_1 < \cdots < t_{n-1} < t < \infty$$

이므로 조건부확률밀도함수의 정의에 의하여

$$f(t_1,\ t_2,\ \cdots,\ t_{n-1} | S_n = t) = \frac{1}{f_{S_n}(t)} f(t_1,\ t_2,\ \cdots,\ t_{n-1},\ t)$$

$$= \frac{(n-1)!}{t^{n-1}}, \quad 0 < t_1 < t_2 < \cdots < t_{n-1} < t$$

이 되어 정리가 증명된다. □

6.7 푸아송과정의 중첩

어떤 백화점에 $(0, t]$ 동안 도착한 여자고객 수를 $L(t)$라 하고 남자고객 수를 $M(t)$라 하자. 그러면 $(0, t]$ 동안 백화점에 도착한 전체 고객 수는 $N(t) = L(t)\,M(t)$이다. 이때 확률과정 $\boldsymbol{N} = \{N(t),\ t \ge 0\}$를 $\boldsymbol{L} = \{L(t),\ t \ge 0\}$과 $\boldsymbol{M} = \{M(t),\ t \ge 0\}$의 **중첩**(superposition)이라 한다. 그림 6.3은 $\boldsymbol{L}$과 $\boldsymbol{M}$의 사건발생시간을 각각 $\{U_n,\ n \ge 0\}$과 $\{V_n,\ n \ge 0\}$이라 할 때 중첩과정 $\boldsymbol{N}$의 사건발생시각 $\{S_n,\ n \ge 0\}$을 나타낸다.

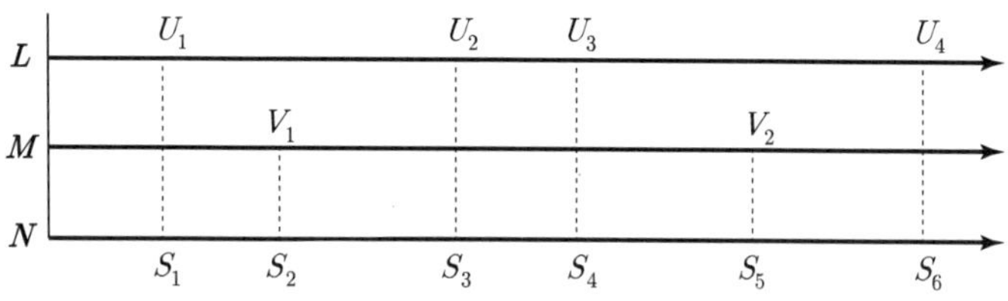

| 그림 6.3 | 푸아송과정의 중첩

정리 6.15

$\boldsymbol{N}_i = \{N_i(t),\ t \ge 0\} \sim PP(\lambda_i),\ 1 \le i \le r$가 서로 독립이고

$$N(t) = N_1(t) + N_2(t) + \cdots + N_r(t)$$

라 할 때 $\boldsymbol{N} = \{N(t),\ t \ge 0\} \sim PP\left(\sum_{i=1}^{r} \lambda_i\right)$이다.

증명 $B_1,\ B_2,\ \cdots,\ B_n$을 서로 겹치지 않는 구간이라 하고 $B = \cup_{i=1}^{n} B_i$라 하자. 또한 각 구간들의 길이 합을 b라 하자. 그러면 $\boldsymbol{N}_i$가 푸아송과정이므로 정리 6.3에 의하여 $N_i(B) \sim \mathrm{Poi}(\lambda_i b)$이다. 한편 $N_1,\ \cdots,\ N_r$이 서로독립이므로 $N_1(B),\ \cdots,$

$N_r(B)$는 서로 독립이고 $N(B)=\sum_{i=1}^{r}N_i(B)\sim \mathrm{Poi}\left(b\sum_{i=1}^{r}\lambda_i\right)$이다. 정리 6.3에 의하여 $\boldsymbol{N}\sim PP\left(\sum_{i=1}^{r}\lambda_i\right)$이다. □

따름정리 6.16

서로 독립인 푸아송과정 $\boldsymbol{N}_i=\{N_i(t),\ t\ge 0\}\sim PP(\lambda_i),\ 1\le i\le r$의 중첩에 의하여 얻어지는 확률과정을 $\boldsymbol{N}=\{N(t),\ t\ge 0\}$이라 할 때

$$P(N_k(t)=n_k,\ 1\le k\le r\,|\,N(t)=n)=\frac{n!}{n_1!\cdots n_r!}p_1^{n_1}p_2^{n_2}\cdots p_r^{n_r}.$$

단 $p_k=\dfrac{\lambda_k}{\lambda}(1\le k\le r),\ \lambda=\sum_{k=1}^{r}\lambda_k,\ n=\sum_{k=1}^{r}n_k$이다.

증명 $n=\sum_{k=1}^{r}n_k$이면 $\{N_k(t)=n_k,\ 1\le k\le r\}\subset\{N(t)=n\}$이므로

$$\{N_k(t)=n_k,\ 1\le k\le r,\ N(t)=n\}=\{N_k(t)=n_k,\ 1\le k\le r\}$$

이다. 또한 $N_k(t),\ 1\le k\le r$는 서로 독립이며 $N_k(t)\sim\mathrm{Poi}(\lambda_k t)$이므로 다음을 얻는다.

$$\begin{aligned}
&P(N_k(t)=n_k,\ 1\le k\le r\,|\,N(t)=n)\\
&=\frac{P(N_k(t)=n_k,\ 1\le k\le r)}{P(N(t)=n)}\\
&=\frac{1}{P(N(t)=n)}\left(\prod_{k=1}^{r}P(N_k(t)=n_k)\right)\\
&=\left(\prod_{k=1}^{r}e^{-\lambda_k t}\frac{(\lambda_k)^{n_k}}{n_k!}\right)\Big\}\\
&=\frac{n!}{n_1!\cdots n_r!}p_1^{n_1}p_2^{n_2}\cdots p_r^{n_r}
\end{aligned}$$

따라서 따름정리가 증명된다. □

참고 모수가 $(n,\ p_1,\ \cdots,\ p_r)$인 다항분포는 한 번의 시행에서 나타날 수 있는 결과가 r개이고 결

과 k가 나타날 확률이 $p_k(1 \le k \le r)$인 실험을 독립적으로 n회 반복할 때 각 결과가 발생한 횟수의 결합분포라는 사실에 주목하자. 따름정리 6.16은 r개의 서로 독립인 푸아송과정 $\boldsymbol{N}_k \sim PP(\lambda_k)(1 \le k \le r)$의 중첩에 의하여 얻어지는 확률과정 $\boldsymbol{N}$을 따라 n개의 사건이 발생했을 때 각 푸아송과정으로부터 얻어지는 사건 수에 대한 결합분포는 모수가 $(n, p_1, \cdots, p_r)$(단 $p_k = \dfrac{\lambda_k}{\lambda}$, $1 \le k \le r$)인 다항분포를 따른다는 것을 보여준다. 중첩된 푸아송과정으로부터 하나의 사건이 발생하였을 때 그것이 $\boldsymbol{N}_k$로부터 발생하였다면, 그 사건을 k 유형의 사건이라 하고 Z_i를 i번째 사건의 유형이라 할 때 $Z_i(i=1, 2, \cdots)$는 서로 독립이며 각각의 확률질량함수는 다음과 같다.

$$P(Z_i = k) = p_k, \quad k = 1, 2, \cdots, r$$

예제 6.4

한 은행에서는 도착하는 고객들을 다음과 같이 세 가지 유형으로 분류한다고 하자. 돈을 찾는 것만을 목적으로 하는 고객은 유형 1, 예금만을 위해서 오는 고객은 유형 2, 돈을 찾아서 송금하는 경우와 같이 돈을 찾기도 하고 입금도 하는 고객은 유형 3으로 분류한다. 각 유형의 고객은 서로 독립적이며 비율이 각각 $\lambda_1 = 15, \lambda_2 = 10$, $\lambda_3 = 25$인 푸아송과정을 따라 도착한다고 하자. 한 고객이 도착했다고 할 때 그 고객의 유형이 1, 2, 3일 확률은 각각 $\dfrac{15}{50}$, $\dfrac{10}{50}$, $\dfrac{25}{50}$이다. ■

따름정리 6.17

서로 독립인 푸아송과정 $\boldsymbol{L} \sim PP(\lambda)$와 $\boldsymbol{M} \sim PP(\mu)$의 사건발생시각을 각각 S_n과 T_n이라 할 때

$$P(S_n < T_m) = \sum_{k=n}^{n+m-1} \binom{n+m-1}{k} p^k (1-p)^{n+m-1-k}.$$

단 $p = \dfrac{\lambda}{\lambda + \mu}$이다.

증명 따름정리 6.16으로부터 이 문제는 다음과 같이 베르누이시행을 하는 모형으로 바꾸어 생각할 수 있다. 사건이 일어날 때마다 앞면이 나올 확률이 $p = \dfrac{\lambda}{\lambda + \mu}$, 뒷면이 나올 확률이 $1-p$인 동전을 던진다고 생각하자. 사건 $\{S_n < T_m\}$은 베

르누이시행에서 뒷면이 m번 나오기 전에 앞면이 n번 나올 사건과 같고, 이 사건은 $(m+n-1)$번의 시행에서 앞면이 n번 이상 나오는 것과 동치이다. 따라서 정리가 증명된다. □

6.8 푸아송과정의 분해

앞 절에서는 서로 독립인 푸아송과정의 중첩에 의하여 얻어지는 확률과정은 다시 푸아송과정이 되며, n개의 중첩된 사건이 발생했을 때 각 유형의 사건이 발생한 횟수의 결합분포는 다항분포를 따른다는 것을 보였다. 이 절에서는 중첩과 반대되는 개념인 분해과정에 대하여 살펴본다. 다음 예를 생각하자.

계수과정 $\boldsymbol{N}=\{N(t),\ t\geq 0\}$를 어떤 백화점에 $(0,\ t]$ 동안 도착한 고객 수를 나타내는 확률과정이라 하자. 이때 일정 금액 이상 구매하는 고객은 제1유형의 고객, 구매는 하는데 백화점에서 정한 금액 미만을 구매하는 고객은 제2유형의 고객, 아무것도 구매하지 않는 고객을 제3유형의 고객이라 하자. $\boldsymbol{N}_i=\{N_i(t),\ t\geq 0\}\,(i=1,\ 2,\ 3)$를 i 유형의 고객 수를 나타내는 계수과정이라 하자. 그러면 $\boldsymbol{N}$은 $N(t)=N_1(t)+N_2(t)+N_3(t)$와 같이 나타난다. 이때 계수과정 $\boldsymbol{N}$은 세 개의 계수과정 $\boldsymbol{N}_1$, $\boldsymbol{N}_2$, $\boldsymbol{N}_3$로 분해되었다고 한다.

베르누이 분해과정 계수과정 $\boldsymbol{N}=\{N(t),\ t\geq 0\}$를 따라 사건이 발생할 때마다 윷을 던진다고 하자. $N_i(t)\,(i=1,\ 2,\ 3,\ 4,\ 5)$를 각각 $(0,\ t]$ 동안 얻어진 '도', '개', '걸', '윷', '모'의 수라 하자. 그러면 $N(t)$는 $N(t)=N_1(t)+\cdots+N_5(t)$ 와 같이 분해된다. 이와 같은 분해방식을 베르누이 분해방식이라 한다.

$\boldsymbol{N}=\{N(t),\ t\geq 0\}\sim PP(\lambda)$로부터 사건이 발생할 때마다 각 사건을 다음과 같이 r개의 유형으로 분류된다고 하자. n번째 발생한 사건의 유형 Z_n, $n=1,\ 2,\ \cdots$은 서로 독립이고 각각의 확률질량함수는

$$P(Z_n=k)=p_k,\quad k=1,\ 2,\ \cdots,\ r$$

이며 $\{Z_n\}$은 $\boldsymbol{N}$과 독립이라고 하자. 이때 $N_k(t)\,(1\leq k\leq r)$를 $(0,\ t]$ 동안 k 유형의 사건이 발생한 횟수라 하자.

정리 6.18
$\boldsymbol{N}_k = \{N_k(t),\ t \geq 0\} \sim PP(\lambda p_k),\ 1 \leq k \leq r$이고 서로 독립이다.

증명 $r=2$에 대해서만 증명한다. $B_1,\ B_2,\ \cdots,\ B_n$을 서로 겹치지 않는 구간이라 하고 $B = \cup_{i=1}^{n} B_i,\ |B| = b$라 하자.

Y_1과 Y_2를 각각 B 동안 발생한 유형 1과 유형 2의 사건 수라 하면 각 사건의 유형은 독립적으로 결정되므로

$$P(Y_1 = n_1,\ Y_2 = n_2 | N(B) = n_1 + n_2) = \frac{(n_1+n_2)!}{n_1!n_2!} p_1^{n_1} p_2^{n_2}$$

임을 알 수 있다. 한편

$$\{N_1(B) = n_1,\ N_2(B) = n_2\} = \{N(B) = n_1 + n_2,\ Y_1 = n_1,\ Y_2 = n_2\}$$

이고 정리 6.3에 의하여 $N(B) \sim \mathrm{Poi}(\lambda b)$이므로 다음을 얻는다.

$$\begin{aligned} &P(N_1(B) = n_1,\ N_2(B) = n_2) \\ &= P(Y_1 = n_1,\ Y_2 = n_2 | N(B) = n_1 + n_2) P(N(B) = n_1 + n_2) \\ &= \left(\frac{(n_1+n_2)!}{n_1!n_2!} p_1^{n_1} p_2^{n_2}\right)\left(e^{-\lambda b}\frac{(\lambda b)^{n_1+n_2}}{(n_1+n_2)!}\right) \\ &= \left(e^{-\lambda p_1 b}\frac{(\lambda p_1 b)^{n_1}}{n_1!}\right)\left(e^{-\lambda p_2 b}\frac{(\lambda p_2 b)^{n_2}}{n_2!}\right) \end{aligned}$$

정리 6.3에 의하여 $\boldsymbol{N}_1$과 $\boldsymbol{N}_2$는 서로 독립이고 $\boldsymbol{N}_i \sim PP(\lambda p_i)(i=1,\ 2)$이다.

□

예제 6.5

어떤 교차로에서 자동차들의 60%는 좌회전을 하고 나머지 40%는 직진을 하거나 우회전을 한다고 하자. 각 자동차는 독립적으로 좌회전, 우회전 또는 직진을 한다고 하자. 자동차는 교차로에 분당 평균 5대씩 푸아송과정을 따라 도착한다. 이때 좌회전하는 차량에 의하여 만들어지는 확률과정은 비율이 $5 \times 0.6 = 3$인 푸아송과정이고 우회전하거나 직진하는 차량에 의한 확률과정은 비율이 $5 \times 0.4 = 2$인 푸아송과정이다. ■

사건발생시간에 의존하는 분해과정 특정한 시각에 발생한 사건의 유형이 그 발생시각에 의존한다고 할 때 각 사건의 발생횟수로 이루어지는 확률과정에 대하여 알아본다.

t시각에 발생한 사건이 i 유형의 사건이 될 확률을 $p_i(t)(i=1, 2, \cdots, r)$라 하자. 단 $\sum_{i=1}^{r} p_i(t) = 1$이다. 또한 $N_i(t)$를 $(0, t]$ 동안 발생한 i 유형의 사건 수라 하자.

정리 6.19
$\boldsymbol{N} \sim PP(\lambda)$일 때 $N_1(t), \cdots, N_r(t)$은 서로 독립이며 $N_i(t) \sim \mathrm{Poi}(\alpha_i(t))$이다. 단 $$\alpha_i(t) = \lambda \int_0^t p_i(s)ds.$$

증명 $(0, t]$ 동안 하나의 사건이 발생하였다면 정리 6.13에 의하여 그 사건이 발생한 시각은 $\mathrm{U}(0, t)$를 따른다. 또한 어떤 사건이 s시각에 일어났다면 그것이 i 유형의 사건일 확률은 $p_i(s)$이므로, $(0, t]$ 동안 발생한 사건이 i 유형의 사건일 확률은

$$P_i(t) = \frac{1}{t}\int_0^t p_i(s)ds = \frac{1}{\lambda t}\alpha_i(t)$$

이고 각 사건의 유형은 다른 사건과 독립이다. 그러므로 $N(t) = n$이라는 가정하에서 $n = \sum_{i=1}^{r} n_i$일 때 사건 $\{N_i(t) = n_i,\ 1 \le i \le r\}$의 확률은 한 번 시행에서 나올 수 있는 결과가 r가지이고 각 결과 i가 나올 확률이 $P_i(t)$인 시행을 독립적으로 n회 수행할 때 결과 i가 $n_i(1 \le i \le r)$번 나올 확률과 같다. 따라서

$$\begin{aligned} &P\{N_i(t) = n_i,\ i = 1, 2, \cdots, r \mid N(t) = n\} \\ &= \frac{n!}{n_1! \cdots n_r!} P_1(t)^{n_1} \cdots P_r(t)^{n_r}. \end{aligned}$$

그러므로 $n = \sum_{i=1}^{r} n_i$일 때

$$\begin{aligned} &P\{N_i(t) = n_i,\ i = 1, 2, \cdots, r\} \\ &\quad = P\{N_i(t) = n_i,\ i = 1, 2, \cdots, r \mid N(t) = n\} P\{N(t) = n\} \end{aligned}$$

$$= \frac{n!}{n_1! \cdots n_k!} P_1(t)^{n_1} \cdots P_r(t)^{n_r} e^{-\lambda t} \frac{(\lambda t)^n}{n!}$$

$$= \prod_{i=1}^{r} \left[e^{-\lambda t P_i(t)} \frac{(\lambda t P_i(t))^{n_i}}{n_i!} \right]$$

가 되어 정리가 증명된다. □

주목 정리 6.19에서 정의된 확률과정은 $\boldsymbol{N}_i = \{N_i(t),\ t \geq 0\}$는 정상증분을 갖지 않는다. 따라서 $\boldsymbol{N}_i$는 푸아송과정이 아니다.

예제 6.6 $M/G/\infty$ **대기체계**

비율 λ를 갖는 푸아송과정을 따라 고객이 도착하고 서버 수가 무한인 대기체계를 생각하자. 이때 도착하는 고객은 도착 즉시 서비스를 받기 시작한다. 각 서버의 서비스 시간의 분포함수를 $G(t)$라 하자. $X(t)$를 t시각까지 서비스를 마치고 시스템을 떠난 고객 수, $Y(t)$를 t시각에 서비스를 받고 있는 고객 수라 하자.

(1) $X(t)$와 $Y(t)$의 분포를 구하라.

(2) $\mathrm{Cov}(Y(t),\ Y(t+s))$를 구하라.

∥풀이 t시각 이전에 서비스를 마치고 시스템을 떠났으면 그 고객을 I 유형의 고객, 도착한 고객이 t시각에도 서비스를 받고 있으면 그 고객을 II 유형의 고객이라 하자. 그러면 시각 $s \leq t$에 도착한 고객이 I 유형의 고객일 확률은 $G(t-s)$, II 유형의 고객일 확률은 $\overline{G}(t-s) = 1 - G(t-s)$이다. 정리 6.13에 의하여 $X(t)$와 $Y(t)$는 각각 평균이

$$E(X(t)) = \lambda \int_0^t G(t-s)ds = \lambda \int_0^t G(s)ds,$$

$$E(Y(t)) = \lambda \int_0^t \overline{G}(t-s)ds = \lambda \int_0^t \overline{G}(s)ds$$

인 푸아송확률변수이다. 또한 $X(t)$와 $Y(t)$는 서로 독립이다.

이제 $Y(t)$와 $Y(t+s)$의 결합확률분포를 구하자. 이를 위하여 도착하는 고객을 다음 네 가지 유형으로 나누어 생각하자(그림 6.4).

제1유형 : t시각 이전에 도착하고 t와 $t+s$ 사이에 서비스를 마친 고객
제2유형 : t시각 이전에 도착하고 $t+s$ 이후에 서비스를 마친 고객
제3유형 : t와 $t+s$ 사이에 도착하고 $t+s$ 이후에 서비스를 마친 고객
제4유형 : 그 밖의 경우

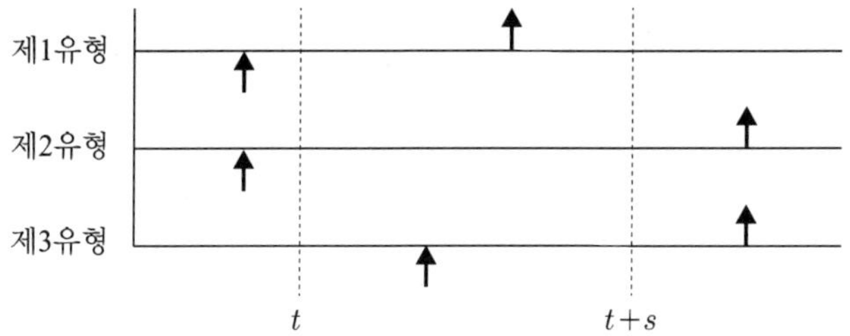

| 그림 6.4 | 고객의 유형

시각 y에 도착한 고객이 i 유형일 확률 $p_i(y)$는 다음과 같다.

$$p_1(y) = \begin{cases} G(t+s-y) - G(t-y), & y < t \\ 0, & \text{그 밖에} \end{cases}$$

$$p_2(y) = \begin{cases} \overline{G}(t+s-y), & y < t \\ 0, & \text{그 밖에} \end{cases}$$

$$p_3(y) = \begin{cases} \overline{G}(t+s-y), & t < y < t+s \\ 0, & \text{그 밖에} \end{cases}$$

$$p_4(y) = 1 - p_1(y) - p_2(y) - p_3(y)$$

$N_i = N_i(s+t)$를 i 유형의 사건이 일어난 횟수라 하면 N_1, N_2, N_3는 서로 독립이고 아래와 같은 평균을 갖는 푸아송확률변수이다.

$$E[N_i] = \lambda \int_0^{t+s} p_i(y)dy, \quad i = 1,\ 2,\ 3$$

또한

$$Y(t) = N_1 + N_2, \quad Y(t+s) = N_2 + N_3$$

이므로 $Y(t)$와 $Y(t+s)$의 결합확률분포는 다음과 같다.

$$P(Y(t) = i,\ Y(t+s) = j)$$

$$= P(N_1 + N_2 = i,\ N_2 + N_3 = j)$$
$$= \sum_{k=0}^{\min(i,\ j)} P(N_2 = k,\ N_1 = i - k,\ N_3 = j - k)$$
$$= \sum_{k=0}^{\min(i,\ j)} P(N_2 = k) P(N_1 = i - k) P(N_3 = j - k)$$

따라서 $Y(t)$와 $Y(t+s)$의 공분산은 다음과 같다.

$$\begin{aligned}\mathrm{Cov}(Y(t),\ Y(t+s)) &= \mathrm{Cov}(N_1 + N_2,\ N_2 + N_3) \\ &= \mathrm{Cov}(N_2,\ N_2) \\ &= \mathrm{Var}(N_2) \\ &= \lambda \int_0^t \overline{G}(t+s-y)dy = \lambda \int_0^t \overline{G}(u+s)du\end{aligned}$$ ■

예제 6.7 **최소교차의 문제**

어떤 일방통행로에 자동차들이 비율 λ인 푸아송과정을 따라서 진입한다고 하자. 일방통행로의 길이를 d라 하자. 일방통행로에서 각각의 자동차들은 정속도로 운행되며 각각의 속도는 다른 차들과 독립이고, 각 자동차들의 속도 X의 분포함수는 G이다. 속도가 빠른 차가 느린 차를 만나면 언제든지 추월할 수 있다고 가정하자. 이 도로가 오랜 기간 동안 사용되었다고 하면 임의의 시점에 진입한 자동차 A가 다른 자동차와 최소로 만나려면 얼마의 속도로 달리면 되겠는가? 즉 그 자동차가 일방통행로를 지나는 동안 추월한 자동차 수와 그 차를 추월한 다른 자동차 수를 합한 것이 최소가 되게 하는 A의 속도는 얼마가 되겠는가?

‖ **풀이** 자동차 A가 s시각에 진입해서 $s+t_0$시각에 일방통행로를 빠져나간다면, A는 s시각 이전에 들어왔다가 $s+t_0$시각 이후에 빠져나가든지 s시각 이후에 들어왔다가 $s+t_0$시각 이전에 빠져나가는 자동차와 만나게 된다. 따라서 일방통행로를 빠져나가는 데 걸리는 시간을 T라 할 때 시각 t에 들어온 자동차가 A와 마주치기 위해서는 다음이 성립해야 한다.

(1) $t < s$인 경우: $t + T > s + t_0$

(2) $s + t_0 > t > s$인 경우: $t + T < s + t_0$

시각 t에 진입한 자동차가 A와 마주치면 제1유형의 사건이 발생했다고 하자. 그러면 제1유형의 사건이 발생할 확률 $p(t)$는 다음과 같다.

$$p(t)=\begin{cases} P(t+T>s+t_0)=\overline{F}(s+t_0-t), & t<s \\ P(t+T<s+t_0)=F(s+t_0-t), & s<t<s+t_0 \\ 0, & \text{그 밖에} \end{cases}$$

단 $F(t)=P(T\le t)$이다.

자동차들은 푸아송과정을 따라 진입하므로 제1유형의 사건 수는 평균이 다음과 같은 푸아송분포를 따른다.

$$\begin{aligned} \lambda\int_0^\infty p(t)dt &= \lambda\int_0^s \overline{F}(s+t_0-t)dt+\lambda\int_s^{s+t_0} F(s+t_0-t)dt \\ &= \lambda\int_{t_0}^{s+t_0}\overline{F}(y)dy+\lambda\int_0^{t_0}F(y)dy \end{aligned}$$

위의 값을 최소화하는 t_0를 찾기 위하여 위 식을 t_0에 대하여 미분하면

$$\frac{d}{dt_0}\left\{\lambda\int_0^\infty p(t)dt\right\}=\lambda(\overline{F}(s+t_0)-\overline{F}(t_0)+F(t_0)).$$

s가 충분히 클 때 $\overline{F}(s+t_0)\approx 0$이므로 위 식을 0으로 두면 최적의 t_0값은 다음 방정식의 해이다.

$$F(t_0)-\overline{F}(t_0)=0, \quad \text{즉} \quad F(t_0)=\frac{1}{2}.$$

한편 $T=\dfrac{d}{X}$이므로 $F(t)=P(T\le t)=\overline{G}\left(\dfrac{d}{t}\right)$이다. 따라서 최적의 속도는 $x_0=d/t_0$이고

$$\frac{1}{2}=F(d/x_0)=\overline{G}(x_0)$$

이므로 다른 차들과 최소로 만나려면 G의 중위수(median) 속도로 달려야 한다.

■

6.9 복합 푸아송과정

앞에서 푸아송과정은 독립증분과 정상증분을 가지며 표본경로는 도약의 크기가 1인 계단함수가 됨을 살펴보았다. 푸아송과정은 다양한 방향으로 일반화될 수 있다. 이 절에서는 독립증분과 정상증분을 가지면서 도약의 크기가 임의의 분포를 따르는 확률변수로 나타나는 확률과정에 대하여 살펴본다.

정의 6.2

$\boldsymbol{N} = \{N(t),\ t \ge 0\}$는 푸아송과정이고 $Z_1, Z_2, \cdots$가 서로 독립이며 같은 분포를 따르고 $\boldsymbol{N}$과 독립인 확률변수열이라 하자. 다음과 같이 정의되는 확률과정 $\boldsymbol{Z} = \{Z(t),\ t \ge 0\}$를 **복합 푸아송과정**(compound Poisson process)이라 한다.

$$Z(t) = \sum_{i=1}^{N(t)} Z_i,\ t \ge 0 \tag{6.5}$$

단 $N(t) = 0$이면 $Z(t) = 0$이다.

$\boldsymbol{N}$이 독립증분과 정상증분을 갖고 $Z_1, Z_2, \cdots$가 서로 독립이며 같은 분포를 따르므로 $\boldsymbol{Z}$가 독립증분과 정상증분을 갖는 것을 알 수 있다. 따라서 복합 푸아송과정은 푸아송과정에서 도약의 크기에 대한 제한을 제거하여 얻어지는 확률과정이다. 그림 6.5는 $\boldsymbol{Z}$의 표본경로를 나타낸 것이다.

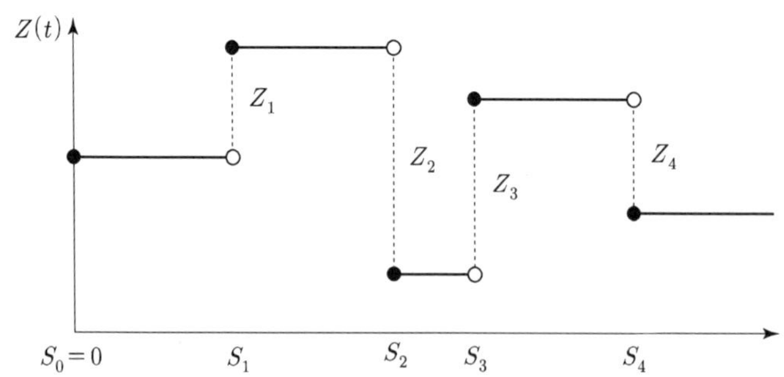

| 그림 6.5 | 복합 푸아송과정의 표본경로

예제 6.8

어떤 백화점에 고객들이 푸아송과정 $\boldsymbol{N}=\{N(t),\ t \ge 0\}$를 따라서 도착한다고 하자. n번째 고객이 물건을 사기 위하여 지불하는 돈을 Z_n원이라 하면 t시각까지 백화점의 매출액은 $Z(t)=\sum_{i=1}^{N(t)} Z_i$이다. 각 고객들이 지출하는 액수는 서로 독립이며 같은 분포를 따르고, Z_n과 $\boldsymbol{N}$이 독립이면 확률과정 $\{Z(t),\ t \ge 0\}$는 복합 푸아송과정이다. ■

예제 6.9

어느 컴퓨터 시스템이 고장이 나는 시간 간격은 서로 독립이며 같은 모수를 갖는 지수분포를 따른다고 한다. 한 번 고장이 날 때마다 수리하는 데 드는 비용이 서로 독립이며 같은 분포를 따르고, 고장 난 시간과 서로 독립이라고 할 때 t시각까지 들어간 총 수리비용을 $Z(t)$라 할 때, $\{Z(t),\ t \ge 0\}$는 복합 푸아송과정이다. ■

정리 6.20

$\boldsymbol{N} \sim PP(\lambda)$일 때

$$\phi_t(\alpha)=E[e^{-\alpha Z(t)}]=\exp[-\lambda t(1-\psi(\alpha))]. \tag{6.6}$$

단 $\psi(\alpha)=E[e^{-\alpha Z_n}]$이다.

증명 $\boldsymbol{N}$과 Z_n이 서로 독립이므로 다음을 얻는다.

$$\begin{aligned}\phi_t(\alpha)&=\sum_{n=0}^{\infty} E\left[\exp\left(-\alpha\sum_{i=1}^{N(t)} Z_i\right) \mid N(t)=n\right] P(N(t)=n)\\&=\sum_{n=0}^{\infty} E\left[\exp\left(-\alpha\sum_{i=1}^{n} Z_i\right)\right] P(N(t)=n)\\&=\sum_{n=0}^{\infty} [\psi(\alpha)]^n e^{-\lambda t}\frac{(\lambda t)^n}{n!}\\&=\exp[-\lambda t(1-\psi(\alpha))]\end{aligned}$$

□

따름정리 6.21

$\boldsymbol{N} \sim PP(\lambda)$일 때

$$E[Z(t)] = \lambda t E[Z_1], \quad \mathrm{Var}[Z(t)] = \lambda t E[Z_1^2].$$

증명 (6.6)으로부터 다음을 얻는다.

$$E[Z(t)] = -\frac{d}{d\alpha}\phi_t(\alpha)\Big|_{\alpha=0} = \lambda t[-\psi'(\alpha)]\phi_t(\alpha)_{\alpha=0} = \lambda t E(Z_1),$$

$$E[Z^2(t)] = \frac{d^2}{d\alpha^2}\phi_t(\alpha)\Big|_{\alpha=0} = \left[\lambda t\psi''(\alpha)\phi_t(\alpha) + (\lambda t\psi'(\alpha))^2\phi_t(\alpha)\right]_{\alpha=0}$$

$$= \lambda t E(Z_1^2) + (\lambda t E(Z_1))^2$$

따라서

$$\mathrm{Var}[Z(t)] = E[Z(t)^2] - (E[Z(t)])^2 = \lambda t E[Z_1^2].$$ □

예제 6.10

어떤 지역에 주당 평균 세 가구가 푸아송과정을 따라서 이주한다고 한다. 이주하는 가구의 가족 수가 1, 2, 3, 4일 확률이 각각 $\frac{1}{6}, \frac{1}{3}, \frac{1}{3}, \frac{1}{6}$이라 할 때 지난 5주 동안 이주한 사람의 평균과 분산을 구하라.

‖ **풀이** n번째 이주한 가구의 가족 수를 Z_n이라 하면

$$P(Z_n = 1) = \frac{1}{6},\ P(Z_n = 2) = \frac{1}{3},\ P(Z_n = 3) = \frac{1}{3},\ P(Z_n = 4) = \frac{1}{6}$$

이므로

$$E[Z_n] = \frac{5}{3}, \quad E[Z_n^2] = \frac{43}{6}$$

이다. $Z(t)$를 $(0, t]$ 동안 이주한 사람 수라 하면 따름정리 6.21에 의하여

$$E[Z(5)] = 3 \cdot 5 \cdot E[Z_1] = 25,$$

$$\mathrm{Var}[Z(5)] = 3 \cdot 5 \cdot E[Z_1^2] = \frac{215}{2}.$$ ■

6.10 비동질 푸아송과정

이 절에서는 푸아송과정에서 정상증분을 갖는다는 조건을 제거하여 얻어지는 확률과정에 대하여 살펴본다.

정의 6.3

계수과정 $\boldsymbol{N}=\{N(t),\ t\geq 0\}$가 다음을 만족할 때 $\boldsymbol{N}$을 강도함수(intensity function)가 $\lambda(t)$인 **비동질 푸아송과정**(nonhomogeneous Poisson process)[4]이라 한다.

(1) $N(0)=0$

(2) $\boldsymbol{N}$은 독립증분을 갖는다.

(3) $P(N(t+h)-N(t)\geq 2)=o(h)$

(4) $P(N(t+h)-N(t)=1)=\lambda(t)h+o(h)$

앞으로 강도함수가 $\lambda(t)$인 비동질 푸아송과정을 $\boldsymbol{N}\sim NPP(\lambda(t))$로 나타낸다.

정리 6.22

$\boldsymbol{N}=\{N(t),\ t\geq 0\}\sim NPP(\lambda(t))$에 대하여 다음이 성립한다.

$$P(N(t+s)-N(t)=k)=\frac{e^{-b(t,\ t+s)}[b(t,\ t+s)]^k}{k!},\quad k=0,\ 1,\ 2,\ \cdots,\quad s,\ t\geq 0. \tag{6.7}$$

단 $b(t,\ t+s)=\int_t^{t+s}\lambda(u)du$이다.

증명 고정된 $s\geq 0$에 대하여 다음을 정의하자.

$$P_n(t)=P(N(s+t)-N(s)=n),\quad n\geq 0 \tag{6.8}$$

4) 비정상 푸아송과정(non-stationary Poisson process)이라고 부르기도 한다.

여기서 $P_n(t)$는 s에도 의존하나 기호의 편의를 위하여 s는 생략하였다. $\boldsymbol{N}$이 독립증분을 가지므로 다음이 성립함을 알 수 있다.

$$\begin{aligned} P_0(t+h) &= P(N(s+t+h)-N(s)=0) \\ &= P(N(s+t)-N(s)=0,\ N(s+t)-N(s+t+h)=0) \\ &= P(N(s+t)-N(s)=0)P(N(s+t)-N(s+t+h)=0) \\ &= P_0(t)[1-\lambda(s+t)h+o(h)] \end{aligned}$$

위 식으로부터

$$\frac{P_0(t+h)-P_0(t)}{h} = -\lambda(s+t)P_0(t)+\frac{o(h)}{h}$$

를 얻는다. 이때 $h\to 0$이면 $P_0(t)$에 대한 미분방정식

$$P_0{}'(t) = -\lambda(s+t)P_0(t)$$

를 얻는다. 위 식의 양변을 $P_0(t)$로 나누고 양변에 부정적분을 취하면

$$\log P_0(t) = -\int_0^t \lambda(s+u)du + c = -\int_s^{s+t}\lambda(u)du + c$$

를 얻는다. 단 c는 임의의 상수이다. $P_0(0)=1$이므로 $c=0$이다. 따라서

$$P_0(t) = P(N(s+t)-N(s)=0) = \exp\left(-\int_s^{s+t}\lambda(u)du\right)$$

가 된다. 이와 유사한 방법으로 $P_n(t)$는 다음 미분방정식을 만족함을 보일 수 있다.

$$P_n{}'(t) = -\lambda(t+s)P_n(t)+\lambda(t+s)P_{n-1}t,\quad n=1,\ 2,\ \cdots \tag{6.9}$$

$P_n(0)=0\,(n\ge 1)$을 이용하여 $n=1,\ 2,\ \cdots$의 순서대로 미분방정식 (6.9)를 풀면 (6.7)을 얻는다. □

$\boldsymbol{N}\sim NPP(\lambda(t))$일 때 정리 6.22로부터 $N(t)$의 기댓값 $a(t)=E[N(t)]$는 다음과 같이 강도함수의 적분으로 표현할 수 있음을 알 수 있다.

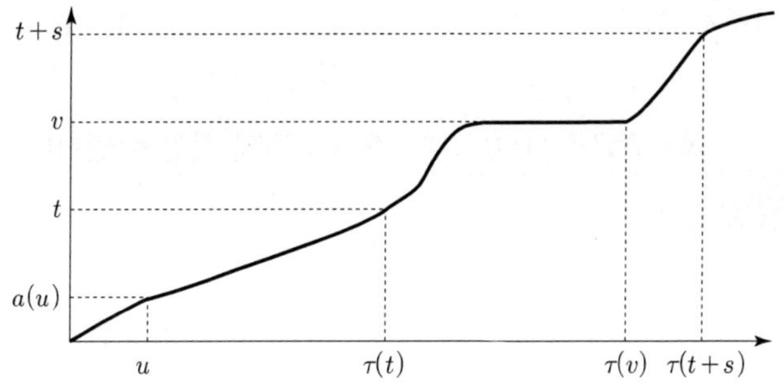

| 그림 6.6 | $\tau(t)$의 그래프

$$a(t) = \int_0^t \lambda(s)ds, \quad t \ge 0$$

따라서 $a(t)$는 연속함수이다. 이때 다음을 정의하자(그림 6.6 참조).

$$\tau(t) = \inf\{s : a(s) > t\}, \quad t \ge 0$$

그러면 $\tau(t)$는 증가함수임을 알 수 있다.

정리 6.23

$M(t) = N(\tau(t))$라 하면 $\boldsymbol{M} = \{M(t),\ t \ge 0\} \sim PP(1)$이다.

증명 먼저 $0 = t_0 < t_1 < t_2 < \cdots < t_n$을 고정하고 $s_i = \tau(t_i)(0 \le i \le n)$라 하자. $\boldsymbol{N}$이 독립증분을 가지므로

$$\begin{aligned}
&P(M(t_i) - M(t_{i-1}) = k_i,\ 1 \le i \le n) \\
&\quad = P(N(s_i) - N(s_{i-1}) = k_i,\ 1 \le i \le n) \\
&\quad = \prod_{i=1}^{n} P(N(s_i) - N(s_{i-1}) = k_i) \\
&\quad = \prod_{i=1}^{n} \left(\exp[-(a(s_i) - a(s_{i-1}))] \frac{(a(s_i) - a(s_{i-1}))^{k_i}}{k_i!} \right) \\
&\quad = \prod_{i=1}^{n} \left(\exp[-(t_i - t_{i-1})] \frac{(t_i - t_{i-1})^{k_i}}{k_i!} \right) \quad (a(\tau(t_i)) = t_i)
\end{aligned}$$

이다. 따라서 $\boldsymbol{M}$은 독립증분을 갖고 $M(t+s)-M(t) \sim \mathrm{Poi}(s)$이다. □

사건발생시각 $\boldsymbol{N} \sim NPP(\lambda(t))$일 때 $\boldsymbol{N}$의 n번째 사건이 일어나는 시각을 S_n이라 하자.

따름정리 6.24

$T_n = a(S_n)$은 비율이 1인 푸아송과정 $\boldsymbol{M}$의 n번째 사건이 발생하는 시각이다.

증명 다음을 주목하자.

$$\max\{n \ge 0 : T_n \le t\} = \max\{n \ge 0 : S_n \le \tau(t)\}.$$
$$= N(\tau(t)) = M(t)$$

정리 6.23에 의하여 따름정리가 증명된다. □

정리 6.25

$$P(S_{n+1} - S_n > t \mid S_1, \cdots, S_{n-1}, S_n = s) = e^{-(a(s+t)-a(s))}, \quad t \ge 0$$

증명 $A = \{a(S_{n+1}) > a(S_n + t)\}$, $B = \{a(S_{n+1}) \ge a(S_n + t)\}$로 두면 $a(t)$가 증가함수이므로 다음이 성립함을 알 수 있다.

$$A \subset \{S_{n+1} - S_n > t\} \subset B$$

따라서

$$P(A \mid S_1, \cdots, S_n = s) \le P(S_{n+1} - S_n > t \mid S_1, \cdots, S_n = s)$$
$$\le P(B \mid S_1, \cdots, S_n = s).$$

따름정리 6.24에 의하여 $a(S_{n+1}) - a(S_n)$은 $a(S_k)$, $0 \le k \le n$와 독립이고 모수가 1인 지수확률변수이다. 또한 $a(S_k)$, $0 \le k \le n$와 $a(S_n + t)$의 값은 $S_1, S_2, \cdots, S_n$에 의하여 결정되므로 $a(S_{n+1}) - a(S_n)$은 S_k, $0 \le k \le n$와 독립이다. 따라서 다음을 얻는다.

$$\begin{aligned}&P(A|S_1, \cdots, S_n = s)\\&= P(a(S_{n+1}) - a(S_n) > a(s+t) - a(s)|S_1, \cdots, S_n = s)\\&= \exp[-(a(s+t) - a(s))]\end{aligned}$$

같은 방식으로 다음을 얻는다.

$$P(B|S_1, \cdots, S_n = s) = \exp[-(a(s+t) - a(s))]$$

따라서 정리가 증명된다. □

따름정리 6.26

$$P(S_{n+1} - S_n > t) = \int_0^\infty e^{-a(s+t)} \frac{a(s)^{n-1}}{(n-1)!} \lambda(s) ds \tag{6.10}$$

증명 정리 6.22로부터 다음을 얻는다.

$$\begin{aligned}P(S_n \le t) &= P(N(t) \ge n)\\&= 1 - \sum_{k=0}^{n-1} e^{-a(t)} \frac{a(t)^n}{n!}\end{aligned}$$

따라서 S_n의 확률밀도함수는 다음과 같다.

$$f_{S_n}(t) = \frac{d}{dt} P(S_n \le t) = \lambda(t) e^{-a(t)} \frac{a(t)^{n-1}}{(n-1)!}, \quad t > 0 \tag{6.11}$$

정리 6.25와 전확률공식으로부터 다음을 얻는다.

$$P(S_{n+1} - S_n > t) = \int_0^\infty P(S_{n+1} - S_n > t | S_n = s) f_{S_n}(s) ds$$

(6.11)을 이용하여 위 식을 정리하면 (6.10)을 얻는다. □

정리 6.27

$N(t) = n$이라는 가정하에서 $S_1, \cdots, S_n$의 조건부결합확률밀도함수는 다음과 같다.

$$f(t_1, \cdots, t_n | N(t) = n) = n! \prod_{k=1}^{n} \left(\frac{\lambda(t_i)}{a(t)} \right), \quad 0 \le t_1 < t_2 < \cdots < t_n \le t \tag{6.12}$$

증명 $T_n = a(S_n)$이라 하면 따름정리 6.24와 정리 6.13에 의하여 $N(t) = M(a(t)) = n$이라는 가정하에 $T_1, \cdots, T_n$의 조건부결합확률밀도함수는 다음과 같음을 알 수 있다.

$$g(s_1, s_2, \cdots, s_n | M(a(t)) = n) = \frac{n!}{a(t)^n},$$
$$0 < s_1 < \cdots < s_n < a(t) \tag{6.13}$$

고정된 $t > 0$에 대하여

$$\mathcal{E}^n = \{(t_1, \cdots, t_n) : 0 < t_1 < \cdots < t_n < a(t)\}$$

라 두고 변환 $u_i : \mathcal{E}^n \to (0, \ t), \ 1 \le i \le n$를 다음과 같이 정의하자.

$$t_i = u_i(s_1, \cdots, s_n) = \tau(s_i), \quad i = 1, 2, \cdots, n$$

그러면 명백하게 $0 < t_2 < \cdots < t_n < t$이다. 또한 $(u_1, u_2, \cdots, u_n)$의 역변환 $(w_1, \cdots, w_n)$은

$$s_i = w_i(t_1, \cdots, t_n) = a(t_i) = \int_0^{t_i} \lambda(v)dv, \quad i = 1, 2, \cdots, n$$

이므로 야코비행렬식은 다음과 같다.

$$J = \frac{\partial(w_1, \cdots, w_n)}{\partial(t_1, \cdots, t_n)} = \begin{vmatrix} \lambda(t_1) & & & \\ & \lambda(t_2) & & \\ & & \ddots & \\ & & & \lambda(t_n) \end{vmatrix} = \prod_{i=1}^{n} \lambda(t_i)$$

따라서

$$\begin{aligned} f(t_1, \cdots, t_n | N(t) = n) &= g(w_1, w_2, \cdots, w_n | M(a(t)) = n) |J| \\ &= \frac{n!}{a(t)^n} \prod_{i=1}^{n} \lambda(t_i), \quad 0 < t_1 < \cdots < t_n < t. \end{aligned}$$

□

6장 연습문제

1. $\{N(t),\ t \geq 0\} \sim PP(5)$일 때 다음을 구하라.
   (1) $P(N(6)=9)$
   (2) $P(N(6)=9,\ N(20)=13,\ N(56)=27)$
   (3) $P(N(20)=13 \mid N(6)=9)$
   (4) $P(N(6)=9 \mid N(20)=13)$
   (5) $E[N(t)]$, $\text{Var}[N(t)]$
   (6) $E[N(t+s) \mid N(t)]$

2. $\boldsymbol{N}=\{N(t),\ t \geq 0\} \sim PP(\lambda)$이고 S_n은 n번째 사건이 발생할 때까지 걸리는 시간이라 할 때 다음을 구하라.
   (1) $E[S_4]$ (2) $E[S_4 \mid N(1)=4]$
   (3) $E[N(4)-N(2) \mid N(1)=3]$ (4) $E[S_{N(t)}]$

3. 식 (6.1)의 우변을 미분하여 S_n의 확률밀도함수를 구하라.

4. 전화번호 안내원에게 번호를 문의하는 전화는 시간당 비율이 λ인 푸아송과정을 따라 걸려온다고 한다. 처음 한 시간 동안 5건의 문의가 있다고 할 때 다음을 계산하라.
   (1) 5건 모두 처음 20분 이전에 있을 확률
   (2) 처음 20분 동안 최소한 한 건 이상의 문의가 있을 확률

5. 하루에 오전 9시부터 오후 6시까지 문을 열고 환자를 진료하는 의원을 생각하자. 단 오후 1시부터 오후 2시까지는 점심시간으로 환자를 받지 않는다. 환자들이 시간당 평균 8(단위: 명)인 푸아송분포를 따라서 도착한다고 할 때 다음 물음에 답하라.
   (1) 하루 영업시간(점심시간을 제외한 시간) 동안 도착한 고객의 평균 수
   (2) 영업을 끝내기 15분 전에 한 명의 고객도 오지 않을 확률
   (3) 9시 30분부터 10시 30분까지 도착한 고객 수와 11시부터 12시까지 도착한 고객 수 사이의 상관계수

6. 한 명의 점원이 근무하는 어떤 사무실에 고객들이 시간당 3명의 비율을 갖는 푸아송

과정을 따라서 도착한다.

(1) 그 가게는 오전 8시에 문을 열기로 되어 있으나 점원이 늦잠을 자는 바람에 오전 10시에 도착하였다. 두 시간 동안 한 명의 고객도 도착하지 않았을 확률은 얼마인가?

(2) 그 점원이 도착하고 나서 처음으로 고객이 도착할 때까지 걸리는 시간의 분포를 구하라.

7. 야생동물 한 마리가 도로를 횡단하려고 한다. 자동차들은 1분당 평균이 3인 푸아송과정을 따라서 지나가며 동물이 고속도로를 횡단하는 데 걸리는 시간은 T초이다. 동물이 도로에 있을 때 자동차가 지나가면 동물은 사고를 당한 것으로 보자.

(1) 동물이 좌우를 살피지 않고 도로를 건넌다고 할 때 동물이 무사히 도로를 횡단할 확률을 구하라.

(2) 동물은 자동차 한 대를 보낸 다음 바로 도로를 건넌다고 할 때 동물이 무사히 도로를 횡단할 확률을 구하라.

(3) 동물은 자동차 한 대를 보낸 다음 바로 도로를 건넌다고 할 때 도로변에 도착한 다음부터 도로를 횡단하기 시작할 때까지 기다리는 시간의 평균을 구하라.

8. 두 개의 핸드볼 팀은 각각 비율이 1과 2인 푸아송과정을 따라서 득점한다고 한다. 각 핸드볼 팀을 A와 B로 나타내기로 하고 t시각 동안 얻은 점수를 각각 $N_A(t)$와 $N_B(t)$로 나타내기로 하자. $N_A(0)=3$, $N_B(0)=1$일 때 B팀이 5점을 얻기 전에 A팀이 먼저 5점을 얻을 확률을 구하라.

9. $\boldsymbol{N}=\{N(t),\ t\ge 0\}\sim PP(\lambda)$이고 T는 $\boldsymbol{N}$과 서로 독립이며 평균이 μ, 분산이 σ^2인 음이 아닌 확률변수라 하자. 다음을 구하라.

(1) $E[N(T)]$ (2) $\mathrm{Var}[N(T)]$ (3) $\mathrm{Cov}(T,\ N(T))$

10 어떤 사건이 비율이 λ인 푸아송과정을 따라서 발생한다고 하자. 이때 적당한 시간 T $(T>1/\lambda)$를 미리 정해놓고 T 이전에 발생할 마지막 사건을 맞추는 게임을 생각하자. 매 사건이 발생할 때마다 그 사건이 T 이전에 발생한 마지막 사건이라고 생각되면 일정 금액만큼의 돈을 건다. 즉 $t(0\le t<T)$시각에 사건이 발생하여 돈을 걸었는데 $(t,\ T]$ 동안 아무 사건도 발생하지 않으면 돈을 따게 되고 하나 이상의 사건이 발생하면 돈을 잃게 된다. 또한 $(0,\ T]$ 동안 하나의 사건도 발생하지 않으면 돈을 따지 못한다. 이 게임에서 적당한 시각 $s(0\le s<T)$를 정해두고 s시각 이후에 처음

발생하는 사건에 돈을 거는 전략을 세웠을 때 다음 물음에 답하라.

(1) 돈을 딸 확률을 s의 식으로 나타내라.

(2) 돈을 딸 확률을 최대로 하는 s값을 구하라.

(3) 돈을 딸 확률의 최댓값은 $1/e$임을 보여라.

11. 정의 6.1로부터 잔여수명 $B(t)$가 $\{N(u),\ 0 \le u \le t\}$와 독립이고 모수가 λ인 지수분포를 따름을 보여라.

12. $\boldsymbol{N} \sim PP(\lambda)$의 t시각에서의 후방향재귀시간 $A(t)$의 기댓값을 구하라.

13. 검사모순이 발생하는 이유를 현실의 경험에서 설명해 보아라.

14. 통신 시스템에 전송신호는 비율이 λ인 푸아송과정을 따라서 도착한다고 하자. 각 신호가 성공적으로 전송될 확률은 p이고 전송에 실패할 확률은 $1-p$이다. $N_1(t)$와 $N_2(t)$를 각각 t시간 동안 성공적으로 전송된 신호 수와 전송에 실패한 신호 수라 할 때 다음 물음에 답하라. 단 각 신호는 독립적으로 전송된다고 가정한다.

(1) $(N_1(t),\ N_2(t))$의 결합분포

(2) 신호가 처음으로 성공적으로 전송될 때까지 실패한 신호 수를 L이라 할 때 L의 분포

(3) 신호가 처음으로 성공적으로 전송될 때까지 걸리는 시간의 분포

15. 어떤 백화점에서는 매 13번째 도착하는 사람에게 선물을 주기로 하였다. 즉 13번째, 26번째, 39번째, $\cdots$에 도착하는 사람에게 선물을 주기로 하였다. 고객들은 비율이 λ인 푸아송과정을 따라서 도착한다고 할 때 다음을 구하라.

(1) 선물을 받는 사람이 도착하는 시간 간격에 대한 확률밀도함수

(2) $[0,\ t]$ 동안 선물을 받은 사람 수의 평균

16. 그림 6.7과 같은 도로에서 A지점은 시간당 60대의 차량이 통과하며 이들 중 20%는 트럭이고 나머지는 승용차이다. 또한 B지점은 시간당 80대의 차량이 통과하며 이들 중 30%는 승용차이다.

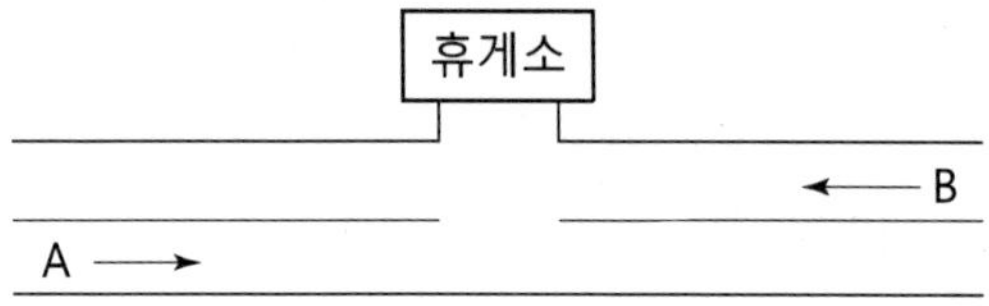

| 그림 6.7 | 휴게소 모형

트럭에는 한 명이 타고 있고 승용차에 탄 사람 수 X는 다음 분포를 따른다고 하자.

i	1	2	3	4	5
$P(X=i)$	0.30	0.30	0.20	0.10	0.10

각 지점을 통과하는 차량은 서로 독립이며 각각은 푸아송과정을 따르고 통과 차량의 10%가 휴게소에 들른다고 할 때 다음을 구하라.

(1) 단위시간당 휴게소에 들르는 트럭 수의 평균

(2) 30분 동안 휴게소에 들르는 승용차 수의 평균

(3) 단위시간당 휴게소에 들르는 고객 수의 평균

17. 어떤 백화점에는 3개의 문이 있는데 각 문으로 들어오는 고객은 비율이 각각 시간당 $\lambda_1 = 110,\ \lambda_2 = 90,\ \lambda_3 = 160\,\lambda_1 = 110,\ \lambda_2 = 90,\ \lambda_3 = 160$인 푸아송과정을 따른다고 한다. 들어오는 고객의 30%가 남자고객이고 남자고객의 80%가 물건을 사며 여자고객 중에는 10%만이 물건을 산다고 한다. 물건을 사는 손님의 평균 구매액은 50000원이라 할 때 다음을 구하라.

(1) 하루 10시간 동안 판매를 하였을 때 평균매출 총액

(2) 처음 15분 동안 3번째 여자고객이 물건을 사기 위하여 도착할 확률

18. 어떤 셀프서비스 식당에 고객들이 비율이 λ인 푸아송과정을 따라서 도착한다. 각 고객의 식사시간은 서로 독립이며 모수가 μ인 지수분포를 따른다. 식사를 마친 손님은 바로 식당을 떠난다. 식당 크기는 무한히 커서 얼마든지 손님을 수용할 수 있다고 하자. 식당 문을 연지 t시간 후 식당에 있는 손님 수를 $X(t)$라 할 때 다음을 구하라.

(1) $E[X(t)]$　　　　(2) $E[X(t+s)\,|\,X(t)=n]$

(3) $\mathrm{Var}[X(t+s)\,|\,X(t)=n]$

(도움말 : 예제 6.6을 참고하라.)

19. 어떤 기계는 충격에 민감하게 반응하는데 충격 강도가 x일 때 기계가 고장이 날 확

률을 $p(x)$라고 하자. 충격은 비율이 λ인 푸아송과정을 따라서 발생하며 매번 발생하는 충격 강도는 서로 독립이고 각각은 분포함수가 $G(x)$인 확률분포를 따른다. T를 기계가 충격에 의하여 고장이 날 때까지 걸리는 시간이라 하고 N을 기계가 고장 날 때까지 받는 충격 횟수라 할 때 다음 물음에 답하라.

(1) N과 T의 분포를 각각 구하라.

(2) $N=k$라는 가정하에 T의 조건부분포를 구하라.

(3) $T=t$라는 가정하에 N의 조건부분포를 구하라.

20. 어떤 건물 앞에 설치된 현금자동지급기에는 시간당 10명의 비율을 갖는 푸아송과정을 따라서 고객이 도착한다. 한 고객이 인출하는 돈의 평균 금액은 5만 원이고 표준편차는 3만 원일 때 8시간 동안 현금자동지급기를 통하여 인출되는 금액의 평균과 표준편차를 구하라.

21. $\boldsymbol{Z}=\{Z(t),\ t \ge 0\}$를 증분 크기가 $Z_n \sim \text{Geo}(\alpha)\,(n=1,\ 2,\ \cdots)$인 복합 푸아송과정이라 할 때 $Z(t)$의 분포를 구하라.

22. 예제 6.3에서 $\text{Var}[X|N(t)]=\dfrac{t^2}{12}N(t)$임을 보이고 이것을 이용하여 $\text{Var}[X]$를 구하라.

23 $S_1,\ S_2,\ \cdots$를 $\boldsymbol{N}=\{N(t),\ t \ge 0\} \sim PP(\lambda)$의 지연시간이라 하고 g를 $(0,\ \infty)$에서 정의된 함수라 하자. $Z(t)=\sum_{i=1}^{N(t)} g(S_i)$의 평균과 분산을 구하라.

24. 갑돌이는 평균적으로 일주일에 한 번씩 은행에 예금을 한다. 매번 예금하는 금액은 서로 독립이며 40~50만 원 사이에서 균등분포를 따른다고 하자. 갑돌이 부인은 평균적으로 일주일에 두 번 갑돌이 통장에서 돈을 인출해간다. 갑돌이 부인이 은행에서 매번 인출하는 액수는 서로 독립이며 20~25만 원 사이에서 균등분포를 따른다고 하자. t기간(단위 : 주) 동안 갑돌이가 은행에 예금을 하는 횟수 $N_1(t)$와 갑돌이 부인이 예금을 인출해가는 횟수 $N_2(t)$는 서로 독립인 푸아송과정을 따른다고 하자. t시각에 갑돌이 은행 잔고를 $Z(t)$라고 할 때 $E[Z(t)]$와 $\text{Var}[Z(t)]$를 각각 구하라. 단 갑돌이는 마이너스 통장을 사용하므로 갑돌이 부인은 얼마든지 돈을 인출할 수 있다고 가정한다.

25. (6.5)에서 주어진 복합 푸아송과정 $\boldsymbol{Z}=\{Z(t),\ t \ge 0\}$에 대하여 다음을 구하라.

(1) $\mathrm{Cov}(Z(t+s),\ Z(t))$ (2) $\mathrm{Cov}(N(t),\ Z(t))$

26. 할인가격으로 판매하는 백화점에 남자고객과 여자고객이 시간당 비율이 각각 20과 30이며 서로 독립인 푸아송과정을 따라서 도착한다. 다음 물음에 답하라.
    (1) 처음 도착한 세 명의 고객이 모두 여자고객일 확률을 구하라.
    (2) 세 명의 여자고객이 도착하기 전에 두 명의 남자고객이 도착할 확률을 구하라.
    (3) 개점 후 5분 이내에 두 명의 고객이 도착하였다고 할 때 모두 3분 이내에 도착했을 확률을 구하라.
    (4) 한 고객이 사는 물건 개수 X는 남녀에 관계없이 다음과 같은 분포를 따른다.

$$P(X=0)=\frac{1}{4},\quad P(X=1)=\frac{2}{4},\quad P(X=2)=\frac{1}{8},\quad P(X\geq 3)=\frac{1}{8}$$

    $N_i(i=0,\ 1,\ 2,\ 3)$를 개점 후 처음 한 시간 동안 i개의 물건을 산 고객 수라 할 때 $(N_0,\ N_1,\ N_2,\ N_3)$의 결합분포를 구하라. 단 N_3는 3개 이상 물건을 산 고객 수이다.

27. 수출품을 생산하는 어느 공장에서 시간당 λ인 푸아송과정을 따라 물건을 생산한다고 하자. 생산된 제품은 트럭에 의하여 항구로 이송된다. 트럭은 비율이 μ인 푸아송과정을 따라 공장에 도착하여 그때까지 생산된 물품 전체를 항구로 이송한다. 공장에서 항구까지 이동하고 물품을 내리는 시간을 무시할 때 $Z(t)$를 t시간 동안 이송된 물품 개수라 하자. $Z(t)$의 평균을 구하라.

28. $\boldsymbol{N}=\{N(t),\ t\geq 0\}$를 강도함수가 $\lambda(t)=2t\,(t>0)$인 비동질 푸아송과정이라 할 때 다음을 구하라.
    (1) $N(t)$의 분포 (2) $(4,\ 5]$ 동안 발생한 사건 수의 분포
    (3) S_1의 분포 (4) $E[S_1\,|\,N(t)=3]$

29. 어떤 사건이 $\boldsymbol{N}=\{N(t),\ t\geq 0\}\sim NPP(\lambda(t))$를 따라서 발생하고 각 사건은 유형 1과 유형 2 두 가지로 분류된다고 하자. t시각에 발생한 사건이 유형 1이 될 확률을 $p(t)$라 하자. $(0,\ t]$ 동안 발생한 유형 1 사건 수 $N_1(t)$의 분포를 구하라.

30. $\boldsymbol{N}_1\sim PP(\lambda_1)$, $\boldsymbol{N}_2\sim PP(\lambda_2)$이고 서로 독립이라 하자. 시각 $t=0$에 앞면이 나올 확률이 p인 동전을 던진 다음 그 결과에 따라 $\boldsymbol{N}=\{N(t),\ t\geq 0\}$을 다음과 같이 정

의하자.

$$N(t)=\begin{cases} N_1(t), & \text{앞면이 나올 경우} \\ N_2(t), & \text{뒷면이 나올 경우} \end{cases}$$

다음 물음에 답하라.

(1) $\boldsymbol{N}$은 독립증분을 갖는가?

(2) $\boldsymbol{N}$은 정상증분을 갖는가?

(3) $\boldsymbol{N}$은 푸아송과정이 되는가?

(4) $N(t)$의 분포를 구하라.

(5) $N(t)=n$이라는 가정하에 동전의 앞면이 나올 확률을 구하라.

(6) $N(t)=n$이라는 가정하에 t시각부터 x시간 이내에 사건이 발생할 확률을 구하라.

31. [조건부 푸아송과정] Λ는 분포함수가 $G(x)$(단 $G(0)=0$)인 확률변수이다. $\Lambda=\lambda$라는 가정하에서 확률과정 $\boldsymbol{N}=\{N(t),\ t\geq 0\}$가 비율이 λ인 푸아송과정이 될때 $\boldsymbol{N}$을 **조건부 푸아송과정**이라고 한다. 다음 물음에 답하라.

(1) 다음을 보여라.

$$P(N(t+s)-N(s)=n)=E\left[e^{-\Lambda t}\frac{(\Lambda t)^n}{n!}\right]$$

(2) 다음을 보여라.

$$P(\Lambda\leq x\,|\,N(t)=n)=\frac{E[\Lambda^n e^{-\Lambda t}1_{\{\Lambda\leq x\}}]}{E[\Lambda^n e^{-\Lambda t}]}$$

(3) 조건부 푸아송과정은 정상증분을 가지나 독립증분을 가지지 않음을 보여라.

(4) t시간까지의 이력 $\{N(s),\ 0\leq s\leq t\}$가 주어졌다는 가정하에 Λ의 조건부분포를 구하라.

(5) $N(t)=n$이라는 가정하에 t시각 이후 사건이 처음으로 발생할 때까지 걸리는 시간의 조건부분포를 구하라.

(6) 다음을 구하라.

$$\lim_{h\to 0}\frac{P(N(h)\geq 1)}{h}$$

(7) 사건발생시간 간격 X_1, X_2, $\cdots$가 서로 독립인지 판정하라. 또한 서로 같은 분포를 갖는지 판정하라.

32. $\{N(t),\ t \geq 0\}$가 $\Lambda \sim \mathrm{Gam}(m,\ \alpha)$에 대한 조건부 푸아송과정일 때 다음 물음에 답하라.

(1) 다음을 보여라.

$$P(N(t)=n)=\binom{m+n-1}{n}\left(\frac{\alpha}{\alpha+t}\right)^m\left(\frac{t}{\alpha+t}\right)^n,\quad n \geq 0$$

(2) $N(t)=n$이라는 가정하에 Λ의 조건부분포는 모수가 $(m+n,\ \alpha+t)$인 감마분포가 됨을 보여라.

(3) 다음을 구하라.

$$\lim_{h \to 0}\frac{1}{h}P(N(t+h)-N(t)=1 \mid N(t)=n)$$

6장 참고문헌

이 장은 대부분의 확률과정론 입문서에서 다루는 푸아송과정에 대한 표준적인 내용으로 구성하였으며 연습문제도 아래의 참고문헌에서 발췌하여 소개하거나 일부 수정하였다. 특히 조건부 푸아송과정에 대한 내용은 Ross(1996)를 참조하였다.

푸아송과정은 대부분의 확률과정론 입문서에서 다루고 있으나 그 전개 방식에 약간의 차이가 있음을 주목할 필요가 있다. Çinlar(1975), Ross(1996) 등은 푸아송과정에 대한 제6.1절의 정의로부터 시작하여 이론을 전개하고 있으나 Kulkarni (1995)는 제6.2절과 같이 사건발생시간 간격이 지수분포를 따르는 계수과정으로 정의하여 이론을 전개하고 있다. 이 장에서는 두 전개 방식을 모두 소개하고 서로 동치라는 것을 보였다.

1. Çinlar, E., *Introduction to Stochastic Processes*, Prentice-Hall, Inc., 1975.
2. Durrett, R., *Essentials of Stochastic Processes*, Springer, 1999.
3. Kulkarni, V. G., *Modeling and Analysis of Stochastic Systems*, Chapman & Hall/CRC, 1995.
4. Ross, S. M., *Introduction to Probability Models*, 9th ed., Academic Press, 2007.
5. Ross, S. M., *Stochastic Processes*, 2nd ed., John Wiley & Sons, 1996.
6. Wolff, R. W., *Stochastic Modeling and The Theory of Queues*, Prentice Hall, Inc., 1989.

제 7 장

갱신과정

사건의 발생시간 간격이 서로 독립이며 같은 분포를 따를 때 일정 시간 동안 발생한 사건 수로 이루어지는 확률과정을 갱신과정이라 한다. 푸아송과정은 발생시간 간격이 지수분포를 따르는 갱신과정이다. 이 장에서는 발생시간 간격이 일반적인 분포를 따르는 갱신과정에 대하여 살펴본다.

7.1 도입 및 정의

어떤 사건이 n번째 발생하는 시각을 S_n이라 하고 그 사건의 발생시간 간격을 $X_n = S_n - S_{n-1}$이라 하자. 이때 $(0, t]$ 동안 발생한 사건 수를 $N(t)$라 하면 S_n과 $N(t)$는 다음과 같이 나타낼 수 있다.

$$S_n = \sum_{i=1}^{n} X_i, \quad n = 1, 2, \cdots \quad (S_0 = 0),$$

$$N(t) = \sup\{n : S_n \le t\}, \quad t \ge 0$$

$X_1, X_2, \cdots$가 서로 독립이며 같은 분포를 따를 때 확률과정 $\boldsymbol{N} = \{N(t), t \ge 0\}$를 갱신간격이 $\{X_n\}$인 **갱신과정**이라 한다. 또한 $\boldsymbol{S} = \{S_n, n = 0, 1, 2, \cdots\}$를 **갱신시각의 열**(sequence of renewal times) 또는 간단히 **갱신열**(renewal sequence)이라고 한다. $\boldsymbol{N} = \{N(t), t \ge 0\}$은 계수과정이므로 $\boldsymbol{N}$의 표본경로는 증가하는 계단함수이며 우측으로 연속이다.

$P(X_n < \infty) < 1$일 때 갱신과정 $\boldsymbol{N}$을 **일시적인 갱신과정**(transient renewal process) 또는 **부족갱신과정**(defective renewal process)이라 하고 $P(X_n < \infty) = 1$일 때 $\boldsymbol{N}$을 **재귀적인 갱신과정**이라 한다. $p = P(X_n = 0) > 0$이면 한 번에 j개의 사건이 동시에 발생할 확률은 $(1-p)p^{j-1}$이 된다. $P(X_n = 0) = 0$이면 한 번에 발생하는 사건 수는 1이다.

예제 7.1 **부품교환 문제**

자동차나 컴퓨터 등과 같은 기계장치에서 사용 중인 어떤 부품의 수명이 다하면 그 즉시 같은 종류의 새로운 부품으로 교체하는 경우를 생각하자. 이때 n번째 사용되는 부품 수명을 X_n이라 하고 $(0, t]$ 동안 교체한 부품 수 $N(t)$라 하자. $X_1, X_2, \cdots$가 서로 독립이며 같은 분포를 따를 때 $\boldsymbol{N} = \{N(t), t \ge 0\}$은 갱신과정이 된다. ■

예제 7.2 **기계작동모형**

컴퓨터의 메인 서버와 같이 쉬지 않고 작동하는 기계를 생각하자. 이 기계가 고장이 나면 수리를 위하여 가동을 중단하고 수리가 끝나면 즉시 가동을 시작한다. 처음에 작동상태로 시작하여 이와 같은 과정이 끊임없이 반복된다고 하자. 이 기계가 n번째 작동되기 시작하여 고장이 날 때까지 가동되는 기간을 U_n, n번째 고장이 났을 때 수리하는 데 걸리는 시간을 V_n이라 하고 $X_n = U_n + V_n$이라 하자. 또한 이 기계가 $(0, t]$ 동안 수리를 마친 횟수를 $N(t)$라 하자. $X_1, X_2, \cdots$가 서로 독립이며 같은 분포를 따를 때 $\{N(t), t \geq 0\}$는 갱신과정이 된다. ■

□ X_n에 대한 가정 및 기호

논의의 편의를 위하여 이 장 전체에서 앞으로 특별한 언급이 없는 한 다음과 같은 가정과 기호를 사용한다.

1. $P(0 < X_n < \infty) = 1$

2. $F(t) = P(X_n \leq t)$
   $\mu = E[X_n]$
   $\sigma^2 = \mathrm{Var}[X_n]$
   $F_n(t) = P(S_n \leq t), \quad n = 1, 2, \cdots$

3. 함수 $G(t)$의 라플라스–스틸체스변환은 $G^*(s)$로 나타낸다. 즉

$$G^*(s) = \int_0^\infty e^{-st} dG(t).$$

7.2 기본적인 성질

이 절에서는 $N(t)$의 분포와 $t \to \infty$일 때 $N(t)$의 근사성질에 대하여 알아본다.

먼저 S_n의 분포함수를 구해보자. $S_0 = 0$이므로 $F_0(t)$는 다음과 같다.

$$F_0(t) = \begin{cases} 0, & t < 0 \\ 1, & t \geq 0 \end{cases}$$

$n \geq 1$일 때 $S_n = S_{n-1} + X_n$이고 X_n과 S_{n-1}은 서로 독립이므로 다음이 성립함을 알 수 있다.

$$P(S_n \leq t \mid X_n = x) = P(S_{n-1} \leq t - x \mid X_n = x)$$

$$= P(S_{n-1} \le t-x)$$
$$= F_{n-1}(t-x), \quad t \ge x \ge 0$$

따라서

$$\begin{aligned} F_n(t) &= \int_0^\infty P(S_n \le t \mid X_n = x)\,dF(x) \\ &= \int_0^\infty F_{n-1}(t-x)\,dF(x) \\ &= F_{n-1} * F(t), \quad n = 1, 2, \cdots \end{aligned}$$

합성곱의 성질(제1.7.2절)에 의하여 $F_n^*(s) = F_{n-1}^*(s)F^*(s)$이므로 다음을 얻는다.

$$F_n^*(s) = [F^*(s)]^n, \quad n = 0, 1, 2, \cdots \tag{7.1}$$

정리 7.1

$$P(N(t) = n) = F_n(t) - F_{n+1}(t), \quad n = 0, 1, 2, \cdots$$

증명 t시각까지 n개 이상의 갱신이 발생할 사건은 n번째 갱신이 t시각 또는 그 이전에 발생할 사건과 동치이므로 다음이 성립함을 알 수 있다.

$$\{N(t) \ge n\} \Longleftrightarrow \{S_n \le t\}$$

따라서 다음을 얻는다.

$$\begin{aligned} P(N(t) = n) &= P(N(t) \ge n) - P(N(t) \ge n+1) \\ &= P(S_n \le t) - P(S_{n+1} \le t) \\ &= F_n(t) - F_{n+1}(t), \quad n = 0, 1, 2, \cdots \end{aligned}$$ □

정리 7.2

$$P(N(t) < \infty) = 1, \quad 0 \le t < \infty$$

증명 대수의 강법칙에 의하여

$$P\left(\lim_{n\to\infty}\frac{S_n}{n}=\mu\right)=1$$

이고, $\mu>0$이므로 $P\left(\lim_{n\to\infty}S_n=\infty\right)=1$이다. 따라서 각각의 $t\geq 0$에 대하여

$$P(N(t)=\infty)=P\left(\lim_{n\to\infty}S_n\leq t\right)=0. \qquad \square$$

보조정리 7.3

$$P\left(\lim_{t\to\infty}N(t)=\infty\right)=1$$

증명 $N(\infty)=\lim_{t\to\infty}N(t)$로 두자. $\{N(\infty)<\infty\}=\cup_{n=1}^{\infty}\{X_n=\infty\}$이고 $P(X_n=\infty)=0$이므로

$$P(N(\infty)<\infty)\leq\sum_{n=1}^{\infty}P(X_n=\infty)=0. \qquad \square$$

정리 7.4 갱신과정에 대한 대수의 강법칙

확률 1로 다음이 성립한다.

$$\lim_{t\to\infty}\frac{N(t)}{t}=\frac{1}{\mu}\quad \left(\text{단 } \frac{1}{\infty}=0\right)$$

증명 $\mu<\infty$인 경우만 증명한다. 현재 시각을 t라고 할 때 $S_{N(t)}$는 t시각 이전에 발생한 사건 중 최근 발생한 시각을 나타내고, $S_{N(t)+1}$은 시각 t 이후에 처음으로 사건이 발생할 시각이므로 다음이 성립한다.

$$S_{N(t)}\leq t<S_{N(t)+1}$$

따라서 다음을 얻는다.

$$\frac{S_{N(t)}}{N(t)}\leq\frac{t}{N(t)}<\frac{S_{N(t)+1}}{N(t)} \tag{7.2}$$

$\lim_{t \to \infty} N(t) = \infty$ 이므로 대수의 강법칙에 의하여 확률 1로 다음이 성립한다.

$$\lim_{t \to \infty} \frac{S_{N(t)}}{N(t)} = \mu,$$

$$\lim_{t \to \infty} \frac{S_{N(t)+1}}{N(t)} = \lim_{t \to \infty} \frac{N(t)+1}{N(t)} \frac{S_{N(t)+1}}{N(t)+1} = \mu$$

위의 결과와 (7.2)으로부터 정리가 증명된다. □

다음 정리는 갱신과정에 대한 중심극한정리로 이산시간 갱신과정에 대한 중심극한정리와 증명방법이 유사하므로 증명은 생략한다.

정리 7.5

$\sigma^2 = \mathrm{Var}[X_1] < \infty$ 일 때 다음이 성립한다.

$$\lim_{t \to \infty} P\left(\frac{N(t) - t/\mu}{\sigma \sqrt{t/\mu^3}} < x \right) = \int_{-\infty}^{x} \frac{1}{\sqrt{2\pi}} e^{-y^2/2} dy$$

정리 7.5로부터 t가 충분히 클 때 $N(t)$는 근사적으로 정규분포 $\mathrm{N}\left(\frac{t}{\mu}, \frac{t\sigma^2}{\mu^3}\right)$을 따르는 것을 알 수 있다.

7.3 갱신함수와 갱신방정식

$M(t) = E[N(t)]$를 **갱신함수**(renewal function)라고 한다. 기댓값 성질(정리 1.2)로부터 다음을 얻는다.

$$\begin{aligned} M(t) &= \sum_{n=1}^{\infty} P(N(t) \geq n) = \sum_{n=1}^{\infty} P(S_n \leq t) \\ &= \sum_{n=1}^{\infty} F_n(t) \end{aligned} \tag{7.3}$$

$F_n(t)$의 확률밀도함수 $f_n(t)$가 존재하면 다음이 성립함을 알 수 있다.

$$m(t) = \frac{d}{dt}M(t) = \sum_{n=1}^{\infty} f_n(t)$$

이때 함수 $m(t)$를 갱신밀도함수(renewal density function)라고 한다. $M(t)$가 분포함수가 아니므로 $m(t)$는 확률밀도함수가 아니다. 그러나 $f_n(t)\Delta t \approx P(S_n \in (t,\ t+\Delta t))$이므로 $m(t)\Delta t$는 $(t,\ t+\Delta t)$ 동안 갱신이 일어날 확률을 의미한다.

식 (7.1)과 (7.3)으로부터 다음을 얻는다.

$$M^*(s) = \frac{F^*(s)}{1-F^*(s)} \tag{7.4}$$

또한 $F_n(t) = F_{n-1} * F(t)$이므로

$$\begin{aligned} M(t) &= F(t) + \sum_{n=2}^{\infty} F_n(t) = F(t) + \left(\sum_{n=1}^{\infty} F_n\right) * F(t) \\ &= F(t) + M * F(t). \end{aligned}$$

즉 갱신함수 $M(t)$는 다음의 합성곱 방정식을 만족한다.

$$M(t) = F(t) + \int_0^t M(t-x)dF(x) \tag{7.5}$$

예제 7.3

$X_n \sim \text{Exp}(\lambda)$일 때 $M(t)$를 구하라.

‖ **풀이** $F^*(s) = \dfrac{\lambda}{s+\lambda}$이므로 (7.4)로부터 다음을 얻는다.

$$M^*(s) = \frac{\lambda}{s}$$

따라서 $M(t) = \lambda t$이다. 이것은 푸아송과정의 결과와 일치한다. ■

예제 7.4

$X_n \sim \mathrm{U}(0,\ 1)$일 때 $M(t)(0 \le t \le 1)$를 구하라.

‖**풀이** $0 \le t \le 1$일 때, $F(t) = t$이므로 $M(t)$는 다음을 만족한다.

$$\begin{aligned} M(t) &= t + \int_0^t M(t-x)dx \\ &= t + \int_0^t M(y)dy \end{aligned}$$

위 식의 양변을 t로 미분하면 다음 미분방정식을 얻는다.

$$M'(t) = 1 + M(t)$$

위 미분방정식을 다시 쓰면

$$\frac{\frac{d}{dt}(1+M(t))}{1+M(t)} = 1$$

이므로 다음을 얻는다.

$$\log(1+M(t)) = t + C$$

여기서 C는 적분상수이다. $M(0) = 0$이므로 $C = 0$이 되어 다음을 얻는다.

$$M(t) = e^{t-1},\quad 0 \le t \le 1$$ ■

정리 7.6
$M(t)$는 단조증가함수이며 우연속이고 각각의 $t \ge 0$에 대하여 $M(t) < \infty$이다.

증명 증명은 제7.10절에서 제시한다. □

갱신방정식 $[0,\ \infty)$에서 정의된 함수 $K(t)$가 주어졌을 때 함수 $H(t)$에 대한 다음과 같은 형태의 합성곱 방정식을 **갱신방정식**(renewal equation)이라 한다.

$$H(t) = K(t) + \int_0^t H(t-u)\,dF(u), \quad t \geq 0 \tag{7.6}$$

$M(t)$에 대한 방정식 (7.5)는 $K(t) = F(t)$인 갱신방정식이다.

정리 7.7 갱신방정식의 해

각각의 $t \geq 0$에 대하여 $\sup_{0 \leq x \leq t} |K(x)| < \infty$일 때 갱신방정식 (7.6)에 대하여

$$\sup_{0 \leq x \leq t} |H(x)| < \infty \tag{7.7}$$

를 만족하는 유일한 해가 존재한다. 이때 방정식의 해는 다음과 같이 나타낼 수 있다.

$$H(t) = K(t) + \int_0^t K(t-x)\,dM(x) \tag{7.8}$$

증명 (7.8)을 (7.6)의 우변에 대입하면 $F + M * F = M$이므로

$$\begin{aligned} K + H * F &= K + (K + K * M) * F \\ &= K + K * (F + M * F) \\ &= K + K * M = H \end{aligned}$$

가 되어 (7.8)은 갱신방정식 (7.6)의 해가 된다.

해의 유일성을 보이기 위하여 H_1과 H_2를 (7.7)을 만족하는 방정식 (7.6)의 두 해라 하고 그 차를 $D(t) = H_1(t) - H_2(t)$라 하자. 그러면

$$D = H_1 - H_2 = H_1 * F - H_2 * F - D * F$$

이므로 $D = D * F_n (n \geq 1)$이 성립함을 알 수 있다. 이제 임의로 한 점 $t > 0$를 고정하자. H_1과 H_2가 (7.7)을 만족하므로 $c = \sup_{0 \leq u \leq t} |D(u)| < \infty$이다. 따라서 다음을 얻는다.

$$|D(t)| \leq \int_0^t |D(t-u)|\,dF_n(u) \leq cP(S_n \leq t)$$

한편

$$\lim_{n\to\infty} P(S_n \le t) = \lim_{n\to\infty} P(N(t) \ge n) = P(N(t) = \infty) = 0$$

이므로 $|D(t)| = 0$이다. 따라서 유일성이 증명되었다.

끝으로 (7.8)에 주어진 $H(t)$가 (7.7)을 만족함을 보이자. $a = \sup_{0 \le x \le t} |K(x)| < \infty$라 하자. $M(t)$가 단조증가함수이고 $M(t) < \infty$이므로 $0 \le x \le t$에 대하여

$$\begin{aligned} |H(x)| &\le |K(x)| + \int_0^x |K(x-y)|\,dM(y) \\ &\le a + aM(x) \\ &\le a + aM(t) < \infty \end{aligned}$$

가 되어 (7.7)이 증명된다. □

7.4 갱신정리

이 절에서는 $t \to \infty$일 때 $\frac{M(t)}{t}$의 극한과 갱신방정식의 해 $H = K + K * M$의 극한에 대하여 살펴본다. 먼저 갱신이론에서 매우 유용하게 사용되는 갱신논법에 대하여 알아보자.

갱신논법 갱신과정 $\boldsymbol{N} = \{N(t),\ t \ge 0\}$에서 처음 갱신이 발생한 시각을 $S_1 = x$라 가정하고 $(x,\ x+u]$ 동안 발생한 갱신 수를 $\widetilde{N}(u)$라고 하자. $0 < t < x$일 때, x시각 이전에는 어떠한 갱신도 발생하지 않았으므로 $N(t) = 0\,(t < x)$이다. 또한 $t \ge x$이면 이미 $S_1 = x$에 하나의 갱신이 발생하였으므로 $N(t) = 1 + \widetilde{N}(t-x)$이다. 갱신이 한 번 발생하면 그 순간부터 진행되는 갱신과정은 원래 갱신과정과 동일한 확률분포를 따라 진행되므로 $\boldsymbol{N}$과 $\widetilde{\boldsymbol{N}} = \{\widetilde{N}(t),\ t \ge 0\}$는 같은 분포를 따른다. 그러므로

$$N(t) \overset{\mathrm{d}}{=} \begin{cases} 0, & t < S_1 = x \\ 1 + N(t-x), & t \ge S_1 = x \end{cases} \tag{7.9}$$

단 $A \overset{\mathrm{d}}{=} B$는 A와 B의 분포가 같다는 것을 의미한다. 이와 같은 방법을 이용하여 갱신과정을 분석하는 방법을 **갱신논법**(renewal argument)이라 한다.

예제 7.5

갱신논법을 사용하여 $M = F + M * F$가 됨을 보여라.

‖ **풀이** (7.9)로부터

$$E[N(t) \mid S_1 = x] = \begin{cases} E[1 + N(t-x)], & x \le t \\ 0, & x > t \end{cases}$$

이므로 전확률공식에 의하여 다음을 얻는다.

$$\begin{aligned} M(t) &= \int_0^\infty E[N(t) \mid S_1 = x] dF(x) \\ &= \int_0^t (1 + M(t-x)) dF(x) = F(t) + M * F(t) \end{aligned}$$

■

보조정리 7.8

$$E[S_{N(t)+1}] = \mu[M(t) + 1] \tag{7.10}$$

증명 갱신논법을 적용하면 다음이 성립함을 알 수 있다.

$$E[S_{N(t)+1} \mid S_1 = x] = \begin{cases} x, & x > t \\ x + E[S_{N(t-x)+1}], & x \le t \end{cases}$$

전확률공식에 의하여 $H(t) = E[S_{N(t)+1}]$에 대한 다음의 갱신방정식을 얻는다.

$$\begin{aligned} H(t) &= \int_0^\infty E[S_{N(t)+1} \mid S_1 = x] dF(x) \\ &= \int_t^\infty x\, dF(x) + \int_0^t [x + H(t-x)] dF(x) \\ &= \mu + \int_0^t H(t-x) dF(x) \end{aligned}$$

정리 7.7로부터 위의 갱신방정식의 해는 (7.10)과 같음을 알 수 있다. □

정리 7.9 기본갱신정리(Elementary renewal theorem)

$$\lim_{t\to\infty}\frac{M(t)}{t}=\frac{1}{\mu} \tag{7.11}$$

증명 먼저 $\mu<\infty$를 가정하자. $S_{N(t)+1}>t$이므로 보조정리 7.8에 의하여 $\frac{1}{\mu}-\frac{1}{t}\le\frac{M(t)}{t}$를 얻는다. 그러므로

$$\liminf_{t\to\infty}\frac{M(t)}{t}\ge\frac{1}{\mu}.$$

이제 $\limsup_{t\to\infty}\frac{M(t)}{t}\le\frac{1}{\mu}$를 보이자. 상수 c를 고정하고 $\{\hat{X}_n\}$을 다음과 같이 정의하자.

$$\hat{X}_n=\begin{cases}X_n, & X_n\le c\\ c, & X_n>c\end{cases}$$

또한 $\hat{S}_n=\sum_{i=1}^{n}\hat{X}_i$로 두고 $\hat{\boldsymbol{N}}=\{\hat{N}(t),\ t\ge 0\}$를 갱신발생 간격이 $\{\hat{X}_n\}$인 갱신과정이라 하자. 그러면 $\hat{X}_n\le X_n$이고 $\hat{X}_n\le c$이므로

$$\hat{S}_{\hat{N}(t)+1}\le t+\hat{X}_{\hat{N}(t)}\le t+c$$

이고 $\hat{M}(t)=E[\hat{N}(t)]\le M(t)$이다. 보조정리 7.8에 의하여 다음을 얻는다.

$$\begin{aligned}\hat{M}(t)&=\frac{1}{\mu}E\left[\hat{S}_{\hat{N}(t)+1}\right]-1\\&\le\frac{1}{\mu_c}(t+c)-1\quad(\text{단 }\mu_c=E[\hat{X}_1])\end{aligned}$$

따라서

$$\begin{aligned}\limsup_{t\to\infty}\frac{M(t)}{t}&\le\limsup_{t\to\infty}\frac{\hat{M}(t)}{t}\\&\le\limsup_{t\to\infty}\left(\frac{1}{\mu_c}+\frac{1}{\mu_c}\frac{c}{t}-\frac{1}{t}\right)=\frac{1}{\mu_c}.\end{aligned} \tag{7.12}$$

여기서 $c \to \infty$이면

$$\limsup_{t\to\infty} \frac{M(t)}{t} \le \frac{1}{\mu}$$

이므로 $\mu < \infty$인 경우가 증명된다. $\mu = \infty$인 경우는 (7.12)에서 $c \to \infty$이면 $\limsup_{t\to\infty} \frac{M(t)}{t} = 0$이고 모든 $t > 0$에 대하여 $\frac{M(t)}{t} \ge 0$이므로 $\lim_{t\to\infty} \frac{M(t)}{t} = 0$이 되어 정리가 증명된다. □

음이 아닌 확률변수 X가 적당한 $\delta > 0$에 대하여

$$\sum_{n=0}^{\infty} P(X = n\delta) = 1 \tag{7.13}$$

을 만족할 때 X는 **격자형 분포**(lattice distribution)를 따른다고 한다. 이때 (7.13)을 만족하는 최대의 $\delta > 0$를 X의 **간격**(span) 또는 **주기**(period)라고 한다. 격자형이 아닌 분포를 비격자형 분포라고 한다.

예제 7.6

1. 확률변수 X가 취하는 값의 집합이 다음과 같을 때 X의 분포는 간격이 δ인 격자형 분포가 된다.
   (1) $S = \{0, 1, 2, \cdots\}$일 때 $\delta = 1$
   (2) $S = \left\{0, \frac{1}{2}, 1, \frac{3}{2}, 2, \cdots\right\}$일 때 $\delta = \frac{1}{2}$
   (3) $S = \left\{\frac{\pi}{2}, \pi\right\}$일 때 $\delta = \frac{\pi}{2}$
2. 확률변수 X가 취하는 값의 집합이 다음과 같을 때 X의 분포는 비격자형 분포가 된다.
   (1) $S = \{1, \sqrt{2}\}$ (2) $S = \{0, \sqrt{2}, \sqrt{4}, \sqrt{6}, \cdots\}$ (3) $S = [0, \infty)$ ■

정리 7.5로부터 t가 충분히 클 때 $M(t) \approx \frac{t}{\mu}$이므로 $M(t+a) - M(t) \approx \frac{a}{\mu}$를 추측할 수 있다. 다음 정리는 이 결과를 명확하게 한다.

정리 7.10 블랙웰의 갱신정리(Blackwell's renewal theorem)

F가 비격자형 분포일 때 다음이 성립한다.

$$\lim_{t \to \infty} (M(t+a) - M(t)) = \frac{a}{\mu}, \quad a > 0 \tag{7.14}$$

증명 이 정리의 증명에서 가장 어려운 부분은 극한

$$g(a) = \lim_{t \to \infty} (M(t+a) - M(t))$$

의 존재성에 관한 것이다.[1)]

여기서는 $a > 0$에 대하여 극한 $g(a)$가 존재한다고 가정하고 $g(a) = \frac{a}{\mu}$임을 보인다. $a > 0$, $b > 0$에 대하여 다음을 주목하자.

$$\begin{aligned} g(a+b) &= \lim_{t \to \infty} ((M(t+a+b) - M(t+a)) + (M(t+a) - M(t))) \\ &= \lim_{t \to \infty} (M(t+a+b) - M(t+a)) + \lim_{t \to \infty} (M(t+a) - M(t)) \\ &= g(b) + g(a) \end{aligned}$$

한편 $g(a+b) = g(a) + g(b)$를 만족하는 함수는 적당한 상수 c에 대하여 $g(x) = cx$이므로 $c = \frac{1}{\mu}$임을 보이면 충분하다. 다음을 정의하자.

$$x_n = M(n) - M(n-1), \quad n = 1, 2, \cdots$$

가정에 의하여 $\lim_{n \to \infty} x_n = g(1) = c$이므로

$$\lim_{n \to \infty} \frac{1}{n} \sum_{k=1}^{n} x_k = c$$

이다. 한편 기본갱신정리에 의하여

$$\lim_{n \to \infty} \frac{1}{n} \sum_{k=1}^{n} x_k = \lim_{n \to \infty} \frac{M(n)}{n} = \frac{1}{\mu}$$

1) 이에 대한 증명은 Heyman and Sobel(1982, pp. 161~166)이나 Feller(1971) 등을 참조하기 바란다.

이므로 $c = \dfrac{1}{\mu}$이다. □

다음에 소개하는 정리는 갱신이론에서 가장 중요한 정리 중 하나로 핵심갱신정리로 알려져 있다. 이 정리를 기술하기 위하여 직접 리만적분가능에 대한 개념을 필요로 한다.

직접 리만적분가능 g를 $[0, \infty)$에서 정의된 음이 아닌(nonnegative) 함수라 하자. 양수 $h > 0$에 대하여 다음을 정의하자.

$$\overline{g}_{h,n} = \sup\{g(t) : nh < t \le (n+1)h\}, \quad \overline{G}_h = h\sum_{n=0}^{\infty} \overline{g}_{h,n},$$

$$\underline{g}_{h,n} = \inf\{g(t) : nh < t \le (n+1)h\}, \quad \underline{G}_h = h\sum_{n=0}^{\infty} \underline{g}_{h,n}$$

함수 g가 다음 두 조건을 만족할 때 g는 **직접 리만적분가능**(directly Riemann integrable) 하다고 한다.

(1) 모든 $h > 0$에 대하여 $\overline{G}_h < \infty$, $\underline{G}_h < \infty$.

(2) $\lim_{h \to 0}(\overline{G}_h - \underline{G}_h) = 0$

$[0, \infty)$에서 정의된 일반적인 함수 f에 대하여는 $f^+ = \max(0, f)$와 $f^- = \max(0, -f)$가 직접 리만적분가능일 때 f를 직접 리만적분가능이라 한다. 앞으로 $[0, \infty)$에서 정의된 직접 리만적분가능한 함수들의 집합을 $\mathcal{D}_R$이라 하자.

참고 1. $g(x)$를 $[0, \infty)$에서 정의된 음이 아닌 함수라 하자. $[0, \infty)$를 일정길이의 소구간 $[nh, (n+1)h)$ $(n = 0, 1, 2, \cdots)$로 분할하자.

각각의 $b > 0$에 대하여 n을 $\dfrac{b}{h}$보다 작지 않은 최소의 정수라 하고

$$\overline{G}_h(b) = h\sum_{k=0}^{n} \overline{g}_{h,k}, \quad \underline{G}_h(b) = h\sum_{k=0}^{n} \underline{g}_{h,k}$$

라 하자. 이때 $\lim_{h \to 0}\overline{G}_h(b) = \lim_{h \to 0}\underline{G}_h(b)$이면 $g(x)$는 $[0, b]$에서 리만적분가능하다고 하고 그 극한값을 $\int_0^b g(x)dx$로 나타낸다. 또한 $b \to \infty$일 때 $\int_0^b g(x)dx$가 일정한 값에 수

렴하면 $g(x)$는 $[0, \infty)$에서 리만적분가능하다고 하고 그 극한값을 $\int_0^\infty g(x)dx$로 나타낸다. 따라서

$$\lim_{n\to\infty}\lim_{h\to 0} h\sum_{k=0}^{n}\overline{g}_{h,\,k} = \lim_{n\to\infty}\lim_{h\to 0} h\sum_{k=0}^{n}\underline{g}_{h,\,k}$$

이면 g는 $[0, \infty)$에서 리만적분가능하다.

한편 함수 $g(x)$가 직접 리만적분가능하다는 것은 $\overline{g}_{h,\,n}$들을 전 구간에서 직접 합하여 값 $\overline{G}_h$와 $\underline{g}_{h,\,n}$을 전 구간에서 직접 합하여 얻은 값 $\underline{G}_h$가 $h\to 0$일 때 같은 값에 수렴한다는 것을 의미한다. 이때 $\overline{G}_h(b)$와 $\underline{G}_h(b)$는 유한개의 합인 데 반하여 $\overline{G}_h$와 $\underline{G}_h$는 무한급수이다. 따라서 g가 $[0, \infty)$에서 직접 리만적분가능하다는 것은

$$\lim_{h\to 0}\lim_{n\to\infty} h\sum_{k=0}^{n}\overline{g}_{h,\,k} = \lim_{h\to 0}\lim_{n\to\infty} h\sum_{k=0}^{n}\underline{g}_{h,\,k}$$

를 의미한다.

2. $g\in\mathcal{D}_R$이면 g는 리만적분가능하고

$$\lim_{h\to 0}\overline{G}_h = \lim_{h\to 0}\underline{G}_h = \int_0^\infty g(x)dx.$$

정리 7.11

함수 $g : [0, \infty)\to[0, \infty)$가 유계이고 연속일 때 다음이 성립한다.

(1) 적당한 $h>0$에 대하여 $\overline{G}_h<\infty$이면 $g\in\mathcal{D}_R$이다.

(2) $\{x : g(x)>0\}\subset[a, b]\,(0\le a<b<\infty)$이면 $g\in\mathcal{D}_R$이다.

(3) $g\le f$이고 $f\in\mathcal{D}_R$이면 $g\in\mathcal{D}_R$이다.

증명 증명은 제7.10절에서 제시한다. □

참고 g가 연속이라는 가정 대신 $g(x)$의 불연속점의 집합은 기껏해야 가산 무한이라고 가정하여도 정리 7.11이 성립한다.

따름정리 7.12

(1) g가 단조감소이고 리만적분가능하면 $g\in\mathcal{D}_R$이다.

(2) $G(t)$를 음이 아닌 확률변수의 분포함수라 할 때 $g \in \mathcal{D}_R$이면 $g * G \in \mathcal{D}_R$이다.

증명 증명은 제7.10절에서 제시한다. □

따름정리 7.13

$G(t)$를 음이 아닌 확률변수 X의 분포함수라 할 때 다음 함수는 모두 직접 리만적분가능이다.

(1) $f(t) = (1 - G(t))1_{[0,\ x)}(t)$

(2) $h(t) = (G(x) - G(t))1_{[0,\ x)}(t)$

(3) $\overline{G}(t) = 1 - G(t)$ (단 $E[X] < \infty$)

(4) $g(t) = G(t+x) - G(t)$

증명 증명은 제7.10절에서 제시한다. □

정리 7.14 핵심갱신정리(Key renewal theorem)

F가 비격자형 분포이고 $K(t) \in \mathcal{D}_R$일 때 다음이 성립한다.

$$\lim_{t \to \infty} \int_0^t K(t-x)dM(x) = \frac{1}{\mu}\int_0^\infty K(x)dx \tag{7.15}$$

증명 블랙웰의 갱신정리 7.10과 핵심갱신정리는 동치이다. 이에 대한 증명은 제7.10절에서 제시한다. □

참고 $F(x)$가 격자형 분포일 때 핵심갱신정리는 따름정리 4.15와 같다.

7.5 경과시간, 잔여시간, 재귀시간 간격

확률변수 A_t, B_t, C_t를 다음과 같이 정의하자.

$$A_t = t - S_{N(t)},$$
$$B_t = S_{N(t)+1} - t,$$

$$C_t = X_{N(t)+1} = S_{N(t)+1} - S_{N(t)}$$

이때 A_t를 시각 t에 갱신과정의 **나이**(age), **경과시간**(elapsed time) 또는 **후방향재귀시간**(backward recurrence time)이라고 하고 B_t를 **잔여시간**(residual life time) 또는 **전방향재귀시간**(forward recurrence time)이라 한다. 또한 C_t를 시각 t에서의 **갱신간격** 또는 **재귀시간**(recurrence time)이라고 한다.

보조정리 7.15

고정된 $x > 0$에 대하여 $H(t) = P(B_t \le x)$는 다음과 같다.

$$H(t) = K(t) + \int_0^t K(t-u) dM(u) \tag{7.16}$$

단 $K(t) = F(t+x) - F(t)$이다.

증명 $S_1 = u$라 하자. 이때 $t < u$이면 $B_t = u - t$이므로 $B_t \le x$일 필요충분조건은 $u \le t + x$이다. 또한 $t > u$이면 B_t는 시각 $S_1 = u$에서 새롭게 시작하는 갱신과정의 시각 $t-u$에서의 잔여시간 B_{t-u}와 같은 분포를 따른다. 그러므로

$$P(B_t \le x \mid S_1 = u) = \begin{cases} 0, & t + x < u \\ 1, & t < u \le t + x. \\ P(B_{t-u} \le x), & t > u \end{cases}$$

따라서

$$\begin{aligned} H(t) &= \int_0^\infty P(B_t \le x \mid S_1 = u) dF(u) \\ &= F(t+x) - F(t) + \int_0^t P(B_{t-u} \le x) dF(u) \\ &= K(t) + \int_0^t H(t-u) dF(u). \end{aligned}$$

정리 7.7에 의하여 (7.16)을 얻는다. □

정리 7.16

F가 비격자형 분포일 때 다음이 성립한다.

$$\lim_{t\to\infty} P(B_t \le x) = \frac{1}{\mu}\int_0^x (1-F(y))dy$$

단 $\mu=\infty$이면 우변은 0이다.

증명 따름정리 7.13으로부터 $K(t)=F(t+x)-F(t)$는 직접 리만적분가능이다. 보조정리 7.15와 핵심갱신정리 7.14에 의하여

$$\lim_{t\to\infty} P(B_t \le x) = \frac{1}{\mu}\int_0^\infty (F(u+x)-F(u))du. \tag{7.17}$$

이때 $\mu=\infty$이면 (7.17)의 우변은 0이 되고, $\mu<\infty$이면

$$\begin{aligned}
&\frac{1}{\mu}\int_0^\infty (F(u+x)-F(u))du \\
&= \frac{1}{\mu}\left(\int_0^\infty (1-F(u))du - \int_0^\infty (1-F(u+x))du\right) \\
&= \frac{1}{\mu}\left(\int_0^\infty (1-F(u))du - \int_x^\infty (1-F(u))du\right) \\
&= \frac{1}{\mu}\int_0^x (1-F(u))du
\end{aligned}$$

가 되어 정리가 증명된다. □

$\mu<\infty$일 때 정리 7.16에서 주어진 B_t의 극한분포를 다음과 같이 두자.

$$F_e(x) = \frac{1}{\mu}\int_0^x (1-F(y))dy \tag{7.18}$$

이 분포를 **평형분포**(equilibrium distribution)라고 한다. 확률변수 X_e의 분포함수가 $F_e(x)$일 때 X_e의 확률밀도함수는

$$f_e(x) = \frac{1}{\mu}(1 - F(x)), \quad x \geq 0$$

이므로

$$E[X_e] = \frac{1}{\mu}\int_0^\infty x(1 - F(x))dx = \frac{E[X_1^2]}{2\mu}$$

임을 알 수 있다.

따름정리 7.17

F가 비격자형 분포일 때 다음이 성립한다.

$$\lim_{t \to \infty} P(A_t \leq x) = F_e(x)$$

증명 $t > x$에 대하여

$$\begin{aligned}\{A_t > x\} &= \{(t - x,\ t] \text{ 동안 0개의 갱신이 발생}\} \\ &= \{B_{t-x} > x\}\end{aligned}$$

이므로 정리 7.16으로부터 다음을 얻는다.

$$\begin{aligned}\lim_{t \to \infty} P(A_t \leq x) &= 1 - \lim_{t \to \infty} P(A_t > x) \\ &= 1 - \lim_{t \to \infty} P(B_{t-x} > x) = F_e(x)\end{aligned}$$

□

정리 7.18

F가 비격자형 분포이고 $E[X_1^2] < \infty$일 때

$$\lim_{t \to \infty} E[B_t] = \frac{E[X_1^2]}{2\mu}.$$

증명 $H(t) = E[B_t]$라 하자. 보조정리 7.15와 같은 방법으로 다음을 얻는다.

$$\begin{aligned}H(t) &= \int_t^{\infty} E[B_t \mid X_1 = x]dF(x) + \int_0^t E[B_t \mid X_1 = x]dF(x) \\ &= \int_t^{\infty} (x-t)dF(x) + \int_0^t E[B_{t-x}]dF(x) \\ &= K(t) + \int_0^t H(t-u)dF(u)\end{aligned}$$

단

$$K(t) = \int_t^{\infty} (x-t)dF(x) = E[(X_1 - t)1_{\{X_1 > t\}}].$$

한편 $h(t) = E[X_1 1_{\{X_1 > t\}}]$는 감소함수이고 $E[X_1^2] < \infty$이면 리만적분가능하므로 정리 7.11에 의하여 $h(t)$는 직접 리만적분가능하다. 또한 $K(t) \le h(t)$이므로 $K(t)$는 직접 리만적분가능하다. 정리 7.7과 핵심갱신정리에 의하여

$$\begin{aligned}\lim_{t\to\infty} E[B_t] &= \frac{1}{\mu}\int_0^{\infty}\int_t^{\infty}(x-t)dF(x)dt \\ &= \frac{1}{\mu}\int_0^{\infty}\int_0^{x}(x-t)dt\, dF(x) \\ &= \frac{1}{\mu}\int_0^{\infty}\frac{x^2}{2}dF(x) \\ &= \frac{E[X_1^2]}{2\mu}.\end{aligned}$$

□

따름정리 7.19

F가 비격자형 분포이고 $E[X_1^2] < \infty$일 때 다음이 성립한다.

$$\lim_{t\to\infty}\left(M(t) - \frac{t}{\mu}\right) = \frac{\sigma^2 - \mu^2}{2\mu^2} \tag{7.19}$$

증명 B_t의 정의에 의하여 $S_{N(t)+1} = t + B_t$이므로 보조정리 7.8에 의하여 다음을 얻는다.

$$M(t)=\frac{t}{\mu}+\frac{E[B_t]}{\mu}-1$$

정리 7.18에 의하여 (7.19)가 증명된다. □

정리 7.20

F가 비격자형 분포일 때 다음이 성립한다.

$$\lim_{t\to\infty}P(X_{N(t)+1}\le x)=\frac{1}{\mu}\int_0^x(F(x)-F(t))dt \tag{7.20}$$

증명 고정된 $x>0$에 대하여 $H(t)=P(X_{N(t)+1}\le x)$라 하면 다음과 같은 갱신방정식을 얻는다.

$$\begin{aligned}H(t)&=P(X_1>t,\ X_{N(t)+1}\le x)+P(X_1\le t,\ X_{N(t)+1}\le x)\\&=P(t<X_1\le x)+\int_0^t P(X_{N(t)+1}\le x\,|\,X_1=u)dF(u)\\&=(F(x)-F(t))1_{\{t\le x\}}+\int_0^t P(X_{N(t-u)+1}\le x)dF(u)\\&=K(t)+\int_0^t H(t-u)dF(u)\end{aligned}$$

단

$$K(t)=(F(x)-F(t))1_{\{t\le x\}}$$

정리 7.13에 의하여 $K(t)$는 직접 리만적분가능하다. 정리 7.7과 핵심갱신정리에 의하여 (7.20)을 얻는다. □

정리 7.20에서 주어진 $X_{N(t)+1}$의 극한분포를 $F_X(x)$라 하자. F가 확률밀도함수 $f(x)$를 가지면 $F_X(x)$의 확률밀도함수 $f_X(y)$는 다음과 같음을 알 수 있다.

$$f_X(x)=\frac{xf(x)}{\mu} \tag{7.21}$$

확률변수 X^*의 분포함수가 $F_X(x)$일 때 다음을 알 수 있다.

$$E[X^*] = \frac{E[X_1^2]}{\mu} \geq \mu = E[X_1]$$

그러므로 $X_{N(t)+1}$의 극한분포의 평균은 보통의 갱신발생시간 간격의 평균 $E[X_1]$보다 큰 것을 알 수 있다. 이와 같은 현상을 **검사모순**(inspection paradox)이라고 한다. 검사모순이 발생하는 원인은 다음과 같이 직관적으로 설명할 수 있다. 우주에서 운석이 날아와 떨어진다면 우리나라와 미국 중에서 어디에 떨어질 가능성이 클까? 미국이 넓으니까 당연히 미국에 떨어질 가능성이 높을 것이다. 이와 같이 $[0, \infty)$에서 임의의 시점 t를 선택한다고 할 때 t는 구간 $[S_n, S_{n+1})$의 길이가 큰 구간에 포함될 가능성이 클 것이다. 따라서 검사모순을 길이에 편향된 표본추출이라고 하기도 한다.

참고 일반적으로 t를 포함하는 구간의 길이는 보통의 갱신구간의 길이보다 확률적으로 크다는 것을 다음과 같이 보일 수 있다.
$0 < x < s < t$일 때 다음이 성립한다.

$$P(X_{N(t)+1} > x \mid S_{N(t)} = t - s) = 1 \geq 1 - F(x)$$

만약 $s \leq x$이고 $S_{N(t)} = t - s$일 때 $X_{N(t)+1} > x$이기 위해서는 t시각 이후 $x - s$시간 동안 갱신이 발생하지 말아야 한다. 따라서 $s \leq x$에 대하여 다음을 얻는다.

$$\begin{aligned} P(X_{N(t)+1} > x \mid S_{N(t)} = t - s) &= P(\text{도착시간 간격} > x \mid \text{도착시간 간격} > s) \\ &= \frac{P(\text{도착시간 간격} > x)}{P(\text{도착시간 간격} > s)} \\ &= \frac{1 - F(x)}{1 - F(s)} \geq 1 - F(x) \end{aligned}$$

따라서 $G(y) = P(S_{N(t)} \leq y)$라고 하면 $G(t) = 1$이므로

$$P(X_{N(t)+1} > x) = \int_0^t P(X_{N(t)+1} > x \mid S_{N(t)} = u) dG(u) \geq 1 - F(x)$$

가 성립한다.

7.6 교대갱신과정

예제 7.2와 같이 작동 중인 상태와 수리 중인 상태가 지속적으로 반복되는 시스템을 생각하자. 이때 시스템이 n번째 작동 중인 기간을 U_n, 수리 중인 기간을 D_n이라고 하고 $X_n = U_n + D_n$이라 하자. (U_n, D_n), $n = 1, 2, \cdots$은 서로 독립이며 같은 분포를 따른다고 가정하자. 단 각각의 n에 대하여 U_n과 D_n이 서로 독립일 필요는 없다. 그러면 $X_1, X_2, \cdots$는 서로 독립이며 같은 분포를 따른다. 발생시간 간격이 $\{X_n\}$인 갱신과정을 **교대갱신과정**(alternating renewal process)이라고 한다. 확률과정 $\boldsymbol{Z} = \{Z(t),\ t \geq 0\}$를 다음과 같이 정의하자.

$$Z(t) = \begin{cases} 0, & t\text{시각에 시스템이 작동 중} \\ 1, & t\text{시각에 시스템이 수리 중} \end{cases}$$

정리 7.21

$\mu = E[X_n] < \infty$이고 $F(t) = P(X_n \leq t)$가 비격자형 분포일 때 $P(t) = P(Z(t) = 0)$에 대하여 다음이 성립한다.

$$\lim_{t \to \infty} P(t) = \frac{E[U_n]}{E[U_n] + E[D_n]} \tag{7.22}$$

증명 $X_1 = x$일 때 $x > t$이면 $Z(t) = 0$이기 위해서는 $U_1 > t$이어야 한다. 따라서

$$P(Z(t) = 0 \mid X_1 = x) = P(U_1 > t \mid X_1 = x), \quad x > t.$$

한편 $X_1 = x$일 때 $x \leq t$이면 $Z(t)$는 시각 x에서 새로 시작하는 것과 같으므로

$$P(Z(t) = 0 \mid X_1 = x) = P(Z(t-x) = 0) = P(t-x), \quad x \leq t.$$

따라서 $P(t)$는 다음 갱신방정식을 만족한다.

$$P(t) = \int_0^\infty P(Z(t) = 0 \mid X_1 = x)\, dF(x)$$

$$= \int_t^\infty P(U_1 > t \mid X_1 = x)dF(x) + \int_0^t P(t-x)dF(x)$$

$$= K(t) + \int_0^t P(t-x)dF(x)$$

단

$$K(t) = \int_t^\infty P(U_1 > t \mid X_1 = x)dF(x).$$

한편 $X_1 > U_1$이므로 $t > x$일 때 $P(U_1 > t \mid X_1 = x) = 0$이다. 따라서

$$K(t) = \int_0^\infty P(U_1 > t \mid X_1 = x)dF(x) = P(U_1 > t).$$

$K(t)$는 감소함수이고

$$\int_0^\infty K(t)dt = \int_0^\infty P(U_1 > t)dt = E[U_1] < \infty$$

이므로 $K(t)$는 직접 리만적분가능이다. 정리 7.7과 핵심갱신정리 7.14에 의하여 다음을 얻는다.

$$\lim_{t \to \infty} P(t) = \frac{1}{\mu}\int_0^\infty K(t)dt = \frac{E[U_1]}{E[U_1] + E[D_1]} \qquad \square$$

예제 7.7 **잔여시간 B_t의 분포**

고정된 $x \geq 0$에 대하여 $Z(t)$를 다음과 같이 정의하자.

$$Z(t) = \begin{cases} 0, & B_t > x \\ 1, & B_t \leq x \end{cases}$$

또한

$$U_n = \max\{X_n - x,\ 0\}, \quad D_n = \min\{X_n,\ x\}, \quad n = 1,\ 2,\ \cdots$$

라 하자. 그러면 $E[U_n + D_n] = E[X_n] = \mu$이고

$$E[U_n] = \int_0^\infty P(\max\{X_n - x,\ 0\} > t)dt$$
$$= \int_0^\infty P(X_n > t + x)dt$$
$$= \int_x^\infty (1 - F(u))du$$

이므로 정리 7.21에 의하여 다음을 얻는다.

$$\lim_{t \to \infty} P(B_t \le x) = \lim_{t \to \infty} P(Z(t) = 1)$$
$$= 1 - \frac{E[U_n]}{E[X_n]} = \frac{1}{\mu}\int_0^x (1 - F(u))du \qquad \blacksquare$$

예제 7.8 $M/G/1/1$ **대기체계**

단일 서버가 서비스를 하고 있는 사무실을 생각하자. 이 사무실에 고객은 비율이 λ인 푸아송과정을 따라서 도착한다. 서버가 서비스 중일 때 도착한 고객은 서비스를 포기하고 사무실을 떠나며 다른 고객이 없을 때 도착한 고객은 도착 즉시 서비스를 받기 시작한다. 각 고객의 서비스 시간은 서로 독립이며 서비스 시간의 분포함수는 $G(x)$이고 평균은 $\frac{1}{\nu}$이라고 하자. 이때 $X(t)$를 t시각에 서비스를 받고 있는 고객 수라 할 때 $\lim_{t \to \infty} P(X(t) = 1)$을 구하라.

‖풀이 $X(0) = 1$이라 하자. 시간이 진행됨에 따라 $X(t)$는 1('서비스 중')과 0('휴식 중')의 값을 교대로 갖는다. i번째 서비스를 받는 고객의 서비스 시간을 U_i, i번째 서비스가 끝난 후 다음 고객이 도착할 때까지 걸리는 시간을 V_i라고 하자. 그러면 서비스 시작시간 간격은 $X_i = U_i + V_i$, $i = 1,\ 2,\ \cdots$이다. 고객의 도착시간 간격은 서로 독립이고 각각은 지수분포를 따르므로 지수분포의 비기억성에 의하여 $V_i \sim \text{Exp}(\lambda)$이고 $V_1,\ V_2,\ \cdots$는 서로 독립이다. 또한 U_i는 서로 독립이고 각각의 분포함수는 $G(x)$이므로 $(U_i,\ V_i)$, $i \ge 1$는 서로 독립이며 같은 분포를 따른다. 따라서 정리 7.21에 의하여 다음을 얻는다.

$$\lim_{t \to \infty} P(X(t) = 1) = \frac{E[U_1]}{E[U_1] + E[V_1]} = \frac{\lambda}{\lambda + \nu} \qquad \blacksquare$$

7.7 갱신보상과정

$\boldsymbol{N}=\{N(t),\ t\geq 0\}$를 갱신발생시간 간격이 $\{X_n\}$인 갱신과정이라 하고 R_n을 n번째 갱신이 일어났을 때 주어지는 보상이라 하자. $(X_1,\ R_1),\ (X_2,\ R_2),\ \cdots$는 서로 독립이며 같은 분포를 따른다고 가정하자. 단 R_n과 X_n이 서로 독립일 필요는 없다. $(0,\ t]$ 동안 주어지는 보상의 총합은 다음과 같다.

$$R(t)=\sum_{n=1}^{N(t)} R_n$$

확률과정 $\boldsymbol{R}=\{R(t),\ t\geq 0\}$을 **갱신보상과정**(renewal reward process)이라 한다.

예제 7.9

$R_n=1,\ n=1,\ 2,\ \cdots$이면 $R(t)=N(t)$가 되어 갱신과정은 갱신보상과정의 특수한 경우이다. ■

예제 7.10

$\boldsymbol{N}$이 푸아송과정이고 $\{R_n\}$이 $\boldsymbol{N}$과 독립이면 갱신보상과정은 복합 푸아송과정이 된다. ■

보조정리 7.22

$E[|R_1|]<\infty$이고 $\mu=E[X_1]<\infty$일 때 다음이 성립한다.

$$E\left[\sum_{n=1}^{N(t)+1} R_n\right]=E[R_1](1+M(t)) \tag{7.23}$$

증명 $Y(t)=\displaystyle\sum_{n=1}^{N(t)+1} R_n$이라 두고 $H(t)=E[Y(t)]$라 하자. $X_1>t$이면 $N(t)=0$이고 $X_1\leq t$일 때 $N(t)$는 $1+N(t-X_1)$과 같은 분포를 따르며, X_1 이후에 발생한 갱신에 대한 보상은 X_1과 서로 독립이므로 다음이 성립한다.

$$E[Y(t)|X_1 = x] = \begin{cases} E[R_1|X_1 = x], & x > t \\ E[R_1|X_1 = x] + E[Y(t-x)], & x \le t \end{cases}$$
$$= E[R_1|X_1 = x] + H(t-x)1_{\{x \le t\}}$$

따라서 $H(t)$는 다음 갱신방정식을 만족한다.

$$\begin{aligned} H(t) &= \int_0^\infty E[Y(t)|X_1 = x]dF(x) \\ &= \int_0^\infty E[R_1|X_1 = x]dF(x) + \int_0^t H(t-x)dF(x) \\ &= E[R_1] + \int_0^t H(t-x)dF(x) \end{aligned}$$

정리 7.7에 의하여 이 갱신방정식의 해는

$$\begin{aligned} H(t) &= E[R_1] + \int_0^t E[R_1]dM(u) \\ &= E[R_1](1 + M(t)) \end{aligned}$$

임을 알 수 있다. □

보조정리 7.23

$E[|R_1|] < \infty$이고 $\mu < \infty$일 때 다음이 성립한다.

$$\lim_{t\to\infty} \frac{E[R_{N(t)+1}]}{t} = 0 \tag{7.24}$$

증명 $H(t) = E[R_{N(t)+1}]$로 두자. 갱신논법에 의하여 다음을 얻는다.

$$E[R_{N(t)+1}|X_1 = x] = \begin{cases} E[R_1|X_1 = x], & x > t \\ H(t-x), & x \le t \end{cases}$$

따라서 $H(t)$는 다음 갱신방정식을 만족한다.

$$H(t) = K(t) + H * F(t)$$

단

$$K(t) = \int_t^\infty E[R_1 \mid X_1 = x] dF(x) = E[R_1 1_{\{X_1 > t\}}].$$

위 갱신방정식의 해는 정리 7.7에 의하여 다음과 같다.

$$H(t) = K(t) + \int_0^t K(t-x) dM(x)$$

한편 $E[|R_1|] < \infty$ 이므로

$$\lim_{t \to \infty} |K(t)| \le \lim_{t \to \infty} E[|R_1| 1_{\{X_1 > t\}}] = 0$$

이다. 그러므로 임의의 주어진 $\epsilon > 0$에 대하여 $t \ge T$이면 $|K(t)| < \epsilon$을 만족하는 양의 실수 T가 존재한다. 따라서 $t \ge T$일 때 다음이 성립한다.

$$\begin{aligned} |H(t)| &\le |K(t)| + \int_0^{t-T} |K(t-x)| dM(x) + \int_{t-T}^t |K(t-x)| dM(x) \\ &\le \epsilon + \epsilon M(t-T) + E[|R_1|](M(t) - M(t-T)) \end{aligned}$$

기본갱신정리에 의하여

$$\lim_{t \to \infty} \frac{M(t-T)}{t} = \frac{1}{\mu}, \quad \lim_{t \to \infty} \frac{M(t) - M(t-T)}{t} = 0$$

이므로

$$\lim_{t \to \infty} \frac{|H(t)|}{t} \le \frac{\epsilon}{\mu}.$$

$\epsilon > 0$은 임의의 양수이므로 $\lim_{t \to \infty} \frac{|H(t)|}{t} = 0$이다. □

정리 7.24 갱신보상정리(Renewal reward theorem)

$E[|R_1|] < \infty$이고 $\mu < \infty$라 하자.

(1) 확률 1로 다음이 성립한다.

$$\lim_{t \to \infty} \frac{R(t)}{t} = \frac{E[R_1]}{\mu} \tag{7.25}$$

(2) $\lim_{t\to\infty}\frac{E[R(t)]}{t}=\frac{E[R_1]}{\mu}$ (7.26)

증명 (1) 다음을 주목하자.

$$\frac{R(t)}{t}=\left(\frac{N(t)}{t}\right)\left(\frac{1}{N(t)}\sum_{i=1}^{N(t)}R_i\right)$$

$t\to\infty$ 일 때 $N(t)\to\infty$ 이므로 대수의 강법칙에 의하여 (7.25)가 성립한다.

$$\begin{aligned}(2)\ \frac{E[R(t)]}{t}&=\frac{1}{t}E[R(t)+R_{N(t)+1}]-\frac{1}{t}E[R_{N(t)+1}]\\&=\frac{1}{t}E[R_1](1+M(t))-\frac{1}{t}E[R_{N(t)+1}]\end{aligned}$$

이므로 보조정리 7.22와 기본갱신정리에 의하여 (7.26)이 증명된다. □

갱신보상정리 7.24에서 $\lim_{t\to\infty}\frac{R(t)}{t}$는 시간이 충분히 흘렀을 때 단위시간당 보상액을 의미하며 $\lim_{t\to\infty}\frac{E[R(t)]}{t}$는 단위시간당 평균 보상액이다. 한편

$$\frac{E[R_1]}{\mu}=\frac{\text{한 사이클당 얻는 보상의 평균}}{\text{한 사이클의 평균 길이}}$$

이므로 장기간에 걸쳐서 얻는 시간당 보상의 평균은 한 사이클의 평균 길이에 대한 평균 보상과 같음을 말한다. 한편 대수의 강법칙에 의하여 확률 1로

$$\lim_{n\to\infty}\frac{\sum_{k=1}^{n}R_k}{\sum_{k=1}^{n}X_k}=\frac{E[R_1]}{E[X_1]}$$

이 성립하므로 시간이 충분히 흘렀을 때 단위시간당 보상액은 사이클이 무한히 반복될 때 단위사이클 길이당 보상액과 같음을 알 수 있다.

예제 7.11 수명교체 정책

어떤 기계의 수명은 분포함수가 $H(t)$이고 확률밀도함수가 $h(t)$인 확률변수라고 하자.

다음과 같은 방식으로 기계를 교체하려고 한다. 만약 그 기계가 T(상수)시간 이전에 고장이 나면 즉시 새것으로 교체하고 T시간 동안 고장이 나지 않았더라도 T시간 동안 사용하면 새 기계로 교체한다. 새 기계로 교체하는 데는 A원의 비용이 들지만 T시간 이전에 새로운 것으로 교체할 경우에는 B원 만큼의 추가 비용이 든다고 하자. 이와 같은 방식을 계속한다고 할 때 장기간에 걸쳐서 기계를 교체하는 데 드는 단위시간당 비용은 얼마인가?

‖ **풀이** X_i를 i번째$(i=1,\ 2,\ \cdots)$ 교체시간 간격이라 하자. 새로운 기계의 수명을 X라 할 때 $X \le T$이면 교체시간 간격은 X이고 $X > T$이면 교체시간 간격은 T이므로 X_i는 $\min(X,\ T)$와 같은 분포를 따르며 서로 독립이다. 따라서

$$
\begin{aligned}
E[X_i] &= \int_0^T xh(x)dx + \int_T^\infty Th(x)dx \\
&= \int_0^T xh(x)dx + T(1-H(T)).
\end{aligned}
$$

또한 한 번 교체할 때 드는 비용을 R이라 하면

$$
R = \begin{cases} A+B, & X \le T \\ A, & X > T \end{cases}
$$

이므로

$$
E[R] = (A+B)P(X \le T) + AP(X > T) = A + BH(T)
$$

이다. 갱신보상정리에 의하여 장기간에 걸쳐서 드는 시간당 평균 비용은

$$
C(T) = \frac{A+BH(T)}{\int_0^T xh(x)dx + T(1-H(T))}.
$$

■

예제 7.12 **교대갱신과정**

시스템의 작동 중인 시간과 수리 중인 시간이 각각 U_n과 D_n인 교대갱신과정에서 작동 중인 기간에는 단위시간당 1단위의 비율로 보상이 주어진다고 할 때 $(0,\ t]$ 동안 받는 보상의 총액을 W_t라 하면 다음이 성립함을 알 수 있다.

$$\sum_{i=1}^{N(t)} U_i \le W_t \le \sum_{i=1}^{N(t)+1} U_i$$

따라서 이 시스템을 장기간 운영하였을 때 단위시간당 받는 보상의 평균은 다음과 같다.

$$\lim_{t\to\infty} \frac{W_t}{t} = \frac{E[U_1]}{E[U_1 + D_1]}$$ ■

예제 7.13

갱신과정에서 시각 t에서의 나이를 A_t라 하자. 시각 t에 A_t의 비율로 보상을 받는다고 할 때 $(0, t]$ 동안 받는 보상의 총액은

$$\int_0^t A_s\, ds = \sum_{i=1}^{N(t)} \int_{S_{i-1}}^{S_i} A_s\, ds + \int_{S_{N(t)}}^t A_s\, ds$$

이다. 한편

$$\int_{S_{i-1}}^{S_i} A_s\, ds = \int_0^{X_i} s\, ds = \frac{X_i^2}{2}$$

$$\int_{S_{N(t)}}^t A_s\, ds \le \int_{S_{N(t)}}^{S_{N(t)+1}} A_s\, ds = \frac{X_{N(t)}^2}{2}$$

이므로 $E[X_1^2] < \infty$일 때

$$\lim_{t\to\infty} \frac{1}{t} \int_{S_{N(t)}}^t A_s\, ds = 0$$

이다. 따라서 충분히 시간이 경과한 후에 단위시간당 받는 보상의 평균은

$$\lim_{t\to\infty} \frac{1}{t} \int_0^t A_s\, ds = \frac{E[X_1^2]}{2\mu}.$$ ■

7.8 지연갱신과정

음이 아닌 확률변수열 $X_1, X_2, \cdots$가 서로 독립이고

$$G(x) = P(X_1 \le x),$$
$$F(x) = P(X_n \le x), \quad n = 2, 3, \cdots$$

이라 하자. $S_n = \sum_{k=1}^{n} X_k,\ n = 1, 2, \cdots (S_0 = 0)$에 대하여

$$N_G(t) = \sup\{n : S_n \le t\}$$

라 할 때 계수과정 $\boldsymbol{N}_G = \{N_G(t),\ t \ge 0\}$를 **지연갱신과정**(delayed renewal process) 또는 **일반화된 갱신과정**(generalized renewal process)이라 한다. $G(x) = F(x)$일 때 $\boldsymbol{N}_G$를 **순수갱신과정**(pure renewal process)이라고 하기도 한다. 지연갱신과정의 정의로부터 처음 사건이 발생한 이후에는 갱신간격이 서로 독립이며 같은 분포를 따르므로 $\widetilde{N}(t) = N_G(X_1 + t) - 1$로 두면 $\widetilde{\boldsymbol{N}} = \{\widetilde{N}(t),\ t \ge 0\}$는 갱신간격의 분포가 $F(x)$인 순수갱신과정이 된다.

앞으로 $\mu = E[X_2]$로 두고 $M(t) = \sum_{n=1}^{\infty} F_n(t)$는 순수갱신과정의 갱신함수를 나타낸다.

예제 7.14

갱신과정 $\boldsymbol{N} = \{N(t),\ t \ge 0\}$에서 $s > 0$를 고정하고 $N_s(t) = N(s+t) - N(s)$라 하면 $\boldsymbol{N}_s = \{N_s(t),\ t \ge 0\}$는 처음 갱신이 발생할 때까지 걸리는 시간이 시각 s에서의 잔여기간 B_s인 지연갱신과정이 된다. ■

예제 7.15

$M/G/1$ 대기행렬시스템에서 $Q(t)$를 시각 t에 시스템에 있는 고객 수라 하고 시스템에 있는 고객 수가 n번째로 0이 되는 시각을 S_n이라 하자. $Q(0) = 0$이면 $\{S_n\}$은 갱신열이 되지만 $Q(0) \ne 0$이면 $\{S_n\}$은 지연갱신과정의 갱신열이 된다. ■

$S_n = X_1 + X_2 + \cdots + X_n$은 서로 독립인 확률변수들의 합이므로 S_n의 분포는 다음과 같이 합성곱으로 나타난다.

$$P(S_n \le x) = G * F_{n-1}(t), \quad n = 1, 2, \cdots$$

따라서 $N_G(t)$의 분포는 다음과 같다.

$$\begin{aligned} P(N_G(t) = 0) &= P(S_1 > t) = 1 - G(t), \\ P(N_G(t) = n) &= P(S_n \le t) - P(S_{n+1} \le t) \\ &= G * F_{n-1}(t) - G * F_n(t), \quad n = 1, 2, \cdots \end{aligned}$$

$N_G(t)$의 갱신함수 $M_G(t) = E[N_G(t)]$는 다음과 같음을 알 수 있다.

$$\begin{aligned} M_G(t) &= \sum_{n=1}^{\infty} P(N_G(t) \ge n) = \sum_{n=1}^{\infty} P(S_n \le t) \\ &= \sum_{n=1}^{\infty} G * F_{n-1}(t) = G(t) + G * \left(\sum_{n=1}^{\infty} F_n \right)(t) \\ &= G(t) + G * M(t) \end{aligned} \tag{7.27}$$

따라서

$$M_G^*(s) = \frac{G^*(s)}{1 - F^*(s)}. \tag{7.28}$$

한편 (7.27)로부터

$$G * M = \sum_{n=1}^{\infty} G * F_n = \left(\sum_{n=1}^{\infty} G * F_{n-1} \right) * F = M_G * F$$

이므로 M_G는 다음 방정식을 만족함을 알 수 있다.

$$M_G(t) = G(t) + M_G * F(t) \tag{7.29}$$

정리 7.25

(1) $\lim_{t \to \infty} \dfrac{M_G(t)}{t} = \dfrac{1}{\mu}$

(2) $K(t)$가 직접 리만적분가능하고 F가 비격자형 분포일 때

$$\lim_{t\to\infty}\int_0^t K(t-u)dM_G(u)=\frac{1}{\mu}\int_0^\infty K(t)dt.$$

증명 (1) (7.27)에 의하여

$$M_G(t)=G(t)+\int_0^\infty M(t-x)1_{\{t\geq x\}}dG(x)$$

이고 기본갱신정리에 의하여 다음을 얻는다.

$$\lim_{t\to\infty}\frac{M(t-x)1_{\{t\geq x\}}}{t}=\frac{1}{\mu}$$

$\frac{M(t)}{t}$는 $\frac{1}{\mu}$에 수렴하므로 $\frac{M(t)}{t}$는 유계이고 $\frac{M(t-x)1_{\{t\geq x\}}}{t}\leq\frac{M(t)}{t}$ 이므로 $\frac{M(t-x)1_{\{t\geq x\}}}{t}$도 유계이다. 유계수렴정리에 의하여 다음이 성립한다.[2)]

$$\begin{aligned}\lim_{t\to\infty}\frac{M_G}{t}&=\lim_{t\to\infty}\frac{G(t)}{t}+\int_0^\infty\lim_{t\to\infty}\frac{M(t-x)1_{\{t\geq x\}}}{t}dG(x)\\&=\frac{1}{\mu}\end{aligned}$$

(2) $K*M_G=K*G+(K*G)*M$이다. K가 직접 리만적분가능이고 G는 확률분포함수이므로 따름정리 7.12에 의하여 $K*G$는 직접 리만적분가능하다. $\lim_{t\to\infty}K*G(t)=0$이므로 핵심갱신정리에 의하여

$$\lim_{t\to\infty}M_G(t)=\frac{1}{\mu}\int_0^\infty K*G(t)dt$$

2) $h_n(x)$가 유계이고 $\lim_{n\to\infty}h_n(x)=h(x)$이면

$$\lim_{n\to\infty}\int_0^\infty h_n(x)dG(x)=\int_0^\infty h(x)dG(x)$$

가 성립한다는 것이 알려져 있다. 이 성질을 유계수렴정리라고 한다.

$$= \frac{1}{\mu}\int_0^{\infty}\int_0^t K(t-u)dG(u)dt$$
$$= \frac{1}{\mu}\int_{u=0}^{\infty}\int_{t=u}^{\infty} K(t-u)dtdG(u)$$
$$= \frac{1}{\mu}\int_0^{\infty}\int_0^{\infty} K(x)dxdG(u)$$
$$= \frac{1}{\mu}\int_0^{\infty} K(x)dx. \qquad \square$$

보조정리 7.26

$B_G(t)$를 시각 t에서 $\boldsymbol{N}_G$의 잔여시간이라 하고 $x \geq 0$를 고정하자. $H(t) = P(B_G(t) \leq x)$는 다음과 같다.

$$H(t) = G(t+x) - G(t) + K * M_G(t), \ t \geq 0 \qquad (7.30)$$

단 $K(t) = F(t+x) - F(t)$이다.

증명 t시각에 순수갱신과정의 잔여수명을 B_t라 하고 $Z(t) = P(B_t \leq x)$로 두자. 그러면

$$P(B_G(t) \leq x | X_1 = u) = \begin{cases} 0, & t+x < u \\ 1, & t < u < t+x \\ P(B_{t-u} \leq x), & u \leq t \end{cases}$$

이므로

$$H(t) = \int_t^{t+x} dG(u) + \int_0^t P(B_{t-u} \leq x)dG(u)$$
$$= G(t+x) - G(t) + Z * G(t).$$

보조정리 7.15에 의하여 다음을 얻는다.

$$H(t) = G(t+x) - G(t) + K * G(t) + K * M * G(t)$$
$$= G(t+x) - G(t) + K * M_G(t) \qquad \square$$

정리 7.27

$E[X_2] = \mu < \infty$ 이고 F가 비격자형 분포일 때 다음이 성립한다.

$$\lim_{t\to\infty} P(B_G(t) \le x) = \frac{1}{\mu}\int_0^x (1-F(t))dt \tag{7.31}$$

증명 보조정리 7.26과 정리 7.25에 의하여 다음을 얻는다.

$$\begin{aligned}\lim_{t\to\infty} P(B_G(t) \le x) &= \lim_{t\to\infty}(G(t+x) - G(t)) + \lim_{t\to\infty} K * M_G(t) \\ &= \frac{1}{\mu}\int_0^\infty (F(t+x) - F(t))dt \\ &= \frac{1}{\mu}\int_0^x (1-F(t))dt\end{aligned}$$

위의 셋째 등식은 정리 7.16의 증명에서 보였다. □

$\mu < \infty$ 일 때 X_1의 분포함수가

$$F_e(x) = \frac{1}{\mu}\int_0^x (1-F(t))dt$$

인 지연갱신과정을 **평형갱신과정**(equilibrium renewal process)이라고 한다. 평형갱신과정을 $\boldsymbol{N}_e = \{N_e(t),\ t \ge 0\}$로 나타내고 $\boldsymbol{N}_e$의 갱신함수와 잔여시간을 각각 $M_e(t) = E[N_e(t)]$와 $B_e(t)$로 나타내기로 한다.

따름정리 7.28

(1) $M_e(t) = \dfrac{t}{\mu}$

(2) $P(B_e(t) \le x) = F_e(x)$

증명 (1) 부분적분법에 의하여 F_e의 라플라스-스틸체스변환 $F_e^*(s)$가 다음과 같음을 알 수 있다.

$$F_e^*(s) = \frac{1}{\mu}\int_0^\infty e^{-st}(1-F(t))dt = \frac{1}{\mu s}(1-F^*(s))$$

따라서 (7.28)에 의하여 $M_e^*(s) = \dfrac{F_e^*(s)}{1-F^*(s)} = \dfrac{1}{\mu s}$ 이므로 $M_e(t) = \dfrac{t}{\mu}$ 이다.

(2) 위의 (1)로부터 $\dfrac{d}{dt}M_e(t) = \dfrac{1}{\mu}$ 이므로

$$\begin{aligned} K * M_e(t) &= \frac{1}{\mu}\int_0^t (F(t+x-u) - F(t-u))du \\ &= \frac{1}{\mu}\int_0^t (1-F(u))du - \frac{1}{\mu}\int_x^{t+x}(1-F(u))du \\ &= F_e(t) - (F_e(t+x) - F_e(t)). \end{aligned}$$

보조정리 7.26에 의하여 다음을 얻는다.

$$P(B_e(t) \le x) = F_e(t+x) - F_e(t) + K * M_e(t) = F_e(t)$$ □

정리 7.29

$\boldsymbol{N}_e = \{N_e(t),\ t \ge 0\}$는 정상증분을 갖는다.

증명 $s > 0$를 고정하고 $\widetilde{N}_e(t) = N_e(t+s) - N_e(s)$라 하면 $\widetilde{\boldsymbol{N}}_e = \{\widetilde{N}_e(t),\ t \ge 0\}$는 갱신이 처음 발생할 때까지 걸리는 시간이 $B_e(s)$인 지연갱신과정이다. 따름정리 7.28에 의하여 $B_e(s)$의 분포는 $F_e(x)$로 s에 의존하지 않으므로 $N_e(t+s) - N_e(s)$의 분포는 s에 의존하지 않는다. 따라서 $\boldsymbol{N}_e$는 정상증분을 갖는다. □

정리 7.30

$F(x)$가 비격자형 분포일 때

$$\lim_{t\to\infty} P(B_t \le x) = F_e(x) \tag{7.32}$$

는 핵심갱신정리와 동치이다.

증명 핵심정리로부터 (7.32)가 성립한다는 것은 정리 7.16에서 보였다. 여기서는 (7.32)가 성립하면 블랙웰의 갱신정리(정리 7.10)가 성립함을 보인다.

$F_t(x) = P(B_t \le x)$라 하자. $B_t > a$이면 $N(t+a) - N(t) = 0$이고 $B_t \le a$이면 $N(t+a) - N(t)$는 $1 + N(a - B_t)$와 같은 분포를 따르므로

$$\begin{aligned} M(t+a) - M(a) &= \int_0^a E[N(t+a) - N(t) \mid B_t = x] dF_t(x) \\ &= \int_0^a (1 + E[N(a-x)]) dF_t(x) \\ &= \int_0^a (1 + M(a-x)) dF_t(x). \end{aligned}$$

$K(x) = M(a-x)\,(0 \le x \le a)$는 유계이고 우연속이며 $\lim_{t \to \infty} F_t(x) = F_e(x)$이므로 다음을 얻는다.

$$\begin{aligned} \lim_{t \to \infty} (M(t+a) - M(a)) &= \int_0^a (1 + M(a-x)) dF_e(x) \\ &= F_e(a) + M * F_e(a) = M_e(a) \\ &= \frac{a}{\mu} \end{aligned}$$

□

7.9 재생성과정

$\boldsymbol{Z} = \{Z(t),\ t \ge 0\}$를 상태공간이 $S \subset \{0,\ 1,\ 2,\ \cdots\}$이고 표본경로가 우연속인 확률과정이라 하자. 확률과정 $\boldsymbol{Z} = \{Z(t),\ t \ge 0\}$에 대하여 다음을 만족하는 갱신열 $\boldsymbol{S} = \{S_n,\ n = 0,\ 1,\ 2,\ \cdots\}$가 존재할 때 $\boldsymbol{Z}$를 재생성시각의 열이 $\boldsymbol{S}$인 **재생성과정**(regenerative process)이라 한다.

(1) $\{Z(S_n + t),\ t \ge 0\}$는 $\boldsymbol{Z}$와 같은 분포를 따른다.

(2) $\{Z(S_n + t),\ t \ge 0\}$는 $\{Z(t),\ 0 \le t < S_n\}$와 독립이다.

재생성과정에서 $(n-1)$번째 갱신이 일어난 시각부터 n번째 갱신이 일어나기 직전까지의 확률과정 $\{Z_t,\ S_{n-1} \le t < S_n\}$를 n번째 **사이클**(cycle) 또는 **순환마디**라 하고 $X_n = S_n - S_{n-1}(S_0 = 0)$을 사이클의 길이라고 한다. 재생성과정의 정의로부터 각 사이클은 서로 독립이며 같은 분포를 따르는 것을 알 수 있다. 또한 사이클의 길이 $X_1,\ X_2,\ \cdots$는 서로 독립이며 같은 분포를 따른다.

참고 $\boldsymbol{S}$가 지연갱신과정의 갱신열일 때, $\boldsymbol{Z}$를 **지연재생성과정**(delayed regenerative process)이라고 한다.

정리 7.31

$\mu = E[S_1] < \infty$이고 $F(x) = P(S_1 \le x)$가 비격자형 분포일 때

$$\lim_{t \to \infty} P(Z(t) = j) = \frac{1}{E[S_1]} E\left[\int_0^{S_1} 1_{\{Z(t) = j\}}\, dt\right],\quad j \in \mathcal{S}. \tag{7.33}$$

증명 $u \le t$일 때 재생성과정의 정의로부터 다음이 성립함을 알 수 있다.

$$P(Z(t) = j \mid S_1 = u) = P(Z(t-u) = j)$$

따라서 다음의 갱신방정식을 만족한다.

$$\begin{aligned} P(Z(t) = j) &= P(Z(t) = j,\ S_1 > t) + P(Z(t) = j,\ S_1 \le t) \\ &= K(t,\ j) + \int_0^t P(Z(t-u) = j)\, dF(u) \end{aligned}$$

단 $K(t,\ j) = P(S_1 > t,\ Z(t) = j)$이다. 정리 7.7로부터 위 갱신방정식의 해는 다음과 같음을 알 수 있다.

$$P(Z(t) = j) = K(t,\ j) + \int_0^t K(t-u,\ j)\, dM(u)$$

한편 $K(t,\ j) \le P(S_1 > t) = 1 - F(t)$이고 $1 - F(t) \in \mathcal{D}_R$이므로 $K(t,\ j) \in \mathcal{D}_R$이다. 핵심갱신정리에 의하여

$$\lim_{t\to\infty} P(Z(t)=j) = \frac{1}{E[S_1]}\int_0^\infty P(S_1 > t,\ Z(t)=j)dt.$$

한편

$$\begin{aligned}\int_0^\infty P(S_1 > t,\ Z(t)=j)dt &= \int_0^\infty E[1_{\{S_1>t,\ Z(t)=j\}}]dt \\ &= E\left[\int_0^\infty 1_{\{S_1>t,\ Z(t)=j\}}dt\right] \\ &= E\left[\int_0^{S_1} 1_{\{Z(t)=j\}}dt\right]\end{aligned}$$

이므로 정리가 증명된다. □

참고 정리 7.31은 $\boldsymbol{Z}$의 상태공간이 일반적인 경우에도 성립한다. 즉 $\boldsymbol{Z}=\{Z(t),\ t\geq 0\}$가 상태공간이 $\mathcal{S}\subset\mathbb{R}$인 재생성과정이라 하자. $\mu=E[S_1]<\infty$이고 F가 비격자형 분포일 때 다음이 성립한다.

$$\lim_{t\to\infty} P(Z(t)\in A) = \frac{1}{E[S_1]}E\left[\int_0^{S_1} 1_{\{Z(t)\in A\}}dt\right],\quad A\subset\mathcal{S} \tag{7.34}$$

예제 7.16 교대갱신과정

시스템의 작동시간이 U_n이고 수리시간이 D_n인 교대갱신과정에서

$$Z(t) = \begin{cases} 1, & \text{시스템이 작동 중} \\ 0, & \text{시스템이 수리 중} \end{cases}$$

이라 하면 $\{Z(t),\ t\geq 0\}$는 사이클의 길이가 U_n+D_n인 재생성과정이다. 그러므로 U_n+D_n의 분포가 비격자형이고 $E[U_n+D_n]<\infty$이면

$$\lim_{t\to\infty} P(Z(t)=1) = \frac{E[U_n]}{E[U_n+D_n]}.$$

이것은 정리 7.21의 결과와 일치한다. ■

정리 7.32

$E[S_1]=\mu<\infty$일 때 유계인 함수 f에 대하여 다음이 성립한다.

$$\lim_{t\to\infty}\frac{1}{t}\int_0^t f(Z(u))du=\frac{1}{\mu}E\left[\int_0^{S_1} f(Z(u)du)\right] \tag{7.35}$$

$$\lim_{t\to\infty}\frac{1}{t}E\left[\int_0^t f(Z(u)du)\right]=\frac{1}{\mu}E\left[\int_0^{S_1} f(Z(u)du)\right] \tag{7.36}$$

증명 확률과정 $\{N(t)\}$를 갱신열이 $\{S_n\}$인 갱신과정이라 하면

$$\int_0^t f(Z(u))du=R_0(t)+\Delta(t)+\sum_{i=1}^{N(t)-1}\int_{S_i}^{S_{i+1}} f(Z(u))du.$$

단

$$R_0(t)=\int_0^{t\wedge S_1} f(Z(u))du,\ \Delta(t)=\int_{S_{N(t)}}^t f(Z(u))du.$$

f가 유계이므로 $\sup_x|f(x)|=C<\infty$이다. 명백하게 확률 1로 다음이 성립한다.

$$\lim_{t\to\infty}\frac{1}{t}|R_0(t)|\le C\lim_{t\to\infty}\frac{S_1}{t}=0,$$

$$\lim_{t\to\infty}\frac{1}{t}|\Delta(t)|\le C\lim_{t\to\infty}\frac{1}{t}(S_{N(t)+1}-S_{N(t)})=0$$

정리 7.24의 (7.25)와 (7.26)에 의하여 (7.35)와 (7.36)이 각각 증명된다. □

따름정리 7.33

$E[S_1]=\mu<\infty$일 때 다음이 성립한다.

$$\lim_{t\to\infty}\frac{1}{t}\int_0^t 1_{\{Z(u)=j\}}\,du=\lim_{t\to\infty}P(Z(t)=j) \tag{7.37}$$

$$\lim_{t\to\infty}\frac{1}{t}\int_0^t P(Z(u)=j)du=\lim_{t\to\infty}P(Z(t)=j) \tag{7.38}$$

예제 7.17 평균나이

갱신과정에서 시각 t에서의 나이를 A_t라 하자. $\boldsymbol{A} = \{A_t,\ t \geq 0\}$는 재생성시각의 열이 $\{S_n\}$인 재생성과정이다. 따라서 $s < S_1$일 때 $A_s = s$이므로

$$\lim_{t \to \infty} \frac{1}{t} \int_0^t A_s\, ds = \frac{1}{\mu} E\left[\int_0^{S_1} A_s\, ds\right]$$
$$= \frac{E[S_1^2]}{2\mu}.$$

이것은 예제 7.13의 결과와 일치함을 알 수 있다. ■

예제 7.18 재고모형

많은 상품들은 수요에 따른 안정적인 공급을 위하여 창고에 저장을 해두고 필요할 때 시장에 공급을 한다. $(s,\ S)$ 재고정책은 두 값 $0 \leq s < S$에 의하여 다음과 같이 재고관리를 하는 방식이다. 만일 재고수준이 s보다 작으면 그 즉시 주문을 내어 재고수준을 S까지 끌어올리고 s보다 크면 보충하지 않고 그대로 둔다. $(s,\ S)$ 재고정책을 시행하는 어떤 대형 마트에 고객들은 도착시간 간격의 분포가 $F(x)$인 갱신과정을 따라서 도착한다. 각 고객이 구매하는 물건의 양은 서로 독립이며 각각은 분포함수가 $G(x)$이고 평균이 $\frac{1}{\nu}$인 확률변수이다. 고객들은 도착 즉시 물건을 구매하며 재고량이 s 이하로 떨어지면 즉시 재고수준을 S만큼 채워 놓는다고 하자. $X(t)$를 시각 t에서 재고량이라 할 때 $s \leq y \leq S$에 대하여 $\lim_{t \to \infty} P(X(t) \geq y)$를 구하라.

‖ **풀이** $X(0) = S$라 하고 $Z(t)$를 다음과 같이 정의하자.

$$Z(t) = \begin{cases} 1, & X(t) \geq y \\ 0, & X(t) < y \end{cases}$$

재고수준이 n번째로 S가 되는 시각을 S_n이라 하자. 고객들이 갱신과정을 따라서 도착하고 재고수준은 고객이 도착 순간에 바뀌므로 $Z(t)$는 재생성시각의 열이 $\{S_n\}$인 재생성과정이 된다. 재생성 사이클의 길이를 T_{cycle}이라 하고 한 사이클 동안 $Z(t) = 1$인 상태에 있는 기간의 길이를 T_{on}이라 하면 재생성정리에 의하여 다음을 얻는다.

$$\lim_{t\to\infty} P(X(t) \geq y) = \lim_{t\to\infty} P(Z(t)=1) = \frac{E[T_{\text{on}}]}{E[T_{\text{cycle}}]}$$

이제 n번째 도착하는 고객의 구매량을 D_n이라 하고

$$N_x = \min\{n : D_1 + \cdots + D_n > S - x\}$$

라 하자. 즉 N_x는 재고수준이 x 이하로 떨어질 때까지 도착하는 고객 수이다. 따라서 T_{cycle}은 N_s명의 고객이 도착하는 시간 간격과 같은 분포를 따른다. 고객의 도착시간 간격을 Y_n이라 하면 $\{Y_n\}$과 $\{D_n\}$은 서로 독립이므로

$$\begin{aligned} E[T_{\text{cycle}}] &= E\left[\sum_{i=1}^{N_s} Y_i\right] = E\left[E\left(\sum_{i=1}^{N_s} Y_i \mid N_s\right)\right] \\ &= E[N_s E[Y]] = E[N_s]E[Y]. \end{aligned}$$

단 Y는 분포함수가 $F(x)$인 확률변수이다. 같은 방법으로 한 사이클 동안 $Z(t)=1$인 상태에 있는 기간의 길이 T_{on}는 N_y명의 고객이 도착할 때까지 걸리는 시간과 같은 분포를 따르므로

$$E[T_{\text{on}}] = E[N_y]E[Y].$$

이제 $E[N_x]$를 구하자. 갱신발생시간 간격의 분포가 $G(x)$인 갱신과정을 $N(t)$라 하면 N_x는 $N(S-x)+1$과 같은 분포를 따르는 것을 알 수 있다. 따라서

$$E[N_x] = M(S-x)+1.$$

단 $M(t) = E[N(t)]$이다. 따라서

$$\lim_{t\to\infty} P(X(t) \geq y) = \frac{E[N_y]}{E[N_s]} = \frac{M(S-y)+1}{M(S-s)+1}, \quad s \leq y \leq S.$$

예를 들어 $G(x) = 1 - \nu e^{-\nu x}$이면 $M(t) = \nu t$이므로

$$\lim_{t\to\infty} P(X(t) \geq y) = \frac{\nu(S-y)+1}{\nu(S-s)+1}, \quad s \leq y \leq S. \qquad \blacksquare$$

예제 7.19 **차량 배차문제**

어느 화물회사에서는 특정 지역으로 가는 화물의 개수가 K(상수)가 될 때마다 화물차를 한 대 배정하여 K개의 화물을 모두 싣고 출발하도록 한다. 화물회사에 도착하는 화물 개수는 갱신발생 간격의 평균이 $\frac{1}{\nu}$인 갱신과정을 따른다. 이때화물 하나를 단위시간당 보관하는 데 드는 비용은 C원이고 화물차를 한 번 운영하는데 드는 비용은 D원이라고 하자. 이와 같은 방식으로 장기간 운영한다고 할 때 다음 물음에 답하여라.

(1) 화물회사에 남아 있는 화물 수의 분포를 구하라.

(2) K값을 얼마로 하는 것이 비용을 최소화하겠는가?

‖ **풀이** (1) $Z(t)$를 t시각에 화물회사에 있는 화물 수라 하고 S_n을 화물차가 n번째 출발하는 시각이라 하자. $Z(0)=0$으로 두면 $\{Z(t),\ t\geq 0\}$는 재생성시각의 열이 $\{S_n\}$인 재생성과정이 됨을 알 수 있다. 명백하게 S_1은 K개의 화물이 도착할 때까지 걸리는 시간이므로 $E[S_1]=\frac{K}{\nu}<\infty$이다. 한편 $Z(t)$의 상태공간은 $\{0,\ 1,\ \cdots,\ K-1\}$(K가 되는 순간 화물이 운송되므로)이고 $Z(t)$가 상태 j에 머무는 시간 U_j는 다음 화물이 도착할 때까지 걸리는 시간이므로 $E[U_j]=\frac{1}{\nu}$이다. 따라서 재생성정리에 의하여

$$p_j=\lim_{t\to\infty}P(Z(t)=j)=\frac{E[U_j]}{E[S_1]}=\frac{1}{K},\quad j=0,\ 1,\ \cdots,\ K-1.$$

(2) 한 사이클 동안 화물을 보관하는 데 드는 비용의 평균은

$$C_{\text{보관}}=E\left[\sum_{j=0}^{K-1}jCU_j\right]=\frac{C}{\nu}\sum_{j=0}^{K-1}j=\frac{CK(K-1)}{2\nu}$$

이므로 장기간에 걸쳐서 운영할 때 단위시간당 화물 보관비용은

$$\frac{C_{\text{보관}}}{E[S_1]}=\frac{C(K-1)}{2}$$

이다. 같은 방법으로 화물차 운영 비용은

$$\frac{D\nu}{K}$$

이다. 따라서 총 비용은

$$g(K)=\frac{C(K-1)}{2}+\frac{D\nu}{K}$$

이다. 이때 $g(K)$를 최소화하는 K값은

$$K^*=\sqrt{\frac{2D\nu}{C}}$$

임을 알 수 있다. K는 양의 정수이므로 최적의 K값은 K^*의 가장 가까이에 있는 두 정수 중 $g(K)$의 값을 최소로 하는 값을 택하면 된다. 예를 들어 $C=2$, $D=7$이고 $\nu=1$이면 $K^*=\sqrt{7}\approx 2.65$이다. 이때 $g(2)=\frac{27}{6}$이고 $g(3)=\frac{26}{6}$이므로 $K=3$일 때 비용을 최소화할 수 있다. ■

준마르코프연쇄 상태공간이 $\{1, \cdots, m\}$인 확률과정 $\boldsymbol{Y}=\{Y(t),\ t\geq 0\}$를 생각하자. $\boldsymbol{Y}$가 상태 i를 방문할 때 i에서 W_i 동안 머문 후 p_{ij}의 확률로 상태 j로 전이가 일어난다고 하자. 이때 전이확률 p_{ij}는 i에 머무는 시간이나 과거에 방문했던 상태에는 의존하지 않고 오직 현재 머물렀던 상태 i에만 의존한다고 하자. 이와 같은 확률과정 $\boldsymbol{Y}$를 <u>준마르코프연쇄</u>(semi-Markov chain)라고 한다. Y_n을 n번째 전이가 발생한 직후 $\boldsymbol{Y}$가 방문한 상태라고 하면 $\hat{\boldsymbol{Y}}=\{Y_n,\ n=0,\ 1,\ 2,\ \cdots\}$는 전이확률행렬이 $P=(p_{ij})$인 이산시간 마르코프연쇄가 된다. 이때 $\hat{\boldsymbol{Y}}$를 $\boldsymbol{Y}$에 매장된 마르코프연쇄라 한다.

정리 7.34

준마르코프연쇄 $\boldsymbol{Y}$에 매장된 마르코프연쇄 $\hat{\boldsymbol{Y}}$가 에르고딕이고 $E[W_i]<\infty$ $(i=1,\ 2,\ \cdots,\ m)$일 때 다음이 성립한다.

$$\lim_{t\to\infty}P(Y(t)=j)=\frac{\pi_j E[W_j]}{\sum_{i=1}^{m}\pi_i E[W_i]},\quad j=1,\ 2,\ \cdots,\ m \tag{7.39}$$

단 π_j, $j=1,\ 2,\ \cdots,\ m$은 $\hat{\boldsymbol{Y}}$의 정상분포이다.

증명 $Y(0)=i$라고 하자. S_n을 $\boldsymbol{Y}$가 상태 i로 n번째 되돌아올 때까지 걸리는 시간

이라 하면 $\boldsymbol{Y}$는 재생성시각의 열이 $\{S_n\}$인 재생성과정이 됨을 알 수 있다. 한편 정리 5.20으로부터 π_j는 $\hat{\boldsymbol{Y}}$가 처음 출발한 상태로 되돌아오는 동안 상태 j를 방문한 횟수의 비율임을 알 수 있다. 따라서 $Y(0)=i$에서 출발하여 다시 i로 되돌아오는 동안 발생한 전이의 평균 수를 m_i라 하고, 그동안 j를 방문한 횟수를 M_j라고 하면 $E[M_j]=m_i\pi_j$이다. 따라서 한 사이클 동안 상태 j에 머무는 시간의 평균은 $m_i\,\pi_j E[W_j]$이고 사이클 길이의 평균은

$$E[S_1]=\sum_{k=1}^{m} E[M_k]E[W_k]=m_i\sum_{k=1}^{m}\pi_k E[W_k]$$

이므로 재생성정리에 의하여 (7.39)가 증명된다. □

예제 7.20

방문판매원인 갑돌이는 1, 2, 3 세 지역을 다니며 판매활동을 한다. 각 지역을 한 번 방문할 때 평균 μ_i, $i=1, 2, 3$ 동안 머문다고 하자. 한 지역에서 일을 마치면 다음과 같은 전이확률을 따라서 다른 지역으로 이동한다.

$$P=\begin{pmatrix} 0 & 0.5 & 0.5 \\ 0.6 & 0 & 0.4 \\ 0 & 1.0 & 0 \end{pmatrix}$$

갑돌이가 판매활동을 위하여 각 지역에 머물러있는 시간의 비율 P_i, $i=1, 2, 3$을 구하라.

‖ **풀이** P의 정상분포 $\boldsymbol{\pi}$는 $\boldsymbol{\pi}P=\boldsymbol{\pi}$, $\boldsymbol{\pi}\mathbf{e}=1$로부터 다음과 같음을 알 수 있다.

$$\pi_1=\frac{6}{23},\quad \pi_2=\frac{10}{23},\quad \pi_3=\frac{7}{23}$$

따라서 각 지역에 머물러있는 시간의 비율은 다음과 같다.

$$P_1=\frac{6\mu_1}{6\mu_1+10\mu_2+7\mu_3},$$

$$P_2=\frac{10\mu_1}{6\mu_1+10\mu_2+7\mu_3},$$

$$P_3 = \frac{7\mu_1}{6\mu_1 + 10\mu_2 + 7\mu_3}$$ ■

7.10 증명 보충

이 절에서는 앞에서 증명을 생략한 정리 중 일부에 대하여 증명을 제시한다. 이 부분은 생략하여도 다음을 읽는 데 지장이 없을 것이다.

□ **정리 7.6의 증명** $N(t)$가 단조증가하므로 $M(t)$는 단조증가함수이다. 한 점 $t>0$를 고정시키자. $F(0)<1$이고 F는 우연속이므로 $F(b)<1$를 만족하는 $b>0$가 존재한다. $t \le kb$를 만족하는 자연수 k를 선택하자. 그러면

$$\{S_k \le t\} \subset \{S_k \le kb\} \subset \{X_1 > b,\ X_2 > b,\ \cdots,\ X_k > b\}^c$$

를 얻는다. 그러므로 $\beta = [1-F(b)]^k > 0$로 두면

$$\begin{aligned} P(S_k \le t) &\le 1 - P(X_1 > b,\ X_2 > b,\ \cdots,\ X_k > b) \\ &= 1 - [1-F(b)]^k = 1-\beta. \end{aligned}$$

또한

$$\{S_{mk} \le t\} \subset \{S_k - S_0 \le t,\ S_{2k} - S_k \le t,\ \cdots,\ S_{mk} - S_{(m-1)k} \le t\}$$

이므로

$$P(S_{mk} \le t) \le [P(S_k \le t)]^m \le (1-\beta)^m$$

이다. 또한 $\{S_{mk+j} \le t\} \subset \{S_{mk} \le t\}$이므로

$$\sum_{n=mk}^{mk+k-1} P(S_n \le t) \le kP(S_{mk} \le t) \le k(1-\beta)^m$$

이며

$$M(t)+1 = \sum_{m=0}^{\infty} \sum_{n=mk}^{mk+k-1} P(S_n \le t) \le \sum_{m=0}^{\infty} k(1-\beta)^m = \frac{k}{\beta} < \infty .$$

이제 $M(t)$가 우연속임을 보인다. $\{t_n\}$을 감소하여 $t>0$에 수렴하는 수열이라 하자. $N(t)$의 표본경로는 우연속이므로 $\lim_{n\to\infty} N(t_n) = N(t)$이다. $M(t)$가 단조증가함수이므로 $M(t_n) \le M(t_1) < \infty$이다. 유계수렴정리에 의하여

$$\lim_{n\to\infty} M(t_n) = \lim_{n\to\infty} E[N(t_n)] = E[N(t)] = M(t)$$

이므로 $M(t)$는 우연속이다. □

□ 정리 7.11의 증명 양수 $h>0$에 대하여 $nh < x \le (n+1)h$일 때 $\bar{g}h(x) = \bar{g}_{h,\,n}$, $\underline{g}_h(x) = \underline{g}_{h,\,n}$이라 하자. g가 연속이므로 각각의 x에 대하여

$$\lim_{h\to 0} \bar{g}_h(x) = \lim_{h\to 0} \underline{g}_h(x) = g(x).$$

단조수렴정리에 의하여 다음이 성립한다.

$$\lim_{h\to 0} \overline{G}_h = \int_0^{\infty} g(x)dx = \lim_{h\to 0} \underline{G}_h$$

따라서 (1)이 증명된다. (2)와 (3)의 가정이 성립하면 자명하게 $\overline{G}_h < \infty$이므로 (1)에 의하여 $g \in \mathcal{D}_R$이다. □

□ 따름정리 7.12의 증명 (1) g가 단조감소함수이면 $\bar{g}_{n,\,h} = g(nh)$이므로

$$\overline{G}_h \le \int_0^{\infty} g(x)dx + g(0) < \infty$$

이므로 정리 7.11의 (1)에 의하여 증명된다.

(2) 모든 $h>0$에 대하여 $g(x) \le \bar{g}_h(x)$이므로 $g * G \le \bar{g}_h * G$이다. 따라서 정리 7.11의 (3)에 의하여

$$g(x) = \sum_{n=0}^{\infty} c_n 1_{(nh,\ (n+1)h]}(x)$$

와 같은 형태를 가지며 직접 리만적분가능인 함수에 대하여 $g * G \in \mathcal{D}_R$를 보이면 충분하다. $A_n = (nh,\ (n+1)h)$로 두면 $t \in A_n$에 대하여 다음이 성립함을 쉽게 알 수 있다.

$$g * G(t) = \sum_{k=0}^{n-1} c_k [G(t-kh) - G(t-(k+1)h)] + c_n G(t-nh)$$

또한

$$\sup_{t \in A_n} \{G(t-kh) - G(t-(k+1)h)\} \le \int_{(n-k)h-h}^{(n-k)h+h} dG(x)$$

이고

$$\sup_{t \in A_n} G(t-nh) = G(h)$$

이므로 다음을 얻는다.

$$a_n = \sup_{t \in A_n} g * G(t) \le \sum_{k=0}^{n} c_{n-k} \int_{kh-h}^{kh+h} dG(x)$$

따라서

$$\sum_{n=0}^{\infty} a_n \le \sum_{k=0}^{\infty} \sum_{n=k}^{\infty} c_{n-k} \int_{kh-h}^{kh+h} dG(x) \le 2 \sum_{n=0}^{\infty} c_n < \infty .$$

정리 7.11의 (1)에 의하여 (2)가 증명된다. □

□ 따름정리 7.13의 증명 (1) (2) $f(t)$와 $h(t)$는 유한구간 $[0,\ x]$ 밖에서는 0이고 $G(t)$는 거의 모든 점에서 연속이므로 정리 7.11의 (2)에 의하여 $f,\ h \in \mathcal{D}_R$이다.

(3) $E[X] < \infty$이면 $1 - G(t)$는 감소함수이고 리만적분가능이므로 따름정리 7.12에 의하여 $1 - G(t) \in \mathcal{D}_R$이다.

(4) $g(t) \le 1 - G(t)$이므로 $E[X] < \infty$이면 정리 7.11의 (3)에 의하여 $g \in \mathcal{D}_R$이다. 이제 $E[X] = \infty$인 경우에 대하여 생각해보자. 주어진 $a > 0$에 대하여 m을 $x \le (m-1)a$를 만족하는 양의 정수라 하자. 그러면

$$\overline{G}_a \le a \sum_{n=0}^{\infty} [G((n+1)a+x) - G(na)]$$
$$\le a \sum_{n=0}^{\infty} [G((n+m)a) - G(na)]$$
$$\le a \lim_{\nu \to \infty} \sum_{j=\nu+1}^{\nu+m} G(ja) \le am < \infty .$$

정리 7.11의 (1)에 의하여 $g \in \mathcal{D}_R$이다. □

□ 정리 7.14의 증명 **(7.15) ⇒ (7.14) :** $K(x) = 1_{(0,\ a]}(x)$라 하면 명백히 $K(x) \in \mathcal{D}_R$이므로 (7.15)에 의하여 $t \to \infty$일 때

$$M(t) - M(t-a) = \int_0^t K(t-x) dM(x) \to \frac{a}{\mu}$$

가 되어 (7.14)가 성립한다.

(7.14) ⇒ (7.15) : $K \in \mathcal{D}_R$라 하고 $H = K * M$이라 하자. 고정된 $x > 0$와 $h > 0$에 대하여 $I_k = (x-(k+1)h,\ x-kh]\ (k=0,\ 1,\ \cdots,\ n-1)$라 하자. 단 n은 $nh < x \le (n+1)h$를 만족하는 정수이다. 그러면

$$H(x) = \int_0^x K(x-y) dM(y)$$
$$= \int_0^{x-nh} K(x-y) dM(y) + \sum_{k=0}^{n-1} \int_{I_k} K(x-y) dM(y).$$

한편 $x \to \infty$일 때

$$\left| \int_0^{x-nh} K(x-y) dM(y) \right| = \left| \int_x^{nh} K(y) dM(x-y) \right|$$
$$\le |\overline{K}_h(x)| (M(x-nh) - M(0))$$
$$\le |\overline{K}_h(x)| (1 + M(h)) \to 0.$$

또한 $M(t+h) - M(t) \le 1 + M(h)$이므로

$$\sum_{k=0}^{n-1}\int_{I_k} K(x-y)dM(y)$$
$$\le \sum_{k=0}^{n-1}\overline{K}_h(kh)(M(x-kh)-M(x-(k+1)h))$$
$$\le \sum_{k=0}^{m}\overline{K}_h(kh)(M(x-kh)-M(x-(k+1)h))+(1+M(h))\sum_{k=m+1}^{n-1}|\overline{K}_h(kh)|.$$

따라서 $n\to\infty$ 한 다음 $m\to\infty$ 하면 다음을 얻는다.

$$\limsup_{x\to\infty} H(x)\le \frac{1}{\mu}\int_0^\infty \overline{K}_h(t)dt$$

여기서 $h\to 0$ 하면 다음을 얻는다.

$$\limsup_{x\to\infty} H(x)\le \frac{1}{\mu}\int_0^\infty K(t)dt$$

위와 유사한 방법으로 $\liminf_{x\to\infty} H(x)\ge \frac{1}{\mu}\int_0^\infty K(t)dt$을 보일 수 있다. 좀더 구체적으로 말하면

$$\sum_{k=0}^{n-1}\int_{I_k} K(x-y)dM(y)$$
$$\ge \sum_{k=0}^{n-1}\underline{K}_h(kh)(M(x-kh)-M(x-(k+1)h))$$
$$\ge \sum_{k=0}^{m}\underline{K}_h(kh)(M(x-kh)-M(x-(k+1)h))-(1+M(h))\sum_{k=m+1}^{n-1}|\underline{k}_h(kh)|.$$

여기서 차례로 $n\to\infty$, $m\to\infty$, $h\to 0$ 하면 원하는 결과를 얻는다. □

7장 연습문제

1. $N(t)$가 다음을 나타낼 때 각 경우에 대하여 확률과정 $\boldsymbol{N} = \{N(t),\ t \geq 0\}$이 갱신과정이 되기 위해서는 어떠한 가정이 필요한지 말하라.
   (1) $(0,\ t]$ 동안 특정한 소방소에 걸려온 구조요청 수
   (2) $(0,\ t]$ 동안 특정한 은행에 도착한 고객 수
   (3) $(0,\ t]$ 동안 고속도로의 특정한 지점을 통과한 특정한 자동차 수

2. 계수과정 $\{N(t),\ t \geq 0\}$에 대하여 다음의 참, 거짓을 판정하라.
   (1) $\{N(t) < n\} \Leftrightarrow \{S_n > t\}$
   (2) $\{N(t) \leq n\} \Leftrightarrow \{S_n \geq t\}$
   (3) $\{N(t) > n\} \Leftrightarrow \{S_n < t\}$

3. 서로 독립이며 $U_n \sim \mathrm{U}(0,\ 1)$인 확률변수 $U_1,\ U_2,\ \cdots$에 대하여

$$N(x) = \min\{n : U_1 + \cdots + U_n > x\}$$

   이라 할 때 $E[N(x)]$를 구하라.

4. 비율이 λ인 푸아송과정의 갱신함수를 구하라.

5. $X_n \sim \mathrm{Erlang}(r,\ \lambda)$일 때 다음을 보여라.
   (1) $P(N(t) \geq n) = \displaystyle\sum_{k=rn}^{\infty} \frac{e^{-\lambda t}(\lambda t)^k}{k!}$
   (2) $M(t) = \displaystyle\sum_{k=r}^{\infty} \left\lfloor \frac{k}{r} \right\rfloor \frac{e^{-\lambda t}(\lambda t)^k}{k!}$
   단 $\lfloor x \rfloor$는 x보다 작거나 같은 정수 중 최대의 수이다.

6. 갱신함수가 $M(t) = t/2$인 갱신과정에서 $P(N(t) = 0)$을 구하라.

7. 갱신발생시간 간격 X_n의 분포함수 $F(t)$가 다음과 같을 때 갱신함수를 구하라.

$$F(t) = 1 - pe^{-\mu t} - (1-p)e^{-\lambda t}$$

8. 갱신과정 $\{N(t)\}$의 k차 계승적률은 다음과 같음을 보여라.

$$E[N(t)(N(t)-1)\cdots(N(t)-k+1)] = k!M_k(t), \quad k=1,\ 2,\ \cdots$$

여기서 $M_k(t)$는 갱신함수 $M(t)$의 k차 합성곱이다. 위의 결과를 이용하여

$$E[N(t)^2] = M(t) + 2M * M(t)$$

를 보여라.

9. 식 (7.4)의 양변에 $1-F^*(s)$를 곱하고 정리한 후 라플라스–스틸체스변환의 유일성을 이용하여 (7.5)를 증명하라.

10. 어떤 기계에 사용되는 부품은 고장이 나거나 T시간 이상이 지나면 새것으로 바꾼다고 한다. 교체되는 부품들의 수명은 서로 독립이고 각각의 분포함수는 F라고 하자. 이 기계를 오랜 시간 사용한다고 할 때 단위시간 동안 교체되는 부품의 평균 수를 구하라. 또한 고장에 의하여 교체되는 부품의 평균 수는 얼마인가?

11. A_t와 B_t는 각각 갱신과정에서 시각 t의 경과시간과 잔여시간이다. 다음 빈칸을 채워라.

(1) $A_t > x \Longleftrightarrow$ 구간 (　　)에서 0개의 갱신이 발생

(2) $B_t > x \Longleftrightarrow$ 구간 (　　)에서 0개의 갱신이 발생

(3) $P(B_t > x) = P(A($　　$) > ($　　$))$

(4) 비율이 λ인 푸아송과정에서 $P(A_t > x,\ B_t > y)$를 구하라.

12. 도착시간의 평균이 $\mu < \infty$인 갱신과정에서 시각 t에서의 수명 A_t에 대하여 확률 1로 다음이 성립함을 보여라.

$$\lim_{t\to\infty}\frac{A_t}{t} = 0$$

13. 고정된 $x>0$에 대하여 $Z_A(t) = P(A_t \le x)$는 다음과 같음을 보여라.

$$Z_A(t) = K_A(t) + \int_0^t K_A(t-u)\,dM(u)$$

단 $t \le x$일 때 $K_A(t) = 1-F(t)$이고 $t > x$일 때 $K_A(t) = 0$이다.

14. 다음을 보여라.

$$\lim_{t \to \infty} P(A_t > x,\ B_t > y) = \frac{1}{\mu} \int_{x+y}^{\infty} (1 - F(t))dt$$

15. $\overline{F}(t) = 1 - F(t) = P(X_n > t)$라 할 때 다음을 보여라.

$$P(S_{N(t)} \le x) = \begin{cases} \overline{F}(t) + \int_0^x \overline{F}(t-y)dM(y), & 0 \le x \le t \\ 1, & t \le x \end{cases}$$

16. 위 연습문제 15를 이용하여 정리 7.21을 증명하라.

17. 지연시간의 분포가 G이고 갱신간격의 분포가 F인 지연갱신과정 $\boldsymbol{N}_G$에서 t시각에서의 나이 $A_G(t)$와 재귀시간 $X_G(t)$에 대하여 다음을 보여라.

(1) $P(A_G(t) \le x) = (1 - G(t))1_{\{t \le x\}} + \int_0^t (1 - F(t-u))1_{\{t-u \le x\}} dM_G(u)$

(2) $P(X_G(t) \le x) =$

$$(G(x) - G(t))1_{\{t \le x\}} + \int_0^t (F(x) - F(t-u))1_{\{t-u \le x\}} dM_G(u)$$

(3) $\lim_{t \to \infty} P(A_G(t) \le x) = F_e(x) = \frac{1}{\mu} \int_0^x (1 - F(t))dt$

18. $G(x) = F_e(x)$인 지연갱신과정에서 다음을 보여라.

$$P(A_e(t) > x,\ B_e(t) > y) = 1 - F_e(x+y)$$

19. 임시직으로 일하고 있는 A씨는 평균 12주 동안 일하다 일자리를 잃게 되면 새 일자리를 구하는 데 평균 2주가 걸린다고 한다. 오랜 기간 동안 A씨가 일을 하는 기간의 비율은 얼마인가?

20. 어떤 건물의 관리인은 순찰을 돌면서 비상구의 전등이 꺼져 있으면 즉시 새것으로 교체한다. 순찰을 도는 시간 간격은 평균이 $\frac{1}{\lambda}$인 지수분포를 따른다고 하자. 전등의 수명분포함수는 $F(x)$이고 평균이 $\frac{1}{\mu}$이라 하자. 장기간 관찰한다고 할 때 다음을 구하라.

(1) 단위시간당 교체되는 전구의 평균수

(2) 전등이 작동 중인 기간의 비율

(3) 관리인이 순찰을 돌 때 전구를 교체한 횟수의 비율

21. 여름 휴가철을 맞아서 해수욕장을 향하는 고속도로에는 많은 차량이 몰려들어 주차장을 방불케 하였다. 차량의 크기는 U(3.0, 6.0)(단위 : m)을 따르고 차량 간격은 U(0, 2)(단위 : m)을 따른다고 하자.

(1) 고속도로의 한 차선에서 단위길이당 차량이 차지하는 길이의 비율은 얼마인가?

(2) 정체 구간이 20km에 달한다고 할 때 편도 2차선 고속도로에 있는 차량 수는 대략 몇 대라고 추정할 수 있겠는가?

22. 어느 상점에 갱신간격의 평균이 μ인 갱신과정을 따라서 고객이 도착한다. 각 고객이 상점에서 구매하는 액수는 서로 독립이며 분포함수가 $G(x)$이고 평균이 ν인 확률변수이다. t시간 동안 그 상점의 매출액을 $V(t)$라고 할 때 $\lim_{t\to\infty}\frac{V(t)}{t}$를 구하라.

23. 병식이는 N개의 지역을 돌면서 현장 순회지도를 한다. 각 지역을 도는 순서는 일정하게 정해져 있으며 전체를 한 번 모두 돌기 전에는 한 번 간 곳을 다시 가지 않는다고 하자. 한 번 순회지도를 나갈 때 i 지역에 머무는 시간의 분포함수는 $F_i(x)$이고 평균은 $\mu_i(i=1,\ 2,\ \cdots,\ N)$라고 하자. 시간이 충분히 흘렀을 때 임의의 시점에서 병식이가 i 지역에 있을 확률은 얼마인가?

24. 예제 7.11에서 기계의 수명이 균등분포 U$(0,\ s)$를 따를 때 비용을 최소화하기 위한 T의 값을 구하라.

25. 예제 7.11에서 기계의 수명은 평균이 1인 지수분포를 따른다고 하자. 또한 기계가 T일 동안 작동되었다면 새 제품 가격의 40%를 받고 다시 팔 수 있다고 하자. 이와 같은 과정을 장기간에 걸쳐서 반복한다고 할 때 고장 나기 전에는 차를 팔지 않는 것이 비용을 최소화하는 것임을 보여라.

26. 하나의 기계로 가동하는 공장을 생각하자. 그 공장에서는 기계의 중요한 부품을 하나 여분으로 남겨 두고 사용한다. 그 부품이 고장나면 새 부품으로 교체하고 고장 난 부품을 수리하기 시작한다. 부품의 수리는 고장 난 순서대로 한다. 고장 난 부품을 수리하는 데 걸리는 시간을 R이라 하고 한 번 작동되기 시작한 부품이 고장 날 때까지 걸리는 시간을 X라 하자. $X(t)$를 t시각에 고장 난 부품 수라 할 때 다음 물음에 답하라.

(1) $P_i=\lim_{t\to\infty}P(X(t)=i)\,(i=0,\ 1,\ 2)$를 R과 X를 이용하여 나타내어라.

(2) $R\sim \text{Exp}(\mu),\ X\sim \text{Exp}(\lambda)$일 때 $P_i(i=1,\ 2,\ 3)$를 구하라.

27. n명의 어린이들이 서로 독립적으로 정글짐을 오르내리기를 반복하며 놀고 있다. 어린이 i가 올라가는 데 걸리는 시간의 분포는 F_i이고 내려오는 데 걸리는 시간의 분포는 G_i이다. 각 어린이들이 정글짐 위로 올라가는 시간과 내려오는 시간은 서로 독립이라고 하자. $N(t)$를 t시간 동안 어린이들이 정글짐에 올라갔다가 내려온 횟수의 총합이라 하자. 또한 $U(t)$를 t시각에 올라가고 있는 어린이 수라 하자. 다음을 구하라.

(1) $\lim_{t \to \infty} \frac{N(t)}{t}$

(2) $\lim_{t \to \infty} E[U(t)]$

(3) $F_i = F,\ G_i = G$일 때 $\lim_{t \to \infty} P(U(t) = k)$

28. [정지시각] $X_1,\ X_2,\ \cdots$를 확률변수열이라 하고 T를 음이 아닌 정수값을 갖는 확률변수라 하자. $n = 1,\ 2,\ \cdots$에 대하여 $\{T = n\}$이 $X_{n+1},\ X_{n+2},\ \cdots$와 독립일 때 T를 $X_1,\ X_2,\ \cdots$의 **정지시각**(stopping time)이라 한다. 다음 각각에 대하여 T가 $X_1,\ X_2,\ \cdots$의 정지시각이 됨을 보여라.

(1) $X_1,\ X_2,\ \cdots$가 서로 독립이고 $P(X_n = 0) = \frac{1}{2} = P(X_n = 1),\ n = 1,\ 2,\ \cdots$일 때 $T = \min\{n : X_1 + \cdots + X_n = 10\}$

(2) $X_1,\ X_2,\ \cdots$가 서로 독립이고 $P(X_n = -1) = \frac{1}{2} = P(X_n = 1),\ n = 1,\ 2, \cdots$일 때 $T = \min\{n : X_1 + \cdots + X_n = 1\}$

29. [왈드의 방정식(Wald's equation)] $\{X_n\}$이 서로 독립이고 같은 분포를 따르며 $E[|X_1|] < \infty$인 확률변수열이라 하자. T가 $\{X_n\}$의 정지시각이고 $E[T] < \infty$일 때 다음이 성립함을 보여라.

$$E\left[\sum_{n=1}^{T} X_n\right] = E[T]E[X_1]$$

30. $\{N(t)\}$를 갱신발생시간 간격이 $\{X_n\}$인 갱신과정이라 할 때 다음 물음에 답하라.

(1) $N(t)$는 $\{X_n\}$의 정지시각이 되지 않지만 $N(t) + 1$은 정지시각이 됨을 보여라.

(2) 위의 (1)의 결과와 왈드의 방정식(위의 연습문제 29)을 이용하여 보조정리 7.8을 증명하라.

7장 참고문헌

이 장에서는 Çinlar(1975), Cox(1962), Ross(2007, 1983), Feller(1968), Karlin and Taylor(1975), Wolf(1985), Kulkarni(1995) 등과 같은 대부분의 확률과정론 입문서에서 다루고 있는 표준적인 내용을 소개하였다. 대부분의 예제 및 연습문제도 이들 책에서 발췌하였다. 좀더 고급의 갱신이론을 원하는 독자는 Feller(1971), Heyman and Sobel(1982) 등을 참고하기 바란다. 여기서는 갱신과정의 중첩에 대한 내용은 생략하였다. 이에 대하여 관심 있는 독자는 Karlin and Taylor(1975, 5.9절)를 참고하기 바란다.

1. Asmussen, S., *Applied Probability and Queues*, Wiley, 1987.
2. Çinlar, E., *Introduction to Stochastic Processes*, Prentice-Hall, Inc., 1975.
3. Cox, D. R., *Renewal Theory*, Methuen, 1962.
4. Durrett, R., *Essentials of Stochastic Processes*, Springer, 1999.
5. Feller, W., *An Introduction to Probability Theory and its Applications, Vol. Ⅰ*, 3rd ed., John Wiley & Sons, 1968.
6. Feller, W., *An Introduction to Probability Theory and its Applications, Vol. Ⅱ*, 2nd ed., John Wiley & Sons, 1971.
7. Heyman D. P. and Sobel, M. J., *Stochastoic Models in Operations Research, Vol Ⅰ. Stochastic Processes and Operating Characteristics*, McGraw-Hill Book Company, 1982.
8. Karlin, S. and Taylor, H. M., *A First Course in Stochastic Processes*, 2nd ed., Academic Press, 1975.
9. Kulkarni, V. G., *Modeling and Analysis of Stochastic Systems*, Chapman & Hall/CRC, 1995.
10. Ross, S. M., *Introduction to Probability Models*, 9th ed., Academic press, 2007.
11. Ross, S. M., *Stochastic Processes*, 2nd ed., John Wiley & Sons, 1996.
12. Wolff, R. W., *Stochastic Modeling and The Theory of Queues*, Prentice Hall, Inc., 1989.

제 8 장

연속시간 마르코프연쇄

확률현상을 모형화할 때 한 상태에 머무는 시간을 단위시간 동안 머무는 것으로 가정하여 상태의 전이에만 관심을 가지는 경우 제5장에서 살펴본 이산시간 마르코프연쇄는 매우 유용한 확률과정이었다. 그러나 실시간으로 진행되는 현상들에서 상태의 전이는 연속적인 시간의 흐름에 따라 발생되며 한 상태에 머무는 시간은 고정적이지 않고 상태에 의존하는 확률변수가 되는 경우가 많다. 이 장에서는 마르코프성을 갖는 연속시간 확률과정의 구조와 특징에 대하여 살펴본다.

8.1 정의와 기본적인 성질

확률과정 $\boldsymbol{X}=\{X(t),\ t\ge 0\}$가 각각의 $s,\ t>0$에 대하여 t시각 이전의 이력 $\{X(u),\ u\le t\}$가 주어졌다는 가정하에 t시각 이후의 상태 $X(t+s)$는 오직 최근의 상태 $X(t)$에만 의존할 때 $\boldsymbol{X}$는 마르코프성질을 갖는다고 한다. 마르코프성질은 현재 상태 $X(t)$가 주어졌다는 가정하에 미래 상태 $X(s+t)$는 과거 이력 $\{X(u),\ u<t\}$와 조건부로 독립이라는 것과 동치이다.

이 장 전체를 통하여 다른 언급이 없는 한 연속시간 확률과정 $\boldsymbol{X}=\{X(t),\ t\ge 0\}$의 상태공간 $\mathcal{S}$는 $\{0,\ 1,\ 2,\ \cdots\}$의 부분집합을 나타낸다.

정의 8.1

확률과정 $\boldsymbol{X}=\{X(t),\ t\ge 0\}$가 임의의 $t_1<\cdots<t_n<s<t+s$와 $i_1,\ \cdots,\ i_n,\ i,\ j\in\mathcal{S}(n=1,\ 2,\ \cdots)$에 대하여

$$\begin{aligned}&P(X(t+s)=j\,|\,X(t_1)=i_1,\ \cdots,\ X(t_n)=i_n,\ X(s)=i)\\&\quad=P(X(t+s)=j\,|\,X(s)=i)\end{aligned}\tag{8.1}$$

를 만족할 때 $\boldsymbol{X}$를 연속시간 마르코프연쇄라 한다.

마르코프연쇄 $\boldsymbol{X}$가 상태 i에서 머물다가 상태 j로 이동하였을 때 i에서 j로 전이(transition)가 일어났다고 한다. 조건부확률 $P(X(t+s)=j\,|\,X(s)=i)$를 $\boldsymbol{X}$의 **전이확률**(transition probability)이라 한다. 전이확률이 시작시점 s에 의존하지 않고 변화한 시간의 길이 t에만 의존할 때 $\boldsymbol{X}$는 **시간동질**(time-homogeneous)이라 하고 이때 전이확률을

$$p_{ij}(t)=P(X(t+s)=j\,|\,X(s)=i),\quad i,\ j\in\mathcal{S}$$

와 같이 나타내기로 한다. t의 함수로서 $p_{ij}(t)$를 **전이함수**(transition function)라고 한다. 행렬 $P(t)=(p_{ij}(t))_{i,\ j\in\mathcal{S}}$를 $\boldsymbol{X}$의 **전이확률행렬**이라 한다. 명백하게

$$p_{ij}(0)=\begin{cases}1, & i=j\\0, & i\ne j\end{cases}$$

이므로 $P(0)=I$ (단위행렬)이다.

이 장 전체를 통하여 별다른 언급이 없는 한 연속시간 마르코프연쇄 $\boldsymbol{X}$에 대하여 다음을 가정한다.

가정 1. 시간동질이다.
가정 2. $p_{ij}(t)$는 $t=0$에서 우연속이다.[1] 즉 $\lim_{t\to 0} p_{ij}(t)=p_{ij}(0)$이다.
가정 3. 유한 시간 내에 발생하는 전이 수는 유한이다.

위의 세 가지 가정을 만족하는 마르코프연쇄를 **정칙**(regular)이라고 한다. 정칙인 마르코프연쇄 $\boldsymbol{X}$의 표본경로는 우연속이라는 것이 알려져 있다.

정리 8.1

(1) $P(t)$는 확률행렬이다. 즉

$$p_{ij}(t)\geq 0,\quad \sum_{j\in\mathcal{S}} p_{ij}(t)=1.$$

(2) (채프만-콜모고로프 방정식(Chapman-Kolmogorov equation))
$P(t+s)=P(t)P(s)$, 즉

$$p_{ij}(s+t)=\sum_{k\in\mathcal{S}} p_{ik}(t)p_{kj}(s),\quad s,\ t>0,\quad i,\ j\in\mathcal{S}.$$

증명 (1)은 자명하므로 (2)를 증명한다.

$$\begin{aligned}p_{ij}(s+t) &= P(X(s+t)=j\,|\,X(0)=i)\\ &= \sum_{k\in\mathcal{S}} P(X(s+t)=j\,|\,X(t)=k,\ X(0)=i)P(X(t)=k\,|\,X(0)=i)\\ &= \sum_{k\in\mathcal{S}} p_{ik}(t)p_{kj}(s)\end{aligned}$$ □

이산시간 마르코프연쇄의 경우와 마찬가지로 $\boldsymbol{X}$의 결합분포는 다음과 같이 전이확률로 나타낼 수 있다.

1) 전이확률행렬 $P(t)$가 이 식을 만족할 때 $\boldsymbol{X}$ 또는 $P(t)$를 표준적(standard)이라고 한다.

정리 8.2

임의의 $0 \le t_0 < t_1 < \cdots < t_n$에 대하여

$$P(X(t_1)=i_1, \cdots, X(t_n)=i_n \mid X(t_0)=i_0) \\ = p_{i_0, i_1}(t_1-t_0) \cdots p_{i_{n-1}, i_n}(t_n-t_{n-1}). \tag{8.2}$$

또한 $p_i = P(X(0)=i)\,(i \in \mathcal{S})$일 때

$$P(X(t_0)=i_0, X(t_1)=i_1, \cdots, X(t_n)=i_n) \\ = \sum_{i \in \mathcal{S}} p_i p_{ii_0}(t_0) p_{i_0, i_1}(t_1-t_0) \cdots p_{i_{n-1}, i_n}(t_n-t_{n-1}).$$

정리 8.3

상태공간이 $\mathcal{S}$인 확률과정 $\boldsymbol{X}=\{X(t),\ t \ge 0\}$가 독립증분을 가지면 $\boldsymbol{X}$는 마르코프연쇄가 된다. 또한 독립증분과 정상증분을 가지면 전이확률이 다음과 같은 시간동질인 마르코프연쇄가 된다.

$$p_{ij}(t) = P(X(t)-X(0)=j-i), \quad i, j \in \mathcal{S}$$

증명 $0 \le t_0 < t_1 < \cdots < t_n < \mathcal{S}$와 $i_0, \cdots, i_n \in \mathcal{S}$에 대하여 $C=\{X(t_1)=i_1, X(t_2)=i_2, \cdots, X(t_n)=i_n\}$이라 하면 $t>0$와 $i, j \in \mathcal{S}$에 대하여 다음을 얻는다.

$$P(X(t+s)=j \mid X(s)=i, C) \\ = \frac{P(X(t+s)=j, X(s)=i, C)}{P(X(s)=i, C)} \\ = \frac{P(X(t+s)-X(s)=j-i, X(s)=i, C)}{P(X(s)=i, C)}$$

한편 $\boldsymbol{X}$가 독립증분을 가지므로 $X(t+s)-X(s)$는 $\{X(s), X(t_1), \cdots, X(t_n)\}$과 독립이다. 따라서

$$P(X(t+s)-X(s)=j-i, X(s)=i, C) \\ = P(X(t+s)-X(s)=j-i)P(X(s)=i, C)$$

이므로 다음을 얻는다.

$$P(X(t+s)=j \mid X(s)=i,\ C)=P(X(t+s)-X(s)=j-i)$$

또한 $\boldsymbol{X}$가 독립증분을 가지므로

$$\begin{aligned} P(X(t+s)=j \mid X(s)=i) &= \frac{P(X(t+s)-X(s)=j-i,\ X(s)=i)}{P(X(s)=i)} \\ &= P(X(t+s)-X(s)=j-i) \end{aligned}$$

이다. 따라서 $\boldsymbol{X}$는 마르코프연쇄이다. $\boldsymbol{X}$가 정상증분을 가지면

$$\begin{aligned} P(X(t+s)=j \mid X(s)=i) &= P(X(t+s)-X(s)=j-i) \\ &= P(X(t)-X(0)=j-i) \\ &= P(X(t)=j \mid X(0)=i) \end{aligned}$$

이므로 $\boldsymbol{X}$는 시간동질이다. □

예제 8.1 **푸아송과정**

비율이 $\lambda > 0$인 푸아송과정 $\boldsymbol{N}=\{N(t),\ t \geq 0\}$은 전이확률이 다음과 같은 연속시간 마르코프연쇄이다.

$$p_{ij}(t)=\begin{cases} 0, & j < i \\ e^{-\lambda t}\dfrac{(\lambda t)^{j-i}}{(j-i)!}, & j \geq i \end{cases}$$ ■

다음은 전이확률행렬 $P(t)$의 성질이다. 증명 없이 언급한다.[2)]

정리 8.4

(1) 전이함수 $p_{ij}(t)\,(i,\ j \in \mathcal{S})$는 $[0,\ \infty)$에서 연속이다.

(2) 모든 $t > 0$에 대하여 $p_{ii}(t) > 0\,(i \in \mathcal{S})$이다.

(3) 모든 $t > 0$에 대하여 $p_{ij}(t) > 0$이거나 모든 $t > 0$에 대하여 $p_{ij}(t) = 0$이다.

2) 이에 대한 증명은 Chung(1967)을 참조할 것.

다음 정리는 $p_{ij}(t)$가 $t=0$에서 미분가능함을 보인다.[3)]

정리 8.5

다음 극한이 존재한다.

$$p_{ii}'(0)=\lim_{t\to 0}\frac{p_{ii}(t)-1}{t} \tag{8.3}$$

$$p_{ij}'(0)=\lim_{t\to 0}\frac{p_{ij}(t)}{t},\quad i\neq j \tag{8.4}$$

참고 일반적으로 $0\le p_{ij}'(0)<\infty,\ i\neq j$이고 $-\infty\le p_{ii}'(0)\le 0$이다. 그러나 마르코프연쇄가 정칙이면 $-\infty<p_{ii}'(0)\le 0$이라는 것이 알려져 있다.

앞으로

$$q_i=-p_{ii}'(0),\quad q_{ij}=p_{ij}'(0),\quad i\neq j$$

로 둔다. 이때 행렬 $P'(0)=Q=(q_{ij})$ (단 $q_{ii}=-q_i$)를 $\boldsymbol{X}$의 **전이율행렬**(transition rate matrix) 또는 **극소생성자**(infinitesimal generator) 또는 간단히 **생성자**라고 한다.

$P(t)$는 확률행렬이므로(정리 8.1)

$$\frac{1-p_{ii}(t)}{t}=\sum_{j\in\mathcal{S}-\{i\}}\frac{p_{ij}(t)}{t},\quad i\in\mathcal{S}$$

여기서 $t\to 0$ 하면 다음을 얻는다.

$$q_i=\sum_{j\in\mathcal{S}-\{i\}}q_{ij}$$

따라서 마르코프연쇄의 전이율행렬 $Q=(q_{ij})$는 다음을 만족함을 알 수 있다.

(1) $0\le q_{ij}<\infty,\quad i\neq j$

(2) $0\le q_i=-q_{ii}<\infty,\quad i\in\mathcal{S}$

3) 이에 대한 증명은 Chung(1967) 또는 Karlin and Taylor(1981)를 참조할 것.

(3) $\sum_{j \in \mathcal{S}} q_{ij} = 0, \quad i \in \mathcal{S}$

마르코프연쇄에 대한 특별한 언급이 없더라도 일반적으로 위의 세 조건을 만족하는 행렬 Q를 전이율행렬 또는 생성자라고 한다.

8.2 연속시간 마르코프연쇄의 구조

연속시간 확률과정에 의하여 기술되는 어떤 현상이 연속시간 마르코프연쇄가 됨을 보이기 위하여 식 (8.1)을 만족한다는 것을 보이는 것은 일반적으로 쉽지 않다. 그러나 연속시간 마르코프연쇄의 표본경로에 대한 구조를 이용하면 주어진 확률현상을 마르코프연쇄로 모형화하는 것이 용이한 경우가 많이 있다. 이 절에서는 마르코프연쇄의 구조에 대하여 알아본다.

$n \geq 1$일 때 $\boldsymbol{X}$의 n번째 전이가 일어난 시각을 T_n, n번째 전이가 일어난 직후 $\boldsymbol{X}$의 상태를 X_n이라 하자. 단 $T_0 = 0$, $X_0 = X(0)$이다. 만약 $X_n = i$이면 구간 $[T_n, T_{n+1})$은 $\boldsymbol{X}$가 상태 i를 방문한 때부터 i를 떠날 때까지의 시간을 의미하며 이 구간의 길이 $W_n = T_{n+1} - T_n$을 상태 i에 체류하는 시간(sojourn time)이라 한다. 그림 8.1은 연속시간 마르코프연쇄 $\boldsymbol{X}$의 표본경로를 나타낸 것이다.

T_n은 음이 아닌 확률변수로서 $\{T_n \leq t\}$는 $\boldsymbol{X}$의 n번째 전이가 시각 t 이전에 일어날

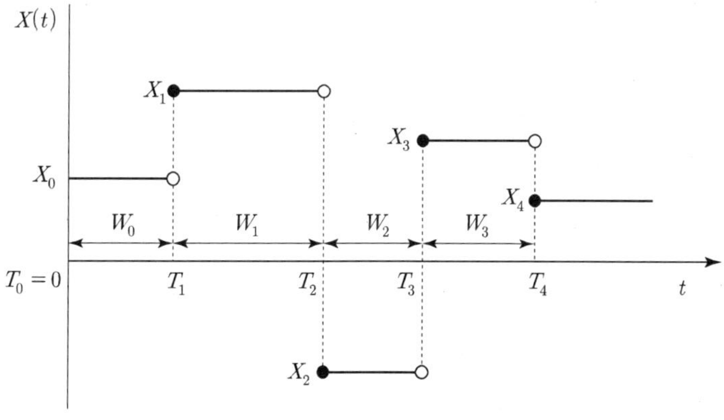

| 그림 8.1 | 연속시간 마르코프연쇄의 표본경로

사건을 나타내므로 t 이전의 확률과정 $\{X(s),\ 0 \le s \le t\}$에 의하여 정해진다. 또한 $\boldsymbol{X}$가 상태 j를 k번째 방문하는 시각을 $\tau_j(k)$라 하면 $\{\tau_j(k) \le t\}$는 $\boldsymbol{X}$가 t 이전에 상태 j를 k번 방문할 사건이므로 $\{X(s),\ 0 \le s \le t\}$에 의하여 정해진다. 이와 같이 음이 아닌 확률변수 $T \ge 0$에 대하여 사건 $\{T \le t\}$가 시각 t 이전의 확률과정 $\{X(s),\ 0 \le s \le t\}$에 의하여 정해질 때 T를 $\boldsymbol{X}$의 **정지시각**(stopping time)이라고 한다. 앞에서 정의한 T_n과 $\tau_k(j)$는 모두 정지시각이 된다.

확률과정 $\boldsymbol{X}$가 마르코프성질을 만족한다는 것은 시각 t에서 $\boldsymbol{X}$의 상태 $X(t)=i$가 주어졌을 때 t 이전의 상태와 t 이후의 상태가 조건부로 독립이라는 것이다. 정지시각에 대해서도 마르코프성질을 만족할 때 $\boldsymbol{X}$는 **강마르코프성질**(strong Markov property)을 갖는다고 한다. $\boldsymbol{X}$가 강마르코프성질을 가지면 어떤 사건이 발생할 시각 T가 $\boldsymbol{X}$의 정지시각이라 할 때, 사건이 발생시각에서 $\boldsymbol{X}$의 상태 $X(T)$가 주어졌다는 가정하에 그 사건이 발생한 시점 이전의 상태 $\{X(T \wedge t),\ t \ge 0\}$ (단, $x \wedge y = \min(x,\ y)$)와 이후의 상태 $\{X(T+t),\ t \ge 0\}$는 조건부로 독립이다. 또한 $\{X(T+t),\ t \ge 0\}$는 $X(T)$에만 의존하므로 이 확률과정은 전이확률행렬이 $\boldsymbol{X}$와 같은 $P(t)$인 마르코프연쇄가 된다. 다음 정리는 정칙인 마르코프연쇄 $\boldsymbol{X}$가 강마르코프성질을 갖는다는 것을 보여준다.

정리 8.6 강마르코프성질

T가 $\boldsymbol{X}$의 정지시각일 때 다음이 성립한다.[4)]

$$P(X(T+t)=j \mid X(u),\ u < T,\ X(T)=i) = p_{ij}(t), \quad i,\ j \in \mathcal{S}$$

$X(0)=0$일 때 $\boldsymbol{X}$가 상태 0에 n번째 되돌아온 시각을 S_n이라 하면 강마르코프성질에 의하여 $X_n = S_n - S_{n-1},\ n=1,\ 2,\ \cdots\ (S_0=0)$은 서로 독립이고 같은 분포를 따른다. 따라서 $\boldsymbol{X}$가 $(0,\ t]$ 동안 상태 0을 방문한 횟수 $N(t)$로 이루어지는 확률과정 $\{N(t),\ t \ge 0\}$는 갱신과정이 된다.

$\boldsymbol{X}$가 시각 t에서 앞으로 전이가 일어날 때까지 걸리는 시간을 V_t라 하자. 즉

$$V_t = \inf\{s > 0 : X(t+s) \neq X(t)\}, \quad t \ge 0.$$

4) 증명은 Chung(1967, p. 181), Asmussen(1987, pp. 22~23) 또는 P. Brémaud(1999, pp. 346~348)을 참조할 것.

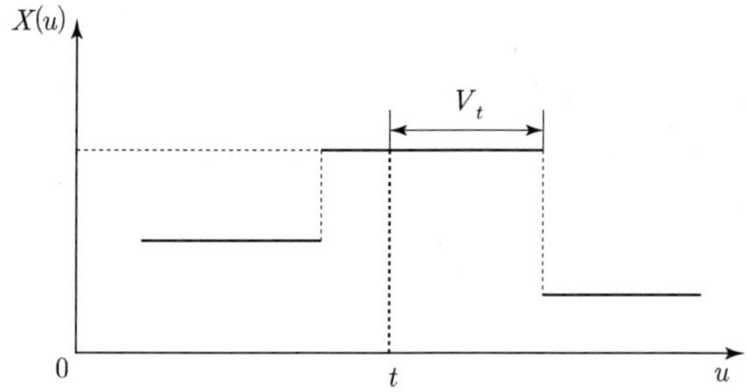

| 그림 8.2 | V_t의 정의

만약 $X(t)=i$이면 V_t는 t시각부터 상태 i를 벗어날 때까지 걸리는 시간이다(그림 8.2). $X(t)=i$일 때 앞으로 전이가 일어날 때까지 상태 i에 머물러있는 시간 V_t는 마르코프 성질에 의하여 $\boldsymbol{X}$가 최근 i를 방문한 때부터 현재까지 상태 i에 머물러있는 시간에는 관계없이 오직 현재 상태 i에만 의존함을 알 수 있다. 한편 과거 이력을 기억하지 못하는 분포는 지수분포이므로 V_t의 분포는 모수가 시각 t에는 의존하지 않고 오직 현재 상태 $X(t)=i$에만 의존하는 지수분포가 되는 것을 알 수 있다. 다음 정리는 이 사실뿐만 아니라 지수분포의 모수가 q_i라는 것을 보여준다.

정리 8.7

각각의 $i\in\mathcal{S}$와 $t\geq 0$에 대하여 다음이 성립한다.

$$P(V_t > u \mid X(t)=i)=e^{-q_i u},\quad u\geq 0$$

증명 증명은 제8.10절에 제시한다. □

정리 8.8

양의 정수 n과 $j\in\mathcal{S}$, $u>0$에 대하여 다음이 성립한다.

$$P(X_{n+1}=j,\ W_n>u \mid X_0,\ \cdots,\ X_n=i,\ T_0,\ \cdots,\ T_n)=p_{ij}e^{-q_i u} \tag{8.5}$$

단 $p_{ij}=P(X_1=j\mid X_0=i)$는 $p_{ii}=0$이고 $\sum_{j\in\mathcal{S}}p_{ij}=1$을 만족한다.

증명 증명은 제8.10절에 제시한다. □

정리 8.8은 확정된 시각이 아닌 특정한 사건이 발생한 시각 T_n까지의 모든 정보가 주어졌다는 가정하에 체류시간 W_n의 분포와 $(n+1)$번째 전이가 일어났을 때 방문할 상태 X_{n+1}은 오직 현재 상태 X_n에만 의존한다는 것을 보여준다.

따름정리 8.9

$$P(W_n > u \mid X_n = i) = e^{-q_i u}, \quad u > 0, \quad i \in \mathcal{S}$$

증명 정리 8.8과 조건부기댓값의 성질(제1.6.2절)에 의하여

$$P(X_{n+1} = j,\ W_n > u \mid X_n = i) = p_{ij} e^{-q_i u}$$

이므로

$$\begin{aligned} P(W_n > u \mid X_n = i) &= \sum_{j \in \mathcal{S}} P(X_{n+1} = j,\ W_n > u \mid X_n = i) \\ &= \sum_{j \in \mathcal{S}} p_{ij} e^{-q_i u} \\ &= e^{-q_i u}. \end{aligned}$$

□

따름정리 8.9로부터 $\boldsymbol{X}$가 상태 i를 방문했을 때 다음 전이가 일어날 때까지 i에 체류하는 시간은 평균이

$$E[W_n \mid X_n = i] = \int_0^\infty P(W_n > u \mid X_n = i) du = \frac{1}{q_i}$$

인 지수분포를 따른다는 것을 알 수 있다. 그러므로 q_i를 $\boldsymbol{X}$의 상태 i에서의 전이율(transition rate)이라 하고 행렬 Q를 $\boldsymbol{X}$의 전이율행렬이라 한다.

$q_i = 0$이면 모든 $u > 0$에 대하여

$$P(W_n > u \mid X_n = i) = 1$$

이므로 상태 i에서 다른 상태로의 전이가 일어나지 않고 i에 영원히 머물러있게 된다. 한편 $q_i = \infty$이면 모든 $u > 0$에 대하여

$$P(W_n > u \mid X_n = i) = 0$$

이므로 상태 i에 체류하는 시간은 0이 된다. 즉 상태 i를 방문하는 순간 다른 상태로 이동하게 된다. 만약 $0 < q_i < \infty$이면

$$P(0 < W_n < \infty \mid X_n = i) = 1$$

이 성립함을 알 수 있다.

$q_i = 0$일 때 상태 i를 **흡수상태**(absorbing state)라고 하고 $0 < q_i < \infty$일 때 상태 i를 **안정상태**(stable state)라고 한다. 또한 $q_i = \infty$일 때 상태 i를 **순간상태**(instantaneous state)라고 한다.

정리 8.10

(1) $\hat{\boldsymbol{X}} = \{X_n,\ n = 0,\ 1,\ 2,\ \cdots\}$는 전이확률행렬 $P = (p_{ij})$가 다음과 같은 이산시간 마르코프연쇄이다.

$$p_{ii} = 0, \quad p_{ij} = \frac{q_{ij}}{q_i}, \quad i \neq j$$

(2) $X_0, \cdots, X_n$이 주어졌다는 가정하에 $W_0, \cdots, W_n$은 조건부로 독립이고 다음이 성립한다.

$$\begin{aligned} &P(W_0 > u_0, \cdots, W_n > u_n \mid X_0 = i_0, \cdots, X_n = i_n) \\ &= e^{-q_{i_0} u_0} \cdots e^{-q_{i_n} u_n} \end{aligned} \tag{8.6}$$

증명 (1) (8.5)에서 $u = 0$으로 두면 조건부기댓값의 성질(제1.6.2절)에 의하여 다음이 성립한다.

$$\begin{aligned} &P(X_{n+1} = j \mid X_0 = i_0, \cdots, X_{n-1} = i_{n-1}, X_n = i) \\ &= p_{ij} \\ &= P(X_{n+1} = j \mid X_n = i) \end{aligned}$$

따라서 $\hat{\boldsymbol{X}}$는 전이확률이 p_{ij}인 이산시간 마르코프연쇄가 된다.

한편 p_{ij}는 현재 상태 i로부터 전이가 일어난다는 가정하에 상태 j로 전이가 일어날 확률이므로 다음이 성립함을 알 수 있다.

$$\begin{aligned}p_{ij} &= \lim_{h\to 0} P(X(h)=j \mid X(0)=i,\ X(h)\neq i) \\ &= \lim_{h\to 0}\frac{P(X(h)=j\mid X(0)=i)}{P(X(h)\neq i\mid X(0)=i)} \\ &= \lim_{h\to 0}\left(\frac{p_{ij}(h)}{h}\right)\Bigg/\left(\frac{1-p_{ii}(h)}{h}\right) \\ &= \frac{q_{ij}}{q_i},\quad i\neq j.\end{aligned}$$

(2) $k=0,\ 1,\ 2,\ \cdots,\ n$에 대하여 $A_k,\ B_k$를 다음과 같이 두자.

$$A_k = \{X_0 = i_0,\ \cdots,\ X_k = i_k\},\quad B_k = \{W_0 > u_0,\ \cdots,\ W_k > u_k\}$$

그러면 따름정리 8.9로부터

$$P(B_0 \mid A_0) = e^{-q_{i_0}u_0}$$

임을 알 수 있다. 또한

$$\begin{aligned}P(B_n\mid A_n) &= \frac{P(B_n,\ X_n=i_n\mid A_{n-1})}{P(X_n=i_n\mid A_{n-1})} \\ &= \frac{P(W_{n-1}>u_n,\ X_n=i_n\mid B_{n-1},\ A_{n-1})P(B_{n-1}\mid A_{n-1})}{P(X_n=i_n\mid X_{n-1}=i_{n-1})} \\ &= e^{-q_{i_{n-1}}u_{n-1}}P(B_{n-1}\mid A_{n-1})\end{aligned}$$

이므로 수학적 귀납법에 의하여 (8.6)이 증명된다. □

정리 8.10에서 주어진 이산시간 마르코프연쇄 $\hat{\boldsymbol{X}}=\{X_n,\ n=0,\ 1,\ 2,\ \cdots\}$를 연속시간 마르코프연쇄 $\boldsymbol{X}=\{X(t),\ t\geq 0\}$에 **매장된 마르코프연쇄**(embedded Markov chain)라고 한다.

위의 정리들을 요약하면 연속시간 마르코프연쇄 $\boldsymbol{X}$는 다음과 같이 전이가 일어남을 알 수 있다. $\boldsymbol{X}$가 한 상태 i를 방문하면 그 상태에서 모수가 q_i인 지수분포의 시간 동안 머물다가 이산시간 마르코프연쇄 $\{X_n\}$의 전이확률 $p_{ij}=q_{ij}/q_i$를 따라서 상태 $j(j\neq i)$로 이동한다(정리 8.10). 또한 $\boldsymbol{X}$가 방문하는 상태가 주어졌다는 가정하에 각 상태에 체류하는 시간은 조건부로 독립이고 오직 방문한 상태에만 의존한다(정리 8.10의 (2)). 결과적으로 연속시간 마르코프연쇄의 구조는 생성자에 의하여 결정됨을 알 수 있다.

다음 정리는 위의 결과에 대한 역도 성립함을 보여준다. 즉 어떤 연속시간 확률과정이 다음을 만족하면 연속시간 마르코프연쇄가 된다.

(1) 한 상태를 방문했을 때 지수분포의 시간만큼 머물다가 적당한 이산시간 마르코프연쇄를 따라서 다른 상태로 이동을 한다.
(2) 이때 머무는 시간의 길이는 오직 현재 상태에만 의존하고 과거에 방문했던 상태나 그 상태에 머물렀던 시간, 앞으로 방문할 상태와는 독립이다.

정리 8.11

상태공간이 $\mathcal{S}$인 연속시간 확률과정 $\boldsymbol{X}=\{X(t),\ t\ge 0\}$의 n번째 전이가 발생한 시각(한 상태에서 다른 상태로 이동한 시각)을 T_n이라 하고 전이가 발생한 직후의 상태를 $X_n=X(T_n)$이라 하자.

$\boldsymbol{X}$가 마르코프연쇄가 될 필요충분조건은 $\{T_n,\ n=0,\ 1,\ 2,\ \cdots\}$와 $\{X_n,\ n=0,\ 1,\ 2,\ \cdots\}$가 다음을 만족하는 것이다. $u>0,\ i,\ j\in\mathcal{S}$에 대하여

$$P(X_{n+1}=j,\ T_{n+1}-T_n>u\mid X_0,\ \cdots,\ X_n=i,\ T_0,\ \cdots,\ T_n)=p_{ij}e^{-q_iu}.$$

단 $p_{ij}=P(X_{n+1}=j\mid X_n=i)(i,\ j\in\mathcal{S})$는 n에 의존하지 않는다.

증명 필요조건은 정리 8.8에서 증명하였다. 충분조건은 Kulkarni(1995, Chapter 6)를 참조하라. □

8.3 예제

이 절에서는 여러 확률현상을 연속시간 마르코프연쇄로 모형화하는 예를 살펴본다. 마르코프연쇄로 모형화하기 위해서는 일반적으로 다음 단계를 거친다.

(1) 확률과정의 상태공간을 구한다.
(2) 각 상태에 머무는 시간이 지수분포를 따르는지 확인한다.
(3) 상태 i에서 j로의 전이가 어떻게 일어나는지 규명한다.
(4) 생성자 Q를 결정한다.

생성자를 구하기 위해서는 이산시간 마르코프연쇄의 경우와 마찬가지로 방향성그래프를 이용하여 전이율을 나타내면 편리하다. 먼저 마르코프연쇄의 상태를 노드(node)로 보고 $q_{ij} > 0$일 때 노드 i와 노드 j를 i에서 j로 가는 화살표로 연결하고 화살표 위에 i에서 j로의 전이율 q_{ij}를 쓰면 연속시간 마르코프연쇄의 전이율을 방향성 그래프(directed graph)로 표현할 수 있다. 이 그래프를 마르코프연쇄의 전이율그림이라고 한다.

예제 8.2 **2개의 상태를 갖는 마르코프연쇄**

어떤 기계가 한 번 작동하기 시작하면 평균이 $\frac{1}{\lambda}$인 지수분포 시간 동안 고장 없이 작동한다고 하자. 고장이 났을 경우 수리하는 데 걸리는 시간이 평균이 $\frac{1}{\mu}$인 지수분포를 따른다고 하자. 수리를 마친 기계는 다시 평균이 $\frac{1}{\lambda}$인 지수분포 시간 동안 작동한다. 이와 같이 고장과 수리가 계속된다고 하자. $X(t)$를 t시각에 기계가 작동 중이면 $X(t)=0$, 수리 중이면 $X(t)=1$이라 하면 확률과정 $\boldsymbol{X}=\{X(t),\ t \geq 0\}$의 상태공간은 $S=\{0,\ 1\}$이다. 가정에 의하여 각 상태에 머무는 시간은 지수분포를 따르고 전이율은 $q_0=\lambda$와 $q_1=\mu$이다. 상태 0에서 전이가 일어날 경우 반드시 상태 1을 방문하므로 $p_{01}=1$이 되어 $q_{01}=q_0 p_{01}=\lambda$이다. 마찬가지로 $q_{10}=\mu$가 됨을 알 수 있다(그림 8.3).

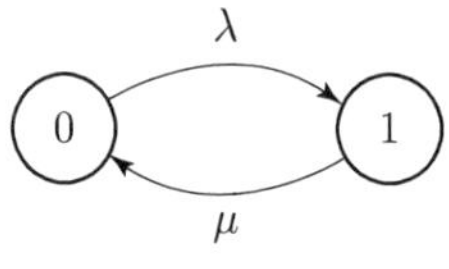

| 그림 8.3 | 예제 8.2의 전이율그림

또한 작동시간이나 수리시간은 과거에 고장 난 횟수나 작동시간 또는 수리시간에 의존하지 않고 오직 현재 상태에만 의존하므로 $\boldsymbol{X}$는 마르코프연쇄가 되며 생성자는 다음과 같다.

$$Q=\begin{pmatrix} -\lambda & \lambda \\ \mu & -\mu \end{pmatrix}$$ ■

예제 8.3 **두 대의 기계와 한 명의 수리공이 있는 작업장 모형**

두 대의 기계와 한 명의 수리공이 있는 작업장을 생각하자. 각 기계는 독립적으로 작동하며 각 기계가 고장 없이 작동하는 시간은 모수가 λ인 지수분포를 따른다. 기계가 고장 나면 수리공은 즉시 고장 난 기계를 수리하기 시작한다. 한 대의 기계를 수리하는 데 걸리는 시간은 모수가 μ 지수분포를 따른다고 하자. $X(t)$를 시각 t에 고장 난 상태로 있는 기계 수라 하자. 그러면 확률과정 $\boldsymbol{X}=\{X(t),\ t \geq 0\}$의 상태공간은 $\mathcal{S}=\{0,\ 1,\ 2\}$이다. S_1과 S_2를 각각 기계 1과 2가 고장 날 때까지 작동하는 시간이라 하자. 가정에 의하여 S_1, S_2는 서로 독립이고 각각은 $S_i \sim \mathrm{Exp}(\lambda)$, $i=1,\ 2$이다. 현재 두 대의 기계가 작동 중이라고 하면 현재의 상태는 0이 되고 둘 중 하나가 고장이 나면 $\boldsymbol{X}$의 상태가 0에서 1로 바뀐다. 따라서 상태 0에 머물러있는 시간은 $\min(S_1,\ S_2) \sim \mathrm{Exp}(2\lambda)$이다. 그러므로 $q_0 = 2\lambda$이다. 한편 $p_{01}=1$이고 $p_{02}=0$이므로 $q_{01}=q_0 p_{01}=2\lambda$, $q_{02}=q_0 p_{02}=0$이다. 같은 방법으로 한 대가 작동 중이고 한 대가 수리 중이면, 즉 $X(t)=1$이면 나머지 한 대가 고장이 나든지 수리를 완료하면 상태 1을 벗어나게 된다. 수리하는 데 걸리는 시간을 R이라 하면 가정에 의하여 R은 S_1, S_2와 독립이고 $R \sim \mathrm{Exp}(\mu)$이다. 따라서 상태 1을 벗어나는 데 걸리는 시간은 $\min(S_i,\ R) \sim \mathrm{Exp}(\lambda+\mu)$이다. 상태 1을 벗어나서 0으로 가기 위해서는 현재 작동 중인 기계가 고장이 나기 전에 수리가 완료되어야 한다. 이 확률은 다음과 같다.

$$p_{10} = P(\min(S_i,\ R)=R) = P(R \leq S_i) = \frac{\mu}{\lambda+\mu}$$

같은 방법으로 다음이 성립함을 알 수 있다.

$$p_{12} = P(\min(S_i,\ R)=S_i) = P(R > S_i) = \frac{\lambda}{\lambda+\mu}$$

따라서 $q_{10}=q_0 p_{10}=\mu$, $q_{12}=q_0 p_{12}=\lambda$이다. 두 대의 기계 모두 고장이 났을 경우는 (즉 $X(t)=2$) 수리공이 한 명이므로 현재 한 대의 기계만을 수리하고 있다. 따라서 수리가 완료되는 즉시 상태는 1로 바뀐다. 따라서 상태 2에 머물러있는 시간은 $R \sim \mathrm{Exp}(\mu)$이다. 그러므로 $q_2=\mu$, $q_{21}=\mu$, $q_{20}=0$이다. $\boldsymbol{X}$의 전이율그림 8.4는 상태 0에서 1로 가는 전이율은 2λ, 1에서 0과 2로 가는 전이율은 각각 μ와 λ이고 상태 2에서 1로 가는 전이율은 μ가 됨을 나타낸다.

확률과정 $\boldsymbol{X}$가 한 상태에 머물러있는 시간과 현재 상태에서 전이가 발생할 때 방문할

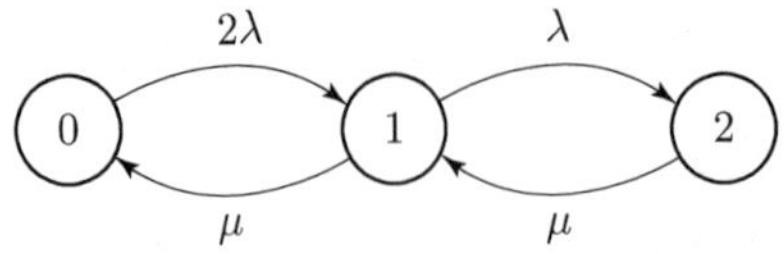

| 그림 8.4 | 예제 8.3의 전이율그림

상태는 과거와는 독립이고 오직 현재 상태에만 의존하므로 $\boldsymbol{X}$는 마르코프연쇄가 된다. 마르코프연쇄 $\boldsymbol{X}$의 생성자 Q와 매장된 마르코프연쇄 $\hat{\boldsymbol{X}}$의 일단계 전이행렬 P는 각각 다음과 같다.

$$Q=\begin{pmatrix} -2\lambda & 2\lambda & 0 \\ \mu & -(\lambda+\mu) & \lambda \\ 0 & \mu & -\mu \end{pmatrix}, \quad P=\begin{pmatrix} 0 & 1 & 0 \\ \dfrac{\mu}{\lambda+\mu} & 0 & \dfrac{\lambda}{\lambda+\mu} \\ 0 & 1 & 0 \end{pmatrix}$$ ■

예제 8.4 두 대의 기계와 두 명의 수리공이 있는 작업장 모형

예제 8.3에서 두 명의 수리공이 수리를 한다고 하자. 각 수리공이 한 대의 기계를 수리하는 데 걸리는 시간은 모수가 μ인 지수분포를 따른다고 하자. 그러면 두 대의 기계 모두 고장이 났을 때 둘 중 하나를 수리하는 데 걸리는 시간은 모수가 2μ인 지수분포를 따름을 알 수 있다. 따라서 $\boldsymbol{X}$의 전이율그림은 그림 8.5와 같고 생성자는 다음과 같다.

$$Q=\begin{pmatrix} -2\lambda & 2\lambda & 0 \\ \mu & -(\lambda+\mu) & \lambda \\ 0 & 2\mu & -2\mu \end{pmatrix}$$

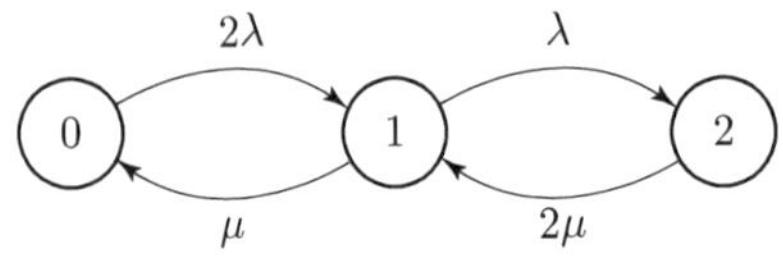

| 그림 8.5 | 예제 8.4의 전이율그림 ■

예제 8.5

다음과 같은 방식으로 번식을 하는 미생물체를 생각하자. 미생물체는 모수가 λ인 지수분포 동안 생존해있다가 0.5의 확률로 소멸하거나 0.3의 확률로 두 개의 개체로 번식하고 0.2의 확률로 세 개의 개체로 번식한다. 각 미생물체의 수명은 같은 분포를 따르며

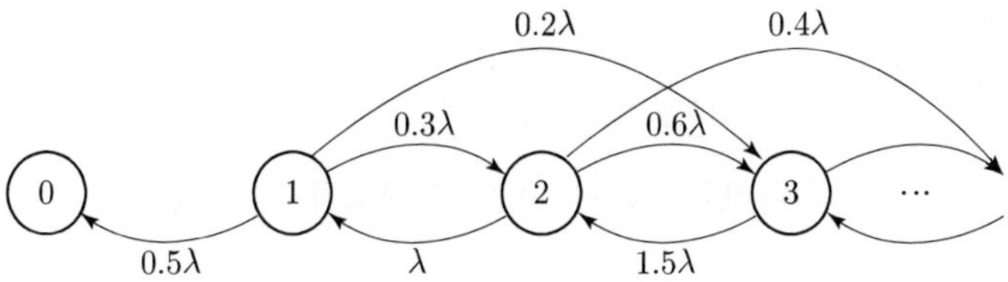

| 그림 8.6 | 예제 8.5의 전이율그림

서로 독립적으로 번식한다고 하자. $X(t)$를 t시각에 존재하는 미생물체의 개체 수라 하자. 현재 n개의 개체가 있다고 할 때 $S_1, \cdots, S_n$을 각 미생물체의 수명이라 하자. n개의 개체 중 어느 한 개라도 수명을 다하면 개체 수가 변하게 되므로 상태 n을 벗어나는 데 걸리는 시간은 $\min(S_1, \cdots, S_n) \sim \text{Exp}(n\lambda)$이다. 따라서 $q_n = n\lambda\,(n \ge 1)$이다. 만약 모든 개체가 소멸하여 하나의 개체도 없을 경우에는 상태의 변화가 일어나지 않으므로 상태 0은 흡수상태가 된다. 따라서 $q_0 = 0$이다. 한편 상태 n을 벗어났을 때 방문 가능한 상태는 $n-1$(개체가 소멸하는 경우), $n+1$(두 개체로 분화하는 경우), $n+2$(세 개의 개체로 분화하는 경우) 세 가지다. 따라서

$$q_{n,\,n-1} = 0.5n\lambda, \quad q_{n,\,n+1} = 0.3n\lambda, \quad q_{n,\,n+2} = 0.2n\lambda$$

이고 그 밖의 경우는 모두 0이다(그림 8.6). 현재 있는 개체는 모두 새로운 개체로서 독립적으로 번식하므로 상태 변화가 발생하는 데 걸리는 시간은 과거 상태와 무관하다. 따라서 확률과정 $\boldsymbol{X} = \{X(t),\ t \ge 0\}$는 상태공간이 $\mathcal{S} = \{0,\ 1,\ 2,\ \cdots\}$이며 다음과 같은 생성자를 갖는 마르코프연쇄가 된다.

$$Q = \begin{pmatrix} 0 & 0 & 0 & 0 & 0 & \cdots \\ 0.5\lambda & -\lambda & 0.3\lambda & 0.2\lambda & 0 & \cdots \\ 0 & \lambda & -2\lambda & 0.6\lambda & 0.4\lambda & \cdots \\ 0 & 0 & 1.5\lambda & -3\lambda & 0.9\lambda & \cdots \\ 0 & 0 & 0 & 2\lambda & -4\lambda & \cdots \\ \vdots & \vdots & \vdots & \vdots & \vdots & \end{pmatrix}$$ ■

예제 8.6 **푸아송과정**

$\boldsymbol{X} = \{X(t),\ t \ge 0\}$를 비율이 λ인 푸아송과정이라 하자. 그러면 이미 제6장에서 살펴본 바와 같이 상태공간은 $\{0,\ 1,\ 2,\ \cdots\}$이고 각 상태에서 다음 전이가 일어날 때까지 걸리는 시간은 과거 이력과 상관없이 모수가 λ인 지수분포를 따른다. 따라서 $\boldsymbol{X}$는 연속시간 마르코프연쇄이다. 또한 현재 상태 i에서 전이가 일어났을 때 방문할 상태는

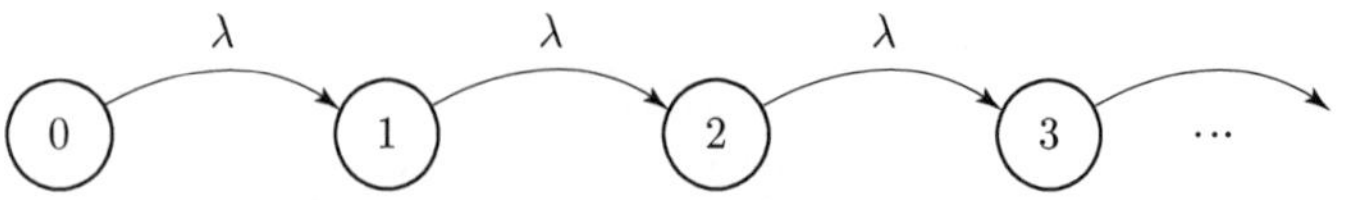

| 그림 8.7 | 비율이 λ인 푸아송과정의 전이율그림

$i+1$이므로 $p_{i,\ i+1}=1$이다. 따라서 $q_{i,\ i+1}=\lambda$, $q_{ij}=0$, $j \neq i+1$이고 전이율그림은 그림 8.7과 같다.

또한 $\boldsymbol{X}$의 생성자는 다음과 같다.

$$Q=\begin{pmatrix} -\lambda & \lambda & & & \\ & -\lambda & \lambda & & \\ & & -\lambda & \lambda & \\ & & & \ddots & \ddots \end{pmatrix}$$

단 위의 행렬에서 빈 칸으로 남겨진 부분의 성분은 모두 0이다. ■

예제 8.7 **복합 푸아송과정**

$\boldsymbol{Z}=\{Z(t),\ t \geq 0\}$를 다음과 같은 복합 푸아송과정이라 하자.

$$Z(t)=\sum_{i=1}^{N(t)} Z_i,\ t \geq 0$$

단 $\boldsymbol{N}=\{N(t),\ t \geq 0\} \sim PP(\lambda)$이고 Z_n의 확률질량함수는 다음과 같다.

$$P(Z_n=k)=a_k,\quad k=1,\ 2,\ \cdots$$

명백하게 $\boldsymbol{Z}$의 상태공간은 $\{0,\ 1,\ 2,\ \cdots\}$이다. $Z(t)=i$일 때 전이가 일어날 때까지 걸리는 시간은 푸아송과정의 전이가 일어나는 시간과 동일하므로 과거 이력과 관계없이 모수가 λ인 지수분포를 따른다. 따라서 $\boldsymbol{Z}$는 마르코프연쇄이고 각 상태에서의 전이율은 $q_i=\lambda(i=0,\ 1,\ 2,\ \cdots)$이다. 복합 푸아송과정의 구성에 의하여 상태 i에서 전이가 발생했을 때 $j(j<i)$로는 전이가 발생하지 않고 $i+k(k \geq 1)$로 전이가 일어날 확률은 $p_{i,\ i+k}=a_k$이다. 따라서 $q_{i,\ i+k}=\lambda a_k\ \ (k \geq 1)$이다. $\boldsymbol{Z}$의 생성자는 다음과 같다.

$$Q=\begin{pmatrix} -\lambda & a_1\lambda & a_2\lambda & a_3\lambda & \cdots \\ & -\lambda & a_1\lambda & a_2\lambda & \cdots \\ & & -\lambda & a_1\lambda & \cdots \\ & & & \vdots & \end{pmatrix}$$ ■

예제 8.8 **생성–소멸 과정**

특정한 모집단에 있는 개체 수에 대하여 생각해보자. 모집단에 n개의 개체가 있을 때 한 개체가 새로 생성되는 데 걸리는 시간은 모수가 λ_n인 지수분포를 따르고 한 개체가 소멸하는 데 걸리는 시간은 모수가 μ_n인 지수분포를 따른다고 하자. 단 $\mu_0 = 0$이다. 생성과 소멸이 각각 독립적으로 일어나며 과거 이력과 관계없이 발생한다고 하자. 그러면 t시각에 모집단 안에 있는 개체 수 $X(t)$로 이루어지는 확률과정 $\boldsymbol{X} = \{X(t), t \geq 0\}$는 상태공간이 $\mathcal{S} = \{0, 1, 2, \cdots\}$인 연속시간 마르코프연쇄가 된다. 개체 수에 변화가 발생하기 위해서는 새로운 개체가 생성되거나 한 개체가 소멸되어야 한다. 현재 모집단에 있는 개체 수가 n일 때새로운 개체가 생성되는 데 걸리는 시간을 B_n이라 하고 한 개체가 소멸하는 데 걸리는 시간을 D_n이라 하자. 그러면 가정에 의하여 $B_n \sim \text{Exp}(\lambda_n)$, $D_n \sim \text{Exp}(\mu_n)$이고 각각은 서로 독립이다. 따라서 $X(t) = n$일 때 전이가 일어날 때까지 걸리는 시간은 $\min(B_n, D_n) \sim \text{Exp}(\lambda_n + \mu_n)$이다. 한편 $X(t) = n$일 때 $(n+1)$로의 전이가 발생하기 위해서는 한 개체가 소멸되기 전에 새로운 개체가 생성되어야 하므로

$$p_{n,\ n+1} = P(B_n < D_n) = \frac{\lambda_n}{\lambda_n + \mu_n}, \quad n = 0,\ 1,\ 2,\ \cdots$$

이다. 같은 방법으로 n에서 $(n-1)$로의 전이가 발생할 확률은 다음과 같다.

$$p_{n,\ n-1} = P(B_n > D_n) = \frac{\mu_n}{\lambda_n + \mu_n}, \quad n = 0,\ 1,\ 2,\ \cdots$$

생성과 소멸이 동시에 일어나기 위해서는 $B_n = D_n$이 되어야 하는데 B_n과 D_n은 서로 독립이므로 $P(B_n = D_n) = 0$이다. 또한 생성과 소멸이 발생한다고 할 때 오직 한 개씩만 발생하므로 $|i-j| > 1$이면 $p_{ij} = 0$이다. 따라서 마르코프연쇄 $\boldsymbol{X}$의 전이율그림은 그림 8.8과 같음을 알 수 있다. 또한 매장된 마르코프연쇄 $\hat{\boldsymbol{X}}$의 일 단계 전이확률행렬 P는 다음과 같다.

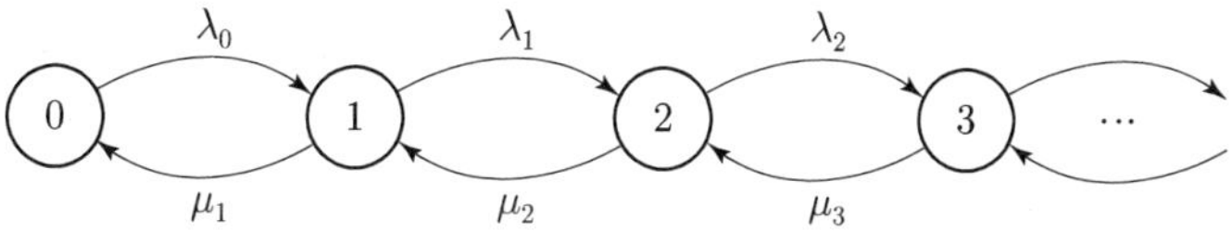

| 그림 8.8 | 생성–소멸 과정의 전이율그림

$$P=\begin{pmatrix} 0 & 1 & 0 & 0 & \cdots \\ \dfrac{\mu_1}{\lambda_1+\mu_1} & 0 & \dfrac{\lambda_1}{\lambda_1+\mu_1} & 0 & \cdots \\ \cdots 0 & \dfrac{\mu_2}{\lambda_2+\mu_2} & 0 & \dfrac{\lambda_2}{\lambda_2+\mu_2} & \cdots \\ 0 & 0 & \dfrac{\mu_3}{\lambda_3+\mu_3} & 0 & \cdots \\ \vdots & \vdots & \vdots & \vdots & \end{pmatrix}$$

$\boldsymbol{X}$의 생성자 Q는 다음과 같다.

$$Q=\begin{pmatrix} -\lambda_0 & \lambda_0 & 0 & 0 & \cdots \\ \mu_1 & -(\lambda_1+\mu_1) & \lambda_1 & 0 & \cdots \\ 0 & \mu_2 & -(\lambda_2+\mu_2) & \lambda_2 & \cdots \\ 0 & 0 & \mu_3 & -(\lambda_3+\mu_3) & \cdots \\ \vdots & \vdots & \vdots & \vdots & \end{pmatrix} \tag{8.7}$$

상태공간이 $S=\{0,\ 1,\ 2,\ \cdots\}$이며 생성자 $Q=(q_{ij})$가 (8.7)과 같이 $|i-j|>1$이면 $q_{ij}=0$을 만족하는 연속시간 마르코프연쇄를 **생성–소멸 과정**(birth-and-death process)이라 한다. 이는 상태 n에서 전이가 한 번 일어났을 때 $(n-1)$이나 $(n+1)$ 이외의 상태로는 갈 수 없음을 의미한다. 이와 같은 성질을 도약이 없다(skip-free)고 한다. 이때 수열 $\{\lambda_n\}_{n=0}^{\infty}$을 **생성률**(birth rates) 또는 **도착률**(arrival rates)이라 하고, $\{\mu_n\}_{n=1}^{\infty}$을 **소멸률**(death rates) 또는 **출발률**(departure rates)이라 한다.

소멸률이 모두 0, 즉 $\mu_n=0\,(n=0,\ 1,\ 2,\ \cdots)$인 생성–소멸 과정을 **순수출생과정**(pure birth process)이라 한다. 또한 출생률이 $\lambda_n=0\,(n=0,\ 1,\ 2,\ \cdots)$이 되는 생성–소멸 과정을 **순수소멸과정**(pure death process)이라 한다. 순수소멸과정에서 상태 0은 흡수상태가 됨을 알 수 있다. ■

예제 8.9 $M/M/\infty$ **대기체계**

고객이 비율 λ인 푸아송과정을 따라서 도착하고 무한 명의 서버가 서비스를 하며 각 서버의 서비스 시간은 모수가 μ인 지수분포를 따르는 대기체계에서 t시각에 시스템 내에 있는 고객 수를 $X(t)$라 하자. $X(t)=n$일 때 상태 n을 벗어나기 위해서는 새로운 고객이 도착하거나 한 고객이 서비스를 받고 시스템을 떠나면 된다. 이때 n에서 방문할 수 있는 상태는 $(n+1)$(외부로부터의 도착이 먼저 일어나는 경우)이거나 $(n-1)$

(서비스 완료가 먼저 일어나는 경우)이다. 한편 도착과정이 푸아송과정을 따르므로 도착시간 간격은 모수가 λ인 지수분포를 따른다. 또한 각 서버는 독립적으로 서비스를 하므로 n명의 고객이 있을 때 n명 중 한 명의 고객이 서비스를 마치고 시스템을 떠날 때까지 걸리는 시간은 모수가 $n\mu$인 지수분포를 따른다. 따라서 $\boldsymbol{X}=\{X(t),\ t \geq 0\}$는 생성률과 소멸률이 각각

$$\lambda_n = \lambda, \quad \mu_n = n\mu, \quad n \geq 0$$

인 생성-소멸 과정이다. ■

8.4 콜모고로프방정식

정리 8.12

전이확률행렬 $P(t)$는 다음 미분방정식을 만족한다.

$$P'(t) = QP(t),\ 즉\ p_{ij}{}'(t) = -q_i p_{ij}(t) + \sum_{k \neq i} q_{ik} p_{kj}(t), \quad (8.8)$$

$$P'(t) = P(t)Q,\ 즉\ p_{ij}{}'(t) = -q_j p_{ij}(t) + \sum_{k \neq j} p_{ik}(t) q_{kj} \quad (8.9)$$

미분방정식 (8.8)과 (8.9)를 각각 **콜모고로프 후진방정식**(Kolmogorov backward equation)과 **전진방정식**(forward equation)이라 한다.

증명 콜모고로프 후진방정식을 증명한다. 채프만-콜모고로프방정식에 의하여

$$p_{ij}(t+h) = p_{ii}(h)p_{ij}(t) + \sum_{k \neq i} p_{ik}(h) p_{kj}(t)$$

이므로

$$\frac{p_{ij}(t+h) - p_{ij}(t)}{h} = -p_{ij}(t)\frac{1-p_{ii}(h)}{h} + \sum_{k \neq i} \frac{p_{ik}(h)}{h} p_{kj}(t).$$

여기서 양변에 $h \to 0$ 하면 다음을 얻는다.[5)]

$$
\begin{aligned}
{p_{ij}}'(t) &= \lim_{h\to 0}\frac{p_{ij}(t+h)-p_{ij}(t)}{h} \\
&= -p_{ij}(t)\lim_{h\to 0}\frac{1-p_{ii}(h)}{h}+\sum_{k\neq i}\left[\lim_{h\to 0}\frac{p_{ik}(h)}{h}\right]p_{kj}(t) \\
&= -q_i p_{ij}(t)+\sum_{k\neq i}q_{ik}p_{kj}(t)
\end{aligned}
$$

콜모고로프 전진방정식은

$$p_{ij}(t+h)=p_{ij}(t)p_{jj}(h)+\sum_{k\neq j}p_{ik}(t)p_{kj}(h)$$

를 이용하여 후진방정식과 유사한 방법으로 증명한다. □

예제 8.10 **2개의 상태를 갖는 마르코프연쇄**

상태공간이 $S=\{0,\ 1\}$이고 생성자가 다음과 같은 마르코프연쇄 $\boldsymbol{X}=\{X(t),\ t\geq 0\}$의 전이확률행렬 $P(t)$를 구하라.

$$Q=\begin{pmatrix}-\lambda & \lambda \\ \mu & -\mu\end{pmatrix}$$

‖ **풀이** $p_{00}(t)+p_{01}(t)=1$이므로 콜모고로프 전진방정식으로부터 다음을 얻는다.

$${p_{00}}'(t)=-\lambda p_{00}(t)+\mu p_{01}(t)=-(\lambda+\mu)p_{00}(t)+\mu$$

즉

$${p_{00}}'(t)+(\lambda+\mu)p_{00}(t)=\mu. \tag{8.10}$$

식 (8.10)의 양변에 $e^{(\lambda+\mu)t}$를 곱해주면 다음을 얻는다.

$$\frac{d}{dt}\left(e^{(\lambda+\mu)t}p_{00}(t)\right)=\mu e^{(\lambda+\mu)t}$$

위 식의 양변을 적분하면 $p_{00}(0)=1$이므로

5) 정칙인 마르코프연쇄에 대해서는 극한과 합을 교환할 수 있다.

$$p_{00}(t) = \frac{\lambda}{\lambda+\mu} e^{-(\lambda+\mu)t} + \frac{\mu}{\lambda+\mu}.$$

또한 $p_{01}(t) = 1 - p_{00}(t)$이므로

$$p_{01}(t) = -\frac{\lambda}{\lambda+\mu} e^{-(\lambda+\mu)t} + \frac{\lambda}{\lambda+\mu}.$$

같은 방법으로 다음을 얻는다.

$$p_{11}(t) = \frac{\mu}{\lambda+\mu} e^{-(\lambda+\mu)t} + \frac{\lambda}{\lambda+\mu}$$

따라서

$$P(t) = \begin{pmatrix} \frac{\lambda}{\lambda+\mu} & -\frac{\lambda}{\lambda+\mu} \\ -\frac{\mu}{\lambda+\mu} & \frac{\mu}{\lambda+\mu} \end{pmatrix} e^{-(\lambda+\mu)t} + \begin{pmatrix} \frac{\mu}{\lambda+\mu} & \frac{\lambda}{\lambda+\mu} \\ \frac{\mu}{\lambda+\mu} & \frac{\lambda}{\lambda+\mu} \end{pmatrix}.$$ ■

예제 8.11 **생성–소멸 과정**

생성률과 소멸률이 각각 $\{\lambda_n\}_{n=0}^{\infty}$과 $\{\mu_n\}_{n=1}^{\infty}$인 생성–소멸 과정(예제 8.8)에 대한 콜모고로프 전진방정식은 다음과 같다.

$$p_{i0}'(t) = -\lambda_0 p_{i0}(t) + \mu_1 p_{i1}(t), \quad i \ge 0,$$
$$p_{ij}'(t) = -(\lambda_j + \mu_j) p_{ij}(t) + \lambda_{j-1} p_{i,\, j-1}(t) + \mu_{j+1} p_{i,\, j+1}(t), \quad j \ge 1$$ ■

예제 8.12 **순수출생과정**

생성률이 $\{\lambda_n\}_{n=0}^{\infty}$인 순수출생과정에서 $p_{ij}(t)$는 다음과 같음을 보여라.

$$p_{ij}(t) = 0, \quad j < i,$$
$$p_{ii}(t) = e^{-\lambda_i t}, \quad i \ge 0,$$
$$p_{ij}(t) = \lambda_{j-1} e^{-\lambda_j t} \int_0^t e^{\lambda_j u} p_{i,\, j-1}(u)\, du, \quad j \ge i+1$$

‖ **풀이** $i > j$일 때 $p_{ij}(t) = 0$이므로(연습문제 22) 전이함수 $p_{ij}(t)$에 대한 콜모고로프

전진방정식은 다음과 같다.

$$p_{ii}'(t) = -\lambda_0 p_{ii}(t), \quad i \geq 0, \tag{8.11}$$

$$p_{ij}'(t) = -\lambda_j p_{ij}(t) + \lambda_{j-1} p_{i,\, j-1}(t), \quad j \geq i+1 \tag{8.12}$$

따라서 $p_{ii}(0) = 1$이므로 (8.11)로부터

$$p_{ii}(t) = e^{-\lambda_i t}, \quad i \geq 0$$

임을 알 수 있다. 식 (8.12)를 정리한 후 양변에 $e^{\lambda_j t}$를 곱하면 다음을 얻는다.

$$e^{\lambda_j t}\left(p_{ij}'(t) + \lambda_j p_{ij}(t)\right) = \lambda_{j-1} e^{\lambda_j t} p_{i,\, j-1}(t)$$

따라서

$$\frac{d}{dt}\left(e^{\lambda_j t} p_{ij}(t)\right) = \lambda_{j-1} e^{\lambda_j t} p_{i,\, j-1}(t).$$

이 식의 양변을 적분한 다음 $p_{ij}(0) = 0$을 이용하면 원하는 결과를 얻는다.

■

예제 8.13

비율이 λ인 푸아송과정 $\boldsymbol{N} = \{N(t),\ t \geq 0\}$는 도착률이 $\lambda_n = \lambda (n \geq 0)$인 순수출생과정이므로 $\boldsymbol{N}$의 콜모고로프 전진방정식은 다음과 같다.

$$p_{ij}'(t) = -\lambda p_{ij}(t) + \lambda p_{i,\, j-1}(t)$$

단 $p_{i,\,-1}(t) = 0$이다. 이때 $i > j$이면 $p_{ij}(t) = 0$이고 $i \leq j$이면

$$p_{ij}(t) = e^{-\lambda t} \frac{(\lambda t)^{j-i}}{(j-i)!}.$$

■

예제 8.14 **율 과정**

생성률이 $\lambda_n = n\lambda (n \geq 0)$인 순수출생과정을 율 과정(Yule process)이라 한다. 이때 $p_{ij}(t)$는 다음과 같다.

$$p_{ij}(t) = \binom{j-1}{j-i} e^{-\lambda i t}(1-e^{-\lambda t})^{j-i}, \quad j \geq i \geq 1$$ ■

$\boldsymbol{X}$의 상태공간이 유한집합일 때 콜모고로프방정식의 해는 행렬지수의 형태로 나타낼 수 있다. A가 $m \times m$ 행렬일 때 e^A는 다음과 같이 정의한다.

$$e^A = \sum_{n=0}^{\infty} \frac{A^n}{n!} \quad (\text{단 } A^0 = I)$$

정리 8.13

A와 B가 $m \times m$ 행렬일 때 다음이 성립한다.

(1) $AB = BA$이면 $e^{A+B} = e^A e^B = e^B e^A$.

(2) $e^O = I$ (단 O는 $m \times m$ 영행렬)

(3) e^A는 가역이고 $(e^A)^{-1} = e^{-A}$

(4) $\dfrac{d}{dt} e^{At} = Ae^{At} = e^{At}A$

(5) A가 가역일 때 $\displaystyle\int_0^x e^{At}\,dt = (e^{Ax} - I)A^{-1} = A^{-1}(e^{Ax} - I)$

증명 직접 계산에 의하여 증명된다. □

따름정리 8.14

마르코프연쇄 $\boldsymbol{X}$의 상태공간 S가 유한집합일 때 $P(t)$는 다음과 같은 행렬지수 형태로 나타낼 수 있다.

$$P(t) = e^{Qt}, \quad t \geq 0 \tag{8.13}$$

증명 $H(t) = e^{Qt}$라 하면 $H'(t) = QH(t) = H(t)Q$이므로 $H(t)$는 콜모고로프의 전진방정식과 후진방정식을 만족한다. 또한 $H(0) = I = P(0)$이므로 $H(t) = P(t)$이다. □

8.5 흡수상태를 갖는 마르코프연쇄

상태공간이 $\{0, 1, \cdots, m\}$인 마르코프연쇄 $\boldsymbol{X}$의 생성자가 다음과 같다고 하자.

$$Q = \begin{pmatrix} 0 & \mathbf{0} \\ \boldsymbol{S}^0 & \boldsymbol{S} \end{pmatrix} \tag{8.14}$$

단 $\mathbf{0} = (0, \cdots, 0)$, $\boldsymbol{S} = (s_{ij})$는 $m \times m$ 행렬이고 $\boldsymbol{S}^0 = (s_i^0, 1 \le i \le m)^t$는 크기가 m인 열벡터이다. Q의 정의로부터 상태 0은 $\boldsymbol{X}$의 흡수상태이다. 또한 Q가 마르코프연쇄의 생성자이므로 $\boldsymbol{S}$는 다음을 만족한다.

$$s_{ii} < 0, \quad s_{ij} \ge 0, \quad i \ne j, \quad s_i^0 = -\sum_{j=1}^{m} s_{ij}$$

보조정리 8.15

$\boldsymbol{X}$의 전이확률행렬 $P(t)$는 다음과 같다.

$$P(t) = \begin{pmatrix} 1 & \mathbf{0} \\ 1 - e^{\boldsymbol{S}t}\mathbf{1} & e^{\boldsymbol{S}t} \end{pmatrix} \tag{8.15}$$

단 $\mathbf{1} = (1, 1, \cdots, 1)^t$는 모든 성분이 1이고 크기가 m인 열벡터이다.

증명 $\boldsymbol{S}^0 = -\boldsymbol{S}\mathbf{e}$이므로 간단한 계산에 의하여 다음을 알 수 있다.

$$Q^n = \begin{pmatrix} 0 & \mathbf{0} \\ \boldsymbol{S}^{n-1}\boldsymbol{S}^0 & \boldsymbol{S}^n \end{pmatrix} = \begin{pmatrix} 0 & \mathbf{0} \\ -\boldsymbol{S}^n\mathbf{1} & \boldsymbol{S}^n \end{pmatrix}, \quad n = 1, 2, \cdots$$

또한 $Q^0 = I$이고

$$\sum_{n=1}^{\infty} \frac{t^n}{n!} \boldsymbol{S}^n = e^{\boldsymbol{S}t} - I$$

이므로 따름정리 8.14에 의하여 (8.15)를 얻는다. □

정리 8.16

τ_0를 $\boldsymbol{X}$가 상태 0에 처음으로 도달하는 데 걸리는 시간이라 할 때 $F(x) = P(\tau_0 \le x)$는 다음과 같다.

$$F(x) = 1 - \boldsymbol{\alpha} e^{\boldsymbol{S}x}\mathbf{e}, \quad x \ge 0 \tag{8.16}$$

단 $\alpha_i = P(X(0) = i)$, $i = 0, 1, \cdots, m$, $\boldsymbol{\alpha} = (\alpha_1, \cdots, \alpha_m)$이다.

증명 $X(0) = 0$이면 명백하게 $\tau_0 = 0$이다. 상태 0이 흡수상태이므로 $X(t) = 0$이기 위한 필요충분조건은 $\tau_0 \le t$이다. 따라서

$$P(\tau_0 \le x \mid X(0) = i) = p_{i0}(x), \quad i = 1, \cdots, m.$$

보조정리 8.15에 의하여

$$\begin{aligned} F(x) &= \sum_{i=0}^{m} \alpha_i p_{i0}(x) = \alpha_0 + \boldsymbol{\alpha}\mathbf{e} - \boldsymbol{\alpha} e^{\boldsymbol{S}x}\mathbf{e} \\ &= 1 - \boldsymbol{\alpha} e^{\boldsymbol{S}x}\mathbf{e}. \end{aligned}$$

□

확률변수 τ의 분포함수 $F(x)$가 (8.16)과 같을 때 τ는 **상형분포**(phase type distribution)를 따른다고 하고 $\tau \sim PH(\boldsymbol{\alpha}, \boldsymbol{S})$와 같이 나타낸다. 이때 $(\boldsymbol{\alpha}, \boldsymbol{S})$를 상형분포의 표현이라고 한다. $P(\tau = 0) = \alpha_0 > 0$이면 상형분포는 $x = 0$에서 크기가 α_0인 도약이 있음을 알 수 있다. $\alpha_0 = 0$일 때 (8.16)을 미분하면 τ의 확률밀도함수가 다음과 같음을 알 수 있다.

$$f(x) = \boldsymbol{\alpha} e^{\boldsymbol{S}x}\boldsymbol{S}^0, \quad x \ge 0$$

예제 8.15 **초지수분포(hyperexponential distribution)**

확률밀도함수가

$$f(x) = \sum_{i=1}^{m} \alpha_i \lambda_i e^{-\lambda_i x}, \quad x \ge 0$$

인 초지수분포는 $\alpha_0 = 0$, $\boldsymbol{\alpha} = (\alpha_1, \cdots, \alpha_m)$이고

$$\boldsymbol{S}=\begin{pmatrix} -\lambda_1 & & \\ & \ddots & \\ & & -\lambda_m \end{pmatrix}, \quad \boldsymbol{S}^0=\begin{pmatrix} \lambda_1 \\ \lambda_2 \\ \vdots \\ \lambda_m \end{pmatrix}$$

인 상형분포 $PH(\boldsymbol{\alpha},\ \boldsymbol{S})$이다. ■

예제 8.16 **일반화된 얼랑분포**

라플라스-스틸체스변환이

$$F^*(s)=\prod_{i=1}^{n}\frac{\lambda_i}{\lambda_i+s}, \quad s\geq 0$$

인 분포는 그림 8.9와 같이 상태 1에서 출발하여 0에 도달하는 데 걸리는 시간의 분포이다.

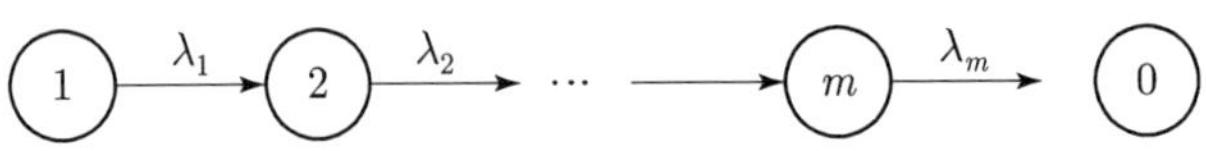

| 그림 8.9 | 일반화된 얼랑분포

$F(x)$는 $\alpha_0=0,\ \boldsymbol{\alpha}=(1,\ 0,\ \cdots,\ 0)$이고

$$\boldsymbol{S}=\begin{pmatrix} -\lambda_1 & \lambda_1 & & & \\ & -\lambda_2 & \lambda_2 & & \\ & & \ddots & \ddots & \\ & & & -\lambda_{m-1} & \lambda_{m-1} \\ & & & & -\lambda_m \end{pmatrix}, \quad \boldsymbol{S}^0=\begin{pmatrix} 0 \\ 0 \\ \vdots \\ 0 \\ \lambda_m \end{pmatrix}$$

인 상형분포 $PH(\boldsymbol{\alpha},\ \boldsymbol{S})$의 분포함수이다. ■

정리 8.17

$F(x)$를 $PH(\boldsymbol{\alpha},\ \boldsymbol{S})$의 분포함수라 할 때 $\lim_{x\to\infty}F(x)=1$일 필요충분조건은 $\boldsymbol{S}$가 가역행렬이다. 이때 $(-\boldsymbol{S})^{-1}\geq O$이고 $(-\boldsymbol{S})^{-1}$의 $(i,\ j)$ 성분 $[(-\boldsymbol{S})^{-1}]_{ij}$는 생성자가 (8.14)인 마르코프연쇄 $\boldsymbol{X}$가 $X(0)=i$에서 출발하여 흡수상태 0에 도달할 때까지 상태 j에 머무는 시간의 평균이다.

증명 생성자가 (8.14)인 마르코프연쇄 $\boldsymbol{X}$가 i에서 출발하여 궁극적으로 상태 0에 도달할 확률을 u_i라 하자. 즉 $u_i = P(\tau_0 < \infty | X(0) = i)$ $(1 \le i \le m)$ 이다. 또한 $\boldsymbol{X}$의 첫 번째 전이가 발생하는 시각을 T_1이라 하고 $X_1 = X(T_1)$이라 하자. 명백하게 $u_0 = 1$이고

$$p_{ij} = P(X_1 = j | X(0) = i) = \frac{s_{ij}}{(-s_{ii})}$$

이므로 전확률공식에 의하여 다음을 얻는다.

$$\begin{aligned} u_i &= u_0 p_{i0} + \sum_{j=1,\ j \ne i}^{m} u_j p_{ij} \\ &= \frac{s_i^0}{(-s_{ii})} + \sum_{j=1,\ j \ne i}^{m} u_j \frac{s_{ij}}{(-s_{ii})} \end{aligned}$$

따라서 $\boldsymbol{u} = (u_1, \cdots, u_m)^t$는 다음을 만족한다.

$$\boldsymbol{Su} + \boldsymbol{S}^0 = \mathbf{0}$$

$\boldsymbol{S}$가 가역이면 이 방정식의 유일한 해는 $\boldsymbol{u} = \mathbf{e} = (1, \cdots, 1)^t$이다.
이제 $u_i = 1, 1 \le i \le m$라 하자. $\boldsymbol{X}$가 0에 도달할 때까지 상태 j에 머물러있는 시간을 U_j라 하고 $m_{ij} = E[U_j | X(0) = i]$라 하자. $\boldsymbol{u} = \mathbf{e}$이므로 $m_{ij} < \infty$이고 다음을 얻는다.

$$\begin{aligned} m_{ii} &= E[T_1 | X(0) = i,\ X_1 = 0] p_{i0} + \sum_{k=1,\ k \ne 1}^{m} E[U_i + T_1 | X(0) = i,\ X_1 = k] p_{ik} \\ &= \frac{1}{(-s_{ii})} \frac{s_i^0}{(-s_{ii})} + \sum_{k=1,\ k \ne i}^{m} \left(m_{ki} + \frac{1}{(-s_{ii})} \right) \frac{s_{ik}}{(-s_{ii})} \\ &= \frac{1}{(-s_{ii})} + \sum_{k=1,\ k \ne i}^{m} \frac{s_{ik}}{(-s_{ii})} m_{ki}, \quad 1 \le i \le m \end{aligned}$$

같은 방법으로 다음을 얻는다.

$$m_{ij} = \sum_{k=1,\ k \ne i}^{m} E[U_j | X(0) = i,\ X_1 = k] p_{ik}$$

$$= \sum_{k=1,\ k \neq i}^{m} \frac{s_{ik}}{(-s_{ii})} m_{kj}, \quad j \neq i$$

m_{ij}를 성분으로 갖는 $m \times m$ 행렬을 $M = (m_{ij})$로 두고 위의 두 식을 행렬형태로 쓰면 $\boldsymbol{S}M = -I$이다. 따라서 $\boldsymbol{S}$는 가역이고 $M = (-\boldsymbol{S})^{-1}$이 되어 정리가 증명된다. □

8.6 $P(t)$의 계산

정리 8.12는 경계조건 $P(0) = I$하에서 콜모고로프 방정식을 풀면 $P(t)$를 구할 수 있음을 보여준다. 그러나 일반적으로 콜모고로프방정식에 대한 해석적인 해를 구하는 것이 쉽지 않아서 많은 수치적 방법이 사용되고 있다. 이 절에서는 유한의 상태공간을 갖는 마르코프연쇄에서 $P(t)$를 계산하는 방법에 대하여 살펴본다.

8.6.1 균일화 기법

생성자를 Q로 갖는 연속시간 마르코프연쇄 $\boldsymbol{X}$는 $X(t) = i$일 때 평균이 $\frac{1}{q_i}$인 지수분포 시간 동안 머물다가 i를 벗어나서 $\frac{q_{ij}}{q_i}$의 확률로 상태 j로 이동한다는 것을 앞에서 살펴보았다. 이때 상태에 따라 평균 체제시간 $\frac{1}{q_i}$은 서로 다른 것이 일반적이다. 균일화 기법(uniformization technique)은 각 상태에서 서로 다른 평균 체제시간을 갖는 마르코프연쇄를 평균 체제시간이 동일한 마르코프연쇄로 바꾸어 원래의 전이행렬을 계산하는 방법이다.

먼저 $\sup_{i \in S} q_i \leq q$와 $0 < q < \infty$를 만족하는 실수 q를 선택한 다음 확률행렬 P^*를 다음과 같이 정의하자.

$$P^* = I + \frac{1}{q} Q, \quad 즉 \quad p_{ij}^* = \begin{cases} 1 - \dfrac{q_i}{q}, & i = j \\ \dfrac{q_{ij}}{q}, & i \neq j \end{cases}$$

그러면 $\boldsymbol{X}$의 전이행렬 $P(t)$는 다음과 같이 푸아송분포와 P^*로 표현된다.

$$P(t)=e^{Qt}=e^{-qt(I-P^*)}=e^{-qt}e^{qtP^*}$$
$$=\sum_{n=0}^{\infty}e^{-qt}\frac{(qt)^n}{n!}[P^*]^n \tag{8.17}$$

또한 $p_j(t)=P(X(t)=j)$라 하면 $\boldsymbol{p}(t)=(p_j(t),\ i\in\mathcal{S})$는 다음과 같다.

$$\boldsymbol{p}(t)=\boldsymbol{p}(0)P(t)=\sum_{n=0}^{\infty}e^{-qt}\frac{(qt)^n}{n!}\boldsymbol{p}^{*(n)}$$

단 $\boldsymbol{p}^{*(n)}=\boldsymbol{p}(0)[P^*]^n\,(n=0,\ 1,\ 2,\ \cdots)$이다.

(8.17)에 대한 확률적 의미를 살펴보기 위하여 다음을 정의하자. 전이확률행렬 P^*를 갖는 이산시간 마르코프연쇄를 $\hat{\boldsymbol{Y}}=\{Y_n,\ n=0,\ 1,\ 2,\ \cdots\}$라 하고 $\hat{\boldsymbol{Y}}$와 서로 독립이며 모수가 q인 푸아송과정을 $\boldsymbol{N}=\{N(t),\ t\geq 0\}$라 하자. 그러면

$$Y(t)=Y_{N(t)},\quad t\geq 0$$

로 정의되는 확률과정 $\boldsymbol{Y}=\{Y(t),\ t\geq 0\}$는 전이행렬이 (8.17)과 같은 연속시간 마르코프연쇄이다. 마르코프연쇄 $\boldsymbol{Y}$는 모수가 q인 푸아송과정 $\boldsymbol{N}$을 따라서 전이가 발생하므로 각 상태에서의 전이율은 q로 동일하다. $\boldsymbol{Y}$의 전이가 발생한 후 방문하는 상태는 마르코프연쇄 $\hat{\boldsymbol{Y}}$를 따르므로 상태 i에서 발생한 전이 중 i를 떠나서 상태 $j(j\neq i)$를 방문할 확률은 $\frac{q_{ij}}{q}$이고 다른 상태로 가지 않고 제자리로 되돌아올 확률은 $1-\frac{q_i}{q}$이다. 따라서 $\boldsymbol{Y}$가 상태 i를 벗어나 다른 상태를 방문하는는 실질적인 전이율은

$$q\left(\sum_{j\neq i}\frac{q_{ij}}{q}\right)=q_i$$

로 본래의 마르코프연쇄 $\boldsymbol{X}$와 동일함을 알 수 있다. 따라서 $\boldsymbol{Y}$는 본래의 마르코프연쇄 $\boldsymbol{X}$의 전이율 q_i에 자기 자신으로 되돌아오는 가상의 전이율 $q-q_i$를 추가하여 전체 전이율을 q로 균일화한 다음 실질적인 전이율의 변화가 없도록 조정하여 얻어진 마르코프연쇄이다.

(8.17)을 이용하여 $P(t)$를 계산하기 위해서는 일반적으로

$$P(t) \approx \sum_{n=0}^{K} e^{-qt} \frac{(qt)^n}{n!} [P^*]^n$$

과 같이 무한급수를 적당한 항에서 절단하여야 한다. 이때 $[P^*]^n$이 확률행렬이므로 오차의 한계는 다음과 같다.

$$1 - \sum_{n=0}^{K} e^{-qt} \frac{(qt)^n}{n!}$$

예제 8.17

$\boldsymbol{X}$의 생성자 Q가 다음과 같다고 하자.

$$Q = \begin{pmatrix} -2 & 1 & 1 \\ 1 & -3 & 2 \\ 1 & 0 & -1 \end{pmatrix}$$

그러면 $q = \max\{2, 3, 1\} = 3$이고

$$P^* = I + \frac{1}{q} Q = \frac{1}{3} \begin{pmatrix} 1 & 1 & 1 \\ 1 & 0 & 2 \\ 1 & 0 & 2 \end{pmatrix}.$$

따라서

$$P(t) = \sum_{n=0}^{\infty} e^{-3t} \frac{(3t)^n}{n!} [P^*]^n.$$

■

8.6.2 대각화를 이용한 방법

편의상 $\boldsymbol{X}$의 상태공간을 $S=\{0, 1, 2, \cdots, m\}$이라 하자. 여기서는 $\boldsymbol{X}$의 생성자 Q가 대각화 가능한 경우 $P(t)$를 계산하는 방법을 제시한다. Q가 대각화 가능이면 다음을 만족하는 적당한 가역행렬 S와 대각행렬 D가 존재한다.

$$Q = SDS^{-1}$$

이때 D의 대각성분을 $\lambda_0, \lambda_1, \cdots, \lambda_m$이라 하고 S의 i번째 열을 $\mathbf{u}_i$, S^{-1}의 j번째 행을 $\mathbf{v}_j$이라 하면 행렬 D와 S, S^{-1}은 다음과 같이 쓸 수 있다.

$$D=\begin{pmatrix}\lambda_0 & & & O\\ & \lambda_1 & & \\ & & \ddots & \\ O & & & \lambda_m\end{pmatrix},\quad S=(\mathbf{u}_0,\ \mathbf{u}_1,\ \cdots,\ \mathbf{u}_m),\quad S^{-1}=\begin{pmatrix}\mathbf{v}_0\\ \mathbf{v}_1\\ \vdots\\ \mathbf{v}_m\end{pmatrix}$$

한편 $Q=SDS^{-1}$로부터 $QS=SD$이므로 다음을 얻는다.

$$(Q\mathbf{u}_0\ Q\mathbf{u}_1\ \cdots\ Q\mathbf{u}_m)=(\lambda_0\mathbf{u}_0\ \lambda_1\mathbf{u}_1\ \cdots\ \lambda_m\mathbf{u}_m)$$

따라서 $Q\mathbf{u}_i=\lambda_i\mathbf{u}_i$가 되어 S의 i번째 열 $\mathbf{u}_i$는 고유값 λ_i에 대응하는 우측 고유벡터임을 알 수 있다. $Q\mathbf{e}=\mathbf{0}=0\mathbf{e}$이므로 0은 Q의 고유값이 되며 이에 대응하는 고유벡터는 $\mathbf{e}$이다. $\lambda_0=0$, $\mathbf{u}_0=\mathbf{e}$라 하자. $S^{-1}Q=DS^{-1}$, 즉

$$\begin{pmatrix}\mathbf{v}_0Q\\ \mathbf{v}_1Q\\ \vdots\\ \mathbf{v}_mQ\end{pmatrix}=\begin{pmatrix}\lambda_0\mathbf{v}_0\\ \lambda_1\mathbf{v}_1\\ \vdots\\ \lambda_m\mathbf{v}_m\end{pmatrix}$$

이므로 S^{-1}의 j번째 행 $\mathbf{v}_j$는 고유값 λ_j에 대응하는 행렬 Q의 좌측 고유벡터이다. 한편

$$Q^n=SD(S^{-1}S)D(S^{-1}S)\cdots(S^{-1}S)DS^{-1}=SD^nS^{-1},\quad n\ge 0$$

이므로 $P(t)$를 다음과 같이 쓸 수 있다.

$$P(t)=\sum_{n=0}^{\infty}\frac{t^n}{n!}Q^n=S\left(\sum_{n=0}^{\infty}\frac{t^n}{n!}D^n\right)S^{-1}=Se^{tD}S^{-1}.$$

또한 $D^0=I$, $D^n=\mathrm{diag}[0,\ \lambda_1^n,\ \cdots,\ \lambda_m^n]\,(n\ge 1)$이므로 e^{Dt}는 대각성분이 1, $e^{\lambda_1 t}$, $\cdots$ $e^{\lambda_m t}$인 대각행렬이다. 따라서 다음을 얻는다.

$$\begin{aligned}Se^{tD}S^{-1}&=(\mathbf{u}_0\ \mathbf{u}_1\ \cdots\ \mathbf{u}_m)\begin{pmatrix}1 & & & O\\ & e^{\lambda_1 t} & & \\ & & \ddots & \\ O & & & e^{\lambda_m t}\end{pmatrix}\begin{pmatrix}\mathbf{v}_0\\ \mathbf{v}_1\\ \vdots\\ \mathbf{v}_m\end{pmatrix}\\ &=\mathbf{u}_0\mathbf{v}_0+\sum_{k=1}^{m}\mathbf{u}_k\mathbf{v}_k e^{\lambda_k t}\end{aligned}$$

따라서 $P(t)$에 대한 다음 결과를 얻는다.

$$P(t) = \mathbf{u}_0\mathbf{v}_0 + \sum_{k=1}^{m} \mathbf{u}_k\mathbf{v}_k e^{\lambda_k t} \tag{8.18}$$

예제 8.18

$\boldsymbol{X}$의 생성자 Q가 다음과 같다고 하자.

$$Q = \begin{pmatrix} -2 & 1 & 1 \\ 1 & -3 & 2 \\ 1 & 4 & -5 \end{pmatrix}$$

행렬 Q는 서로 다른 세 개의 고유값 $\lambda_0 = 0$, $\lambda_1 = -3$, $\lambda_2 = -7$을 가지므로 대각화 가능이다. 각각의 고유값에 대응하는 우측 고유벡터는 다음과 같다.

$$\mathbf{u}_0 = \begin{pmatrix} 1 \\ 1 \\ 1 \end{pmatrix}, \quad \mathbf{u}_1 = \begin{pmatrix} -2 \\ 1 \\ 1 \end{pmatrix}, \quad \mathbf{u}_2 = \begin{pmatrix} -2 \\ -9 \\ 19 \end{pmatrix}$$

따라서 S와 S^{-1}은 다음과 같다.

$$S = \begin{pmatrix} 1 & -2 & -2 \\ 1 & 1 & -9 \\ 1 & 1 & 19 \end{pmatrix}, \quad S^{-1} = \frac{1}{84}\begin{pmatrix} 28 & 36 & 20 \\ -28 & 21 & 7 \\ 0 & -3 & 3 \end{pmatrix}$$

$P(t)$는 다음과 같다.

$$P(t) = S_0 + S_1 e^{-3t} + S_2 e^{-7t}$$

단 $S_k = \mathbf{u}_k\mathbf{v}_k (k = 0, 1, 2)$는 다음과 같다.

$$S_0 = \frac{1}{84}\begin{pmatrix} 28 & 36 & 20 \\ 28 & 36 & 20 \\ 28 & 36 & 20 \end{pmatrix}, \quad S_1 = \frac{1}{84}\begin{pmatrix} 56 & -42 & -14 \\ -28 & 21 & 7 \\ -28 & 21 & 7 \end{pmatrix},$$

$$S_2 = \frac{1}{84}\begin{pmatrix} 0 & 6 & -6 \\ 0 & 27 & -27 \\ 0 & -57 & 57 \end{pmatrix}$$

위 식에서 $t \to \infty$를 취하면

$$\lim_{t \to \infty} P(t) = P(\infty) = S_0$$

이고

$$|p_{ij}(t)-p_{ij}(\infty)|\le e^{-3t}(|[S_1]_{ij}|+|[S_2]_{ij}|)\le \frac{2}{3}e^{-3t}$$

이므로 $P(t)$는 $P(\infty)=S_0$에 지수적으로 빨리 수렴함을 알 수 있다. ■

8.6.3 라플라스변환을 이용한 방법

$p_{ij}(t)$의 라플라스변환을

$$p^*_{ij}(s)=\int_0^\infty p_{ij}(t)e^{-st}dt,\quad s>0,\quad i,\ j\in\mathcal{S}$$

로 나타내자. 라플라스변환의 성질에 의하여 다음이 성립한다.

$$\int_0^\infty e^{-st}\frac{d}{dt}p_{ij}(t)dt=sp^*_{ij}(s)-p_{ij}(0)$$

콜모고로프 전진방정식

$$p_{ij}{}'(t)=\sum_{k\in\mathcal{S}}p_{ik}(t)q_{kj}$$

의 양변에 라플라스변환을 취하면 다음을 얻는다.

$$sp^*_{ij}(s)-p_{ij}(0)=\sum_{k\in\mathcal{S}}p^*_{ik}(s)q_{kj} \tag{8.19}$$

$p^*_{ij}(s)$를 $(i,\ j)$ 성분으로 갖는 행렬을 $P^*(s)=(p^*_{ij}(s))$라 하면 $P(0)=I$(단위행렬)이므로 식 (8.19)는 다음과 같이 행렬형태로 표현된다.

$$sP^*(s)-I=P^*(s)Q$$

이것을 정리하면 다음을 얻는다.

$$(sI-Q)P^*(s)=I$$

$s>0$일 때 $sI-Q$는 가역이므로 다음을 얻는다.6)

$$P^*(s) = (sI - Q)^{-1}$$

8.7 극한분포

$\boldsymbol{X} = \{X(t),\ t \geq 0\}$를 생성자 $Q = (q_{ij})$와 전이확률행렬 $P(t) = p_{ij}(t)$를 갖는 연속시간 마르코프연쇄라 하자. 이 절에서는 $t \to \infty$일 때 $p_{ij}(t)$의 극한에 대하여 살펴본다. 먼저 몇 가지 예를 생각해보자.

예제 8.19

예제 8.10에서 구한 $P(t)$에서 $t \to \infty$ 하면

$$\lim_{t \to \infty} P(t) = \begin{pmatrix} \dfrac{\mu}{\lambda+\mu} & \dfrac{\lambda}{\lambda+\mu} \\ \dfrac{\mu}{\lambda+\mu} & \dfrac{\lambda}{\lambda+\mu} \end{pmatrix}.$$

이 경우 $\lim\limits_{t \to \infty} p_{ij}(t)$는 초기상태 i에 무관하며 모든 극한값이 0보다 크다. ■

예제 8.20

비율이 λ인 푸아송과정의 전이확률은 다음과 같다(예제 8.13).

$$p_{ij}(t) = \begin{cases} e^{-\lambda t}\dfrac{(\lambda t)^{j-i}}{(j-i)!} & j \geq i \geq 0 \\ 0, & j < i \end{cases}$$

따라서 각각의 $i,\ j \geq 0$에 대하여 $\lim\limits_{t \to \infty} p_{ij}(t) = 0$이다. ■

예제 8.21

생성률과 소멸률이 각각 $\lambda_n = n\lambda,\ \mu_n = n\mu\,(n = 0,\ 1,\ 2,\ \cdots)$인 생성-소멸 과정의 전

---

6) $sI - Q$는 대각지배행렬이다.

이확률은 다음과 같음이 알려져 있다.[7)]

$$p_{i0}(t)=\left(\frac{\mu-\mu e^{-(\lambda-\mu)t}}{\lambda-\mu e^{-(\lambda-\mu)t}}\right)^i, \quad i\geq 0$$

따라서 $\lambda>\mu$일 때

$$\lim_{t\to\infty}p_{i0}(t)=\left(\frac{\mu}{\lambda}\right)^i, \quad i\geq 0$$

이므로 $\lim_{t\to\infty}p_{i0}(t)$는 초기상태 i에 의존한다. ■

위의 예에서 살펴보았듯이 전이함수의 극한이 초기상태에 의존하는 경우도 있고 초기상태에는 의존하지 않지만 그 극한이 0이 되는 경우도 있다는 것을 살펴보았다. 이 절의 목적은 다음과 같은 물음에 대한 답을 하는 것이다.

(1) 극한 $\lim_{t\to\infty}p_{ij}(t)$가 초기상태 i와 무관하게 존재하며 그 극한이 0보다 클 조건은 무엇인가?
(2) 만약 $\lim_{t\to\infty}p_{ij}(t)$가 존재한다면 어떠한 방법으로 극한을 구할 것인가?

제8.2절에서와 같이 연속시간 마르코프연쇄 $\boldsymbol{X}$의 n번째 전이가 일어나는 시각을 T_n이라 하고 n번째 전이가 일어난 직후의 상태 X_n으로 구성되는 이산시간 마르코프연쇄를 $\hat{\boldsymbol{X}}=\{X_n,\ n=0,\ 1,\ 2,\ \cdots\}$라 하자. $\boldsymbol{X}$의 재귀성, 일시성, 기약 성질 등은 각각에 대응하는 $\hat{\boldsymbol{X}}$의 성질과 밀접한 관계가 있음을 살펴본다.

보든 $i,\ j\in\mathcal{S}$에 대하여 $p_{ij}(t)>0,\ t>0$일 때 $\boldsymbol{X}$를 기약이라 한다.

정리 8.18

$\boldsymbol{X}$가 기약일 필요충분조건은 $\hat{\boldsymbol{X}}$가 기약이라는 것이다.

증명 제8.10절에 제시한다. □

7) Cox and Miller(1965, p. 166).

$\boldsymbol{X}$가 T_1 이후에 상태 i를 처음으로 방문하는 시각을 τ_i라 하자. 즉

$$\tau_i = \inf\{t \geq T_1 : X(t) = i\}.$$

이때 모든 $t > 0$에 대하여, $X(t) = i$일 때는 $\tau_i = 0$으로 $X(t) \neq i$일 때는 $\tau_i = +\infty$로 정의한다. $X(0) = i$일 때 τ_i는 $\boldsymbol{X}$가 i를 출발하여 다른 상태를 방문한 후 i로 다시 돌아올 때까지 걸리는 시간이고 $\tau_j(j \neq i)$는 j를 처음으로 방문하는 시각이다. 다음을 정의하자.

$$f_{ij} = P(\tau_j < \infty \,|\, X(0) = i)$$
$$m_{ij} = E[\tau_j \,|\, X(0) = i]$$

또한 기호의 편의를 위하여

$$f_j = f_{jj}, \quad m_j = m_{jj}$$

로 두자.

$f_j = 1$일 때 j는 **재귀적**이라 하고 $f_j < 1$일 때 j는 **일시적**이라 한다. 재귀적인 상태 j에 대하여 $m_j < \infty$일 때 j는 **양재귀적**이라 하고 $m_j = \infty$일 때 j는 **영재귀적**이라 한다. $\boldsymbol{X}$의 모든 상태가 재귀적(양재귀적)일 때 $\boldsymbol{X}$는 재귀적(양재귀적)이라 한다. $\boldsymbol{X}$가 기약이며 양재귀적일 때 $\boldsymbol{X}$는 **에르고딕**이라 한다.

정리 8.19

기약인 마르코프연쇄 $\boldsymbol{X}$가 재귀적일 필요충분조건은 $\hat{\boldsymbol{X}}$가 재귀적인 것이다.

증명 제8.10절에 제시한다. □

정리 8.20

$\boldsymbol{X}$가 기약이고 $\hat{\boldsymbol{X}}$의 전이확률이 $P = (p_{ij})$일 때 $\hat{\boldsymbol{p}} = (\hat{p}_j,\ j \in S)$가 $\hat{p}_j > 0$이면서 다음 방정식을 만족한다고 하자.

$$\hat{\boldsymbol{p}} P = \hat{\boldsymbol{p}} \tag{8.20}$$

그러면

$$m_j = \frac{1}{\hat{p}_j} \sum_{i \in S} \frac{\hat{p}_i}{q_i}. \tag{8.21}$$

증명 다음을 주목하자.

$$\begin{aligned} m_{ij} &= E[\tau_j | X_0 = i] \\ &= E[\tau_j | X_0 = i,\ X_1 = j] P(X_1 = j | X_0 = i) \\ &\quad + \sum_{k \neq j} E[\tau_i | X_0 = i,\ X_1 = k] P(X_1 = k | X_0 = i) \end{aligned}$$

$X_0 = i,\ X_1 = j$이면 $\tau_j = T_1$이다. 또한 $X_0 = i,\ X_1 = k(k \neq j)$이면 τ_j는 처음 전이가 일어날 때까지의 시간 T_1과 k에서 출발하여 j를 방문할 때까지의 시간을 합한 것과 같다. 따라서 다음이 성립함을 알 수 있다.

$$\begin{aligned} E[\tau_j | X_0 = i,\ X_1 = j] &= E[T_1 | X_0 = i] = \frac{1}{q_i}, \\ E[\tau_j | X_0 = i,\ X_1 = k] &= E[T_1 | X_0 = i] + E[\tau_i | X_1 = k] = m_{kj} \\ &= \frac{1}{q_i} + m_{kj} \end{aligned}$$

그러므로

$$\begin{aligned} m_{ij} &= \frac{1}{q_i} p_{ij} + \sum_{k \neq j} \frac{1}{q_i} p_{ik} + \sum_{k \neq j} m_{kj} p_{ik} \\ &= \frac{1}{q_i} + \sum_{k \neq j} p_{ik} m_{kj}. \end{aligned}$$

위 식의 양변에 $\hat{p}_i$를 곱한 후 i에 대하여 합하면

$$\begin{aligned} \sum_{i \in S} \hat{p}_i m_{ij} &= \sum_{i \in S} \frac{\hat{p}_i}{q_i} + \sum_{k \neq j} \left(\sum_{i \in S} \hat{p}_i p_{ik} \right) m_{kj} \\ &= \sum_{i \in S} \frac{\hat{p}_i}{q_i} + \sum_{k \neq j} \hat{p}_k m_{kj}. \quad (\because\ \hat{\boldsymbol{p}} P = \hat{\boldsymbol{p}}) \end{aligned}$$

따라서

$$\hat{p}_j m_j = \sum_{i \in \mathcal{S}} \hat{p}_i m_{ij} - \sum_{k \neq j} \hat{p}_k m_{kj} = \sum_{i \in \mathcal{S}} \frac{\hat{p}_i}{q_i}$$

가 되어 정리가 증명된다. □

따름정리 8.21

$\boldsymbol{X}$가 기약일 때 $\boldsymbol{X}$가 양재귀적일 필요충분조건은

$$\sum_{i \in \mathcal{S}} \frac{\hat{p}_i}{q_i} < \infty$$

이다. 단 $\hat{\boldsymbol{p}}$는 $\hat{p}_j > 0$를 만족하는 $\hat{\boldsymbol{p}}P = \hat{\boldsymbol{p}}$의 해이다.

정리 8.22

마르코프연쇄 $\boldsymbol{X}$가 기약일 때 다음이 성립한다.

(1) $\lim_{t \to \infty} p_{jj}(t) = \dfrac{1}{q_j m_j}, \quad j \in \mathcal{S}$ (8.22)

(2) $\lim_{t \to \infty} p_{ij}(t) = \lim_{t \to \infty} p_{jj}(t), \quad i, j \in \mathcal{S}$ (8.23)

증명 증명은 제8.10절에 제시한다. □

m_j는 j에서 출발하여 다시 원래 상태 j로 되돌아올 때까지 걸리는 시간(처음 j에 머물러있는 시간 포함)의 평균이다. $X(0) = j$이므로 마르코프연쇄 $\boldsymbol{X}$가 원래 상태로 되돌아올 때까지 j에 머물러있는 시간의 평균은 $1/q_j$이다. 따라서 식 (8.22)로부터 $\lim_{t \to \infty} p_{jj}(t)$는 j를 출발하여 다시 그 상태로 되돌아오는 기간의 평균에 대한 j에 머물러있는 시간의 평균 비율을 의미함을 알 수 있다.

따름정리 8.23

$\boldsymbol{X}$가 기약일 때 $p_j = \lim_{t \to \infty} p_{ij}(t)$에 대하여 다음이 성립한다.

(1) $\boldsymbol{X}$가 일시적이거나 영재귀적이면 모든 $j \in \mathcal{S}$에 대하여 $p_j = 0$이다.

(2) $\boldsymbol{X}$가 양재귀적이면 모든 $j \in \mathcal{S}$에 대하여 $p_j > 0$이다.

따름정리 8.24

$\boldsymbol{X}$가 에르고딕일 때 $\boldsymbol{X}$의 극한분포 $\boldsymbol{p} = (p_j,\ j \in \mathcal{S})$와 $\hat{\boldsymbol{X}}$의 극한분포 $\hat{\boldsymbol{p}} = (\hat{p}_j,\ j \in \mathcal{S})$ 사이에는 다음 관계가 성립한다.

$$p_j = \frac{\hat{p}_j / q_j}{\sum_{i \in \mathcal{S}} \hat{p}_i / q_i}, \quad \hat{p}_j = \frac{q_j p_j}{\sum_{i \in \mathcal{S}} q_i p_i}, \quad j \in \mathcal{S}$$

증명 정리 8.20과 정리 8.22에 의하여 자명하다. □

따름정리 8.25

$\boldsymbol{X}$가 에르고딕일 때 $\boldsymbol{X}$의 극한분포 $\boldsymbol{p} = (p_j,\ j \in \mathcal{S})$는 다음 방정식의 유일한 해이다.

$$\boldsymbol{p}Q = \boldsymbol{0}, \quad \boldsymbol{pe} = 1 \tag{8.24}$$

증명 따름정리 8.24에 의하여 $p_i = C\dfrac{\hat{p}_i}{q_i}$ (단 $C = \left(\sum_{i \in \mathcal{S}} \hat{p}_i / q_i\right)^{-1}$)이므로

$$\begin{aligned}\sum_{i \in \mathcal{S}} p_i q_{ij} &= C\frac{\hat{p}_j}{q_j} q_{jj} + C\sum_{i \neq j} \frac{\hat{p}_i}{q_i} q_{ij} \\ &= C\left(-\hat{p}_j + \sum_{i \neq j} \hat{p}_i p_{ij}\right) \\ &= 0 \quad (\because\ \hat{\boldsymbol{p}}P = \hat{\boldsymbol{p}},\ \ p_{ii} = 0)\end{aligned}$$

이다. $\boldsymbol{pe} = 1$은 자명하다. 유일성은 $\hat{\boldsymbol{p}}$의 유일성으로부터 자명하다. □

$q_i = -q_{ii}$로 두면 식 (8.24)를 다음과 같이 쓸 수 있다.

$$p_i q_i = \sum_{j \in \mathcal{S},\ j \neq i} p_j q_{ji}, \quad i \in \mathcal{S} \tag{8.25}$$

Q의 정의에 의하여 식 (8.25)의 좌변은 $\boldsymbol{X}$가 단위시간당 상태 i를 떠날 횟수(이탈률)

를 의미하고 오른쪽은 상태 i로 들어갈 횟수(입력률)를 의미한다. 그러므로 안정상태에서는 각각의 상태 $i \in \mathcal{S}$에 대하여 이탈률과 입력률이 같음을 의미한다. 따라서 식 (8.25)를 **평형방정식**(balance equation)이라 부른다. 결국 $\boldsymbol{X}$의 극한분포 $\boldsymbol{p}$는 $\sum_{i \in \mathcal{S}} p_i = 1$을 만족하는 평형방정식의 해이다.

예제 8.22 **2개의 상태를 갖는 마르코프연쇄**

상태공간이 $\{0, 1\}$이고 생성자가 다음과 같은 마르코프연쇄 $\boldsymbol{X}$의 극한분포를 구하라.

$$Q = \begin{pmatrix} -\lambda & \lambda \\ \mu & -\mu \end{pmatrix}$$

‖ **풀이** $\boldsymbol{p} = (p_0, p_1)$에 대하여 $\boldsymbol{p}Q = 0$으로부터 다음을 얻는다.

$$\lambda p_0 - p_1 \mu = 0, \quad \text{즉} \quad p_1 = \frac{\lambda}{\mu} p_0$$

한편 $p_0 + p_1 = 1$이므로

$$p_0 = \frac{\mu}{\lambda + \mu}, \quad p_1 = \frac{\lambda}{\lambda + \mu}.$$

이 결과는 $p_{ij}(t)$의 극한을 구하여 얻은 예제 8.19의 결과와 일치한다. ■

예제 8.23 **예제 8.18의 연속**

다음과 같은 생성자를 갖는 마르코프연쇄 $\boldsymbol{X}$의 극한분포를 구하라.

$$Q = \begin{pmatrix} -2 & 1 & 1 \\ 1 & -3 & 2 \\ 1 & 4 & -5 \end{pmatrix}$$

‖ **풀이** 연립방정식 $\boldsymbol{p}Q = 0$, $\boldsymbol{pe} = 1$을 풀어쓰면 다음과 같다.

$$\begin{aligned} -2p_0 + p_1 + p_2 &= 0 \\ p_0 - 3p_1 + 4p_2 &= 0 \\ p_0 + 2p_1 - 5p_2 &= 0 \\ p_0 + p_1 + p_2 &= 1 \end{aligned}$$

위 연립방정식의 유일한 해는 다음과 같다.

$$p_0 = \frac{28}{84},\quad p_1 = \frac{36}{84},\quad p_2 = \frac{20}{84}$$

이것은 예제 8.18에서 $P(t)$를 이용하여 구한 결과와 일치한다. ■

예제 8.24 **예제 8.3의 연속**

다음과 같은 생성자를 갖는 마르코프연쇄 $\boldsymbol{X}$와 $\hat{\boldsymbol{X}}$의 극한분포를 각각 구하고 따름정리 8.24가 성립함을 확인하라.

$$Q = \begin{pmatrix} -2\lambda & 2\lambda & 0 \\ \mu & -(\lambda+\mu) & \lambda \\ 0 & \mu & -\mu \end{pmatrix}$$

‖ **풀이** $\boldsymbol{X}$의 극한분포 $\boldsymbol{p} = (p_0,\ p_1,\ p_2)$는 $\boldsymbol{p}Q = \boldsymbol{0}$, $\boldsymbol{pe} = 1$의 해가 된다. 이제 $\boldsymbol{p}Q = 0$을 풀어쓰면 다음과 같다.

$$\begin{aligned} -2\lambda p_0 &+ \mu p_1 & &= 0 \\ 2\lambda p_0 &- (\lambda+\mu)p_1 &+ \mu p_2 &= 0 \\ & \lambda p_1 &- \mu p_2 &= 0 \end{aligned}$$

위 방정식으로부터 다음을 얻는다.

$$p_1 = \frac{2\lambda}{\mu}p_0,\quad p_2 = 2\left(\frac{\lambda}{\mu}\right)^2 p_0$$

한편

$$p_0 + p_1 + p_2 = \frac{1}{\mu^2}(\mu^2 + 2\lambda\mu + 2\lambda^2)p_0 = 1$$

이므로

$$p_0 = \frac{\mu^2}{\mu^2 + 2\lambda\mu + 2\lambda^2},\quad p_1 = \frac{2\lambda\mu}{\mu^2 + 2\lambda\mu + 2\lambda^2},\quad p_2 = \frac{2\lambda^2}{\mu^2 + 2\lambda\mu + 2\lambda^2}.$$

이산시간 마르코프연쇄 $\hat{\boldsymbol{X}}$의 극한분포 $\hat{\boldsymbol{p}} = (\hat{p}_0,\ \hat{p}_1,\ \hat{p}_2)$는 연립방정식

$\hat{\boldsymbol{p}}P = \hat{\boldsymbol{p}}$, $\hat{\boldsymbol{p}}\mathbf{e} = 1$의 유일한 해이므로 다음과 같다.

$$\hat{p}_0 = \frac{\mu}{2(\lambda+\mu)}, \quad \hat{p}_1 = \frac{1}{2}, \quad \hat{p}_2 = \frac{\lambda}{2(\lambda+\mu)}$$

따라서 $\boldsymbol{p}$와 $\hat{\boldsymbol{p}}$에 대한 따름정리 8.24의 결과가 성립함을 알 수 있다. ■

확률분포 $\boldsymbol{p} = (p_i,\ i \in \mathcal{S})$가 식 (8.24)를 만족할 때 $\boldsymbol{p}$를 $\boldsymbol{X}$ 또는 Q의 **정상분포**라고 한다. 따름정리 8.25는 에르고딕 마르코프연쇄의 극한분포와 정상분포는 같다는 것을 보여준다. 다음 정리는 $\boldsymbol{X}$의 초기상태 $X(0)$의 분포가 정상분포이면 $X(t)$의 분포도 정상분포가 된다는 것을 보여준다. 따라서 $P(X(t) = i) = p_i$일 때 $\boldsymbol{X}$는 **정상상태**에 있다고 한다.

정리 8.26

$\boldsymbol{p} = (p_i,\ i \in \mathcal{S})$가 $\boldsymbol{X}$의 정상분포일 때 $P(X(0) = i) = p_i$이면 $P(X(t) = i) = p_i \ (i \in \mathcal{S})$이다.

증명 $p_j(t) = P(X(t) = j)$라 하고 $\boldsymbol{p}(t) = (p_j(t),\ j \in \mathcal{S})$라 하자. 전확률공식에 의하여 다음이 성립함을 알 수 있다.

$$\boldsymbol{p}(t) = \boldsymbol{p}P(t), \quad t \geq 0$$

위 식을 t에 관하여 미분하면 콜모고로프방정식으로부터 다음을 얻는다.

$$\boldsymbol{p}'(t) = \boldsymbol{p}P'(t) = \boldsymbol{p}QP(t) = \mathbf{0}, \quad t \geq 0$$

따라서 $\boldsymbol{p}(t) = \boldsymbol{p}(0) = \boldsymbol{p}$이다. □

정리 8.27

기약인 마르코프연쇄 $\boldsymbol{X}$가 에르고딕일 필요충분조건은 $\boldsymbol{X}$의 정상분포가 존재하는 것이다.

증명 따름정리 8.25에 의하여 필요조건은 이미 증명되었다. 이제 충분조건을 명한다. $\boldsymbol{p} = (p_j,\ j \in \mathcal{S})$를 $\boldsymbol{X}$의 정상분포라 하자. 즉 $\boldsymbol{p}Q = 0$, $\boldsymbol{p}\mathbf{e} = 1$. $\hat{p}_j = q_j p_j,\ j \in \mathcal{S}$

라 하면 $0 < \hat{p}_j < \infty$이고 $\hat{\boldsymbol{p}} = (\hat{p}_j,\ j \in \mathcal{S})$는 $\hat{\boldsymbol{p}}P = \hat{\boldsymbol{p}}$를 만족한다. 정리 8.20에 의하여 $m_j = \dfrac{1}{q_j p_j} < \infty$이므로 j는 양재귀적이다. $\boldsymbol{X}$가 기약이므로 $\boldsymbol{X}$는 에르고딕이다. □

정리 8.28

에르고딕 마르코프연쇄 $\boldsymbol{X}$의 극한분포 $\boldsymbol{p} = (p_j,\ j \in \mathcal{S})$에 대하여 다음이 성립한다. 각각의 $i,\ j \in \mathcal{S}$에 대하여

$$\lim_{t \to \infty} \frac{1}{t} \int_0^t 1_{\{X(s)=j\}} ds = p_j = \lim_{t \to \infty} \frac{1}{t} E\left[\int_0^t 1_{\{X(s)=j\}} ds \,|\, X(0)=i\right].$$

증명 $X(0) = j$라 하자. $\tau_j(n)$을 상태 j에 n번째 되돌아오는 시각이라 하면 강마르코프성질에 의하여 $\xi_n = \tau_j(n) - \tau_j(n-1),\ n = 1,\ 2,\ \cdots\ (\tau_j(0) = 0)$는 서로 독립이며 같은 분포를 따른다. 따라서 $\boldsymbol{X}$는 재생성시각의 열이 $\{\tau_j(n),\ n = 1,\ 2,\ \cdots\}$인 재생성과정이다. 한편

$$\frac{1}{E[\tau_j(1) \,|\, X(0)=j]} E\left[\int_0^{\tau_j(1)} 1_{\{X(s)=j\}} ds \,|\, X(0)=j\right] = \frac{1}{q_j m_j}$$

이므로 정리 7.32와 정리 8.22에 의하여 정리가 증명된다. □

8.8 생성-소멸 과정

생성률과 소멸률이 각각 $\{\lambda_n\}_{n=0}^{\infty}$과 $\{\mu_n\}_{n=1}^{\infty}$인 생성-소멸 과정 $\boldsymbol{X} = \{X(t),\ t \ge 0\}$의 생성자는 다음과 같음을 이미 살펴보았다(예제 8.8).

$$Q = \begin{pmatrix} -\lambda_0 & \lambda_0 & 0 & 0 & \cdots \\ \mu_1 & -\lambda_1 - \mu_1 & \lambda_1 & 0 & \cdots \\ 0 & \mu_2 & -\lambda_2 - \mu_2 & \lambda_2 & \cdots \\ 0 & 0 & \mu_3 & -\lambda_3 - \mu_3 & \cdots \\ \vdots & \vdots & \vdots & \vdots & \end{pmatrix} \tag{8.26}$$

이 절에서는 생성–소멸 과정 $\boldsymbol{X}$가 에르고딕일 조건과 극한분포를 구하고 그 응용에 대하여 살펴본다.

정리 8.29

생성–소멸 과정 $\boldsymbol{X}$가 에르고딕일 필요충분조건은

$$S = 1 + \sum_{n=1}^{\infty} \frac{\lambda_0 \lambda_1 \cdots \lambda_{n-1}}{\mu_1 \mu_2 \cdots \mu_n} < \infty \tag{8.27}$$

이다. 이때 극한분포 $\boldsymbol{p}$는 다음과 같다.

$$p_0 = \frac{1}{S}, \quad p_n = \frac{1}{S} \frac{\lambda_0 \lambda_1 \cdots \lambda_{n-1}}{\mu_1 \mu_2 \cdots \mu_n}, \quad n = 1, 2, \cdots \tag{8.28}$$

증명 $\boldsymbol{p}$에 대한 평형방정식 $\boldsymbol{p}Q = 0$은 다음과 같이 쓸 수 있다.

상태	이탈률	=	입력률
0	$\lambda_0 p_0$	$=$	$\mu_1 p_1$
1	$(\lambda_1 + \mu_1) p_1$	$=$	$\mu_2 p_2 + \lambda_0 p_0$
$n (n \geq 1)$	$(\lambda_n + \mu_n) p_n$	$=$	$\mu_{n+1} p_{n+1} + \lambda_{n-1} p_{n-1}$

위의 식에서 처음 n개의 식을 더한 후 정리하면 다음을 얻는다.

$$\lambda_n p_n = \mu_{n+1} p_{n+1}, \quad n = 0, 1, 2, \cdots$$

이것을 p_0에 대하여 차례로 정리하면 다음을 얻는다.

$$\begin{aligned} p_1 &= \frac{\lambda_0}{\mu_1} p_0, \\ p_2 &= \frac{\lambda_1}{\mu_2} p_1 = \frac{\lambda_1 \lambda_0}{\mu_2 \mu_1} p_0, \\ &\vdots \\ p_n &= \frac{\lambda_{n-1}}{\mu_n} p_{n-1} = \frac{\lambda_0 \lambda_1 \cdots \lambda_{n-1}}{\mu_1 \mu_2 \cdots \mu_n} p_0, \quad n \geq 1 \end{aligned}$$

따라서

$$\sum_{n=0}^{\infty} p_n = p_0 + p_0 \sum_{n=0}^{\infty} \frac{\lambda_0\lambda_1 \cdots \lambda_{n-1}}{\mu_1\mu_2 \cdots \mu_n} = Sp_0.$$

만약 $S < \infty$이면 (8.28)에서 주어진 $p_n (n \geq 0)$은 극한분포가 되므로 정리 8.27에 의하여 $\boldsymbol{X}$는 에르고딕이다. 한편 $\boldsymbol{X}$가 에르고딕이면 $p_n > 0$이고 $\sum_{n=0}^{\infty} p_n = 1$이므로 $S < \infty$이다. 따라서 $S < \infty$는 $\boldsymbol{X}$가 에르고딕일 필요충분조건이다. □

예제 8.25 $M/M/1$ **대기체계**

고객은 비율 $\lambda > 0$인 푸아송과정을 따라서 도착하고 서비스 시간은 평균이 $\frac{1}{\mu}$인 지수분포를 따르는 단일서버 대기체계에서 시각 t에 시스템에 있는 고객 수를 $X(t)$라 하면 $\boldsymbol{X} = \{X(t),\ t \geq 0\}$는 생성률과 소멸률이 각각 $\lambda_n = \lambda$, $\mu_n = \mu$인 생성–소멸 과정이다. 한편

$$S = 1 + \sum_{n=1}^{\infty} \left(\frac{\lambda}{\mu}\right)^n$$

이므로 $\boldsymbol{X}$가 에르고딕일 필요충분조선은 정리 8.29에 의하어 $\rho = \frac{\lambda}{\mu} < 1$이다. 이때 극한분포는 다음과 같이 모수가 ρ인 기하분포이다.

$$p_n = (1 - \rho)\rho^n, \quad n \geq 0$$ ■

예제 8.26 $M/M/c$ **대기체계**

비율 $\lambda > 0$인 푸아송과정을 따라서 고객이 도착하고 c명의 서버가 서비스하는 대기체계를 생각하자. 각 서버의 서비스 시간은 서로 독립이며 각각은 평균이 $\frac{1}{\mu}$인 지수분포를 따른다. 서비스를 마친 고객은 즉시 시스템을 떠난다. 만일 시스템 내에 k명의 고객이 있다면 $n = \min(k,\ c)$명의 고객은 서비스 상태에 있게 된다. S_1, S_2, $\cdots$, S_n을 서비스 중인 고객이 받아야 할 각각의 서비스 시간이라 하면 한 명의 고객이 서비스를 마치고 나갈 때까지의 시간은 $S = \min\{S_1,\ \cdots,\ S_n\}$이다. 각각의 S_i는 모수가 μ인 지수확률변수이고 서로 독립이므로 $S \sim \mathrm{Exp}(n\mu)$이다. 따라서 t시각에 시스템에 있는

고객 수를 $X(t)$라 할 때 $\boldsymbol{X}=\{X(t),\ t \geq 0\}$는 다음과 같은 생성률과 소멸률을 갖는 생성–소멸 과정이다.

$$\lambda_n = \lambda, \quad n \geq 0,$$
$$\mu_n = \begin{cases} n\mu, & 1 \leq n \leq c \\ c\mu, & n > c \end{cases}$$

한편

$$S = 1 + \sum_{n=1}^{\infty} \frac{\lambda_0 \lambda_1 \cdots \lambda_{n-1}}{\mu_1 \mu_2 \cdots \mu_n} = \sum_{n=0}^{c-1} \frac{1}{n!}\left(\frac{\lambda}{\mu}\right)^n + \frac{1}{c!}\left(\frac{\lambda}{\mu}\right)^c \sum_{n=c}^{\infty}\left(\frac{\lambda}{c\mu}\right)^{n-c}$$

이므로 $\boldsymbol{X}$가 에르고딕일 필요충분조건은 (8.27)에 의하여 $\rho = \dfrac{\lambda}{c\mu} < 1$이다. $\boldsymbol{X}$가 에르고딕일 때

$$S = \sum_{n=0}^{c-1} \frac{1}{n!}\left(\frac{\lambda}{\mu}\right)^n + \frac{1}{c!}\left(\frac{\lambda}{\mu}\right)^c (1-\rho)^{-1}$$

이고 극한분포는 다음과 같다.

$$p_n = \begin{cases} \dfrac{1}{S}\dfrac{1}{n!}\left(\dfrac{\lambda}{\mu}\right)^n, & 0 \leq n \leq c \\ \dfrac{1}{S}\dfrac{1}{c!}\left(\dfrac{\lambda}{\mu}\right)^c \rho^{n-c}, & n \geq c \end{cases}$$

서비스를 받기 위하여 대기 중인 고객의 평균 수는

$$L_q = \sum_{n=c}^{\infty}(n-c)p_n = \frac{1}{S}\frac{1}{c!}\left(\frac{\lambda}{\mu}\right)^c \frac{\rho}{(1-\rho)^2}$$

이다. ■

예제 8.27 $M/M/\infty$ **대기체계**

고객이 비율 λ인 푸아송과정을 따라서 도착하고 무한의 서버가 서비스하며 각 서버의 서비스 시간은 모수가 μ인 대기체계에서 t시각에 시스템 내에 있는 고객 수를 $X(t)$라 할 때 $\boldsymbol{X}=\{X(t),\ t \geq 0\}$는 다음과 같은 생성률과 소멸률을 갖는 생성–소멸 과정이다.

$$\lambda_n = \lambda, \quad n \geq 0,$$

$$\mu_n = n\mu, \quad n \geq 1$$

$\rho = \dfrac{\lambda}{\mu}$로 두면

$$S = 1 + \sum_{n=1}^{\infty} \frac{\lambda_0 \lambda_1 \cdots \lambda_{n-1}}{\mu_1 \mu_2 \cdots \mu_n} = \sum_{n=0}^{\infty} \frac{\rho}{n!} = e^{\rho}$$

이므로 $\boldsymbol{X}$는 항상 에르고딕이고 안정상태의 분포는

$$p_n = e^{-\rho} \frac{\rho^n}{n!}, \quad n = 0,\ 1,\ 2,\ \cdots$$

이다. 즉 모수가 ρ인 푸아송분포이다. ■

예제 8.28 $M/M/c/K$ **대기체계**

$M/M/c/K$ 대기체계는 고객의 도착시간 간격이 모수 λ인 지수분포, 서비스 시간의 분포가 모수 μ인 지수분포를 따르며 c명의 서버가 병렬로 서비스를 하고 대기실 크기가 K인 대기체계이다. 그러므로 시스템에는 서비스를 받고 있는 고객을 포함하여 기껏해야 K명의 고객이 있을 수 있다. 시스템에 K명의 고객이 있는 상태에서 도착한 고객은 시스템에 들어가지 못하게 된다. $X(t)$를 t시각에 시스템에 있는 고객 수라 할 때 $\boldsymbol{X} = \{X(t),\ t \geq 0\}$는 상태공간이 $\{0, 1,\ 2,\ \cdots,\ K\}$이고 다음과 같은 생성률과 소멸률을 갖는 생성-소멸 과정이다.

$$\lambda_n = \begin{cases} \lambda, & 0 \leq n \leq K-1 \\ 0, & n = K, \end{cases} \quad \mu_n = \begin{cases} n\mu, & 1 \leq n \leq c \\ c\mu, & c \leq n \leq K \end{cases}$$

한편

$$S = 1 + \sum_{n=1}^{K} \frac{\lambda_0 \lambda_1 \cdots \lambda_{n-1}}{\mu_1 \mu_2 \cdots \mu_n} = \sum_{n=0}^{c-1} \frac{1}{n!} \left(\frac{\lambda}{\mu}\right)^n + \frac{1}{c!}\left(\frac{\lambda}{\mu}\right)^c \sum_{n=c}^{K} \left(\frac{\lambda}{c\mu}\right)^{n-c} < \infty$$

이므로 $\boldsymbol{X}$는 항상 에르고딕이고 안정상태의 분포는 다음과 같다.

$$p_n = \begin{cases} \dfrac{1}{n!}\left(\dfrac{\lambda}{\mu}\right)^n p_0, & 1 \leq n \leq c \\ \dfrac{1}{c!}\left(\dfrac{\lambda}{\mu}\right)^c \rho^{n-c} p_0, & c \leq n \leq K \end{cases}$$

단 $\rho = \dfrac{\lambda}{c\mu}$ 이고

$$p_0 = \begin{cases} \left[\sum_{n=0}^{c-1} \dfrac{1}{n!}\left(\dfrac{\lambda}{\mu}\right)^n + \dfrac{1}{c!}\left(\dfrac{\lambda}{\mu}\right)^c \dfrac{1-\rho^{K-c+1}}{1-\rho} \right]^{-1}, & \rho \neq 1 \\ \left[\sum_{n=0}^{c-1} \dfrac{1}{n!}\left(\dfrac{\lambda}{\mu}\right)^n + \dfrac{1}{c!}\left(\dfrac{\lambda}{\mu}\right)^c (K-c+1) \right]^{-1}, & \rho = 1 \end{cases}.$$

$M/M/c/K$ 대기체계 중 특히 $K=c$인 경우, 즉 $M/M/c/c$는 전화교환기의 설계에 관한 문제에서 역사적인 의미를 갖는 모형이다. 선로 수가 c인 전화교환기에 고객들이 푸아송분포를 따라서 도착하고 각 고객의 통화시간은 모수가 μ인 지수분포라 할 때 $X(t)$는 t시각에 사용 중인 전화선 수이다. 이 경우 $X(t)$에 대한 안정상태의 분포는

$$p_n = \frac{\dfrac{1}{n!}\left(\dfrac{\lambda}{\mu}\right)^n}{1+\dfrac{\lambda}{\mu}+\cdots+\dfrac{1}{c!}\left(\dfrac{\lambda}{\mu}\right)^c}, \quad n = 0,\ 1,\ 2,\ \cdots,\ c$$

이다. 특히 어떤 특정한 고객이 전화를 걸었을 때 모든 선로가 사용 중이라 통화를 할 수 없을 확률은 p_c이다. 이때

$$p_c = \frac{\dfrac{1}{c!}\left(\dfrac{\lambda}{\mu}\right)^c}{1+\dfrac{\lambda}{\mu}+\cdots+\dfrac{1}{c!}\left(\dfrac{\lambda}{\mu}\right)^c}$$

을 얼랑의 손실공식(Erlang's loss formula)[8)]이라 부른다. ■

예제 8.29 기계수리모형

K개의 기계를 가지고 작업을 하는 공장을 생각하자. 각 기계는 독립적으로 작동하며 한 번 작동되기 시작한 기계는 평균이 $\dfrac{1}{\lambda}$인 지수분포 동안 작동하다 고장이 난다고 하자. 이 공장에 기계를 수리하는 수리공은 c명이 있는데 각 수리공이 고장 난 기계를 수리하는 데 걸리는 시간은 평균이 $\dfrac{1}{\mu}$인 지수분포를 따른 다고 하자. $X(t)$를 t시각에 고장 난 기계 수라 하면 $\{X(t),\ t \geq 0\}$는 상태공간이 $\{0,\ 1,\ \cdots,\ K\}$이고 다음과 같은

8) Erlang's 1-formula 또는 Erlang's B-formula라고 부르기도 한다.

생성률과 소멸률을 갖는 생성-소멸 과정이다.

$$\begin{aligned} \lambda_n &= (K-n)\lambda, \quad && 0 \le n \le K, \\ \mu_n &= \min(c,\ n)\mu, \quad && 1 \le n \le K \end{aligned}$$

이때

$$S = 1 + \sum_{n=1}^{K} \frac{\lambda_0 \lambda_1 \cdots \lambda_{n-1}}{\mu_1 \mu_2 \cdots \mu_n} = \sum_{n=0}^{c-1} \binom{K}{n} \left(\frac{\lambda}{\mu}\right)^n + \sum_{n=c}^{K} \frac{c^c n!}{c!} \binom{K}{n} \left(\frac{\lambda}{c\mu}\right)^n$$

이 되며 안정상태의 분포는 다음과 같다.

$$p_n = \begin{cases} \dfrac{1}{S} \dbinom{K}{n} \left(\dfrac{\lambda}{\mu}\right)^n, & 0 \le n \le c-1 \\ \dfrac{1}{S} \dfrac{c^c n!}{c!} \dbinom{K}{n} \left(\dfrac{\lambda}{c\mu}\right)^n, & c \le n \le K \end{cases}$$

■

예제 8.30 이민이 있는 선형증가모형

n명이 있는 집단을 생각하자. 각 개체는 비율 μ로 소멸하고 λ로 자손을 생성한다고 하자. 여기에 θ의 비율로 외부로부터의 이민이 발생한다고 하면 총 생성률은 $n\lambda + \theta$이고 총 소멸률은 $n\mu$가 된다. $X(t)$를 t시각에 이 집단의 개체 수라 하면 $X = \{X(t), t \ge 0\}$는 다음과 같은 생성률과 소멸률을 갖는 생싱-소멸 과징이다.

$$\begin{aligned} \lambda_n &= n\lambda + \theta, \quad && n \ge 0, \\ \mu_n &= n\mu, \quad && n \ge 1 \end{aligned}$$

이와 같은 생성-소멸 과정을 이민이 있는 선형증가모형(linear growth model with immigration)이라 한다. $\boldsymbol{X}$가 에르고딕일 필요충분조건은

$$S = 1 + \sum_{n=1}^{\infty} \frac{\theta(\theta+\lambda)\cdots(\theta+(n-1)\lambda)}{n!\mu^n} < \infty$$

이다. 한편

$$\lim_{n\to\infty} \frac{\theta(\theta+\lambda)\cdots(\theta+n\lambda)}{(n+1)!\mu^{n+1}} \frac{n!\mu^n}{\theta(\theta+\lambda)\cdots(\theta+(n-1)\lambda)} = \lim_{n\to\infty} \frac{\theta+n\lambda}{(n+1)\mu} = \frac{\lambda}{\mu}$$

이므로 $\frac{\lambda}{\mu} < 1$이면 $S < \infty$이다.[9] 또한 $\frac{\lambda}{\mu} \geq 1$이면

$$\frac{\theta(\theta+\lambda)\cdots(\theta+(n-1)\lambda)}{n!\mu^n} \geq \frac{1}{n}\frac{\theta}{\mu}\left(\frac{\lambda}{\mu}\right)^{n-1} \geq \frac{\theta}{\mu}\frac{1}{n}$$

이고 $\sum_{n=1}^{\infty}\frac{1}{n} = \infty$이므로 $S = \infty$이다. 그러므로 $\{X(t),\ t \geq 0\}$가 에르고딕일 필요충분 조건은 $\frac{\lambda}{\mu} < 1$이다. ■

8.9 역행성

안정상태의 마르코프연쇄를 분석하는 데 때로는 같은 상태공간을 가지며 시간이 역으로 흐르는 확률과정을 생각하는 것이 편리할 때가 있다. 이때 시간을 역으로 흐르도록 하여 얻어지는 확률과정을 주어진 확률과정의 **역행과정**(reversed process)이라고 한다. 역행과정이 본래 주어진 확률과정과 같은 분포를 따를 때 원래의 확률과정은 **역행가능**(time reversible)이라고 한다.

이 절에서는 정상상태에 있는 에르고딕 마르코프연쇄의 역행가능성에 대하여 살펴본다. 이를 위하여 무한히 오랜 시간 동안 확률과정이 진행되어 왔다고 가정하고 임의의 시점 t에서 $X(t)$는 정상분포를 따른다고 하자.

마르코프연쇄 $\boldsymbol{X} = \{X(t),\ -\infty < t < \infty\}$의 생성자를 Q라 하고 정상분포를 $\boldsymbol{p} = (p_i,\ i \in \mathcal{S})$라 하자. 또한 $X(t)$의 분포는 $P(X(t) = i) = p_i$라고 하자. $Y(t) = X(-t)$로 두면 $\boldsymbol{X}$의 역행과정 $\boldsymbol{Y} = \{Y(t),\ -\infty < t < \infty\}$는 마르코프연쇄이고 $Y(t)$의 확률질량함수는 $\boldsymbol{p}$이다.

---

9) $a_n > 0$일 때 $\lim_{n\to\infty}\frac{a_{n+1}}{a_n} < 1$이면 $\sum_{n=1}^{\infty} a_n < \infty$이다. 이와 같은 급수 판정법을 비판정법(ratio test)이라 한다.

정리 8.30

$\boldsymbol{X}$의 역행과정 $\boldsymbol{Y}$의 생성자 $\tilde{Q}=(\tilde{q}_{ij})$는 다음과 같다.

$$\tilde{q}_{ij}=\frac{p_j q_{ji}}{p_i},\quad i,\ j\in\mathcal{S}$$

또한 $\boldsymbol{Y}$의 정상분포는 $\boldsymbol{p}$이다.

증명 $\boldsymbol{X}$의 전이함수를 $p_{ij}(t)$라 하자. $P(X(t)=i)=p_i$이므로 $h>0$에 대하여

$$\begin{aligned}&P(Y(t+h)=j\,|\,Y(t)=i)\\&=\frac{P(X(-t)=i\,|\,X(-t-h)=j)P(X(-t-h)=j)}{P(X(-t)=i)}\\&=\frac{p_j}{p_i}p_{ji}(h).\end{aligned}$$

위 식의 양변을 h로 나눈 다음 $h\to 0$ 하면 다음을 얻는다.

$$\tilde{q}_{ij}=\frac{p_j q_{ji}}{p_i},\quad i\neq j$$

또한 $\tilde{q}_i=\sum_{j\in\mathcal{S},\ j\neq i}\tilde{q}_{ij}=q_i$이므로

$$p_i\tilde{q}_i=p_i\sum_{j\in\mathcal{S},\ j\neq i}q_{ij}=\sum_{j\in\mathcal{S},\ j\neq i}p_j\tilde{q}_{ji}.$$

따라서 $\boldsymbol{p}$는 $\boldsymbol{Y}$의 정상분포이다. □

$\boldsymbol{X}$와 $\boldsymbol{Y}$가 같은 분포를 따를 때, 즉 $\tilde{q}_{ij}=q_{ij}$일 때 $\boldsymbol{X}$는 역행가능이라고 한다. 정리 8.30으로부터 다음은 자명하다.

정리 8.31

연속시간 마르코프연쇄 $\boldsymbol{X}$가 역행가능일 필요충분조건은

$$p_i q_{ij}=p_j q_{ji},\quad i,\ j\in\mathcal{S}\tag{8.29}$$

이다.

정리 8.32

에르고딕 생성-소멸 과정은 역행가능이다.

증명 연습문제로 남겨 둔다. □

따름정리 8.33 버크의 이탈 정리(Burke's output theorem)

도착률이 λ이고 각 서버의 서비스율이 μ인 $M/M/c$ 대기체계에서 $\rho = \dfrac{\lambda}{c\mu} < 1$일 때 출발과정(departure process) $\{R(t),\ t \geq 0\}$는 비율 λ인 푸아송과정이다.

증명 $X(t)$를 t시각에 시스템에 있는 고객 수라 하자. 그러면 확률과정 $\boldsymbol{X} = \{X(t),\ t \geq 0\}$는 생성-소멸 과정이므로 역행가능이다. 시간이 전방향으로 진행될 때 $\boldsymbol{X}$가 1만큼 증가하는 시점으로 이루어진 확률과정은 가정에 의하여 비율이 λ인 푸아송과정이다. 역행가능성에 의하여 $\boldsymbol{X}$의 역행과정 $\boldsymbol{Y}$에서 1만큼 증가하는 시점으로 이루어진 확률과정도 비율이 λ인 푸아송과정이다. 그러나 $\boldsymbol{Y}$가 증가하는 시점은 $\boldsymbol{X}$가 감소하는 시점, 즉 서비스를 마치고 시스템을 떠나는 시점에 대응하므로 출발과정은 비율이 λ인 푸아송과정이다. □

예제 8.31

그림 8.10과 같이 직렬로 연결된 대기행렬망(queueing network)을 생각하자. 고객은 $PP(\lambda)$를 따라서 첫 번째 노드에 도착하여 서비스를 받고 노드 2로 이동하여 서비스를 받은 후 시스템을 떠난다. 각 노드는 한 명의 서버가 서비스를 하며 무한의 대기실을 갖는다. 노드 i에서의 서비스 시간은 $\text{Exp}(\mu_i)\ (i = 1,\ 2)$를 따른다. 이와 같은 대기행렬망을 직렬대기행렬시스템(tandem queue)이라고 한다. $X_i(t)$를 t시각에 노드 i $(i = 1,\ 2)$에 있는 고객 수라 하고 $X(t) = (X_1(t)\ \ X_2(t))$라 하면 $\lambda < \min(\mu_1,\ \mu_2)$일 때 $\boldsymbol{X} = \{X(t),\ t \geq 0\}$는 에르고딕이다. 이때 $\boldsymbol{X}$의 극한분포는 다음과 같음을 보여라.

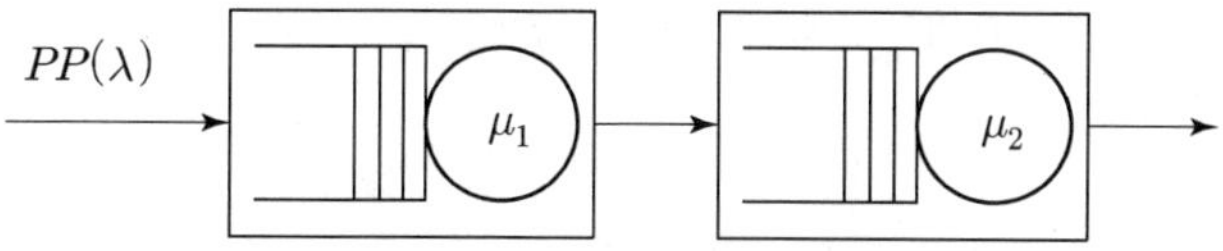

| 그림 8.10 | 직렬대기행렬시스템

$$P(X_1 = k,\ X_2 = j) = \left(\frac{\lambda}{\mu_1}\right)^k\left(1-\frac{\lambda}{\mu_1}\right)\left(\frac{\lambda}{\mu_2}\right)^j\left(1-\frac{\lambda}{\mu_2}\right),\quad k,\ j \geq 0 \tag{8.30}$$

‖ **풀이** 첫 번째 노드로 도착하는 도착과정은 푸아송과정이므로 앞으로 고객이 도착할 사건은 현재 상태와 서로 독립이다. 또한 따름정리 8.33로부터 출발과정도 푸아송과정이므로 현재 시스템의 상태는 과거 출발과정과 서로 독립이다. (시간이 역으로 흐를 때 과거 출발과정은 미래 도착과정이 된다.) 한편 노드 1로부터의 출발과정은 노드 2로의 도착과정이므로 노드 2의 도착과정과 노드 1의 현재 상태는 서로 독립이다. 노드 2에서의 서비스는 노드 1의 상태와 독립적으로 이루어지므로 정상상태에서 노드 1과 노드 2는 서로 독립이다. 노드 1은 도착률이 λ 이고 서비스율이 μ_1인 $M/M/1$ 대기행렬시스템과 같다. 또한 노드 2의 도착과정도 비율이 λ인 푸아송과정이므로(따름정리 8.33) 노드 2는 도착률이 λ이고 서비스율이 μ_2인 $M/M/1$ 대기행렬시스템과 같다. 따라서 (8.30)을 얻는다. ■

8.10 증명 보충

이 절에서는 이 장의 앞에서 증명을 생략한 정리 중 일부에 대하여 증명을 제시한다. 이 부분은 생략하여도 다음을 읽는 데 지장이 없을 것이다.

□ 정리 8.7의 증명 $f_i(u) = P(V_t > u \mid X(t) = i)$로 두면 $\{V_t > u+v\} = \{V_t > u,\ V_{t+u} > v\}$이므로 다음을 얻는다.

$$\begin{aligned} f_i(u+v) &= P(V_t > u+v \mid X(t) = i) \\ &= P(V_t > u,\ V_{t+u} > v \mid X(t) = i) \\ &= P(V_t > u \mid X(t) = i)P(V_{t+u} > v \mid X(t) = i,\ V_t > u) \end{aligned}$$

$$= P(V_t > u | X(t) = i) P(V_{t+u} > v | X(t+u) = i)$$
$$= f_i(u) f_i(v)$$

위 식에서 네 번째 등식은 $\{X(t) = i,\ V_t > u\} = \{X(s) = i,\ t \le s \le t+u\}$라는 사실과 마르코프성질을 이용하였다.

$f(x+y) = f(x)f(y)$를 만족하는 함수는 $f(x) = e^{ax}$로 나타낼 수 있으며[10] $0 \le f_i \le 1$이므로 적당한 양수 $c_i \ge 0$에 대하여 $f_i(u) = e^{-c_i u}$이다. 여기서 상수 c_i는 현재 상태 $X(t) = i \in \mathcal{S}$에만 의존한다.

이제 $c_i = q_i$, 즉 $q_i = -\dfrac{\log f_i(t)}{t}$임을 증명한다. 먼저 $\boldsymbol{X}$가 우연속인 표본경로를 가지므로 다음이 성립함을 주목하자.

$$\begin{aligned} f_i(u) &= P(V_t > u | X(t) = i) \\ &= P(X(s) = i,\ t < s < t+u | X(t) = i) \\ &= \lim_{n \to \infty} P\left(X(s) = i,\ s = t + \frac{u}{n},\ t + \frac{2u}{n},\ \cdots,\ t + \frac{nu}{n} | X(t) = i\right) \\ &= \lim_{n \to \infty} \left[p_{ii}\left(\frac{u}{n}\right)\right]^n \quad (\text{정리 } 8.2) \end{aligned}$$

한편

$$\begin{aligned} c_i &= -\frac{\log f_i(u)}{u} = -\frac{1}{u} \log\left(\lim_{n \to \infty} \left[p_{ii}\left(\frac{u}{n}\right)\right]^n\right) \\ &= -\lim_{n \to \infty} \frac{\log p_{ii}(u/n)}{u/n} = -\frac{p_{ii}'(0)}{p_{ii}(0)} \\ &= q_i \end{aligned}$$

이므로 정리가 증명된다. □

□ 정리 8.8의 증명 먼저 n과 $j \in \mathcal{S}$, $u > 0$를 고정시키자. n번째 전이가 일어날 때까지 전이가 일어난 시각 $T_1, \cdots, T_n$과 방문한 상태 $X_0, \cdots, X_n$이 주어졌다는 것은 $\boldsymbol{X}$에 대한 T_n 이전의 상태에 대한 모든 정보가 알려진 것과 같다. 따라서 $\{X_0, \cdots, X_n,$

10) 제1장 연습문제 25번

$T_0, \cdots, T_n\}$은 $\{X(t), t \le T_n\}$에 의하여 완전히 결정되고 그 역도 성립하므로 정리 8.6에 의의하여 다음이 성립한다.

$$\begin{aligned}
&P(X_{n+1}=j,\ T_{n+1}-T_n > u \mid X_0, \cdots, X_n=i,\ T_0, \cdots, T_n) \\
&\quad = P(X(T_n+W_n)=j,\ W_n > u \mid X(t),\ t \le T_n,\ X(T_n)=i) \\
&\quad = P(X(W_0)=j,\ W_0 > u \mid X(0)=i) \quad (\text{강마르코프성질}) \\
&\quad = P(X_1=j,\ W_0 > u \mid X_0=i) \\
&\quad = P(W_0 > u \mid X_0=i) P(X_1=j \mid X_0=i,\ W_0>u) \\
&\quad = e^{-q_i u} P(X_1=j \mid X_0=i,\ W_0>u) \ (\text{정리 8.7})
\end{aligned}$$

한편 $\{X_0=i,\ W_0>u\}=\{X(s)=i,\ 0 \le s \le u\}$이므로 다음을 얻는다.

$$\begin{aligned}
P(X_1=j \mid X_0=i,\ W_0>u) &= P(X(u+V_u)=j \mid X(s)=i,\ 0 \le s \le u) \\
&= P(X(u+V_u)=j \mid X(u)=i) \\
&= P(X(W_0)=j \mid X(0)=i) \\
&= P(X_1=j \mid X_0=i)
\end{aligned}$$

X_n의 정의에 의하여 $p_{ii}=0$은 자명하다. 따라서 정리가 증명된다. □

□ 정리 8.18의 증명 $\boldsymbol{X}$가 기약이라 하고 두 상태 i, j를 임의로 선택하여 고정하자. $\boldsymbol{X}$가 기약이므로 모든 $t>0$에 대하여 $p_{ij}(t)>0$, $p_{ji}(t)>0$이다. $\boldsymbol{X}$가 T_1 이후 상태 j를 처음 방문하는 시각을 τ_j라 하고 $P^{(m)}=(P_{ij}^{(m)})$을 $\hat{\boldsymbol{X}}$의 m단계 전이확률행렬이라 하자. $p_{ij}(t)>0$이면 $P(\tau_j \le t \mid X(0)=i)>0$이다. 또한 $P(\tau_j<\infty \mid X(0)=i)>0$이면 i에서 j로 가는 $\hat{\boldsymbol{X}}$의 경로가 존재하므로 적당한 양의 정수 m에 대하여 $p_{ij}^{(m)}>0$이다. 따라서 $i \to j$이다. 또한 $p_{ji}(t)>0$일 때 위의 과정을 반복하면 $j \to i$임을 알 수 있다. 따라서 $i \leftrightarrow j$이다.

이제 $\hat{\boldsymbol{X}}$가 기약이라 하고 $i, j \in \mathcal{S}$를 고정하자. $\hat{\boldsymbol{X}}$가 기약이므로 $p_{ij}^{(m)}>0$을 만족하는 양의 정수 m이 존재한다. 따라서 다음을 만족하는 서로 다른 상태 $i_1, i_2, \cdots, i_{m-1} \in \mathcal{S}$, $i \ne i_k$, $j \ne i_k (k=1, 2, \cdots, m-1)$가 존재한다.

$$P(X_1=i_1, \cdots, X_{m-1}=i_{m-1},\ X_m=j \mid X_0=i)>0$$

정리 8.8로부터 다음이 성립함을 알 수 있다.

$$\begin{aligned} W_{kl}(t) &= P(X_{n+1}=l,\ T_{n+1}-T_n>t \mid X_n=k) \\ &= P(X_1=l,\ T_1>t \mid X_0=k) = p_{kl}e^{-q_k t},\quad k,\ l \in \mathcal{S} \end{aligned}$$

또한 $\boldsymbol{X}$가 $X(0)=i$에서 시작하여 경로 $i \to i_1 \to i_2 \to \cdots \to i_{m-1} \to j$를 따라서 j에 도달하는 데 걸리는 시간은

$$W = \sum_{k=0}^{m-1} (T_{k+1}-T_k)$$

이다. 정리 8.10에 의하여 $X_0=i,\ X_1=i_1,\ \cdots,\ X_{m-1}=i_{m-1},\ X_m=j$가 주어졌다는 가정하에 $T_{k+1}-T_k \sim \mathrm{Exp}(q_{i_k})\,(k=0,\ 1,\ \cdots,\ m-1,\ i_0=i)$이고 조건부로 독립이므로

$$P(W<\infty \mid X_0=i,\ X_1=i_1,\ \cdots,\ X_{m-1}=i_{m-1},\ X_m=j)>0$$

이다. 따라서 적당한 $t>0$에 대하여 $p_{ij}(t)>0$가 된다. 정리 8.4의 (3)에 의하여 모든 $t>0$에 대하여 $p_{ij}(t)>0$이다. 또한 적당한 양의 정수 n에 대하여 $p_{ji}^{(n)}>0$이므로 위의 과정을 반복하면 모든 $t>0$에 대하여 $p_{ji}(t)>0$임을 알 수 있다. □

□ 정리 8.19의 증명 J를 $\hat{\boldsymbol{X}}$가 j에서 시작하여 다시 j로 되돌아오는 데 필요한 전이 수라 하자. 그러면 $\{J=n\}$이 주어졌다는 가정하에 τ_j의 조건부분포는 서로 독립인 n개의 지수분포 합의 분포와 같으므로 다음이 성립한다.

$$P(\tau_j<\infty \mid J=n,\ X(0)=j)=1$$

따라서 다음을 얻는다.

$$\begin{aligned} P(\tau_j<\infty \mid X(0)=j) &= \sum_{n=1}^{\infty} P(J=n \mid X(0)=j)P(\tau_j<\infty \mid J=n,\ X(0)=j) \\ &= \sum_{n=1}^{\infty} P(J=n \mid X(0)=j) \\ &= P(J<\infty \mid X(0)=j) \end{aligned}$$

따라서 정리가 증명된다. □

□ 정리 8.22의 증명 먼저 다음 보조정리가 필요하다.

보조정리 8.35

$$p_{ij}(t) = \delta_{ij}e^{-q_j t} + \int_0^t p_{jj}(t-u)dF_{ij}(u), \quad i, j \in \mathcal{S} \tag{8.31}$$

단 $F_{ij}(t) = P(\tau_j \le t | X(0) = i)$이고 $\delta_{ii} = 1$, $\delta_{ij} = 0 (i \ne j)$이다.

[보조정리 8.35의 증명] $\boldsymbol{X}$의 첫째 전이가 일어나는 시각을 T_1이라 하고 다음을 주목하자.

$$\begin{aligned} p_{ij}(t) &= P(X(t) = j | T_1 > t, X(0) = i)P(T_1 > t | X(0) = i) \\ &\quad + P(X(t) = j, T_1 \le t | X(0) = i) \\ &= \delta_{ij}e^{-q_j t} + P(X(t) = j, \tau_j \le t, T_1 \le t | X(0) = i) \\ &\quad + P(X(t) = j, \tau_j > t, T_1 \le t | X(0) = i) \end{aligned}$$

한편 $X(0) = i$일 때 $\{\tau_j > t, T_1 \le t\}$는 t시각 이전에 상태 i를 벗어난 후 아직 상태 j에 도달하지 않을 사건이므로

$$P(X(t) = j, \tau_j > t, T_1 \le t | X(0) = i) = 0.$$

$T_1 \le \tau_j$이므로 $\{T_1 \le t\} \supset \{\tau_j \le t\}$이다. 따라서 다음을 얻는다.

$$\begin{aligned} &P(X(t) = j, \tau_j \le t, T_1 \le t | X(0) = i) \\ &= P(X(t) = j, \tau_j \le t | X(0) = i) \\ &= \int_0^t P(X(t) = j | \tau_j = u, X(0) = i)dF_{ij}(u) \end{aligned}$$

$X(\tau_j) = j$이고 τ_j는 $\boldsymbol{X}$의 정지시각이므로 강마르코프성질에 의하여

$$\begin{aligned} P(X(t) = j | \tau_j = u, X(0) = i) &= P(X(t-u) = j | X(0) = j) \\ &= p_{jj}(t-u) \end{aligned}$$

이다. 따라서 (8.31)이 증명된다. □

[정리 8.22의 증명] 보조정리 8.35에서 $i,\ j \in \mathcal{S}$ $(i \neq j)$를 고정하고 $F(t) = F_{jj}(t)$, $G(t) = F_{ij}(t)$로 두면 $h(t) = p_{jj}(t)$와 $z(t) = p_{ij}(t)$는 각각 다음 방정식을 만족함을 알 수 있다.

$$h(t) = e^{-q_j t} + \int_0^t h(t-u)dF(u),$$

$$z(t) = \int_0^t h(t-u)dG(u)$$

정리 7.7과 핵심갱신정리(정리 7.14)에 의하여

$$\lim_{t\to\infty} h(t) = \frac{1}{m_j}\int_0^\infty e^{-q_j t}dt = \frac{1}{q_j m_j}.$$

또한

$$\begin{aligned}\lim_{t\to\infty} z(t) &= \int_0^\infty \lim_{t\to\infty}(h(t-u)1_{\{u \le t\}})dG(u)\\ &= \int_0^\infty \frac{1}{m_j q_j}dG(u) = \frac{1}{q_j m_j}.\end{aligned}$$

□

8장 연습문제

1. 두 대의 기계와 한 명의 수리공이 있는 모형을 생각하자. 각 기계는 독립적으로 작동하며 기계 $i\,(i=1,\ 2)$의 수명은 $\mathrm{Exp}(\mu_i)$를 따르고 그 기계의 수리시간은 $\mathrm{Exp}(\lambda_i)$를 따른다. 수리는 고장 난 순서대로 진행된다.
   (1) 이 모형을 연속시간 마르코프연쇄로 모형화하여라.
   (2) $\lambda_1=1,\ \lambda_2=2,\ \mu_1=0.5,\ \mu_2=0.8$이라 하고 오랜 기간 작동할 때 기계 2가 고장 난 시간의 비율은 얼마인가?

2. 그림 8.11과 같이 n개의 부품이 직렬로 연결된 시스템을 생각하자.

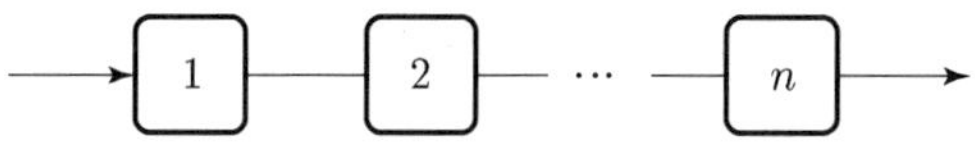

| 그림 8.11 | 직렬연결 시스템

   각 부품은 독립적으로 작동하며 부품 i의 수명분포는 지수분포 $\mathrm{Exp}(\lambda_i)$이고 고장이 났을 경우 수리하는 데 걸리는 시간은 $\mathrm{Exp}(\mu_i)$이다. 시스템이 작동하기 위해서는 모든 부품이 작동해야 한다. t시각에 시스템이 작동 중이면 $X(t)=0$으로 두고 부품 i가 고장이 나서 시스템이 작동되지 않으면 $X(t)=i$로 두자. $\boldsymbol{X}=\{X(t),\ t\geq 0\}$의 생성자를 구하라.

3. 택시 승강장에 택시는 비율이 λ인 푸아송과정을 따라서 도착하고 손님은 비율이 μ인 푸아송과정을 따라서 도착한다. 손님이 없을 경우 택시는 승강장에서 손님을 기다리지만 손님은 택시가 없을 경우 택시 타기를 포기하고 승강장을 떠난다고 하자. 시간이 충분히 흐른 상태에서 다음을 구하라.
   (1) 승강장에 있는 택시의 평균 수
   (2) 택시를 타지 못하고 되돌아가는 손님의 비율

4. [참을성 없는 고객이 있는 $M/M/1$ 대기행렬시스템] 한 명의 서버가 서비스를 제공하는 대기행렬시스템을 생각하자. 고객들은 비율이 λ인 푸아송과정을 따라서 도착하고 각 고객의 서비스 시간은 모수가 μ인 지수분포를 따른다. 대기실 크기는 무한히 커서 얼마든지 고객을 수용할 수 있다고 하자. 그러나 고객들은 참을성이 없어서 대

기실에서 기다리는 시간이 $\text{Exp}(\theta)$보다 크면 서비스받기를 포기하고 시스템을 떠난다. 대기실에 있는 고객들은 서로 독립적으로 행동한다. $X(t)$를 t시각에 시스템에 있는 고객 수라 할 때 다음 물음에 답하라.

(1) $\boldsymbol{X} = \{X(t),\ t \ge 0\}$는 생성-소멸 과정이 됨을 보이고 생성률과 소멸률을 구하라.

(2) $\boldsymbol{X}$가 에르고딕일 필요충분조건을 구하라.

5. [사전에 포기하는 고객이 있는 $M/M/1$ 대기행렬시스템] 고객들은 비율이 λ인 푸아송과정을 따라서 도착하고 각 고객의 서비스 시간은 모수가 μ인 지수분포를 따르는 $M/M/1$ 대기행렬시스템을 생각하자. 도착하는 고객이 시스템 안에 n명의 고객이 있는 것을 발견하면 그 고객은 확률 α_n으로 서비스를 받기 위하여 시스템에 진입하며 $1-\alpha_n$의 확률로 서비스받기를 포기하고 시스템을 떠난다. $X(t)$를 t시각에 시스템에 있는 고객 수라 하고 $\lim_{n\to\infty}\alpha_n = \alpha$라 하자. $\lambda\alpha < \mu$이면 $\boldsymbol{X} = \{X(t),\ t \ge 0\}$가 에르고딕임을 보이고, 이때 $\boldsymbol{X}$의 극한분포를 구하라.

6. 다섯 개의 엔진으로 구성된 기계 시스템을 생각하자. 각 엔진은 독립적으로 작동하며 한 번 작동하면 $\text{Exp}(\lambda)$ 기간만큼 고장 없이 작동한다. 엔진이 고장 나면 고장 난 순서대로 한 명의 수리공이 수리를 한다. 수리하는 데 걸리는 시간은 $\text{Exp}(\mu)$를 따른다. 다섯 개의 엔진 중 세 대가 고장이 나면 그 시스템은 가동이 중단된다. 시스템의 가동이 중단되면 더 이상 기계 고장은 발생하지 않는다. 다음 물음에 답하라.

(1) 이 기계를 오랜 기간 가동할 때 시스템이 가동되는 기간의 비율은 얼마인가?

(2) 처음 가동 시 모든 엔진이 정상적으로 작동한다고 할 때 처음으로 가동이 중단될 때까지 걸리는 시간의 분포와 평균을 구하라.

7. [재시도 대기행렬시스템] 한 명의 서버가 서비스하며 대기실이 없는 대기행렬시스템을 생각하자. 고객들은 비율이 λ인 푸아송과정을 따라서 도착하고 각 고객의 서비스 시간은 모수가 μ인 지수분포를 따른다. 한 고객이 도착했을 때 서버가 서비스 중이 아니면 그 고객은 즉시 서비스를 받기 시작하고 서버가 서비스 중이면 그 고객은 시스템을 떠난 후 가상의 재시도 그룹에 합류한 다음 모수가 γ인 지수분포 시간 후에 다시 서비스받기를 시도한다. 재시도 그룹에 있는 고객은 서로 독립적으로 재시도를 한다. 재시도하는 고객이 서비스 시설에 진입이 차단되면 그 고객은 재시도 그룹에 합류하여 $\text{Exp}(\gamma)$ 시간 뒤에 재시도하기를 반복한다. $C(t)$를 t시각에 서비스받는 고객 수, $N(t)$를 재시도 그룹에 있는 고객 수라 할 때 $\{(N(t),\ C(t)),\ t \ge 0\}$의 상태

공간과 전이율을 구하라.

8. [Unslotted ALOHA] 통신시스템에서 ALOHA는 다음과 같이 메시지를 전송하는 방법이다. 하나의 메시지가 통신시스템에 도착하면 도착 즉시 전송을 시도한다. 만약 그 시스템을 통하여 전송하는 다른 메시지가 있다면 충돌이 발생하여 이미 전송 중인 메시지와 전송하려는 메시지는 전송할 수 없다. 전송에 실패한 각 메시지는 독립적으로 행동하며 적당한 시간 후에 다시 전송을 시도한다.
이 시스템에 메시지는 비율이 λ인 푸아송과정을 따라서 도착하고 하나의 메시지를 전송하는 데 걸리는 시간은 $\text{Exp}(\mu)$를 따른다고 하자. 충돌에 의하여 전송에 실패한 메시지는 $\text{Exp}(\theta)$ 시간 후에 다시 전송을 시도한다. 이때 $X(t)$를 t시각에 시스템에 남아 있는 전송에 실패한 메시지 수라 하자. 또한 t시각에 메시지가 전송 중이면 $Y(t)=1$, 그렇지 않으면 $Y(t)=0$이라 하자. $(\boldsymbol{X}, \boldsymbol{Y})=\{(X(t), Y(t)), t \geq 0\}$의 전이율을 구하라.

9. [Leaky bucket] 통신시스템에서 패킷의 흐름을 제어하기 위하여 '새는 양동이(leaky bucket)'라는 다음과 같은 방법이 사용되기도 한다. 패킷은 비율이 λ인 푸아송과정을 따라서 노드에 도착한다. 각 노드는 무한의 용량을 가지고 있다고 가정한다. 토큰은 비율이 λ인 푸아송과정을 따라서 토큰 바구니에 도착한다. 토큰 바구니의 용량은 $M<\infty$으로 제한되어 있다. 토큰 바구니에 토큰이 가득 차 있으면 새로 도착하는 토큰은 버린다. 토큰을 사용하여 패킷의 전송을 다음과 같이 제어한다. 패킷이 도착했을 때 토큰 바구니에 토큰이 있으면 하나의 토큰을 가지고 즉시 전송이 이루어진다. 따라서 패킷이 하나 전송되면 토큰이 하나씩 줄어들게 되며 토큰 바구니에 토큰이 있을 경우 패킷은 노드에서 기다리지 않는다. 만약에 토큰 바구니에 토큰이 하나도 없으면 패킷은 전송하지 못하고 새로운 토큰이 도착할 때까지 노드에서 기다린다. 이 시스템을 연속시간 마르코프연쇄로 모형화하고 전이율그림을 그려라.

10. [$M/E_2/1$ 대기행렬시스템] 고객들은 비율이 λ인 푸아송과정을 따라서 도착하고 서버가 한 명이며, 서비스 시간은 그림 8.12와 같이 두 단계로 이루어지는 대기행렬시스템을 생각하자. 첫 번째 단계에서 서비스를 마친 고객은 두 번째 단계의 서비스를 받고 시스템을 떠난다. 단계 i의 서비스 시간은 $\text{Exp}(\mu_i)\,(i=1, 2)$이다. $X(t)$를 t시각에 대기행렬에서 기다리는 고객 수, $Y(t)$를 서비스 중인 고객의 서비스 단계를 나타낸다고 할 때, $\{(Y(t), X(t)), t \geq 0\}$의 전이율그림을 그려라.

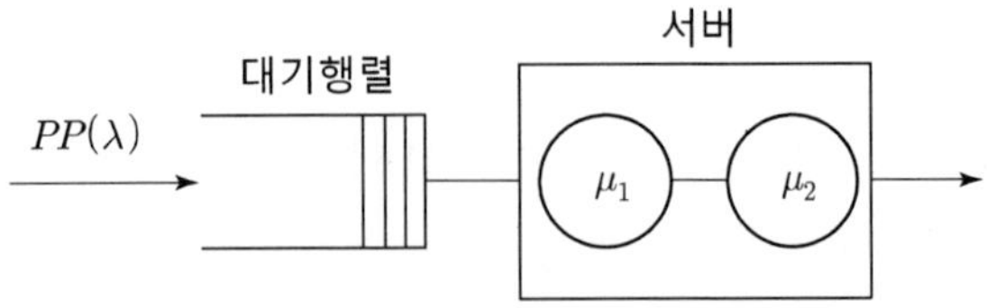

| 그림 8.12 | $M/E_2/1$ 대기행렬시스템

11. 고객들은 $PP(\lambda)$를 따라서 도착하고 그림 8.13과 같이 두 명의 서버가 직렬로 서비스를 하는 대기행렬시스템을 생각하자. 서버 i의 서비스 시간은 $\text{Exp}(\mu_i)(i=1,\ 2)$이다. 고객이 도착했을 때 서버 1과 서버 2가 모두 이용 가능하면 서버 1로부터 서비스를 받고 시스템을 떠나고 서버 1이 서비스 중이면 서버 2로부터 서비스를 받고 시스템을 떠난다. 서버 2가 서비스 중이고 서버 1이 한가하더라도 고객은 대기실에서 대기하여야 한다. 한편 고객이 서버 2에서 서비스를 마쳤더라도 서버 1에서 서비스 중이면 앞의 고객이 서비스를 마칠 때까지 서버 2에서 대기하며 대기열에서 대기 중인 고객도 서버 2로부터 서비스를 받을 수 없다. 서버 2에서 서비스를 마치고 대기 중인 고객은 서버 1의 고객이 서비스를 마치는 순간 시스템을 떠난다. 연속시간 마르코프연쇄를 이용하여 이 시스템을 모형화할 때 상태공간과 전이율그림을 나타내어라.

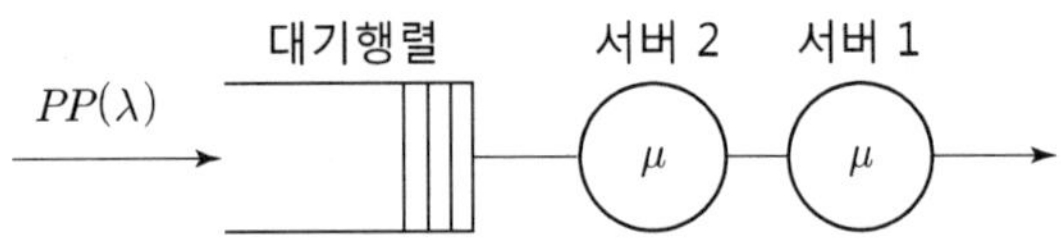

| 그림 8.13 | 두 명의 직렬 서버를 갖는 대기행렬시스템

12. 고객들은 $PP(\lambda)$를 따라서 도착하고 그림 8.14와 같이 두 명의 다른 서버가 병렬로 서비스를 하는 대기행렬시스템을 생각하자. 서버 i의 서비스 시간은 $\text{Exp}(\mu_i)(i=1,\ 2)$이다. 고객이 도착했을 때 서버 1과 서버 2가 모두 이용 가능하면 확률 p로 서버 1에게서 서비스를 받고 시스템을 떠나며 확률 $q=1-p$로 서버 2로부터 서비스를 받고 시스템을 떠난다. 한 명의 서버가 서비스 중이고 다른 하나가 한가하면 한가한 서버로부터 서비스를 받는다. 연속시간 마르코프연쇄를 이용하여 이 시스템을 모형화할 때 상태공간과 전이율그림을 나타내어라.

13. [재고모형] 많은 상품들은 수요에 따른 안정적인 공급을 위하여 창고에 저장을 해두고 필요할 때 시장에 공급한다. $(s,\ S)$ 재고정책은 두 값 $0 \le s < S$에 의하여 다음과 같이 재고관리를 하는 방식이다. 만일 재고수준이 s보다 작으면 그 즉시 주문을

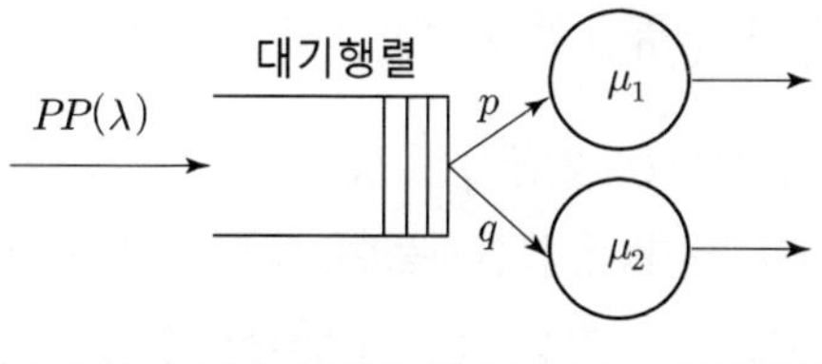

| 그림 8.14 | 두 명의 병렬 서버를 갖는 대기행렬시스템

내어 재고수준을 S까지 끌어 올리고 s보다 크면 보충하지 않고 그대로 둔다. $(s,\ S)$ 재고정책을 시행하는 어떤 특정 제품을 판매하는 가게에 고객들은 비율이 λ인 푸아송과정을 따라서 도착한다. 각 고객은 물건을 한 개씩만 산다고 하자. 고객이 도착했을 때 재고가 없으면 그 고객은 구매를 포기하고 되돌아간다. 재고량이 s 이하가 되었을 때 물건을 주문하면 $\text{Exp}(\theta)$ 시간 후에 주문량만큼의 물건이 도착한다고 하자. $X(t)$를 t시각에 그 상품의 재고량이라고 할 때 다음 물음에 답하라.

(1) $\boldsymbol{X}=\{X(t),\ t\ge 0\}$의 생성자를 구하라.

(2) $\boldsymbol{X}$의 극한분포를 구하라.

(3) $\lambda=1,\ \theta=2$일 때, (3, 9) 재고정책을 시행할 경우 장기간에 걸쳐서 구매를 포기하는 고객의 비율은 얼마인가?

14. 어떤 단세포 생물은 A 또는 B 두 상태 중 한 가지 상태로 있다가 다음과 같이 번식한다고 하자. 상태 A에서는 $\text{Exp}(\alpha)$ 시간 후에 상태 B로 바뀐다음 상태 B에서 $\text{Exp}(\beta)$ 시간 후에 두 개의 개체로 번식한나. 새로 탄생한 개체는 상태 A에 있게 된다. 이 생물의 개체 수 변화를 연속시간 마르코프연쇄로 모형화하여라.

15. 생성률이 $\lambda_n=\lambda$이고 소멸률이 $\mu_n=\mu$인 생성–소멸 과정을 생각하자. 이때 개체 수가 N명 이하이면 비율이 θ인 푸아송과정을 따라서 이민이 발생한다고 하자. $X(t)$를 t시각에 개체 수라 할 때 다음 물음에 답하라.

(1) $\boldsymbol{X}=\{X(t),\ t\ge 0\}$의 생성률과 소멸률을 각각 구하라.

(2) $\boldsymbol{X}$가 에르고딕이 되기 위한 필요충분조건을 구하고 이때 $\boldsymbol{X}$의 극한분포를 구하라.

(3) 시간이 충분히 흐른 상태에서 이민이 중단될 확률을 구하라.

16. 두 종류의 고객이 독립적으로 도착하는 $M/M/1/1$ 대기행렬시스템을 생각하자. 종류 i의 고객은 $PP(\lambda_i)$를 따라서 도착하고 서비스 시간은 $\text{Exp}(\mu_i)$ $(i=1,\ 2)$이다. 고객이 도착할 때 서버가 서비스 중이면 그 고객은 서비스받기를 포기하고 되돌아간다. 장기

간에 걸쳐서 관찰했을 때 종류 i의 고객이 서비스를 받고 있는 시간의 비율을 구하라.

17. 한 명의 당직 의사가 근무하는 응급실을 생각하자. 그 응급실에서 한 번에 수용할 수 있는 환자 수는 5명이라 하자. 응급환자들이 시간당 3명의 비율로 푸아송과정을 따라서 응급환자가 도착하고 한 환자를 응급처치하는 데 걸리는 시간은 평균 15분이 걸린다고 하자. 장기간에 걸쳐서 응급실이 운영되었다고 할 때 다음 물음에 답하라.
    (1) 응급환자가 도착했을 때 그 병원에서 처치를 받을 확률은 얼마인가?
    (2) 응급실에서 대기하고 있는 응급환자의 평균 수는 얼마인가?
    (3) 당직 의사 수를 2명으로 늘렸을 때 위의 (1)과 (2)에 답하라.

18. $\boldsymbol{X}=\{X(t),\ t\ge 0\}$를 생성률과 소멸률이 각각 $\{\lambda_n\}_{n=0}^{\infty}$과 $\{\mu_n\}_{n=1}^{\infty}$인 생성-소멸 과정이라고 하자. $X(0)=0$일 때 τ_0를 $\boldsymbol{X}$가 상태 0으로 처음 되돌아오는 시간이라 하자. 다음을 보여라.

$$E[\tau_0\,|\,X(0)=0]=\frac{1}{\lambda_0}+\frac{1}{\mu_1}+\sum_{n=2}^{\infty}\frac{\lambda_1\cdots\lambda_{n-1}}{\mu_1\mu_2\cdots\mu_n}$$

19. 그림 8.15와 같이 직렬로 연결된 대기행렬망을 생각하자. 고객은 $PP(\lambda)$를 따라서 첫 번째 노드에 도착한다. 노드 i에서 서비스를 받은 고객은 노드 $i+1$로 이동하여 서비스를 받는다. 각 노드는 한 명의 서버가 서비스를 하며 무한의 대기실을 갖는다. 노드 i에서의 서비스 시간은 $\mathrm{Exp}(\mu_i)$를 따른다. 마지막 노드 n에서 서비스를 마친 고객은 시스템을 떠난다.
    $X_i(t)$를 t시각에 노드 i에 있는 고객 수라 하고 $X(t)=(X_1(t),\ \cdots,\ X_n(t))$라 할 때 다음 물음에 답하라.
    (1) $\boldsymbol{X}=\{X(t),\ t\ge 0\}$의 상태공간을 써라.
    (2) $\boldsymbol{X}$가 마르코프연쇄가 되는 이유를 설명하라.
    (3) $\boldsymbol{X}$의 극한분포가 존재하기 위한 조건은 무엇인가?
    (4) $\boldsymbol{X}$의 극한분포가 존재할 때 그 분포는 다음과 같음을 보여라.

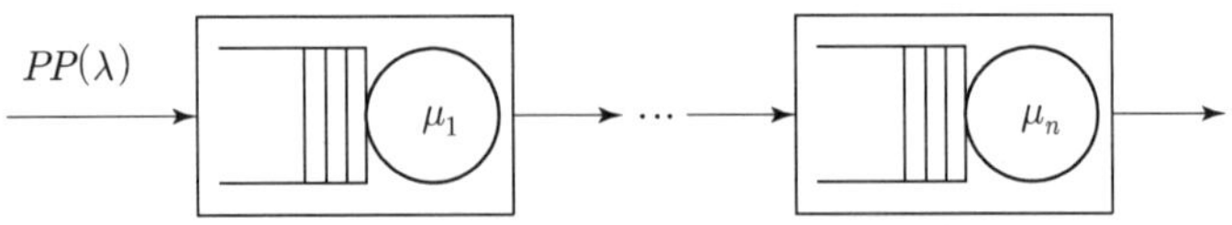

| 그림 8.15 | n개의 직렬 대기행렬망

$$P(X_i = n_i,\ i=1,\ \cdots,\ n) = \prod_{i=1}^{n}\left(\frac{\lambda}{\mu_i}\right)^{n_i}\left(1-\frac{\lambda}{\mu_i}\right),\quad n_i \ge 0,\quad i=1,\ 2,\ \cdots,\ n$$

20. $\boldsymbol{X} = \{X(t),\ t \ge 0\}$를 비율이 λ인 푸아송과정이라 하자.
   (1) $p_j(t) = P(X(t) = j)\,(j = 0,\ 1,\ 2,\ \cdots)$에 대한 콜모고로프 전진방정식을 구하라.
   (2) 위의 (1)에서 구한 콜모고로프방정식의 해를 구하고 제6장에서 구한 결과와 일치하는지 확인하여라.

21. 예제 8.4에서 $\lambda = 1,\ \mu = 1$일 때 다음 물음에 답하라.
   (1) Q를 대각화하라.
   (2) (1)의 결과를 이용하여 $p_{ij}(t)$를 구하라.
   (3) $P(X(0) = 0) = 1$이라 하고 $t = 0.5$일 때 한 대의 기계가 고장인 상태에 있을 확률을 구하라.

22. 순수출생과정에서 $i > j$일 때 $p_{ij}(t) = 0$임을 보여라.

23. 율 과정(예제 8.14)에서 $p_{ij}(t)$를 유도하라.

24. 소멸률이 $\mu_n = \mu\,(n \ge 1)$인 순수소멸과정에서 $p_{ij}(t)$를 구하라.

25. 그림 8.16과 같이 숫자가 쓰여있는 원판 위를 입자가 움직이고 있다고 하자. 입자는 각 번호에서 모수가 θ_i인 지수분포시간 동안 머물다가 확률 p로 시계방향으로 한 칸 이동하고 확률 $q = 1 - p$로 시계반대방향으로 이동한다. 이때 t시각에 입자가 머물고 있는 번호판 숫자를 $X(t)$라고 하자. $\boldsymbol{X} = \{X(t),\ t \ge 0\}$의 극한분포를 구하라.

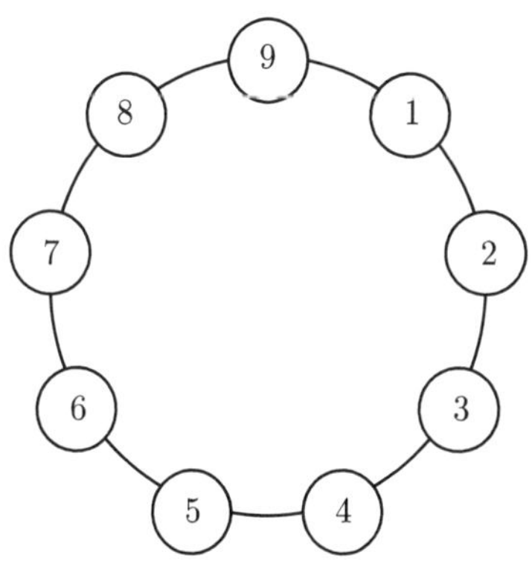

| 그림 8.16 |

26. $X \sim PH(\boldsymbol{\alpha}, \boldsymbol{S})$이고 $P(X=0)=0$일 때 X의 분포함수를 $F(x)$, 확률밀도함수를 $f(x)$라 하자. 다음을 보여라.

(1) $\tilde{f}(s) = \int_0^\infty e^{-sx} f(x)dx = \boldsymbol{\alpha}(sI - \boldsymbol{S})^{-1}\boldsymbol{S}^0, \quad s \ge 0$

(2) $E[X^k] = k!\boldsymbol{\alpha}(-\boldsymbol{S})^{-k}\mathbf{e}, \quad k = 0, 1, 2, \cdots$

(3) $F_e(x) = \dfrac{1}{E[X]}\int_0^x (1-F(t))dt \sim PH(\boldsymbol{\pi}, \boldsymbol{S})$ (단 $\boldsymbol{\pi}$는 $\boldsymbol{S}^* = \boldsymbol{S} + \boldsymbol{S}^0\boldsymbol{\alpha}$의 정상분포)

27. 생성률과 소멸률이 각각 $\lambda_n > 0$, $\mu_n > 0$인 생성–소멸 과정이 에르고딕일 때 생성–소멸 과정은 역행가능임을 보여라.

28. 서로 독립인 연속시간 마르코프연쇄 $\{X(t)\}$와 $\{Y(t)\}$가 각각 역행가능일 때 $\{(X(t), Y(t))\}$도 역행가능임을 보여라.

29. $\boldsymbol{X} = \{X(t), t \ge 0\}$를 생성자가 $Q = (q_{ij})$이고 극한분포가 $\boldsymbol{p} = (p_j, j \in \mathcal{S})$이며 역행가능인 마르코프연쇄라 하자. $A(\neq \varnothing) \subset \mathcal{S}$와 $c \ge 0$에 대하여 전이율 $q_{ij}^*(i \neq j)$가 다음과 같은 마르코프연쇄를 $\boldsymbol{X}^*$라 하자.

$$q_{ij}^* = \begin{cases} cq_{ij}, & i \in A, \ j \notin A \\ q_{ij}, & \text{그 밖에} \end{cases}$$

(1) $\boldsymbol{X}^*$의 극한분포는 다음과 같고 $\boldsymbol{X}^*$는 역행가능임을 보여라.

$$p_i^* = \begin{cases} Bp_i, & i \in A \\ Bcp_i, & i \in \mathcal{S} - A \end{cases}$$

단 $B = \sum_{j \in \mathcal{S}} p_j^* = 1$이 되도록 하는 상수이다.

(2) $c > 0$일 때 $\boldsymbol{X}^*$의 극한분포는 다음과 같음을 보여라.

$$p_i^* = \frac{p_i}{\sum_{j \in A} p_j}, \quad i \in A$$

8장 참고문헌

마르코프연쇄는 그 응용범위가 광범위하여 대부분의 확률과정론 책에서 다루고 있는 주제이다. 고급의 수학적 지식을 필요로 하지 않고 마르코프연쇄를 소개한 책으로는 이호우(2006), Çinlar(1975), Ross(2007, 1983), Feller(1968), Karlin and Taylor(1975), Wolf(1985), Kulkarni(1995) 등이 있다. 마르코프연쇄를 자세하게 다룬 책으로 Chung(1967), Kemmney and Snell(1960), Kemmney, Snell and Knapp(1966)을 참고할 수 있다. 상형분포에 대한 자세한 내용은 Neuts(1981)을 참조하기 바란다. 역행과정에 대한 성질과 그 응용에 대해서는 Kelly(1979)에서 자세히 다루고 있다. 이 장에서 제시된 예제와 연습문제는 주로 Ross(2007, 1983)와 Kulkarni(1995) 등과 같은 확률과정론의 입문서에서 자주 등장하는 예제 및 문제를 참고하였다.

1. Andeson, W. J., *Continuous-Time Markov Chains, An Applications-Oriented Approach,* Springer-Verlag, 1991.
2. Asmussen, S., *Applied Probability and Queues,* John Wiley & Sons, 1987.
3. Brémaud, P., *Markov Chains, Gibbs Fields, Monte Carlo Simulation, and Queues,* Springer-Verlag, 1999.
4. Çinlar, E., *Introduction to Stochastic Processes,* Prentice-Hall, Inc., 1975.
5. Cox, D. R., and Miller, H. D., *The Theory of Stochastic Processes,* Chapman and Hall, London, 1965.
6. Chung, K. L., *Markov Chains with Stationary Transition Probabilities,* 2nd ed., Springer-Verlag, 1967.
7. Grassman, W. K., *Transient solutions in Markovian queueing systems*, Comput. & Operations Research, 4(1977), 47-53.
8. Grassman, W. K., *Finding transient solutions in Markovian event systems through randomization*, in *Numerical Solution of Markov Chains,* pp. 375-395, ed. by Stewart, W. J., Marcel Dekker, New York, 1991.
9. Gross, D. and Harris, C. M., *Fundamentals of Queueing Theory,* 2nd ed., John Wiley & Sons, 1985.

10. Harrison, P. G. and Patel, N. M., *Performance Modeling of Communication Networks and Computer Architecture*, Addison-Wesley, 1993.
11. Heyman D. P. and Sobel, M. J., *Stochastoic Models in Operations Research, Vol Ⅰ. Stochastic Processes and Operating Characteristics,* McGraw-Hill Book Company, 1982.
12. Karlin, S. and Taylor, H. M., *A First Course in Stochastic Processes,* 2nd ed., Academic Press, 1975.
13. Karlin, S. and Taylor, H. M., *A Second Course in Stochastic Processes,* Academic Press, 1981.
14. Kelly, F. P., *Reversibility and Stochastic Networks,* John Wiley & Sons, 1979.
15. Kemeny, J., Snell, L. J. and Knapp, A. W., *Denumerable Markov Chains,* Van Nostrandd, 1966.
16. Kulkarni, V. G., *Modeling and Analysis of Stochastic Systems,* Chapman & Hall/CRC, 1995.
17. Neuts, M. F., *Matrix Geometric Solution Solutions in Stochastic Models : An Algorithmic Approach*, Dover, 1981.
18. Ross, S. M., *Introduction to Probability Models,* 9th ed., Academic Press, 2007.
19. Ross, S. M., *Stochastic Processes,* 2nd ed., John Wiley & Sons, 1996.
20. Trivedi, K. S., *Probability and Statistics with Reliability, Queueing, and Computer Science Applications,* Prentice Hall, 1982.
21. Walrand, J., *An Introduction to Queueing Networks,* Prentice Hall, Englewood Cliffs, New Jersey, 1988, 66-78.
22. Wolff, R. W., *Stochastic Modeling and The Theory of Queues,* Prentice Hall, Inc., 1989.

제9장

브라운운동

1827년 영국의 생물학자 브라운(Robert Brown)은 액체 속에 있는 작은 입자가 끊임없이 불규칙하게 움직이는 현상을 발견하였다. 이 현상을 브라운운동이라고 한다. 브라운운동은 아인슈타인(A. Einstein)에 의하여 처음으로 수학적으로 기술되었다. 그 후 확률과정으로서의 브라운운동은 위너(N. Wiener)에 의하여 제시되었다. 브라운운동을 모형화한 확률과정을 브라운운동과정 또는 위너과정이라고 하기도 한다. 브라운운동과정은 연속시간 연속상태공간을 갖는 마르코프과정의 하나로 경제학, 경영학, 생물학, 통신공학 등에 광범위하게 응용되고 있다. 이 장에서는 브라운운동과정에 대한 기본적인 성질에 대하여 살펴본다.

9.1 도입 및 정의

브라운운동과정을 도입하기에 앞서 제3장에서 살펴본 단순대칭확률보행을 생각하자. 수직선 위에 있는 작은 입자가 다음과 같이 이동한다고 하자. $\Delta t > 0$시간 마다 공정한 동전을 던져서 앞면이 나오면 $\Delta x > 0$만큼 오른쪽으로 이동하고 뒷면이 나오면 $\Delta x > 0$만큼 왼쪽으로 이동한다. 이 입자가 원점에서 출발할 때 t시간 후에 입자 위치를 $X_\Delta(t)$라 하면 $X_\Delta(t)$는 다음과 같이 나타낼 수 있다.

$$X_\Delta(t) = \Delta x(X_1 + \cdots + X_{\lfloor t/\Delta t \rfloor})$$

단 $\lfloor x \rfloor$는 x보다 작거나 같은 정수 중 최대의 정수이고 X_n은 다음과 같은 확률변수이다.

$$X_n = \begin{cases} +1, & n\text{번째 시행에서 앞면 발생} \\ -1, & n\text{번째 시행에서 뒷면 발생} \end{cases}$$

$X_1, X_2, \cdots$가 서로 독립이며 같은 분포를 따르므로 $t_k = k\Delta t\,(k=1, 2, \cdots)$일 때 $\{X_\Delta(t_i), i=1, 2, \cdots\}$는 독립증분과 정상증분을 갖는다. 또한 $E[X_n]=0$, $\mathrm{Var}[X_n]=1$이므로

$$E[X_\Delta(t)] = 0,$$
$$\mathrm{Var}[X_\Delta(t)] = (\Delta x)^2 \lfloor t/\Delta t \rfloor .$$

여기서 $\Delta x = \sqrt{\Delta t}$로 두고 $\Delta t \to 0$ 하면 중심극한정리에 의하여 $X_\Delta(t)$의 분포는 $N(0, \sigma^2 t)$에 수렴한다. 그림 9.1(a)와 (b)는 각각 $\Delta t = 0.01$과 0.0001일 때 $X_\Delta(t)$의 표본경로를 나타낸 것이다.

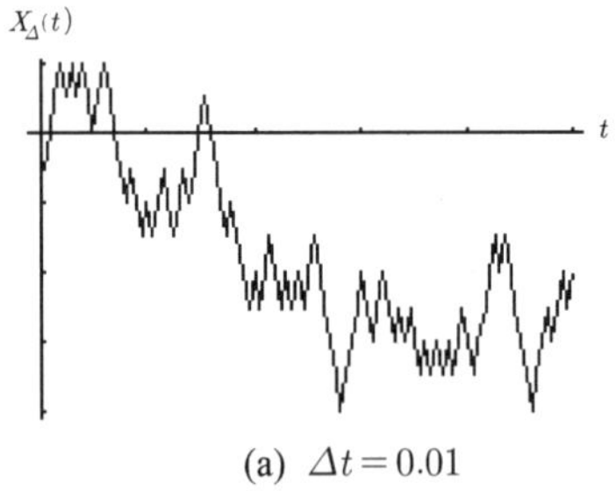

(a) $\Delta t = 0.01$

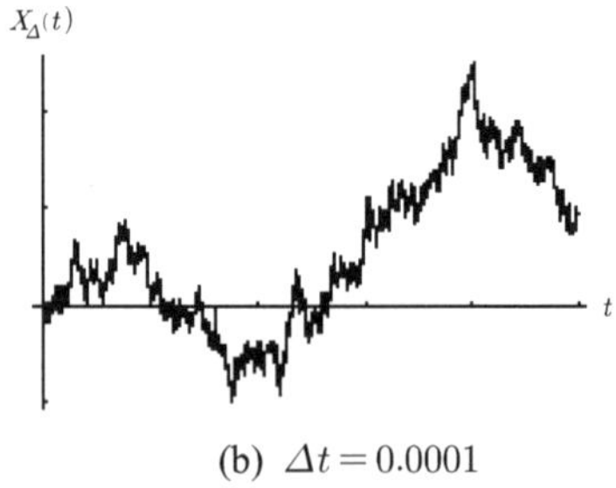

(b) $\Delta t = 0.0001$

| 그림 9.1 | $X_\Delta(t)$의 표본경로

위의 논의를 바탕으로 브라운운동과정을 다음과 같이 정의한다.

확률과정 $\boldsymbol{X} = \{X(t),\ t \geq 0\}$가 다음 세 조건을 만족할 때, $\boldsymbol{X}$를 **표준 브라운운동과정** 또는 **위너과정**(Wiener process)이라 하고 $\boldsymbol{X} \sim \mathrm{BM}(0,\ 1)$로 나타내기로 한다.

(1) $X(0) = 0$

(2) $\boldsymbol{X}$는 독립증분과 정상증분을 갖는다

(3) $X(t) \sim \mathrm{N}(0,\ t)\,(t > 0)$, 즉 $X(t)$의 확률밀도함수는 다음과 같다.

$$f_t(x) = \frac{1}{\sqrt{2\pi t}} \exp\left(-\frac{x^2}{2t}\right), \quad -\infty < x < \infty$$

문맥에 혼돈이 없는 경우 브라운운동과정을 간단히 브라운운동(Brownian motion)이라고 하기도 한다. 앞으로 특별한 언급이 없는 한 표준 브라운운동을 $\boldsymbol{B} = \{B(t),\ t \geq 0\}$로 나타내기로 한다.

확률과정 $\boldsymbol{X} = \{X(t),\ t \geq 0\}$가 $X(0) = 0$이고 독립증분과 정상증분을 가지며 $X(t) \sim \mathrm{N}(\mu t,\ \sigma^2 t)\,(t > 0)$일 때 $\boldsymbol{X}$를 **표류모수**(drift parameter)가 μ이고 **확산모수**(diffusion parameter)가 σ^2인 브라운운동이라 하고 $\boldsymbol{X} \sim \mathrm{BM}(\mu,\ \sigma^2)$으로 나타내기로 한다. 정규분포의 성질에 의하여 $X(t) = \mu t + \sigma B(t)$로 두면 $\boldsymbol{X} \sim \mathrm{BM}(\mu,\ \sigma^2)$이다.

참고 브라운운동 $\boldsymbol{X} \sim \mathrm{BM}(\mu,\ \sigma^2)$은 앞면이 나올 확률이 $p = \frac{1}{2}(1 + \mu\sqrt{\Delta t})$인 동전을 던져서 얻어지는 단순확률보행 $X_\Delta(t)$에서 $\Delta x = \sigma\sqrt{\Delta t}$로 두고 $\Delta t \to 0$ 할 때 $X_\Delta(t)$의 극한으로 생각할 수 있다. 그림 9.2는 $\mu = 2.0$, $\sigma^2 = 3.0$이고 $\Delta t = 0.0001$일 때 $X_\Delta(t)$의 표본경로를 나타낸 것이다.

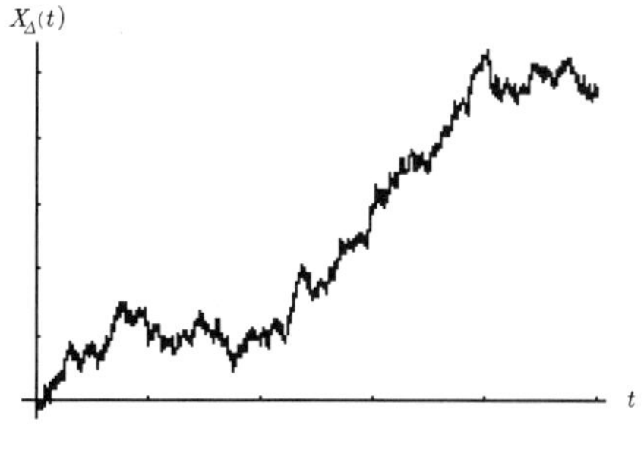

| 그림 9.2 | $X_\Delta(t)$의 표본경로

$\boldsymbol{B}$가 독립증분을 갖고 $E[B(t)]=0$이므로 다음을 얻는다.

$$\begin{aligned}\mathrm{Cov}(B(s),\ B(t)) &= E[B(s)B(t)]\\ &= E[B(s)(B(t)-B(s))]+E[B(s)^2]\\ &= E[B(s)]E[(B(t)-B(s))]+E[B(s)^2] \quad (\text{독립증분})\\ &= s,\quad s<t\end{aligned}$$

정리 9.1

$\boldsymbol{X}=\{X(t),\ t\ge 0\}\sim \mathrm{BM}(\mu,\ \sigma^2)$은 마르코프과정이다.

증명 $0\le t_0<t_1<\cdots<t_n<t<t+s$에 대하여

$$\begin{aligned}&P(X(t+s)\le y\,|\,X(t)=x,\ X(t_i)=x_i,\ i=1,\ 2,\ \cdots,\ n)\\ &= P(X(t+s)-X(t)\le y-x\,|\,X(t)=x,\ X(t_i)=x_i,\ i=1,\ 2,\ \cdots,\ n)\\ &= P(X(t+s)-X(t)\le y-x) \quad (\text{독립증분})\\ &= P(X(t+s)\le y\,|\,X(t)=x)\end{aligned}$$

따라서 $\boldsymbol{X}$는 마르코프과정이다. □

정리 9.2

$\boldsymbol{X}=\{X(t),\ t\ge 0\}\sim \mathrm{BM}(0,\ \sigma^2)$일 때 $0\le t_0<t_1<\cdots<t_n<t<t+s$에 대하여

$$E[X(t+s)\,|\,X(t_1),\ X(t_2),\ \cdots,\ X(t_n),\ X(t)]=X(t). \tag{9.1}$$

증명
$$\begin{aligned}&E[X(t+s)\,|\,X(t_1),\ X(t_2),\ \cdots,\ X(t_n),\ X(t)]\\ &= E[X(t+s)-X(t)\,|\,X(t_1),\ X(t_2),\ \cdots,\ X(t_n),\ X(t)]\\ &\qquad + E[X(t)\,|\,X(t_1),\ X(t_2),\ \cdots,\ X(t_n),\ X(t)]\\ &= E[X(t+s)-X(t)]+X(t) \quad (\text{독립증분})\\ &= X(t)\end{aligned}$$
□

9.2 브라운운동의 결합분포

정리 9.3

$0 < t_1 < \cdots < t_n$일 때 $B(t_1), \cdots, B(t_n)$의 결합확률밀도함수는 다음과 같다.

$$f_{t_1, \cdots, t_n}(x_1, \cdots, x_n) = \prod_{i=1}^{n} f_{t_i - t_{i-1}}(x_i - x_{i-1}) \tag{9.2}$$

단 $t_0 = 0,\ x_0 = 0$.

증명 $B(t_i) - B(t_{i-1}),\ i = 1, 2, \cdots, n$이 서로 독립이며 $B(t_i) - B(t_{i-1}) \sim \mathrm{N}(0, t_i - t_{i-1})$이고

$$B(t_1) = x_1, \cdots, B(t_n) = x_n$$

은

$$B(t_i) - B(t_{i-1}) = x_i - x_{i-1}, \quad i = 1, 2, \cdots, n$$

과 동치이므로 정리가 증명된다. □

따름정리 9.4

$0 \le s < t$일 때 $B(s) = y$라는 가정하에 $B(t)$의 조건부분포는 정규분포 $\mathrm{N}(y, t-s)$이다.

증명 $B(s) = y$라는 가정하에 $B(t)$의 조건부확률밀도함수는

$$\begin{aligned} f_{t|s}(x|y) &= \frac{f_{s,t}(x, y)}{f_s(y)} = f_{t-s}(x-y) \\ &= \frac{1}{\sqrt{2\pi(t-s)}} \exp\left[-\frac{(x-y)^2}{2(t-s)}\right] \end{aligned}$$

이고 이것은 $\mathrm{N}(y, t-s)$의 확률밀도함수이다. □

따름정리 9.5

$0 < t_1 < t < t_2$일 때 $B(t_1) = a$, $B(t_2) = b$라는 가정하에 $B(t)$의 조건부분포는 정규분포

$$\mathrm{N}\left(a + \frac{(b-a)(t-t_1)}{t_2 - t_1},\ \frac{(t_2 - t)(t - t_1)}{t_2 - t_1}\right)$$

이다.

증명 $0 < t_1 < t < t_2$일 때 $B(t_1) = a$, $B(t_2) = b$라는 가정하에 $B(t)$의 조건부확률밀도함수는

$$\begin{aligned} f_{t|t_1,\ t_2}(x|a,\ b) &= \frac{f_{t_2 - t}(b-x) f_{t-t_1}(x-a) f_{t_1}(a)}{f_{t_1,\ t_2}(a,\ b)} \\ &= \frac{1}{\sqrt{2\pi (t_2 - t)(t - t_1)/(t_2 - t_1)}} \\ &\quad \times \exp\left[-\frac{(x - (a + (b-a)(t-t_1)/(t_2 - t_1)))^2}{2(t_2 - t)(t - t_1)/(t_2 - t_1)}\right] \end{aligned}$$

이고 이것은 평균이 $a + \dfrac{(b-a)(t-t_1)}{t_2 - t_1}$이고 분산이 $\dfrac{(t_2 - t)(t - t_1)}{t_2 - t_1}$인 정규분포의 확률밀도함수이다. □

참고 $B(t_1) = a$, $B(t_2) = b$라는 가정하에서 $[t_1,\ t_2]$ 동안의 확률과정 $\{B(t),\ t_1 \le t \le t_2 | B(t_1) = a,\ B(t_2) = b\}$를 브라운의 다리(Brownian bridge)라고 한다.

따름정리 9.6

$s < t$일 때 $B(t) = x$라는 가정하에 $B(s)$의 조건부분포는 정규분포 $\mathrm{N}\left(\dfrac{s}{t}x,\ \dfrac{s(t-s)}{t}\right)$이다. 즉

$$f_{s|t}(y|x) = \frac{1}{\sqrt{2\pi s(t-s)/t}} \exp\left(-\frac{(y - (s/t)x)^2}{2s(t-s)/t}\right).$$

9.3 기본적인 성질

브라운운동 $\boldsymbol{B} = \{B(t),\ t \ge 0\}$의 표본경로는 연속이고 모든 t에서 미분불가능이라는 것이 알려져 있다. 이에 대한 증명은 이 책의 범위를 벗어나므로 생략한다. $\boldsymbol{B}$가 a에 처음을 도달하는 시각을 T_a라 하자. 즉

$$T_a = \inf\{t > 0 : B(t) = a\}.$$

정리 9.7

$a > 0$일 때 T_a의 분포함수는 다음과 같다.

$$P(T_a \le t) = 2P(B(t) \ge a) \tag{9.3}$$

$$= \frac{2}{\sqrt{2\pi}} \int_a^{\infty} e^{-\frac{x^2}{2t}} dx \tag{9.4}$$

증명 $\boldsymbol{B}$의 표본경로가 연속이므로 $T_a \le t$이기 위해서는 적당한 $0 \le s \le t$에 대하여 $B(s) = a$가 되어야 한다. 또한 따름정리 9.4에 의하여 $B(s) = a$라는 가정하에 $B(t)$의 분포는 $\mathrm{N}(a,\ t-s)$이므로

$$P(B(t) \ge a \mid B(s) = a) = \frac{1}{2}$$

이다. 일반적으로 다음이 성립한다.

$$P(B(t) \ge a \mid T_a \le t) = \frac{1}{2}$$

한편 $a > 0$일 때 $T_a > t$이면 $B(t) < a$이므로

$$P(B(t) \ge a \mid T_a > t) = 0$$

이다. 따라서 $a > 0$일 때 다음을 얻는다.

$$P(B(t) \ge a) = P(B(t) \ge a \mid T_a \le t) P(T_a \le t)$$

$$+ P(B(t) \ge a \mid T_a > t)P(T_a > t)$$

$$= \frac{1}{2} P(T_a \le t)$$

그러므로 (9.3)이 증명된다. (9.4)는 $B(t)$의 정의로부터 자명하다. □

따름정리 9.8

$a > 0$일 때 다음이 성립한다.

(1) $P(T_a < \infty) = 1$

(2) $E[T_a] = \infty$

증명 (1) (9.4)에서 $y = \frac{x}{\sqrt{t}}$로 치환하면 다음을 얻는다.

$$P(T_a \le t) = \frac{2}{\sqrt{2\pi}} \int_{a/\sqrt{t}}^{\infty} e^{-\frac{y^2}{2}} dy \tag{9.5}$$

따라서

$$P(T_a < \infty) = \lim_{t \to \infty} P(T_a \le t) = \frac{2}{\sqrt{2\pi}} \int_0^{\infty} e^{-\frac{y^2}{2}} dy = 1.$$

(2) (9.5)로부터 다음을 얻는다.

$$\begin{aligned} E[T_a] &= \int_0^{\infty} P(T_a > t) dt \\ &= \frac{2}{\sqrt{2\pi}} \int_0^{\infty} \int_0^{a/\sqrt{t}} e^{-\frac{y^2}{2}} dy\, dt \\ &= \frac{2}{\sqrt{2\pi}} \int_0^{\infty} \int_0^{a^2/y^2} dt\, e^{-\frac{y^2}{2}} dy \\ &= \frac{2a^2}{\sqrt{2\pi}} \int_0^{\infty} \frac{1}{y^2} e^{-\frac{y^2}{2}} dy \\ &\ge \frac{2a^2}{\sqrt{2\pi}} e^{-\frac{1}{2}} \int_0^1 \frac{1}{y^2} dy = \infty \end{aligned}$$

□

다음을 정의하자.

$$Y(t) = \max_{0 \le s \le t} B(s)$$

$a > 0$일 때 $Y(t) \ge a$일 필요충분조건은 $T_a \le t$이므로

$$P(Y(t) \ge a) = P(T_a \le t) = \frac{2}{\sqrt{2\pi}} \int_{a/\sqrt{t}}^{\infty} e^{-\frac{y^2}{2}} dy$$

이다.

정리 9.9
$\boldsymbol{B}$가 a를 경유하여 $(-\infty,\ x]$ $(x < a)$에 도달할 확률은 다음과 같다. $$P(Y(t) \ge a,\ B(t) \le x) = P(B(t) \ge 2a - x)$$

증명 $Y(t) \ge a,\ B(t) \le x$이기 위해서는 $T_a \le t$이고 a에서 출발하여 $(T_a,\ t]$ 동안 $(-\infty,\ x]$에 도달하여야 한다. 한편 적당한 $0 \le s \le t$에 대하여 $B(s) = a$일 때 $B(t) \le x$일 확률은 반사원리에 의하여 $B(t) \ge 2a - x$일 확률과 같다(그림 9.3 참조). 따라서 정리가 증명된다.

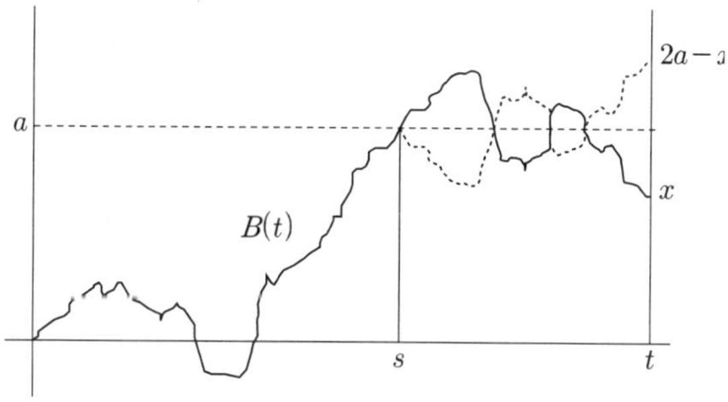

| 그림 9.3 | 반사원리

□

다음을 정의하자.

$$Z(t) = \min_{0 \le s \le t} B(s)$$

정리 9.10

$\boldsymbol{B}$가 $x>0$에서 출발하여 $(-\infty, 0]$인 영역을 방문하지 않고 t시각에 (y, ∞) $(y>0)$에 도달할 확률은 다음과 같다.

$$\begin{aligned} A_t(x, y) &= P(B(t)>y,\ Z(t)>0 \mid B(0)=x) \\ &= \int_{y-x}^{y+x} f_t(u)du, \quad x>0,\ y>0 \end{aligned}$$

증명 다음을 주목하자.

$$P(B(t)>y \mid B(0)=x) = A_t(x, y) + P(B(t)>y,\ Z(t)\le 0 \mid B(0)=x)$$

$B(0)=x$일 때 0을 경유하여 $B(t)>y$이기 위해서는 적당한 $0\le s\le t$에 대하여 $B(s)=0$이어야 한다. 브라운운동의 대칭성에 의하여 $B(s)=0$일 때 $B(t)>y$일 확률은 $B(t)<-y$의 확률과 같다. 한편 $\{B(t)<-y\}\subset\{Z(t)\le 0\}$이므로 다음을 얻는다.

$$\begin{aligned} &P(B(t)>y,\ Z(t)\le 0 \mid B(0)=x) \\ &\quad = P(B(t)<-y,\ Z(t)\le 0 \mid B(0)=x) \\ &\quad = P(B(t)<-y \mid B(0)=x) \end{aligned}$$

그러므로

$$\begin{aligned} A_t(x, y) &= P(B(t)>y \mid B(0)=x) - P(B(t)<-y \mid B(0)=x) \\ &= P(B(t)>y-x \mid B(0)=0) - P(B(t)<-(y+x) \mid B(0)=0) \\ &= P(B(t)>y-x \mid B(0)=0) - P(B(t)>y+x \mid B(0)=0) \\ &= \int_{y-x}^{y+x} f_t(u)du \end{aligned}$$

가 되어 정리가 증명된다. □

$B(0)=x>0$라는 가정하에 $\boldsymbol{B}$가 0에 한 번 이상 도달할 확률을 $P_{(0,\ t]}(x)$라 하면 대칭성에 의하여 다음을 알 수 있다.

$$P_{(0,\ t]}(x) = P(Z(t)\le 0 \mid B(0)=x)$$

$$= P(Y(t) \ge 0 \mid B(0) = -x)$$
$$= P(Y(t) \ge x \mid B(0) = 0)$$
$$= P(T_x \le t)$$

B의 대칭성과 정상증분을 가진다는 사실로부터 $B(s)=x$일 때 $(s,\ t]$ 동안 0에 한 번 이상 도달할 확률은

$$P_{(s,\ t]}(x) = P(T_{|x|} \le t-s)$$

가 됨을 알 수 있다. 따라서 $B(0)=0$일 때 **B**가 $(s,\ t]$ 동안 0에 한 번 이상 도달할 확률 $P_0(s,\ t)$는 다음과 같다.

$$\begin{aligned} P_0(s,\ t) &= \int_{-\infty}^{\infty} P_{(s,\ t]}(x) f_s(x)dx \\ &= \frac{1}{\pi\sqrt{s(t-s)}} \int_{-\infty}^{\infty}\int_{x}^{\infty} e^{-\frac{y^2}{2(t-s)}}\, dy\, e^{-\frac{x^2}{2s}}\, dx \\ &= 1 - \frac{2}{\pi}\sin^{-1}\left(\sqrt{\frac{s}{t}}\right) \end{aligned}$$

위의 결과를 종합하면 다음과 같은 브라운운동에 대한 역사인법칙을 얻는다.

정리 9.11 역사인법칙

$0 < x < 1$일 때

$$P((xt,\ t)\ \text{동안 0을 방문하지 않을 사건}) = \frac{2}{\pi}\sin^{-1}\sqrt{x}$$

정리 9.12

B가 $[0,\ t]$ 동안 양의 값을 갖는 기간을 $U(t)$라 할 때 $0 < x < 1$에 대하여 다음이 성립한다.

$$P\left(\frac{U(t)}{t} \le x\right) = \frac{2}{\pi}\sin^{-1}\sqrt{x}$$

참고 정리 9.11과 정리 9.12는 각각 단순대칭확률보행에 대한 정리 3.23과 정리 3.25와 유사함을 알 수 있다.

9.4 브라운운동의 변형된 형태

브라운운동은 그 자체보다는 여러 가지 형태로 변형되어 응용된다. 이 절에서는 브라운운동의 여러 가지 변형된 형태에 대하여 살펴본다.

9.4.1 반사벽을 가지는 브라운운동

$\boldsymbol{B} \sim \mathrm{BM}(0,\ 1)$에 대하여

$$X(t) = |B(t)|, \quad t \geq 0$$

라 할 때 $\boldsymbol{X} = \{X(t),\ t \geq 0\}$를 $x=0$에서 **반사벽**(reflecting barrier)을 가지는 브라운운동이라고 한다. $X(t)$의 분포함수는

$$P(X(t) \leq x) = P(-x \leq B(t) \leq x) = 2P(0 \leq B(t) \leq x), \quad x \geq 0$$

이므로 확률밀도함수는

$$g_t(x) = 2f_t(x) = \frac{2}{\sqrt{2\pi t}} e^{-\frac{x^2}{2t}}, \quad x \geq 0$$

이다. 또한

$$E[X(t)] = \sqrt{\frac{2t}{\pi}}$$

$$\mathrm{Var}[X(t)] = \left(1 - \frac{2}{\pi}\right)t$$

임을 알 수 있다.

9.4.2 흡수벽을 가지는 브라운운동

확률과정 $\boldsymbol{X}=\{X(t),\ t\geq 0\}$를 다음과 같이 정의하자.

$$X(t)=\begin{cases}B(t), & t\leq T_a\\ a, & t>T_a\end{cases}$$

이때 $\boldsymbol{X}$를 $x=a$에서 **흡수벽**(absorbing barrier)을 가지는 브라운운동이라 한다. $X(t)$의 분포함수는 $x=a$에서 도약이 있으므로 두 부분으로 나누어 분포함수를 구하자. 먼저 $\{X(t)=a\}=\{T_a\leq t\}$이므로 (9.4)에 의하여

$$P(X(t)=a)=P(T_a\leq t)=\frac{2}{\sqrt{2\pi}}\int_a^{\infty}e^{-\frac{x^2}{2t}}dx$$

이다. $x<a$일 때 $P(X(t)\leq x)$를 구하기 위하여 다음을 주목하자.

$$\begin{aligned}P(X(t)\leq x)&=P(B(t)\leq x,\ Y(t)<a)\\&=P(B(t)\leq x)-P(B(t)\leq x,\ Y(t)\geq a)\end{aligned}$$

한편 정리 9.9와 정규분포의 대칭성에 의하여

$$\begin{aligned}P(B(t)\leq x,\ Y(t)\geq a)&=P(B(t)\geq 2a-x)\\&=P(B(t)\leq x-2a)\end{aligned}$$

이므로 다음을 얻는다.

$$\begin{aligned}P(X(t)\leq x)&=P(x-2a\leq B(t)\leq x)\\&=\int_{x-2a}^{x}f_t(y)dy,\quad x<a\end{aligned}$$

9.4.3 기하적 브라운운동

$X(t)=e^{B(t)}$라 할 때 $\boldsymbol{X}=\{X(t),\ t\geq 0\}$를 **기하적 브라운운동**(geometric Brownian motion)이라고 한다. 이때 $\boldsymbol{X}$의 상태공간은 명백하게 $(0,\ \infty)$이다. $0\leq t_0<t_1<\cdots<t_n$에 대하여 $B(t_i)-B(t_{i-1}),\ i=1,\ 2,\ \cdots,\ n$은 서로 독립이므로

$$\frac{X(t_i)}{X(t_{i-1})} = e^{B(t_i) - B(t_{i-1})}, \quad i = 1,\ 2,\ \cdots,\ n$$

도 서로 독립이다. $X(t)$를 시각 t에서 어떤 상품의 가격이라 하면 $\frac{X(t_i)}{X(t_{i-1})}$는 시점 t_{i-1}에서의 가격을 기준으로 $(t_{i-1},\ t_i)$ 동안 가격의 변동률을 나타낸다. 따라서 기하적 브라운운동은 서로 겹치지 않는 구간에서의 가격 변동률이 서로 독립일 때 가격의 변동현상을 모형화하는 데 이용한다.

정규분포의 적률생성함수로부터 다음을 얻는다.

$$\begin{aligned} E[X(t)] &= E[e^{B(t)}] = e^{\frac{t}{2}}, \\ \mathrm{Var}[X(t)] &= E[e^{2B(t)}] - (E[e^{B(t)}])^2 = e^{2t} - e^t \end{aligned}$$

또한 $\boldsymbol{B}$가 독립증분을 가지므로 $e^{B(t+s)-B(t)}$는 $\{B(u),\ 0 \le u \le s\}$와 독립이다. 따라서 $\frac{X(t+s)}{X(t)} = e^{B(t+s)-B(t)}$는 $\{X(u),\ 0 \le u \le s\}$와 독립이다. 한편 $\boldsymbol{B}$가 정상증분을 가지므로 $\frac{X(t+s)}{X(t)} = e^{B(t+s)-B(t)}$의 분포는 $X(s) = e^{B(s)}$의 분포와 같다. 따라서 다음을 얻는다.

$$\begin{aligned} E[X(t+s) \mid X(t) = x] &= xE\left[\frac{X(t+s)}{X(t)} \mid X(t) = x\right] \\ &= xE\left[\frac{X(t+s)}{X(t)}\right] \\ &= xE[X(s)] \\ &= xe^{\frac{s}{2}} \end{aligned}$$

9.5 마팅게일을 이용한 브라운운동의 분석

9.5.1 마팅게일

마팅게일 이론을 이용하면 브라운운동에 대한 여러 가지 특성값들을 편리하게 계산할 수 있다. 마팅게일 이론은 이 책의 범위를 벗어나므로 자세한 내용은 생략하고 여기서 필요한 결과만 간단하게 언급한다.

연속시간 확률과정 $\boldsymbol{X}=\{X(t),\ t \geq 0\}$가 $E[|X(t)|] < \infty\ (t \geq 0)$이고, $0 \leq t_0 \leq t_1 \leq \cdots \leq t_n = t$와 $s > 0$에 대하여

$$E[X(t+s) | X(t_1),\ X(t_2),\ \cdots,\ X(t_n)] = X(t)$$

를 만족할 때 $\boldsymbol{X}$를 **마팅게일(martingale)**이라 한다.

T를 음이 아닌 확률변수라 하자. 임의의 $t \geq 0$에 대하여 사건 $\{T \leq t\}$가 $X(s)\,(0 \leq s \leq t)$에 의하여 완전히 정해질 때 T를 $\boldsymbol{X}$에 대한 정지시각이라고 한다. S와 T가 $\boldsymbol{X}$에 대한 정지시각이면 $S \wedge T = \min(S,\ T)$, $\max(S,\ T)$, $S+T$도 모두 정지시각이 된다는 것이 알려져 있다.

$\boldsymbol{X}$가 마팅게일이면 조건부기댓값의 성질에 의하여

$$E[X(t)] = E[X(0)],\quad t \geq 0$$

임을 알 수 있다. 다음 정리는 이와 유사한 성질이 정지시각에 대하여도 성립한다는 것을 보여준다.

정리 9.13 선택적 정지정리(Optional stopping theorem)

마팅게일 $\boldsymbol{X}$와 $\boldsymbol{X}$의 정지시각 T가 다음을 만족한다고 하자.

(1) $P(T < \infty) = 1$　　(2) $E[|X(T)|] < \infty$

(3) $\lim\limits_{t \to \infty} E[X(t) 1_{\{T > t\}}] = 0$

그러면 다음이 성립한다.

$$E[X(T)] = E[X(0)] \tag{9.6}$$

참고 정리 9.13의 세 조건 대신 다음 두 조건을 만족하여도 (9.6)이 성립한다.

(1) $P(T < \infty) = 1$　　(2) $E[\sup\limits_{t \geq 0} |X(T \wedge t)|] < \infty$

9.5.2 브라운운동의 분석

정리 9.2에서 $\mathrm{BM}(0, \sigma^2)$은 마팅게일이 됨을 살펴보았다.

정리 9.14

$\boldsymbol{B} \sim \mathrm{BM}(0, 1)$일 때 다음 확률과정은 마팅게일이다.

(1) $X(t) = B^2(t) - t, \ t \ge 0$

(2) $Y(t) = \exp\left(cB(t) - \dfrac{c^{2t}}{2}\right), \ t \ge 0$ (단 c는 상수.)

증명 (1) $0 \le t_0 \le t_1 \le \cdots \le t_n = t, \ s > 0$라 하자. 먼저 다음을 주목하자.

$$B^2(t+s) = (B(t+s) - B(t))^2 + 2(B(t+s) - B(t))B(t) + B^2(t)$$

$B(t+s) - B(t)$와 $B(u), \ 0 \le u \le t$가 서로 독립이고, $B(t+s) - B(t) \sim \mathrm{N}(0, s)$이므로

$$\begin{aligned} &E[X(t+s) \mid X(t_1), \cdots, X(t_n)] \\ &= E[B^2(t+s) \mid X(t_1), \cdots, X(t_n)] - (t+s) \\ &= E[(B(t+s) - B(t))^2] + 2E[B(t+s) - B(t)]B(t) + B(t)^2 - (t+s) \\ &= B^2(t) - t \end{aligned}$$

(2) $Y(t+s) = Y(t)\exp\left(c(B(t+s) - B(t)) - \dfrac{c^2 s}{2}\right)$와 같이 쓸 수 있음에 주목하자. 나머지는 위의 (1)과 유사한 방법으로 증명한다. □

브라운운동 $\boldsymbol{B}$가 x를 처음으로 방문하는 시각을 T_x라 할 때 $\{T_x \le t\}$는 $\{\max_{0 \le s \le t} B(s) \ge x\}$와 동치이므로 T_x는 $\boldsymbol{B}$의 정지시각이다. 또한 $a < 0 < b$에 대하여 $\boldsymbol{B}$가 a 또는 b를 처음으로 방문하는 시각을 T_{ab}라 하자. 즉

$$T_{ab} = \inf\{t \ge 0 : B(t) = a \text{ 또는 } B(t) = b\}, \quad (a < 0 < b)$$

그러면 $T_{ab} = \min(T_a, T_b)$이므로 T_{ab}도 $\boldsymbol{B}$의 정지시각이다. 한편 $X(t) = B^2(t) - t$라 하면 $\{X(t), t \ge 0\}$가 마팅게일이므로 정리 9.13에 의하여 $E[X(T_{ab} \wedge n)] = E[X(0)] = 0$

이다. 따라서

$$E[T_{ab} \wedge n] = E[B^2(T_{ab} \wedge n)] \leq (|a|+b)^2.$$

그러므로

$$\begin{aligned} E[T_{ab}] &= \lim_{n \to \infty} \int_0^n P(T_{ab} > t)dt \\ &= \lim_{n \to \infty} E[T_{ab} \wedge n] \leq (|a|+b)^2 < \infty. \end{aligned}$$

따라서 $P(T_{ab} < \infty) = 1$이고 $E[|X(T_{ab})|] < \infty$이다. 또한 $T_{ab} > t$일 때 $|X(t)| < \max(|a|, b) + t$이므로 $\lim_{t \to \infty} E[X(t) 1_{\{T_{ab} > t\}}] = 0$이다.

정리 9.15

(1) $P_b = P(B(T_{ab}) = b) = \dfrac{|a|}{|a|+b}$ (2) $E[T_{ab}] = |a|b$

증명 (1) 정리 9.13에 의하여

$$\begin{aligned} 0 &= E[B(0)] = E[B(T_{ab})] \\ &= aP(B(T_{ab}) = a) + bP(B(T_{ab}) = b) \\ &= a(1 - P_b) + bP_b. \end{aligned}$$

이므로 (1)이 증명된다.

(2) 정리 9.13과 위의 (1)에 의하여

$$\begin{aligned} E[T_{ab}] &= E[B^2(T_{ab})] \\ &= a^2(1 - P_b) + b^2 P_b \\ &= |a|b. \end{aligned}$$

□

9장 연습문제

다음에서 $\boldsymbol{B} \sim \mathrm{BM}(0,\ 1)$을 의미한다.

1. 다음과 같이 정의되는 확률과정 $\boldsymbol{X} = \{X(t),\ t \geq 0\}$도 $\mathrm{BM}(0,\ 1)$이 됨을 보여라.
   (1) $X(t) = cB\left(\dfrac{t}{c^2}\right)$ (단 $c > 0$은 상수)
   (2) $X(t) = B(t+h) - B(h)$ (단 $h > 0$은 상수)

2. $E[B(t_1)B(t_2)B(t_3)]\ (0 < t_1 < t_2 < t_3)$를 구하라.

3. 다음을 구하라.
   (1) $E[B(t) \mid B(1) = 0]$
   (2) $\mathrm{Cov}[(B(s),\ B(t)) \mid B(1) = 0]\ (0 < s < t < 1)$

4. $0 \leq s < t$일 때 다음을 구하라.
   (1) $E[B(t) \mid B(s) = y]$
   (2) $\mathrm{Var}[B(t) \mid B(s) = y]$
   (3) $E[B(s) \mid B(t) = x]$
   (4) $\mathrm{Var}[B(s) \mid B(t) = x]$

5. $X = \displaystyle\int_0^t B(s)ds$일 때 다음을 구하라.
   (1) $E[X]$
   (2) $E[X^2]$
   (3) $E[X \mid B(t) = x]$
   (4) $E[X^2 \mid B(t) = x]$

6. $P\left(\max\limits_{t_1 \leq t \leq t_2} B(t) > x\right)$를 구하라.

7. $\boldsymbol{X} \sim \mathrm{BM}(\mu,\ \sigma^2)$일 때 $(X(s),\ X(t))\ (0 < s < t)$의 결합확률밀도함수를 구하라.

8. 정리 9.15에서 정의한 T_{ab}에 대하여 다음을 보여라.
   (1) $P(B(T_{ab}) = b \mid B(0) = x) = \dfrac{x-a}{b-a}\ (a < x < b)$
   (2) $E[T_{ab} \mid B(0) = x] = (b-x)(x-a)$

9. $P(T_1 < T_{-1} < T_2)$를 구하라.

10. $\boldsymbol{X} \sim \mathrm{BM}(\mu, \sigma^2)$ $(\sigma^2 > 0)$에 대하여 T를 다음과 같이 정의하자.

$$T = \inf\{t \geq 0 : X(t) = a \text{ 또는 } X(t) = b\} \quad (a < 0 < b)$$

다음 물음에 답하라.

(1) $\boldsymbol{V} = \{V(t),\ t \geq 0\}$는 마팅게일이 됨을 보여라. 단

$$V(t) = \exp\left(cX(t) - \left(c\mu + \frac{1}{2}c^2\sigma^2\right)t\right), \quad t \geq 0. \text{ (단 } c\text{는 상수)}$$

(2) $c_0 = -\dfrac{2\mu}{\sigma^2}$일 때 $E[\exp(c_0 X(t))] = 1$임을 보여라.

(3) 위의 (2)로부터 다음을 유도하여라.

$$P(X(T) = b) = \frac{1 - \exp(c_0 a)}{\exp(c_0 b) - \exp(c_0 a)}$$

(4) $U(t) = X(t) - \mu t$라 할 때 $\boldsymbol{U} = \{U(t),\ t \geq 0\}$가 마팅게일임을 보이고 이것을 이용하여 $E[T]$를 구하라.

9장 참고문헌

1. Karlin, S. and Taylor, H. M., *A First Course in Stochastic Processes*, 2nd ed., Academic Press, 1975.
2. Ross, S. M., *Introduction to Probability Models*, 9th ed., Academic Press, 2007.
3. Ross, S. M., *Stochastic Processes*, 2nd ed., John Wiley & Sons, 1996.

연습문제 해답 및 도움말

제 1 장 기초확률론

1. $P(B)=P(A)+P(A^cB)\geq P(A)$

2. 수학적 귀납법을 이용하라.

3. $P(EG|F)=\dfrac{P(EGF)}{P(F)}=\dfrac{P(E|GF)P(GF)}{P(F)}=P(E|GF)P(G|F)$

4. $E=\cup_{i=1}^{\infty}EE_{i,}(E_iE)\cap(E_jE)=\varnothing\,(i\neq j)$와 (1.2)를 이용하라.

5. $B_1=A_1,\ B_i=A_i\left(\cup_{j=1}^{i-1}A_i\right)^c\ (2\leq i\leq n)$이라 할 때 다음이 성립함을 보여라.

$$P\left(\cup_{i=1}^{n}A_i\right)=P\left(\cup_{i=1}^{n}B_i\right)\leq\sum_{i=1}^{n}P(A_i)$$

6. A와 B가 서로 독립이라는 사실과 다음 사실을 이용하라.

$$P(A)=P(AB)+P(AB^c)=P(A)P(B)+P(AB^c)$$

7. 조건부독립이다.

8. 수학적 귀납법을 이용하라.

9. E_i^c의 독립성과 $P\left(\cup_{i=1}^{n}E_i\right)=1-P\left(\cap_{i=1}^{n}E_i^c\right)$를 이용하라.

10. (1) $\dfrac{5}{8}$ (2) $\dfrac{1}{2}$ (3) $\dfrac{1}{4}$

(4) 0 (5) $\dfrac{13}{16}$ (6) $\dfrac{325}{768}$

11. $\lambda(t)=\dfrac{f(t)}{1-F(t)}=-\dfrac{\frac{d}{dt}(1-F(t))}{1-F(t)}$의 양변을 적분하여 정리하라.

12. (1) $g(x)=(\lambda_1(x)+\lambda_2(x))\exp\left(-\int_0^x(\lambda_1(t)+\lambda_2(t))\,dt\right)$

(2) $P(X_1<X_2|Y=t)=\dfrac{f_1(t)(1-F_2(t))}{g(t)}$를 이용하라. 단 $f_i(x)$와 $g(x)$는 각각 X_i와 Y의 확률밀도함수이다.

13. $E[X_c] = \int_0^c (1 - F(x))dx$

14. $E[X^n] = \int_0^\infty P(X^n > y)dy = \int_0^\infty P(X > y^{1/n})dy$에서 $y^{1/n} = x$로 치환하라.

15. $f_Y(y) = \frac{1}{\lambda} e^{-\frac{y}{\lambda}}, \ y > 0$

16. (1) $F^*(s) = \frac{\lambda}{\lambda + s}, \ \mu = \frac{1}{\lambda}, \ \sigma^2 = \frac{1}{\lambda^2}$

(2) $F^*(s) = \left(\frac{\lambda}{\lambda + s}\right)^t, \ \mu = \frac{t}{\lambda}, \ \sigma^2 = \frac{t}{\lambda^2}$

17. $f_Z(x) = f_Z(x \mid X = 0)P(X = 0) + f_Z(x \mid X = 1)P(X = 1)$을 이용하라.

18. 모수가 $\left(n, \ \frac{\lambda}{\lambda + \mu}\right)$인 이항분포

19. X와 Y가 서로 독립이면 $E[XY] = E[X]E[Y]$이라는 사실을 이용하라.

20. X와 Y가 서로 독립이면 $\mathrm{Cov}(X, Y) = 0$이라는 사실을 이용하라.

21. $\frac{\lambda t + 1}{\lambda}$

22. $g(y) = \frac{1}{2\sqrt{y}}(f(\sqrt{y}) + f(-\sqrt{y})), \ y > 0$

23. $M(t) = \frac{1}{(1-t)(1+t)}, \ |t| < 1$

24. (1) $\frac{\Pi(z)}{1-z}$ (2) $\frac{1 - z\Pi(z)}{1-z}$

26. (1) $\mathrm{Var}[X \mid Y] = E[X^2 \mid Y] - (E[X \mid Y])^2$를 보이고 $E[E[X \mid Y]] = E[X]$를 이용하라.

(2) $\mathrm{Var}[X \mid Y] \geq 0$이므로 (1)로부터 자명하다.

27. (1) 1 (2) 0 (3) $\frac{16}{15}$

(4) $\frac{2}{3}Y$ (5) $\frac{1}{2}Y^2$ (6) $\frac{1}{18}Y^2$

28. (1) $P(X_i = n_i, \ i = 1, \cdots, 5) = \frac{20!}{n_{1!} \cdots n_{5!}} p_1^{n_1} \cdots p_5^{n_5}, \ \sum_{i=1}^{5} n_i = 20$

(2) $P(X_1=n,\ X_5=k)=\dfrac{20!}{n!k!(20-n-k)!}p_1^n p_5^k(1-p_1-p_5)^{20-n-k},\ 0\le n+k\le 20$

(3) $(20-X_1-X_2)p_5$

(4) $20-\sum_{i=1}^{4}X_i$

(5) $X_4\left(20-\sum_{i=1}^{4}X_i\right)$

29. $P(X=n)=\left(\dfrac{\mu}{\mu+1}\right)\left(\dfrac{1}{\mu+1}\right)^n,\ n=0,\ 1,\ 2,\ \cdots$

30. $\dfrac{n}{m+n}(X+Y)$

31. (1) $M_Y(t)=\Pi(M_X(t))$ (단, $\Pi(z)=E[z^N]$)

(2) $E[N]\mu$

(3) $E[N]\sigma^2+\mathrm{Var}(N)\mu^2$

32. 조건부독립성을 보이기 위해서는 $P(Y_3=k\,|\,Y_1=i,\ Y_2=j)=P(X_3=k-j)$와 $P(Y_3=k\,|\,Y_2=j)=P(X_3=k-j)$임을 보이고 독립이 아니라는 것을 보이기 위해서는 $P(Y_1=6,\ Y_3=3)\neq P(Y_1=6)P(Y_3=3)$임을 보여라.

33. 정리 1.9와 1.10을 이용하라.

34. $S=\{\sigma\,|\,\sigma:\{1,\ 2,\ \cdots,\ n\}\to\{1,\ 2,\ \cdots,\ n\}$ 일대일 함수$\}$라 하면 S의 원소의 개수는 $n!$이고 각각의 $\sigma\in S$에 대하여

$$P(X_1<X_2<\cdots<X_n)=P(X_{\sigma(1)}<X_{\sigma(2)}<\cdots<X_{\sigma(n)})$$

이다. 한편 $\sum_{\sigma\in S}P(X_{\sigma(1)}<X_{\sigma(2)}<\cdots<X_{\sigma(n)})=1$이므로

$$P(X_1<X_2<\cdots<X_n)=\frac{1}{n!}$$

제 2 장 확률과정

1. (1) $T=\{0, 1, 2, \cdots\}$, $\mathcal{S}=\{0, 1, 2, \cdots\}$ (2) $T=\{0, 1, 2, \cdots\}$, $\mathcal{S}=[0, \infty)$
   (3) $T=[0, \infty)$, $\mathcal{S}=\{0, 1, 2, \cdots\}$ (4) $T=[0, \infty)$, $\mathcal{S}=[0, 100]$
   (5) $T=[0, \infty)$, $\mathcal{S}=[0, \infty)$

3. $Y_n = X_n - X_{n-1}$은 X_1과 같은 분포를 따르고 $X_n = \sum_{i=1}^{n} Y_i$라는 사실을 이용하라.

4. $Y_n = X_n - X_{n-1}$, $n=1, 2, \cdots$은 서로 독립이고 X_1과 같은 분포를 따른다는 것을 이용하라.

5. $X_{n+1} - X_n$이 $\{X_1, \cdots, X_n\}$과 서로 독립이라는 사실을 이용하라.

6. $E[S_{n+1}|S_1, S_2, \cdots, S_n] = E[S_{n+1}|X_1, \cdots, X_n]$ ($\because$ CE6)

$$= E[X_{n+1}] + \sum_{i=1}^{n} X_i = S_n$$

7. (1) 도착시간 간격은 지수분포를 따르고 서비스 시간의 분포는 지수분포이며 한 명의 서버가 서비스하는 대기행렬시스템
   (2) 도착시간 간격은 지수분포를 따르고 서비스 시간은 일반적인 분포를 따르며 무한의 서버가 서비스 하는 대기행렬시스템
   (3) 도착시간 간격은 일반적인 분포를 따르고 각 고객의 도착시간 간격은 서로 독립이며 5명의 서버가 서비스하고 대기실 크기는 서버를 포함하여 9인 대기행렬시스템
   (4) 도착시간 간격은 지수분포를 따르고 서비스 시간의 분포는 단계 수가 3인 얼랑분포이고 4명의 서버가 서비스하며 서비스 시설의 용량은 서버를 포함하여 5이고 뒤에 도착한 고객에게 먼저 서비스를 제공하는 대기행렬시스템

제 3 장 베르누이과정과 단순확률보행

1. $p = P(2.994 \le Y \le 3.006) = \Phi(3.0) - \Phi(-3.0) = 0.9974$

2. (1) $6 \cdot 0.3^5 \cdot 0.7^2 = 0.0071442$ (2) $\binom{5}{3}0.7^3 0.3^2 \binom{5}{4}0.7^4 0.3^1 = 0.111178$

(3) $2.1N_5 + N_5^2$ (4) $4.2 + N_5$

3. (1) $6p + 10p^2 + 4pN_3 + N_3^3$ (2) $6 + 2p$

4. (1) $T_n + \dfrac{m}{p}$ (2) $\dfrac{\binom{m}{j}\binom{n}{k-j}}{\binom{m+n}{k}}$

(3) $4p(1-p)$ (4) $mp + N_n$

5. (1) $k < m < n$일 때, $p^3(1-p)^{n-3}$ (2) $k < m < n$일 때, $p(1-p)^{n-m-1}$

(3) $\dfrac{3(1-p)}{p^2}$ (4) $\dfrac{2(1-p)}{p^2}$

(5) $\dfrac{2}{3}(m+1)$

6. $r > 0$일 때, $\{T_r = n\} = \{Z_1 < r, \cdots, Z_{n-1} < r, Z_n = r\}$이므로

$$\begin{aligned} P(T_r = n) &= P(M_{n-1} = r-1, Z_{n-1} = r-1, Z_n = r) \\ &= \frac{1}{2}(P(M_{n-1} \ge r-1, Z_{n-1} = r-1) - P(M_{n-1} \ge r, Z_{n-1} = r-1)) \\ &= \frac{1}{2}(p_{n-1, r-1} - p_{n-1, r+1}) \end{aligned}$$

7. (1) $(0, 0)$에서 출발하여 $x = -b$를 경유하여 (n, a)에 도달하는 경로 수
= $(0, -2b)$에서 출발하여 (n, a)에 도달하는 경로 수 ($\because$ 반사의 원리)
= $(0, 0)$에서 출발하여 $(n, a+2b)$에 도달하는 경로 수 ($\because$ 보조정리 3.6)
= $N_{(n, a+2b)}$

(2) (1)과 유사한 방법으로 보인다.

8. 연습문제 7의 결과를 반복적으로 이용하라.

9. 시각 $2n$ 이전에 상태 0을 마지막으로 경유한 시각을 L_{2n}이라 하면 $P(0 \le L_{2n} \le 2n) = 1$이다. 정리 3.23에 의하여 $P(L_{2n} = 2k) = u_{2(n-k)}u_{2k}$, $k = 0, 1, \cdots, n$이므로 주어진 식이 성립한다.

10. $P(Z_{2n} = 0 | Z_1 = 1)$은 $(1, 1)$에서 출발하여 $(2n, 0)$을 방문할 확률이다. 보조정리 3.6에 의하여 $P(Z_{2n} = 0 | Z_1 = 1) = P(Z_{2n-1} = -1)$이다. 또한 대칭성에 의하여 다음이 성립한다.

$$P(Z_{2n} = 0 | Z_1 = 1) = P(Z_{2n} = 0 | Z_1 = -1) = P(Z_{2n-1} = 1)$$

따라서

$$P(Z_{2n}=0) = \frac{1}{2}(P(Z_{2n}=0 \mid Z_1=1)+P(Z_{2n}=0 \mid Z_1=-1))$$
$$= P(Z_{2n}=0 \mid Z_1=-1) = P(Z_{2n-1}=1)$$

11. 정리 3.19에 의하여 $\frac{b}{a+b}$이다.

제 4 장 이산시간 갱신과정

1. (1) $P(N_1=2)=0$, $P(N_2=2)=0.09$, $P(N_3=2)=0.483$,
$P(N_4=2)=0.77$, $P(N_5=2)=0.329$, $P(N_n=2)=0$, $n \geq 6$

(2) $m_n=E[N_n]$이라 하면 $m_0=1$, $m_1=0.3$, $m_2=1.3$, $m_3=1.537$, $m_4=2.2241$

2. $\mu=E[X]=2.3$이다.

(1) $\lim_{k\to\infty} u_k = \frac{1}{\mu} = \frac{1}{2.3} \approx 0.434783$

(2) $x_k = \lim_{n\to\infty} P(X_n^*=k) = \frac{k}{\mu}P(X_1=k)$이므로

$$x_1=\frac{2}{23},\ x_2=\frac{6}{23},\ x_3=\frac{15}{23},\ x_k=0,\ k\geq 4$$

3. (1) $f_k=P(X_n=k)$, $k=1,\ 2,\ 3,\ 4,\ 5$라 하면

$$f_1=\frac{4}{16},\ f_2=\frac{6}{16},\ f_3=\frac{4}{16},\ f_4=\frac{1}{16},\ f_5=\frac{1}{16}$$

(2) $u_1=\frac{1}{4}$, $u_2=\frac{7}{16}$, $u_3=\frac{29}{64}$, $\lim_{k\to\infty} u_k=\frac{16}{37}$

(3) $m_n=E[N_n]$이라 하면

$$m_1=\frac{1}{4},\ m_2=\frac{11}{16},\ m_3=\frac{73}{64},\ m_4=\frac{395}{256}$$

(4) $b_k^* = \lim_{n\to\infty} P(B_n=k) = \frac{P(X_1 \geq k)}{E[X_1]}$이므로

$$b_1^* = \frac{16}{37},\ b_2^* = \frac{12}{37},\ b_3^* = \frac{6}{37},\ b_4^* = \frac{2}{37},\ b_5^* = \frac{1}{37}$$

(5) $a_k^* = \lim_{n\to\infty} P(A_n = k) = \dfrac{P(X_1 > K)}{E(X_1)} = b_{k+1}^*$이므로

$$a_0^* = \frac{16}{37},\ a_1^* = \frac{12}{37},\ a_2^* = \frac{6}{37},\ a_3^* = \frac{2}{37},\ a_4^* = \frac{1}{37}$$

4. (1) $\binom{k-1}{n-1} p^n (1-p)^{k-n},\ k \ge n$ (2) $\binom{n}{k} p^k (1-p)^{n-k},\ k = 0,\ 1,\ \cdots,\ n$

(3) p (4) $kp^2(1-p)^{k-1},\ k = 1,\ 2,\ \cdots$

(5) $p(1-p)^k,\ k = 0,\ 1,\ 2,\ \cdots$ (6) $p(1-p)^k,\ k = 1,\ 2,\ \cdots$

5. $F(z) = \sum_{n=0}^{\infty} z^n f_n$이라 하자.

$$A(z) = \frac{1}{\mu}\frac{1-F(z)}{1-z},\quad B(z) = zA(z),\quad X(z) = \frac{z}{\mu}F'(z),$$

$$E[A] = \frac{1}{2\mu}(E[X^2] - \mu),\quad E[B] = E[A],\quad E[X^*] = \frac{E[X^2]}{\mu}$$

6. $P(S_n < S_{n+1} = S_{n+2} = \cdots = S_{n+k} < S_{n+k+1})$

$= P(X_{n+1} > 0,\ X_{n+i} = 0,\ i = 2,\ \cdots,\ k,\ X_{n+k+1} > 0)$

$= \alpha^{k-1}(1-\alpha)^2,\ k = 1,\ 2,\ \cdots$

7. (1) $P(S_k = j) = e^{-k\lambda}\dfrac{(k\lambda)^j}{j!},\ j = 0,\ 1,\ 2,\ \cdots$

(2) $P(N_k = k) = e^{-k\lambda}\sum_{j=0}^{n}\dfrac{(k\lambda)^j}{j!} - e^{-(k+1)\lambda}\sum_{j=0}^{n}\dfrac{((k+1)\lambda)^j}{j!}$

(3) $\dfrac{1}{\lambda}$

(4) $k = 0$일 때, $e^{-\lambda}$이고 $k \ge 1$일 때, $e^{-\lambda}\dfrac{\lambda^{k-1}}{(k-1)!}$

(5) $\dfrac{1}{\lambda}\left(1 - \sum_{j=0}^{k} e^{-\lambda}\dfrac{\lambda^j}{j!}\right),\ k = 0,\ 1,\ 2,\ \cdots$

(6) $\dfrac{1}{\lambda}\left(1 - \sum_{j=0}^{k-1} e^{-\lambda}\dfrac{\lambda^j}{j!}\right),\ k = 1,\ 2,\ \cdots$

8. 한 사이클 동안 $B_n = k$인 사건은 $X_1 \ge k$인 경우에 단 한 번만 발생한다. 또한 $X_1 = k$일 때 $X_1^* = k$인 사건은 k번 발생한다. 정리 4.19에 의하여 정리 4.12의 결과를 얻는다.

9. (1) $P(X^*=k)=\dfrac{k\alpha_k}{E[X]},\ k=1,\ 2,\ \cdots$

(2) $P(A=k)=\dfrac{1}{E[X]}\sum_{i=k+1}^{\infty}\alpha_i=P(B=k),\ k=0,\ 1,\ 2,\ \cdots$

(3) $P(A=i,\ B=j)=\dfrac{(i+j+1)\alpha_{i+j+1}}{E[X]}$

10. $\dfrac{3}{4}$

11. X를 저축하는 시간 간격(단위: 일)이라 하고 M_j를 저축한 날부터 다음 저축할 때까지 j일치 품삯을 갖고 있는 기간(단위: 일)이라 하면 $E[X]=7.3$이므로

$$\lim_{n\to\infty}P(Z_n=j)=\frac{1}{7.3}\left(E[M_j\,|\,X=7]\times 0.7+E[M_j\,|\,X=8]\times 0.3\right)\quad j=0,\ 1,\ \cdots,\ 8$$

단,

$$E[M_0\,|\,X=n]=\sum_{k=0}^{n-1}kpq^k+nq^n=\frac{q}{p}(1-q^n)$$

$$E[M_j\,|\,X=n]=\begin{cases}\displaystyle\sum_{i=j}^{n}\frac{1}{p}(1-q^{n-i+1})\binom{i-1}{j-1}p^jq^{i-j}, & j=1,\ 2,\ \cdots,\ n\\ 0, & j>n\end{cases}$$

12. $\{N_n\}$은 단조 증가하므로 확률적으로 반복되지 않는다.

13. $\dfrac{1}{p}+\dfrac{1}{p^2q}$

제 5 장 이산시간 마르코프연쇄

1. 상태공간은 $\{0,\ \pm 1,\ \pm 2,\ \cdots\}$이고 전이확률은 $p_{i,\ i+1}=p,\ p_{i,\ i-1}=1-p,\ i=0,\ 1,\ \cdots$ (단 $p_{0,\ -1}=0$이다.

2. 상태공간은 $S=\{0,\ \pm 1,\ \pm 2,\ \pm 3,\ \cdots\}$이고 전이확률은 다음과 같다.

$$p_{ij}=\begin{cases} p_1(1-p_2), & j=i+1 \\ (1-p_1)p_2, & j=i-1 \\ p_1p_2+(1-p_1)(1-p_2), & j=i \\ 0, & \text{그 밖에} \end{cases}$$

3. (1) $n+1$번째 게임에 참가하는 선수 X_{n+1}은 n번째 게임에 참가한 선수 중 한 명과 참가하지 않은 선수 한 명으로 구성되므로 X_n에 의하여 정해진다. 따라서 X_n은 마르코프연쇄가 된다.

(2) 상태공간 $S=\{\{1, 2\}, \{1, 3\}, \{2, 3\}\}$, 전이확률행렬

$$P=\begin{matrix} \{1, 2\} \\ \{1, 3\} \\ \{2, 3\} \end{matrix}\overset{\begin{matrix}\{1, 2\} & \{1, 3\} & \{2, 3\}\end{matrix}}{\begin{pmatrix} 0 & b_{12} & b_{21} \\ b_{13} & 0 & b_{31} \\ b_{23} & b_{32} & 0 \end{pmatrix}}$$

(3) $n+1$번째 게임의 승자 Y_{n+1}은 n번째 게임의 승자 Y_n에 대한 정보뿐만 아니라 n번째 게임에 참가한 선수에 대한 정보도 필요하다. 따라서 Y_n은 마르코프연쇄가 아니다.

4. 상태공간은 $S=\{1, 2, 3, 4, 5, 6\}$이고 전이확률은 다음과 같다.

$$p_{ii}=p_i,\ p_{i,\ i+1}=1-p_i,\ 1\le i\le 5,\ p_{66}=p_6,\ p_{61}=1-p_6$$

5. 상태공간은 $S=\{0, 1, 2, \cdots\}$이고 전이확률은 다음과 같다. $p_{00}=1$이고 $i\ge 1$일 때, $p_{i,\ i-1}=p_ib_0,\ p_{i,\ i}=1-p_i+p_ib_1,\ p_{i,\ i+1}=p_ib_2,\ p_{i,\ i+2}=p_ib_3$이다.

6. n번째 슬롯 동안 도착한 메세지 수를 A_n이라 하고 전송에 성공한 메세지 수를 Y_n이라 하면 $X_{n+1}=X_n+A_{n+1}-Y_{n+1}$이 된다. 정리 5.1에 의하여 $\mathbf{X}$는 마르코프연쇄가 된다. $\mathbf{X}$의 상태공간은 $S=\{0, 1, 2, \cdots\}$이고 전이확률은 다음과 같다.

$$p_{0j}=a_j(1-jp(1-p)^{j-1})+a_{j+1}(j+1)p(1-p)^j,\ j=0,\ 1,\ 2,\ \cdots$$
$$1\le i<\infty\text{일 때 } p_{i,\ i-1}=a_0ipq^{i-1},\ p_{i,\ i}=a_0(1-ipq^{i-1})+a_1(i+1)pq^i,$$
$$p_{i,\ i+k}=a_k(1-(i+k)pq^{j+k-1}),\ k=1,\ 2,\ \cdots$$

7. (1) 마르코프연쇄이다. 전이확률은 $p_{ij}=a_{j-i},\ j\ge i$이다.

(2) 마르코프연쇄가 아니다.

(3) 마르코프연쇄이다. 전이확률은 $p_{ii}=\sum_{k=0}^{i}a_k,\ p_{ij}=a_j,\ j<i$이다.

(4) 마르코프연쇄이다. 전이확률은 $p_{ij}=a_j,\ j<i,\ p_{ii}=\sum_{k=i}^{\infty}a_k$이다.

8. (1) $\mathcal{S}=\{(i, j): 1 \le i, j \le 5\}$, 전이확률 $p_{(i, j)(k, l)}=\frac{1}{16}$, $i \ne j$, $k \ne i$, $l \ne j$,

$p_{(k, k)(k, k)}=1$, $1 \le k \le 5$

(2) $\frac{13}{16}$

(3) $p_{00}=1$, $p_{01}=0$, $p_{10}=\frac{13}{16}$, $p_{11}=\frac{13}{16}$

9. $\mathcal{S}=\{(i, j): i \in S_X, j \in S_Y\}$, $p_{(i, j)(k, l)}=p_{ik}q_{jl}$

10. $P^{(n)}=(p_{ij}^{(n)})$라 하자.

(1) $p_{01}p_{11}p_{12}=0.06$

(2) $P(X_1=1)p_{12}^{(2)}p_{20}^{(3)}=0.0218064$

(3) $p_{01}p_{12}^{(2)}p_{20}^{(2)}=0.01848$

(4) $P(X_1=1)p_{11}p_{12}=0.02244$

(5) $\text{Cov}(X_2, X_3)=0.105934$

11. 마르코프연쇄는 현재까지의 상태가 주어졌다는 가정하에 미래 상태가 현재 상태에만 의존한다는 것이다. (1)의 조건 $X_1 \in \{3, 4\}$는 X_1의 상태가 명확하게 주어진 것이 아니므로 마르코프연쇄의 정의에 어긋난다고 할 수 없다.

(1) 좌변은 $\frac{5}{18}$이고 우변은 $\frac{1}{2}$이다.

(2) 좌변과 우변 모두 0이다.

12. $\frac{1}{p_{ii}}$

13. (2) 수학적 귀납법을 이용한다

14. (1) 1, 2, 3은 재귀적인 동치류이고 4는 일시적인 동치류이다. 각 동치류는 모두 비주기적이다.

(2) 기약이며 재귀적인 마르코프연쇄이다. 주기는 3이다.

(3) 기약이며 재귀적이고 비주기적이다.

(4) $\{1, 2\}$, $\{3\}$은 재귀적인 동치류이고 $\{4\}$, $\{5\}$는 일시적인 동치류이다. 각 동치류는 모두 비주기적이다.

15. (2) 상태공간은 $\mathcal{S}=\{0, 1, 2, \cdots, N\}$이고 전이확률은 다음과 같다.

$$p_{ii}=\frac{i}{N}\frac{i-1}{N-1}+\frac{N-i}{N}\frac{N-i-1}{N-1}, \ 1 \le i \le N$$

$$p_{i, i-1}=\frac{i}{N}\frac{N-i}{N-1}, \ 1 \le i \le N$$

$$p_{i, i+1}=\frac{N-i}{N}\frac{i}{N-1}, \ 0 \le i \le N-1$$

$$p_{00}=1, \ P_{NN}=1$$

$\{0\}$과 $\{N\}$은 재귀적인 동치류이고 $\{1,\ 2,\ \cdots,\ N-1\}$은 일시적인 동치류이다.

16. (1) $p_{00}=1,\ p_{i,\ i+1}=0.45,\ p_{i,\ i-1}=0.55(0<i<4),$

$p_{i,\ i+2}=0.25,\ p_{i,\ i+1}=0.3,\ p_{i,\ i-2}=0.45(i\geq 4)$

(2) 동치류 $\{0\}$, $\{1,\ 2,\ \cdots\}$

17. 수학적 귀납법을 이용한다. $\pi_1=\dfrac{b}{a+b},\ \pi_2=\dfrac{a}{a+b}$

18. (1) $\pi_{i1}=\dfrac{52}{93},\ \pi_{i2}=\dfrac{21}{93},\ \pi_{i3}=\dfrac{20}{93},\ i=1,\ 2,\ 3$

(2) $\pi_{ij}=0(j=2,\ 4,\ i=1,\ 2,\ 3,\ 4,\ 5)$

$\pi_{i1}=\dfrac{1}{4},\ \pi_{i3}=\dfrac{3}{8},\ \pi_{i5}=\dfrac{3}{8}\ (i=1,\ 3,\ 5)$

19. $\pi_1=\dfrac{1}{6},\ \pi_2=\dfrac{1}{6},\ \pi_3=\dfrac{1}{12},\ \pi_4=\dfrac{1}{6},\ \pi_5=\dfrac{1}{4},\ \pi_6=\dfrac{1}{6}$

20. $\mathcal{S}=\{0,\ 1,\ \cdots,\ N\},\ p_{i,\ i-1}=\dfrac{i}{N}q,\ p_{i,\ i}=\dfrac{i}{N}p+\dfrac{N-i}{N}q,\ p_{i,\ i+1}=\dfrac{N-i}{N}p$

$\mathbf{X}$의 극한분포는 이항분포 $\mathrm{B}(N,\ p)$이다.

21. (1) $p_{00}=\dfrac{1}{6},\ p_{01}=\dfrac{5}{6},$

$p_{i,\ i-1}=\dfrac{i}{6}\dfrac{6-(5-i)}{6},\ p_{ii}=\dfrac{i}{6}\dfrac{5-i}{6}+\dfrac{6-i}{6}\dfrac{i+1}{6},\ p_{i,\ i+1}=\dfrac{6-i}{6}\dfrac{5-i}{6},\ 1\leq i<5$

$p_{54}=\dfrac{5}{6},\ p_{55}=\dfrac{1}{6}$

(2) $\pi_k=\dfrac{\dbinom{5}{k}\dbinom{7}{6-k}}{\dbinom{12}{6}},\ k=0,\ 1,\ \cdots,\ 5$

(3) (2)의 극한분포와 같다.

22. $\pi_A=\dfrac{6}{17}\approx 0.3529,\ \pi_B=\dfrac{7}{17}\approx 0.4118,\ \pi_C=\dfrac{4}{17}\approx 0.1353$

23. $\pi_{\text{하류}}=\dfrac{1}{13}\approx 0.0769,\ \pi_{\text{중류}}=\dfrac{5}{8}\approx 0.625,\ \pi_{\text{상류}}=\dfrac{31}{104}\approx 0.2981$

24. $\pi_A=\dfrac{3}{10}=0.3,\ \pi_B=\dfrac{13}{70}\approx 0.1857,\ \pi_C=\dfrac{18}{35}\approx 0.5143$

25. (1) $\frac{1}{a}$ (2) $\frac{b}{1-a+b}$

26. 비 맞을 확률은 $R(p)=\frac{2p(1-p)}{1+r-p}$이다. 따라서 $r=3$이면 $R(p)$는 $p=4-\sqrt{12}\approx 0.5359$일 때 최대가 된다.

27. (3) $N=3$, $c=1$일 때, 극한분포를 π_i라고 하면 가동되는 기계의 평균수는 $3\pi_0+2\pi_1+\pi_2$이다. 단, $\pi_0=\frac{1}{M}$, $\pi_1=\frac{1}{M}\frac{1}{q^2}(1-q^3)$, $\pi_2=\frac{1}{M}\left(3p^2+\frac{p^2}{q^2}-1\right)$, $\pi_3=\frac{p^3}{M}$이고 M은 $\sum_{i=0}^{3}\pi_i=1$이 되도록 하는 상수이다.

28. $\boldsymbol{\pi}P=\boldsymbol{\pi}$를 만족하므로 극한분포의 유일성에 의하여 $\boldsymbol{\pi}$가 극한분포이다.

29. $\frac{1}{13}$

30. $p(i)=\frac{1}{N}$, $i=1, 2, \cdots, N$

31. (1) $\{1, 3\}$과 $\{4, 5\}$는 재귀적인 동치류이고 $\{2\}$는 일시적인 동치류이다.

$\pi_{11}=\pi_{13}=\pi_{31}=\pi_{33}=\pi_{44}=\pi_{45}=\pi_{54}=\pi_{55}=\frac{1}{2}$이고 다른 (i, j)에 대하여 $\pi_{ij}=0$이다.

(2) $\pi_{11}=\pi_{21}=\frac{4}{7}$, $\pi_{12}=\pi_{22}=\frac{3}{7}$, $\pi_{33}=\pi_{43}=\frac{4}{19}$, $\pi_{34}=\pi_{44}=\frac{15}{19}$, 그 밖의 $\pi_{ij}=0$

32. $\pi_i p_{ij}$

33. Y_{n+1}의 상태는 Y_n과 X_{n+L}에 의하여 정해진다. 한편 X_{n+L}의 상태는 $X_n, X_{n+1}, \cdots, X_{n+L-1}$에 의하여 정해지므로 X_{n+L}의 상태도 Y_n에 의하여 정해진다. 따라서 $\{Y_n\}$은 마르코프연쇄이다.

34. (1) $X_0, \cdots, X_n$의 상태가 주어졌을 때 X_{n+1}의 상태는 X_{n-1}과 X_n의 상태에 의존하므로 $\mathbf{X}$는 마르코프연쇄가 아니다.

(2) 상태공간 $S=(0, 0), (0, 1), (1, 0), (1, 1)$, 전이확률행렬

$$P=\begin{pmatrix}0.8 & 0.2 & 0 & 0\\ 0 & 0 & 0.4 & 0.6\\ 0.6 & 0.4 & 0 & 0\\ 0 & 0 & 0.1 & 0.9\end{pmatrix}$$

(3) $\pi_{(0,0)}=\frac{3}{11}$, $\pi_{(0,1)}=\frac{1}{11}$, $\pi_{(1,0)}=\frac{1}{11}$, $\pi_{(1,1)}=\frac{6}{11}$

(4) $\pi_{(0,\ 1)}+\pi_{(1,\ 1)}=\dfrac{7}{11}\approx 0.6364$

35. 적당한 $i\in S$에 대하여 $p_{ii}=\sum_{k\in S}p_{ik}p_{ki}>0$이고 $\mathbf{X}$가 기약이므로 $\mathbf{X}$는 비주기적이다. $P=P^n$이므로 $p_{ij}=\lim_{n\to\infty}p_{ij}^{(n)}$이다. 에르고딕인 마르코프연쇄의 극한분포는 초기조건 i에 의존하지 않으므로 $p_{ij}=p_{jj}$이다.

36. $X_0=i$일 때, 구하는 확률을 p_i라고 하면 $p_0=\dfrac{97}{227}$, $p_1=\dfrac{96}{227}$, $p_2=\dfrac{115}{227}$이다.

37. $\dfrac{593}{29}\approx 20.45$

38. $m_{12}=\dfrac{p}{1-2p+p^2}$, $m_{22}=\dfrac{1}{1-2p+p^2}$, $m_{32}=\dfrac{1-p}{1-2p+p^2}$

39. $\dfrac{16}{13}$

40. (2) $\sum_{j=0}^{\infty}\binom{k+j}{j}A^j=(I-A)^{-k-1}$를 이용하여

$$P^{(k)}(z)=k!\boldsymbol{\alpha}Q^{k-1}(I-zQ)^{-k-1}\mathbf{q}$$

을 구한 후 $P^{(k)}(1)$을 계산한다.

41. $PH_d(\boldsymbol{\alpha},\ Q)$ 단, $\boldsymbol{\alpha}=(p_m,\ p_{m-1},\ \cdots,\ p_2,\ p_1)$, $Q=(q_{ij})$는 $1\le i\le m-1$일 때, $q_{i,\ i+1}=1$이고 그 밖의 $(i,\ j)$에 대해서는 $q_{ij}=0$인 $m\times m$ 행렬

42. $\alpha=1$, $Q=1-p$

43. $Q=\left(q_{(i,\ j)(i',\ j')}\right)_{1\le i,\ j\le 3}$을 다음과 같이 정의하자.

$$q_{(i,\ j)(i',\ j')}=\begin{cases}[P_1]_{ii'}[P_2]_{jj'}, & i\neq j\\ \dfrac{1}{2}[P_1]_{ii'}[P_2]_{jj'}, & i=j\end{cases}$$

갑돌이는 i, 형사는 j에서 출발할 때 갑돌이가 형사에게 잡힐 때까지 걸리는 시간의 기댓값은 $[(I-Q)^{-1}\mathbf{e}]_{(i,\ j)}$이다.

44. (2) r_7

(3) $P(X_1\ge 4,\ X_2\ge 4\,|\,X_0=8)$을 구하면 된다.

(4) 평균시간은 $\mu = [(I-Q)^{-1}\mathbf{e}]_4$이다. 단 $Q=(q_{ij})_{0\le i,\, j\le 4}$의 (i, j) 성분은 $0\le j\le i\le 4$일 때 $q_{ij}=p_{i-j}$이고 그밖에서는 $q_{ij}=0$이다.

45. (1) $\pi_j = \dfrac{1}{6},\ j=1, 2, \cdots, 6$

(2) $m_i = \dfrac{1}{\pi_i}=6$

(3) $\pi_{ip_{i,\,i+1}} = \dfrac{1}{6}p,\ \pi_{i+1}p_{i+1,\,i} = \dfrac{1}{6}(1-p)$이므로 역행가능일 필요충분조건은 $p=\dfrac{1}{2}$이다.

제 6 장 푸아송과정

1. (1) $e^{-5\times 6}\dfrac{(5\times 6)^9}{9!}$ (2) $e^{-5\times 6}\dfrac{(5\times 6)^9}{9!}e^{-5\times 14}\dfrac{(5\times 14)^4}{4!}e^{-5\times 36}\dfrac{(5\times 36)^{14}}{14!}$

(3) $e^{-5\times 14}\dfrac{(5\times 14)^4}{4!}$ (4) $\dbinom{13}{9}\left(\dfrac{6}{20}\right)^9\left(\dfrac{14}{20}\right)^4$

(5) $E[N(t)]=\mathrm{Var}[N(t)]=\lambda t$ (6) $5s$

2. (1) $\dfrac{4}{\lambda}$ (2) $\dfrac{4}{5}$ (3) 2λ (4) $t-\dfrac{1}{\lambda}(1-e^{-\lambda t})$

4. (1) $\left(\dfrac{1}{3}\right)^5$ (2) $1-\left(\dfrac{2}{3}\right)^5$

5. (1) 64 (2) e^{-2} (3) 독립증분을 가지므로 상관계수는 0이다.

6. (1) e^{-6} (3) 평균이 $\dfrac{1}{3}$인 지수분포

7. (1) $P(N(T)=0)=e^{-T/20}$ (2) $e^{-T/20}$ (3) 20초

8. S_n과 T_n을 각각 A팀과 B팀이 n번째 득점하는 시각이라 하면

$$P(S_2 < T_4) = \sum_{k=2}^{5}\binom{5}{k}\left(\frac{1}{3}\right)^k\left(\frac{2}{3}\right)^{5-k} = \frac{131}{243}\approx 0.5391$$

9. (1) $\lambda E[T]$ (2) $\lambda^2\mathrm{Var}[T]+\lambda E[T]$ (3) $\lambda\mathrm{Var}[T]$

10. (1) $p(s)=\lambda(T-s)e^{-\lambda(T-s)}$

(2), (3) $p(s)$는 $s^*=T-\dfrac{1}{\lambda}$일 때 최댓값 $p(s^*)=e^{-1}$을 갖는다.

12. $\dfrac{1}{\lambda}(1-e^{-\lambda t})$

14. (1) $P(N_1(t)=k_1,\ N_2(t)=k_2)=e^{-\lambda pt}\dfrac{(\lambda pt)^{k_1}}{k_1!}e^{-\lambda(1-p)t}\dfrac{(\lambda(1-p)t)^{k_2}}{k_2!}$

(2) $P(L=n)=(1-p)^n p,\ n=0,\ 1,\ 2,\ \cdots$

(3) $\text{Exp}(\lambda p)$

15. (1) $\text{Erlang}(13,\ \lambda)$의 확률밀도함수 (2) $\dfrac{\lambda t}{13}$

16. (1) $(60\times 0.2+80\times 0.7)\times 0.1=6.8$

(2) $(60\times 0.8+80\times 0.7)\times 0.1\times 0.5=5.2$

(3) $6.8\times 1+10.4\times E[X]=31.76$

17. (1) $10\times(110+90+160)\times(0.3\times 0.8+0.7\times 0.1)\times 50000=55800000$

(2) 물건을 사는 여자손님의 도착률은 $360\times 0.7\times 0.1=25.2$이므로

$$P\left(N\left(\frac{1}{4}\right)=3\right)=e^{-25.2\times\frac{1}{4}}\frac{\left(\frac{25.2}{4}\right)^3}{3!}=e^{-6.3}\frac{250.047}{6}\approx 0.0765$$

18. (1) $\dfrac{\lambda}{\mu}(1-e^{-\mu t})$ (2) $\dfrac{\lambda}{\mu}e^{-\mu t}(1-e^{-\mu s})+n$ (3) $\dfrac{\lambda}{\mu}(1-e^{-\mu t})(1-e^{-\mu s})$

19. (1) $N\sim\text{Geo}(p),\ T\sim\text{Exp}(\lambda p)$ 단, $p=\int_0^\infty p(x)dG(x)$는 한 번의 충격에 의하여 기계가 고장날 확률

(2) $P(T=t\,|\,N=k)\sim\text{Erlang}(k,\ \lambda)$

(3) $P(N=k\,|\,T=t)=e^{-\lambda(1-p)t}\dfrac{(\lambda(1-p)t)^{k-1}}{(k-1)!},\ k=1,\ 2,\ \cdots$

20. 평균 400(만 원), 표준편차 $\sqrt{2720}\approx 52153$(만 원)

21. $P(Z(t)=k)=\displaystyle\sum_{n=1}^{k}\binom{k-1}{n-1}\alpha^n(1-\alpha)^{k-n}e^{-\lambda t}\frac{(\lambda t)^n}{n!}$

22. $\text{Var}[X]=\text{Var}(E[X\,|\,N(t)])+E[\text{Var}(X\,|\,N(t))]=\dfrac{1}{3}\lambda t^3$

23. $N(t)=n$이라는 가정하에 $S_1, \cdots, S_n$의 분포는 U$(0,\ t)$의 순서통계량 $U_{(1)}, \cdots, U_{(n)}$의 분포와 같다는 것을 이용하면 다음을 얻는다.

$$E[Z(t)]=E(E[Z(t)\,|\,N(t)])=\lambda\int_0^t g(x)dx$$

같은 방법으로

$$\text{Var}[Z(t)]=E(\text{Var}[Z(t)\,|\,N(t)])+\text{Var}(E[Z(t)\,|\,N(t)])=\lambda\int_0^t g^2(x)dx$$

24. $E[Z(t)]=0,\ \text{Var}[Z(t)]=3050t.$

25. (1) $\lambda E[Z_1^2]$ (2) $\lambda tE[Z_1]$

26. (1) $\left(\dfrac{3}{5}\right)^3$

(2) $\displaystyle\sum_{k=2}^{4}\binom{4}{k}\left(\frac{2}{5}\right)^k\left(\frac{3}{5}\right)^{4-k}=\frac{328}{625}=0.5248$

(3) $P(N(2/60)=2\,|\,N(5/60)=2)=\left(\dfrac{2}{5}\right)^2=0.16$

(4) $P(N_i=k_{i,}\ i=0,\ 1,\ 2,\ 3)=\displaystyle\prod_{i=0}^{3}e^{-\lambda p_i}\frac{(\lambda p_i)^{k_i}}{k_i!}\quad(p_i=P(X=i),\ \lambda=50).$

27. $M/M/\infty$ 대기행렬시스템에서 서비스를 받고 나간 고객 수와 같으므로 예제 6.6으로부터 $E[Z(t)]=\lambda t-\lambda(1-e^{-\mu t})/\mu.$

28. (1) $P(N(t)=k)=e^{-t^2}\dfrac{t^{2k}}{k!},\ k=0,\ 1,\ 2,\ \cdots$

(2) $P(N(5)-N(4)=k)=e^{-9}\dfrac{9^k}{k!},\ k=0,\ 1,\ 2,\ \cdots$

(3) $P(S_1>t)=P(N(t)=0)=e^{-t^2}$이므로 S_1의 확률밀도함수는

$$f_{S_1}(t)=2te^{-t^2},\ t>0$$

(4) $a(t)=\displaystyle\int_0^t\lambda(x)dx=t^2$이라 하자. $N(t)=3$이라는 가정하에 S_1의 분포는 서로 독립이며 각각의 분포함수가 $G(x)=\dfrac{a(x)}{a(t)}=\left(\dfrac{x}{t}\right)^2,\ 0\le x\le t$인 확률변수 $U_1,\ U_2,\ U_3$에 대하여 $U_{(1)}=\min(U_1,\ U_2,\ U_3)$의 분포와 같다. 따라서

$$P(S_1>x\,|\,N(t)=3)=(1-G(x))^3=\left(1-\left(\frac{x}{t}\right)^2\right)^3,\ 0\le x\le t$$

그러므로

$$E[S_1 | N(t)=3] = \int_0^t \left(1-\left(\frac{x}{t}\right)^2\right)^3 dx = \frac{16}{35}t$$

29. $a(t)=\int_0^t \lambda(x)dx$라 하자. $N(t)=n$이라는 가정하에 $S_1, \cdots, S_n$의 분포는 서로 독립이며 각각의 확률밀도함수가 $g(x)=\dfrac{\lambda(x)}{a(t)}$, $0 \le x \le t$인 확률변수들의 순서통계량의 분포와 같다. 한편 어떤 사건이 x시각에 일어났다면 그것이 유형 1일 확률은 $p(x)$이므로 $(0, t]$ 동안에 발생한 사건이 유형 1일 확률은

$$r(t) = \frac{1}{a(t)}\int_0^t \lambda(x)p(x)dx$$

이다. 따라서

$$\begin{aligned} P(N_1(t)=k) &= \sum_{n=k}^{\infty} P(N_1(t)=k | N(t)=n)P(N(t)=n) \\ &= e^{-c(t)}\frac{c(t)^k}{k!},\ k=0,\ 1,\ 2,\ \cdots \end{aligned}$$

단, $c(t)=a(t)r(t)=\int_0^t \lambda(x)p(x)dx$. 따라서 $N_1(t)$는 모수가 $\int_0^t \lambda(s)p(s)ds$인 푸아송분포를 따른다.

30. (1) X를 동전의 앞면이 나오면 1, 뒷면이 나오면 0의 값을 갖는 확률변수라 하면

$$\begin{aligned} E\left[z_1^{N(t+s)-N(t)}z_2^{N(t)}\right] &= pE\left[z_1^{N(t+s)-N(t)}z_2^{N(t)} | X=1\right] \\ &\quad +(1-p)E\left[z_1^{N(t+s)-N(t)}z_2^{N(t)} | X=0\right] \\ &= p\exp(\lambda_1 s(z_1-1)+\lambda_{1t}(z_2-1)) \\ &\quad +(1-p)\exp(\lambda_2 s(z_1-1)+\lambda_{2t}(z_2-1)) \end{aligned}$$

이다. 같은 방법으로 다음을 얻는다.

$$\begin{aligned} E\left[z_1^{N(t+s)-N(t)}\right] &= p\exp(\lambda_1 s(z_1-1)+(1-p)\exp(\lambda_2 s(z_1-1)) \\ E\left[z_2^{N(t)}\right] &= p\exp(\lambda_{1t}(z_2-1))+(1-p)\exp(\lambda_{2t}(z_2-1)) \end{aligned}$$

따라서

$$E\left[z_1^{N(t+s)-N(t)}z_2^{N(t)}\right] \ne E\left[z_1^{N(t+s)-N(t)}\right]E\left[z_2^{N(t)}\right]$$

이므로 $N(t+s)-N(t)$와 $N(t)$는 서로 독립이 아니다. 따라서 $\boldsymbol{N}$은 독립증분을 갖지 않는다.

(2) **N**은 정상증분을 갖는다. (위의 (1)의 풀이과정 참조)

(3) **N**이 독립증분을 갖지 않으므로 푸아송과정이 아니다.

(4) $P(N(t)=n)=pe^{-\lambda_1 t}\dfrac{(\lambda_1 t)^n}{n!}+(1-p)e^{-\lambda_2 t}\dfrac{(\lambda_2 t)^n}{n!}$, $n=0,\ 1,\ 2,\ \cdots$

(5) $P(X=1|N(t)=n)=\dfrac{pe^{-\lambda_1 t}(\lambda_1 t)^n}{pe^{-\lambda_1 t}(\lambda_1 t)^n+(1-p)e^{-\lambda_2 t}(\lambda_2 t)^n}$

(6) $P(N(t+x)-N(t)\geq 1|N(t)=n)$

$$=\frac{p(1-e^{-\lambda_1 x})e^{-\lambda_1 t}(\lambda_1 t)^n+(1-p)(1-e^{-\lambda_2 x})e^{-\lambda_2 t}(\lambda_2 t)^n}{pe^{-\lambda_1 t}(\lambda_1 t)^n+(1-p)e^{-\lambda_2 t}(\lambda_2 t)^n}$$

31. (1) $P(N(t+s)-N(s)=n)=\displaystyle\int_0^\infty P(N(t+s)-N(s)=n|\Lambda=\lambda)dG(\lambda)$를 이용한다.

(2) $P(N(t)=n,\ \Lambda\leq x)=\displaystyle\int_0^x P(N(t)=n|\Lambda=\lambda)dG(\lambda)$를 이용한다.

(3) **N**이 정상증분을 갖는다는 것을 보이기 위하여

$$E\left[z^{N(t+s)-N(t)}\right]=G^*(s(1-z))$$

를 보여라. **N**이 독립증분을 갖지 않는다는 것을 보이기 위하여 다음을 보이면 충분하다.

$$E\left[z_1^{N(t+s)-N(t)}z_2^{N(t)}\right]\neq E\left[z_1^{N(t+s)-N(t)}\right]E\left[z_2^{N(t)}\right]$$

(4) $0=t_0<t_1<\cdots<t_{k-1}<t_k=t$와 $n_{i,}\ i=0,\ 1,\ \cdots,\ k$(단 $n_k=n$)에 대하여

$$P(\Lambda\leq x|N(t_i)=n_{i,}\ i=0,\ 1,\ \cdots,\ k)=P(\Lambda\leq x|N(t)=n)$$

이 성립함을 보이면 충분하다.

(5) $P(B(t)>x\,|N(t)=n)=\dfrac{\displaystyle\int_0^\infty \lambda^n e^{-\lambda(t+x)}dG(\lambda)}{\displaystyle\int_0^\infty \lambda^n e^{-\lambda t}dG(\lambda)}$

(6) $E[\Lambda]$

(7) 같은 분포를 따르지만 서로 독립은 아니다. **N**이 정상증분을 갖지만 독립증분을 갖지 않는다는 사실에 유념하라.

32. (1) Λ의 확률밀도함수는 $g(\lambda)=\alpha e^{-\alpha\lambda}\dfrac{(\alpha\lambda)^{m-1}}{(m-1)!}$, $\lambda>\ 0$이므로

$$P(N(t)=n)=\int_0^\infty e^{-\lambda t}\frac{(\lambda t)^n}{n!}g(\lambda)d\lambda$$
$$=\binom{m+n-1}{n}\left(\frac{\alpha}{\alpha+t}\right)^m\left(\frac{t}{\alpha+t}\right)^n$$

(2) $$g(x\,|\,N(t)=n)=\frac{P(N(t)=n\,|\,\Lambda=x)g(x)}{P(N(t)=n)}$$
$$=(\alpha+t)e^{-(\alpha+t)x}\frac{((\alpha+t)x)^{m+n-1}}{(m+n-1)!}$$

(3) $\dfrac{m+n}{\alpha+t}$

제 7 장 갱신과정

1. 각 사건의 발생시간 간격이 서로 독립이고 같은 분포를 따라야 한다.

2. (1)은 참이고 (2)와 (3)은 성립하지 않는다.

3. 수학적 귀납법을 사용하여 $P(N(x)>n)=\dfrac{x^n}{n!}$을 보인 후 이 결과를 이용하여 다음을 보여라.

$$E[N(x)]=\sum_{n=0}^{\infty}P(N(x)>n)=\sum_{n=0}^{\infty}\frac{x^n}{n!}=e^x$$

4. $M(t)=\lambda t$

5. (1) $S_n \sim \text{Erlang}(nr,\ \lambda)$와 $P(N(t)\ge n)=P(S_n\le t)$을 이용하라.

(2) $E[N(t)]=\sum_{n=1}^{\infty}P(N(t)\ge n)$과 위의 (1)의 결과를 이용하라.

6. $e^{-\frac{1}{2}t}$

7. $F^*(s)=p\dfrac{\mu}{\mu+s}+(1-p)\dfrac{\lambda}{\lambda+s}$를 (7.4)에 대입한 후 정리하여 라플라스-스틸체스변환의 역변환을 구하면 $M(t)$는 $M(t)=At+C(1-e^{-rt})$와 같은 형태가 됨을 알 수 있다.

8. $p_n(t)=P(N(t)=n)=F_n(t)-F_{n+1}(t)$의 양변에 라플라스-스틸체스변환을 취한 후 생성함수를 구하면 다음과 같음을 알 수 있다.

$$\widetilde{N}(z,\ s) = \sum_{n=0}^{\infty} z^n p_n^*(s) = \frac{1-F^*(s)}{1-zF^*(s)},\ |z| \le 1,\ s \ge 0.$$

이것을 $z=1$에서 k번 미분하면 원하는 결과를 얻는다.

9. 식 (7.4)로부터 $M^*(s) = F^*(s) + M^*(s)F^*(s)$임을 알 수 있다. $M*F(t)$의 라플라스-스틸체스 변환은 $M^*(s)F^*(s)$이므로 라플라스-스틸체스변환의 유일성에 의하여 (7.5)가 성립한다.

10. 교체되는 기간의 평균은 $\mu = \int_0^T x dF(x) + T(1-F(T))$이므로 단위시간 동안 교체되는 부품의 평균 수는 $\frac{1}{\mu}$이다. 또한 고장에 의하여 교체되는 부품의 평균 수는 $\frac{P(X< T)}{\mu}$이다.

11. (1) $(t-x,\ t)$ (2) $(t,\ t+x)$ (3) $P(A(t+x) > t)$ (4) $e^{-\lambda(x+y)} 1_{\{0 < x < t\}}$

12. $A_t = t - S_{N(t)}$와 정리 7.4를 이용하라.

13. 다음을 보이고 정리 7.7을 이용하라.

$$\begin{aligned} Z_A(t) &= P(S_1 > t,\ A_t \le x) + P(S_1 \le t,\ A_t \le x) \\ &= (1-F(t))1_{\{t \le x\}} + \int_0^t Z_A(t-u)dF(u) \end{aligned}$$

14. $Z(t) = P(A_t > x,\ B_t > y)$가 다음을 만족함을 보이고 정리 7.7과 핵심갱신정리를 이용하라.

$$Z(t) = (1-F(x+y))1_{\{t > x\}} + \int_0^t Z(t-u)dF(u)$$

15. 모든 $t \ge 0$에 대하여 $S_{N(t)} \le t$이므로 $P(S_{N(t)} \le x) = 1,\ t \le x$는 자명하다. 이제 $0 \le x < t$를 가정하고 $\{N(t) = n\}$은 $\{S_n \le t,\ S_{n+1} > t\}$와 동치라는 사실로부터 다음을 유도하라.

$$\begin{aligned} P(S_{N(t)} \le x) &= \sum_{n=0}^{\infty} P(S_n \le x,\ N(t) = n) \\ &= \sum_{n=0}^{\infty} P(S_n \le x,\ S_{n+1} > t) \\ &= 1 - F(t) + \sum_{n=1}^{\infty} \int_0^x P(S_{n+1} > t | S_n = y) dF_n(y) \\ &= 1 - F(t) + \int_0^x (1 - F(t-y)) dM(y) \end{aligned}$$

17. $G_A(t) = P(A_G(t) \le x)$가 다음 방정식을 만족함을 보이고 정리 7.7과 핵심갱신정리를 이용하라.

$$\begin{aligned} G_A(t) &= P(A_G(t) \le x,\ X_1 > t) + P(A_G(t) \le x,\ X_1 \le t) \\ &= (1-G(t))1_{\{t \le x\}} + \int_0^t Z_A(t-u)dG(u) \end{aligned}$$

단, $Z_A(t)$는 순수갱신과정의 나이 분포함수이다.

18. 연습문제 14의 풀이를 참조하라.

19. 교대갱신정리에 의하여 $\frac{12}{14}$.

20. (1) $\left(\frac{1}{\mu}+\frac{1}{\lambda}\right)^{-1} = \frac{\lambda\mu}{\lambda+\mu}$ (2) $\frac{\lambda}{\lambda+\mu}$ (3) $\frac{\mu}{\lambda+\mu}$

21. (1) $\frac{4.5}{4.5+1} \approx 0.8182$ (2) $\frac{20000 \cdot 2}{5.5} \approx 7272.73$

22. 갱신보상정리에 의하여 $\frac{\nu}{\mu}$

23. $\frac{\mu_i}{\mu_1 + \cdots + \mu_N}$, $i=1,\ 2,\ \cdots,\ N$

24. $T \ge s$일 때 $C(T) = \frac{2(A+B)}{s}$이다. 한편 $0 < T < s$일 때, $C(T) = \frac{As+BT}{-T^2/2+sT}$는 $T=\frac{As}{A+B}$에서 최솟값 $\frac{2(A+B)}{s}$을 갖는다. 따라서 $T=\frac{As}{A+B}$이거나 $T \ge s$일 때, $C(T)$는 최솟값을 갖는다.

25. $X > T$일 때 실제 드는 비용은 $A-0.4A=0.6A$이므로 자동차를 한 번 교체할 때 드는 평균비용은

$$\begin{aligned} E[R] &= (A+B)P(X \le T) + 0.6AP(X > T) \\ &= 0.6A + (0.4A+B)(1-e^{-T}). \end{aligned}$$

따라서 $C(T) = 0.4A + B + \frac{0.6A}{1-e^{-T}}$이다. $C(T)$는 T에 대한 감소함수이므로 고장 나기 전에는 차를 팔지 않는 것이 비용을 최소화하는 방법이다.

26. (1) $T=\max(X,\ R)$, $U_0=\max(R-X,\ 0)$, $U_1=\min(X,\ R)$, $U_2=\max(X-R,\ 0)$이라 하면 다음을 얻는다.

$$P_i = \frac{E[U_i]}{E[T]},\ i=0,\ 1,\ 2$$

(2) $E[T]=\frac{1}{\mu}+\frac{1}{\lambda}-\frac{1}{\lambda+\mu}$, $E[U_0]=\frac{\lambda}{(\lambda+\mu)\mu}$, $E[U_1]=\frac{1}{\lambda+\mu}$, $E[U_2]=\frac{\mu}{(\lambda+\mu)\lambda}$이므로

$$P_0=\frac{\lambda^2}{\lambda^2+\lambda\mu+\mu^2},\ P_1=\frac{\lambda\mu}{\lambda^2+\lambda\mu+\mu^2},\ P_2=\frac{\mu^2}{\lambda^2+\lambda\mu+\mu^2}$$

27. (1) 어린이 i가 정글짐에 올라가는 데 걸리는 시간과 내려오는 시간을 각각 U_i와 D_i라 하고 $(0, t]$ 동안 정글짐에 올라갔다가 내려온 횟수를 $N_i(t)$, $i=1, 2, \cdots, n$이라 하자. 그러면

$$\lim_{t\to\infty}\frac{N(t)}{t}=\sum_{i=1}^{n}\frac{1}{E[U_i+D_i]}$$

(2) $\sum_{i=1}^{n}\frac{E[U_i]}{E[U_i+D_i]}$

(3) 각 어린이는 독립적으로 움직이므로 $\lim_{t\to\infty}P(U(t)=k)$는 이항분포 $\mathrm{B}\left(n, \frac{E[U]}{E[U+D]}\right)$를 따른다.

28. (1) $\{T=k\}=\{X_1+\cdots+X_{k-1}=10,\ X_k=1\}$이므로 $\{T=k\}$는 $X_1, \cdots, X_k$에만 의존한다. 따라서 T는 정지시각이다.

(2) $\{T=k=X_1\le 0, \cdots, X_1+\cdots+X_{k-1}\le 0, X_1+\cdots+X_{k-1}+x_k=1\}$이므로 $\{T=k\}$는 $X_1, \cdots, X_k$에만 의존한다. 따라서 T는 정지시각이다.

29. 지표함수 I_n을 다음과 같이 정의하자.

$$I_n=\begin{cases}1, & T\ge n\\ 0, & T<n\end{cases}$$

그러면 $\sum_{n=1}^{T}X_n=\sum_{n=1}^{\infty}X_nI_n$이므로 다음을 얻는다.

$$E\left[\sum_{n=1}^{T}X_n\right]=E\left[\sum_{n=1}^{\infty}X_nI_n\right]=\sum_{n=1}^{\infty}E[X_nI_n]$$

한편 T는 정지시각이고 $\{I_n=1\}=\cup_{k=1}^{n-1}\{T=k\}$ 이므로 사건 I_n은 $X_1, \cdots, X_{n-1}$에 의해서만 결정된다. 그러므로 I_n과 X_n은 서로 독립이다. 따라서

$$\begin{aligned}E\left[\sum_{n=1}^{T}X_n\right] &= \sum_{n=1}^{\infty}E[X_n]E[I_n]=E[X_1]\sum_{n=1}^{\infty}E[I_n]\\ &= E[X_1]\sum_{n=1}^{\infty}P(T\ge n)=E[X_1]E[T].\end{aligned}$$

30. (1) $$\{N(t)+1=n\} = \{N(t)=n-1\} = \{X_1+\cdots+X_{n-1} \le t,\ X_1+\cdots+X_n > t\}$$

이므로 $N(t)$는 정지시각이다. 같은 방법으로 $N(t)$가 정지시각이 아님을 보일 수 있다.

(2) 왈드의 방정식에 의하여 자명하다.

제 8 장 연속시간 마르코프연쇄

1. (1) $X(t)$를 다음과 같이 정의하자.

$$X(t) = \begin{cases} 0, & \text{고장 난 기계 없음} \\ 1, & \text{기계 1만 고장} \\ 2, & \text{기계 2만 고장} \\ 3, & \text{(기계 1, 기계 2)의 순서로 두 대의 기계 모두 고장} \\ 4, & \text{(기계 2, 기계 1)의 순서로 두 대의 기계 모두 고장} \end{cases}$$

그러면 $\boldsymbol{X}=\{X(t),\ t\ge 0\}$는 상태공간이 $\mathcal{S}=\{0,\ 1,\ 2,\ 3,\ 4\}$이고 다음과 같은 생성자를 갖는 마르코프연쇄가 된다

$$Q=\begin{pmatrix} -(\lambda_1+\lambda_2) & \lambda_1 & \lambda_2 & 0 & 0 \\ \mu_1 & -(\lambda_2+\mu_1) & 0 & \lambda_2 & 0 \\ \mu_2 & 0 & -(\lambda_1+\mu_2) & 0 & \lambda_1 \\ 0 & 0 & \mu_1 & -\mu_1 & 0 \\ 0 & \mu_2 & 0 & 0 & -\mu_2 \end{pmatrix}$$

(2) $\boldsymbol{p}Q=0,\ \boldsymbol{pe}=1$을 풀면

$$\boldsymbol{p}=(0.0671141,\ 0.102013,\ 0.187919,\ 0.408054,\ 0.234899)$$

이므로 기계 2가 고장 난 시간의 비율은 $1-(p_0+p_1)=0.8309$이다.

2. $\boldsymbol{X}$의 상태공간은 $\mathcal{S}=\{0,\ 1,\ 2,\ \cdots,\ n\}$이고 생성자는 다음과 같다.

$$Q=\begin{pmatrix} -q_0 & \lambda_1 & \lambda_2 & \cdots & \lambda_n \\ \mu_1 & -\mu_1 & & & \\ & \mu_2 & -\mu_2 & & \\ & & \ddots & \ddots & \\ & & & \mu_n & -\mu_n \end{pmatrix}$$

단 $q_0 = \lambda_1 + \lambda_2 + \cdots + \lambda_n$.

3. (1) $E[X] = \dfrac{1}{1-\rho} = \dfrac{\lambda}{\mu - \lambda}$ (2) $p_0 = 1 - \dfrac{\lambda}{\mu}$

4. (1) 생성률 $\lambda_n = \lambda,\ n = 0,\ 1,\ 2,\ \cdots$, 소멸률 $\mu_n = \mu + (n-1)\theta,\ n = 1,\ 2,\ \cdots$

(2) $\theta > 0$이면 $\boldsymbol{X}$는 항상 에르고딕이다. $\theta = 0$이면 이 시스템은 $M/M/1$ 대기행렬시스템이므로 $\boldsymbol{X}$가 에르고딕일 필요충분조건은 $\dfrac{\lambda}{\mu} < 1$이다.

5. (1) 생성률 $\lambda_n = \lambda\alpha_n,\ n = 0,\ 1,\ 2,\ \cdots$, 소멸률 $\mu_n = \mu,\ n = 1,\ 2,\ \cdots$

(2) $\rho_0 = 1,\ \rho_n = \left(\dfrac{\lambda}{\mu}\right)^n \alpha_1 \cdots \alpha_{n-1},\ n = 1,\ 2,\ \cdots$이라 하면 $\mathbf{X}$의 극한분포는

$$p_n = p_0\rho_n,\ n = 1,\ 2,\ \cdots,\ \text{단}\ p_0 = \left(\sum_{n=0}^{\infty} \rho_n\right)^{-1}$$

6. (1) 시스템이 가동되는 기간의 비율은 $1 - 60\left(\dfrac{\lambda}{\mu}\right)^3 p_0$이다.

단, $p_0 = \left(1 + 5\left(\dfrac{\lambda}{\mu}\right) + 20\left(\dfrac{\lambda}{\mu}\right)^2 + 60\left(\dfrac{\lambda}{\mu}\right)^3\right)^{-1}$.

(2) 가동이 중단될 때까지 걸리는 시간의 분포는 $\boldsymbol{\alpha} = (1,\ 0,\ 0)$이고

$$\boldsymbol{S} = \begin{pmatrix} -5\lambda & 5\lambda & 0 \\ \mu & -(4\lambda + \mu) & 4\lambda \\ 0 & \mu & -(3\lambda + \mu) \end{pmatrix}$$

인 $PH(\boldsymbol{\alpha},\ \boldsymbol{S})$이다. 따라서 평균시간은

$$\boldsymbol{\alpha}(-\boldsymbol{S})^{-1}\mathbf{e} = \frac{1}{60\lambda^3}(47\lambda^2 + 8\lambda\mu + \mu^2)$$

7. 상태공간은 $\mathcal{S} = \{(n,\ i),\ n = 0,\ 1,\ 2,\ \cdots,\ i = 0,\ 1\}$이고 전이율은 그림 1과 같다.

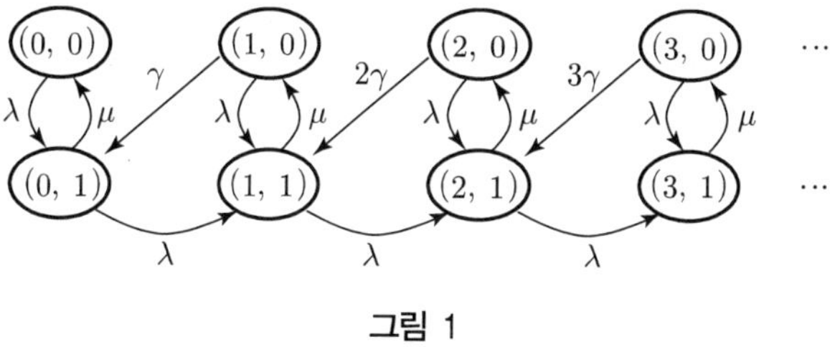

그림 1

8. 상태공간은 $\mathcal{S} = \{(n,\ i),\ n = 0,\ 1,\ 2,\ \cdots,\ i = 0,\ 1\}$이고 전이율은 다음과 같다.

$$q_{(n,\ i),\ (m,\ j)}=\begin{cases} n\theta, & (m,\ j)=(n-1,\ 1),\ i=0 \\ \lambda, & (m,\ j)=(n,\ 1),\ i=0 \\ \lambda, & (m,\ j)=(n+2,\ 0),\ i=1 \\ n\theta, & (m,\ j)=(n+1,\ 0),\ i=1 \\ \mu, & (m,\ j)=(n,\ 0),\ i=1 \\ 0, & \text{그 밖에} \end{cases}$$

9. $X(t)$를 다음과 같이 정의하자.

$$X(t)=\begin{cases} 0, & \text{패킷 0개, 토큰 0개} \\ i, & \text{패킷 } i\text{개, 토큰 0개} \\ i^{*}, & \text{패킷 0개, 토큰 } i\text{개} \end{cases}$$

$\boldsymbol{X}=\{X(t),\ t\geq 0\}$은 상태공간이 $\mathcal{S}=\{0,\ 1^{*},\ \cdots,\ M^{*},\ 1,\ 2,\ \cdots\}$이고 전이율이 그림 2와 같은 마르코프연쇄이다.

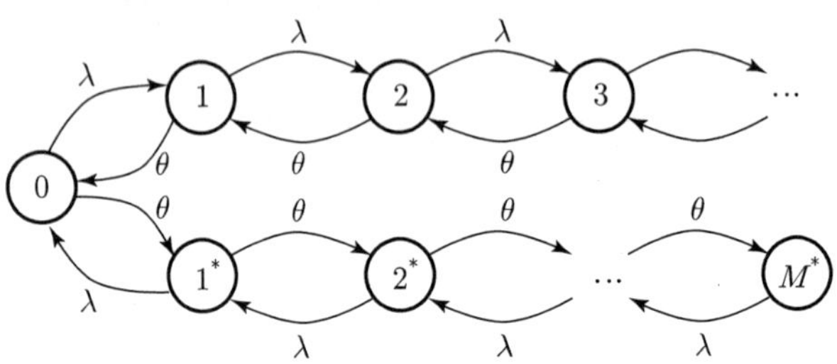

그림 2

10. 그림 3

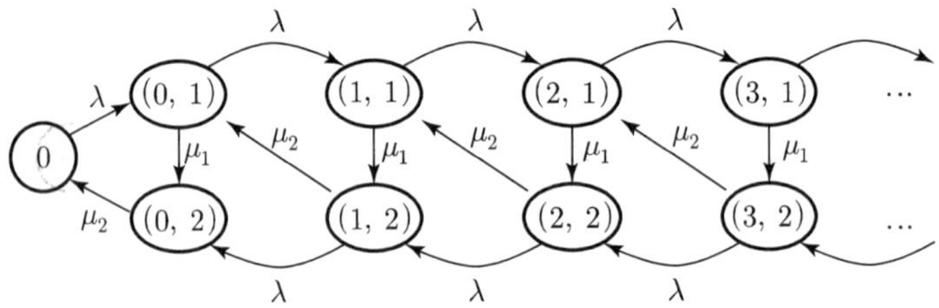

그림 3 $M/E_2/1$ 대기행렬시스템의 전이율그림

11. $X(t)$를 t시각에 대기행렬에서 기다리는 고객 수라 하고 서버 i의 상태 $Y_i(t)$를 다음과 같이 정의하자.

$$Y_1(t)=\begin{cases} 0, & \text{서버 1이 한가한 상태} \\ 1, & \text{서버 1이 서비스 중인 상태} \end{cases}$$

$$Y_2(t)=\begin{cases}0, & \text{서버 2에 고객이 없는 상태}\\ 1, & \text{서버 2가 서비스 중인 상태}\\ 2, & \text{서버 2에 서비스를 마친 고객이 있는 상태}\end{cases}$$

그러면 $\boldsymbol{X}=\{(X(t),\ Y_1(t),\ Y_2(t)),\ t\geq 0\}$은 상태공간이 $\mathcal{S}=\{(n,\ i,\ j),\ n=0,\ 1,\ \cdots,\quad i=0,\ 1,\ j=0,\ 1,\ 2\}$이고 전이율이 그림 4와 같은 마르코프연쇄이다.

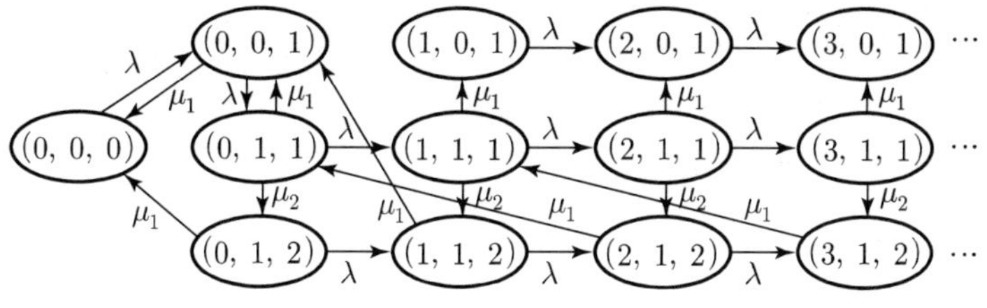

그림 4 두 명의 직렬서버를 갖는 대기행렬시스템의 전이율그림

12. $X(t)$를 t시각에 대기행렬에서 기다리는 고객 수라 하고 서버 i의 상태 $Y_i(t),\ i=1,\ 2$를 다음과 같이 정의하자.

$$Y_i(t)=\begin{cases}0, & \text{서버 } i\text{가 한가한 상태}\\ 1, & \text{서버 } i\text{가 서비스 중인 상태}\end{cases}$$

그러면 $\boldsymbol{X}=\{(X(t),\ Y_1(t),\ Y_2(t)),\ t\geq 0\}$은 상태공간이 $\mathcal{S}=\{(n,\ i,\ j),\ n=0,\ 1,\ \cdots,\ i=0,\ 1,\ j=0,\ 1\}$이다. 이때, $X(t)\geq 1$이면 $Y_1(t)=1,\ Y_2(t)=1$이므로 $(n,\ 0,\ j),\ (n, i,\ 0),\ n=1,\ 2,\ \cdots$인 상태는 나타나지 않는다. 전이율그림은 그림 5와 같다.

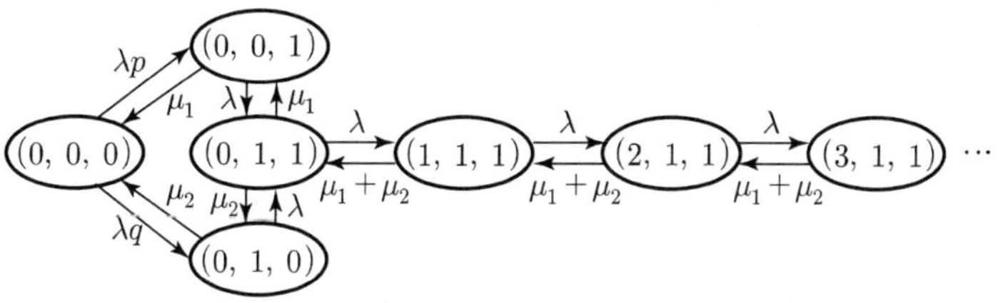

그림 5 두 명의 병렬서버를 갖는 대기행렬시스템의 전이율그림

13. (1) $\boldsymbol{X}$의 생성자는 다음과 같다.

$$Q=\begin{array}{c} \\ 0 \\ 1 \\ \vdots \\ s-1 \\ s \\ \vdots \\ S-1 \\ S \end{array}\begin{array}{c} \begin{array}{ccccccccc} 0 & 1 & \cdots & s-1 & s & \cdots & S-1 & S \end{array} \\ \begin{pmatrix} -\theta & & & & & & & \theta \\ \lambda & -(\lambda+\theta) & & & & & & \theta \\ & \ddots & \ddots & & & & & \vdots \\ & & \lambda & -(\lambda+\theta) & & & & \theta \\ & & & \lambda & -\lambda & & & 0 \\ & & & & \ddots & \ddots & & \vdots \\ & & & & & \lambda & -\lambda & 0 \\ & & & & & & \lambda & -\lambda \end{pmatrix} \end{array}$$

(2) $\boldsymbol{X}$의 극한분포는 다음과 같다.

$$p_0=\frac{\theta}{\lambda}\left(\frac{\lambda}{\lambda+\theta}\right)^{s-1}p_s,$$

$$p_i=\left(\frac{\lambda}{\lambda+\theta}\right)^{s-i}p_{s,}\ i=1,\ 2,\ \cdots,\ s-1,$$

$$p_j=\frac{1}{M},\ j=s,\ s+1,\ \cdots,\ S.$$

단,

$$M=\frac{\theta}{\lambda}\left(\frac{\lambda}{\lambda+\theta}\right)^{s-1}+\sum_{k=1}^{s-1}\left(\frac{\lambda}{\lambda+\theta}\right)^{k}+(S-s+1).$$

(3) $p_0=\dfrac{2}{69}\approx 0.0290$

14. $X(t)$와 $Y(t)$를 각각 시각 t에 상태 A에 있는 개체 수와 상태 B에 있는 개체 수라 하면 $\{(X(t),\ Y(t)),\ t\geq 0\}$는 상태공간이 $S=\{(i,\ j),\ i,\ j=0,\ 1,\ 2,\ \cdots\}$이고 전이율은 다음과 같은 마르코프연쇄가 된다. $q_{(0,\ 0),\ (0,\ 0)}=0$이므로 $(0,\ 0)$은 흡수상태이다. $(i,\ j)\neq(0,\ 0)$일 때,

$$q_{(i,\ j),\ (k,\ l)}=\begin{cases}\alpha i, & (k,\ l)=(i-1,\ j+1)\\ \beta j, & (k,\ l)=(i+2,\ j-1)\\ 0, & \text{그 밖에}\end{cases}$$

15. (1) $\boldsymbol{X}$의 생성률 γ_n과 소멸률 δ_n은 다음과 같다.

$$\gamma_n=\begin{cases}\lambda+\theta, & 0\leq n\leq N\\ \lambda, & n>N\end{cases},\ \delta_n=\mu$$

(2) $\rho_0=1,$

$$\rho_n = \frac{\gamma_0 \cdots \gamma_{n-1}}{\delta_1 \cdots \delta_n} = \begin{cases} \left(\dfrac{\lambda+\theta}{\mu}\right)^n, & 1 \le n \le N \\ \left(\dfrac{\lambda+\theta}{\mu}\right)^N \left(\dfrac{\lambda}{\mu}\right)^{n-N} \lambda, & n > N \end{cases}$$

이라 하자. $\boldsymbol{X}$가 에르고딕이 되기 위한 필요충분 조건은 $\dfrac{\lambda}{\mu} < 1$이고, 이때 $\boldsymbol{X}$의 극한분포는

$$p_n = p_0 \rho_n, \; n = 0, 1, 2, \cdots,$$

$$p_0 = \begin{cases} \left[\dfrac{1-\left(\dfrac{\lambda+\theta}{\mu}\right)^N}{1-\dfrac{\lambda+\theta}{\mu}} + \left(\dfrac{\lambda+\theta}{\mu}\right)^N \dfrac{1}{1-\dfrac{\lambda}{\mu}}\right]^{-1}, & \dfrac{\lambda+\theta}{\mu} \ne 1 \\ p_0 = \left[N + \dfrac{\mu}{\mu-\lambda}\right]^{-1}, & \dfrac{\lambda+\theta}{\mu} = 1 \end{cases}.$$

(3) 이민이 중단된 상태에 있을 확률은

$$\sum_{k=N+1}^{\infty} p_k = \left(\frac{\lambda+\theta}{\mu}\right)^N \frac{\lambda}{\mu-\lambda} p_0.$$

16. $X(t)$를 다음과 같이 정의하자.

$$X(t) = \begin{cases} 0, & t\text{시각에 서버가 한가한 상태} \\ i, & t\text{시각에 종류 } i\text{인 고객이 서비스 중인 상태} \end{cases}$$

$\boldsymbol{X} = \{X(t), t \ge 0\}$의 극한분포는

$$p_0 = \left(1 + \frac{\lambda_1}{\mu_1} + \frac{\lambda_2}{\mu_2}\right)^{-1}, \; p_i = \frac{\lambda_i}{\mu_i} p_0, \; i = 1, 2$$

이고 종류 i의 고객이 서비스를 받는 시간의 비율은 $p_i (i = 1, 2)$이다.

17. (1) 이 시스템은 도착률이 $\lambda = 3$이고 서비스율이 $\mu = 4$인 $M/M/1/5$ 대기행렬시스템이다. 따라서 $p_0 = \dfrac{1}{4} \dfrac{1}{1-\left(\dfrac{3}{4}\right)^6} = \dfrac{1024}{3367} \approx 0.3041$이다.

(2) $\displaystyle\sum_{n=1}^{5} (n-1) p_n = \frac{423}{128} p_0 = \frac{3384}{3367} \approx 1.005$

(3) 이 경우는 $M/M/2/5$ 대기행렬시스템이다. 따라서 대기하고 있는 응급환자의 평균수는

$$\sum_{n=1}^{5} (n-1) p_n = \frac{423}{128} p_0 = \frac{10980}{35899} \approx 0.3059.$$

18. $E[\tau_0 \mid X(0)=0] = \dfrac{1}{\lambda_0 p_0}$

19. (1) $S=\{\boldsymbol{i}=(i_1, \cdots, i_n),\ i_k=0,\ 1,\ 2,\ \cdots,\ k=1,\ 2,\ \cdots,\ n\}$

(2) 각 상태에 머무는 시간이 지수분포이고 지수분포의 모수와 다음 전이가 일어날 상태는 과거 이력에는 의존하지 않고 오직 현재 상태에만 의존한다. 따라서 $\boldsymbol{X}$는 마르코프연쇄이다.

(3) $\rho_i = \dfrac{\lambda}{\mu_i} < 1,\ i=1,\ 2,\ \cdots,\ n$

(4) 따름정리 8.33을 이용하라.

20. (1) $p'_j(t) = -\lambda p_j(t) + \lambda p_{j-1}(t),\ j=0,\ 1,\ 2,\ \cdots$(단 $p_{-1}(t)=0$)

(2) 예제 8.12에서 $\lambda_j=\lambda$로 두고 $j=0,\ 1,\ 2,\ \cdots$를 차례로 계산하면 수학적 귀납법에 의하여 제6장에서 구한 결과와 일치하는 것을 알 수 있다.

21. (1) Q의 고유값은 $-4,\ -2,\ 0$이고 각각에 대응하는 고유벡터를 구하여 Q를 대각화 하면 다음과 같다.

$$D=S^{-1}QS=\begin{pmatrix} -4 & 0 & 0 \\ 0 & -2 & 0 \\ 0 & 0 & 0 \end{pmatrix}$$

단,

$$S=\begin{pmatrix} 1 & -1 & 1 \\ -1 & 0 & 1 \\ 1 & 1 & 1 \end{pmatrix},\quad S^{-1}=\frac{1}{4}\begin{pmatrix} 1 & -2 & 1 \\ -2 & 0 & 2 \\ 1 & 2 & 1 \end{pmatrix}$$

(2) $$P(t)=Se^{Dt}S^{-1}=\begin{pmatrix} \frac{1}{4}+\frac{e^{-4t}}{4}+\frac{e^{-2t}}{2} & \frac{1}{2}-\frac{e^{-4t}}{2} & \frac{1}{4}+\frac{e^{-4t}}{4}-\frac{e^{-2t}}{2} \\ \frac{1}{4}-\frac{e^{-4t}}{4} & \frac{1}{2}+\frac{e^{-4t}}{2} & \frac{1}{4}-\frac{e^{-4t}}{4} \\ \frac{1}{4}+\frac{e^{-4t}}{4}-\frac{e^{-2t}}{2} & \frac{1}{2}-\frac{e^{-4t}}{2} & \frac{1}{4}+\frac{e^{-4t}}{4}+\frac{e^{-2t}}{2} \end{pmatrix}$$

(3) $p_{02}(0.5) = \dfrac{1}{2} - \dfrac{e^{-4\times 0.5}}{2} \approx 0.432332$

22. $p'_{i0}(t) = -\lambda_0 p_{i0}(t)$과 $p_{i0}(0)=0$으로부터 $p_{i0}(t)=0$을 보인 다음

$$p'_{ij}(t) = -\lambda_j p_{ij}(t) + \lambda_{j-1} p_{i,\,j-1}(t)$$

과 $p_{ij}(0)=0,\ i\neq j$를 이용하여 차례로 $p_{ij}(t)=0,\ j=1,\ 2,\ \cdots,\ i-1$이 됨을 보인다.

23. 예제 8.12에서 $\lambda_j = j\lambda$로 두고 차례로 계산하면 수학적 귀납법에 의하여 증명된다.

24. $0 \le j \le i$일 때, $p_{ij}(t) = e^{-\mu t}\dfrac{(\mu t)^{j-i}}{(j-i)!}$, $j > i$일 때, $p_{ij}(t) = 0$.

25. $p_j = \dfrac{1/\theta_j}{\sum_{i=1}^{9} 1/\theta_i}$, $j = 1, 2, \cdots, 9$

26. (1) 정사각행렬 A가 가역일 때,

$$\int_0^t e^{Ax}dx = \sum_{n=0}^{\infty}\frac{A^n}{n!}\int_0^t x^n dx = \sum_{n=0}^{\infty}\frac{x^{n+1}A^n}{(n+1)!} = A^{-1}(e^{At} - I)$$

한편 $\lim_{t\to\infty} e^{At} = O$이면 $\int_0^\infty e^{Ax}dx = A^{-1}$이므로 (1)이 증명된다.

(2)
$$\tilde{f}(\theta) = E[e^{-\theta X}] = \sum_{k=0}^{\infty}\frac{(-\theta)^k}{k!}E[X^k]$$

이고

$$\begin{aligned}\tilde{f}(\theta) &= \boldsymbol{\alpha}(I - (-\theta)(-\boldsymbol{S})^{-1})^{-1}(-\boldsymbol{S})^{-1}\boldsymbol{S}^0 \\ &= \sum_{k=0}^{\infty}\boldsymbol{\alpha}(-\theta)^k(-\boldsymbol{S})^{-k}\mathbf{e} \ (\because\ (-\boldsymbol{S})^{-1}\boldsymbol{S}^0 = \mathbf{e}) \\ &= \sum_{k=0}^{\infty}\frac{(-\theta)^k}{k!}k!\boldsymbol{\alpha}(-\boldsymbol{S})^{-k}\mathbf{e}\end{aligned}$$

이므로 (2)가 증명된다.

(3) $\boldsymbol{\pi}\boldsymbol{S}^* = 0$이므로 $\boldsymbol{\pi} = \boldsymbol{\pi}\boldsymbol{S}^0\boldsymbol{\alpha}(-\boldsymbol{S})^{-1}$이다. 또한 $\boldsymbol{\pi}\mathbf{e} = 1$이므로

$$E[X_1] = \boldsymbol{\alpha}(-\boldsymbol{S})^{-1}\mathbf{e} = \frac{1}{\boldsymbol{\pi}\boldsymbol{S}^0}$$

따라서

$$\begin{aligned}F_e(x) &= \frac{1}{E[X]}\int_0^x \boldsymbol{\alpha}\exp(\boldsymbol{S}x)dx\,\mathbf{e} \\ &= \frac{1}{\boldsymbol{\alpha}(-\boldsymbol{S})^{-1}\mathbf{e}}\boldsymbol{\alpha}\boldsymbol{S}^{-1}(\exp(\boldsymbol{S}x) - I)\mathbf{e} \\ &= 1 - \boldsymbol{\pi}\exp(\boldsymbol{S}x)\mathbf{e}\end{aligned}$$

27. $q_{ij} = 0$, $|i-j| > 1$이므로 $p_i q_{i,\, i+1} = p_{i+1}q_{i+1,\, i}$를 보이면 충분하다.

28. $\boldsymbol{X}$의 생성자와 극한분포를 각각 $Q = (q_{ij})$와 $\boldsymbol{p} = (p_i)$라 하고 $\boldsymbol{Y}$의 생성자와 극한분포를 각각

$Q^* = (q_{ij}^*)$와 $\boldsymbol{p}^* = (p_i^*)$라 하자. $\boldsymbol{X}$와 $\boldsymbol{Y}$가 서로 독립이므로 $(\boldsymbol{X}, \boldsymbol{Y})$의 극한분포는 $\pi_{ij} = p_i p_j^*$이고 전이율은 $q_{(i,\ j),\ (k,\ m)} = q_{(i,\ k)} q_{(j,\ m)}$이 된다. 따라서 $\pi_{ij} q_{(i,\ j),\ (k,\ m)} = \pi_{km} q_{(k,\ m),\ (i,\ j)}$를 보이면 역행가능성이 증명된다.

29. (1) $j \in A$일 때와 $j \in \mathcal{S} - A$일 때로 나누어 $\sum_{i \in \mathcal{S}} p_i^* q_{ij}^* = 0$을 보이면 p_i^*가 $\boldsymbol{X}^*$의 극한분포가 된다는 것이 증명된다. 또한 다음 네 가지 경우에 대하여 $\boldsymbol{p}^*$가 $Q^* = (q_{ij}^*)$에 대한 상세평형방정식을 만족함을 보이면 역행가능성이 증명된다.

(i) $i,\ j \in A$　　(ii) $i \in A,\ j \notin A$

(iii) $i \notin A,\ j \in A$　　(iv) $i \notin A,\ j \notin A$

(2) 위의 (1)의 결과로부터 자명하다.

제 9 장 브라운운동

1. (1) (i) $X(0) = cB(0) = 0$, (ii) $\boldsymbol{B}$가 정상증분을 가지므로

$$X(t+s) - X(s) = c\left[B\left(\frac{t+s}{c^2}\right) - B\left(\frac{s}{c^2}\right)\right]$$
$$\overset{d}{=} cB\left(\frac{t}{c^2}\right) = X(t)$$

이다. 따라서 $\boldsymbol{X}$는 정상증분을 갖는다. 또한 $\boldsymbol{B}$가 독립증분을 가지므로 $\boldsymbol{X}$가 독립증분을 갖는다.

(iii) 정규분포의 성질에 의하여 $X(t) \sim \mathrm{N}(0,\ t)$이다.

따라서 $\boldsymbol{X} \sim \mathrm{BM}(0,\ 1)$이다.

(2) (1)과 유사한 방법으로 보인다.

2. $\boldsymbol{B}$가 독립증분을 가지고 $B(t_3) - B(t_2) \sim \mathrm{N}(0,\ t_3 - t_2)$이므로

$$E[B(t_1)B(t_2)(B(t_3) - B(t_2))] = E[B(t_1)B(t_2)]E[(B(t_3) - B(t_2))] = 0$$

이다. 따라서

$$E[B(t_1)B(t_2)B(t_3)] = E[B(t_1)B^2(t_2)]$$

한편 $B^2(t_2)=(B(t_2)-B(t_1))^2+2(B(t_2)-B(t_1))B(t_1)+B^2(t_1)$과 $B(t_1)\sim \mathrm{N}(0,\ t_1)$을 이용하여 다음을 보일 수 있다.

$$E[B(t_1)B^2(t_2)]=E[B^3(t_1)]=0$$

3. (1) 따름정리 9.6$(0<t<1)$과 9.4 $(t>1)$에 의하여 $E[B(t)\,|\,B(1)=0]=0$

(2) 위의 (1)의 결과와 조건부기댓값의 성질 CE5와 CE3을 이용하여

$$\mathrm{Cov}[(B(s),\ B(t))\,|\,B(1)=0]=E[B(s)B(t)\,|\,B(1)=0]=s(1-t)$$

를 보일 수 있다.

4. (1) y (2) $t-s$ (3) $\frac{s}{t}x$ (4) $\frac{s(t-s)}{t}$

5. (1) $E[X]=\int_0^t E[B(s)]\,ds=0$

(2) $E[X^2]=\int_0^t\int_0^t E[B(u)B(v)]\,du\,dv=\int_0^t\int_0^t \min(u,\ v)\,du\,dv=\frac{1}{3}t^3$

(3) $E[X|B(t)=x]=\int_0^t E[B(s)\,|\,B(t)=x],\ ds=\int_0^t \frac{s}{t}x\,ds=\frac{tx}{2}$

(4) $0<u<v<t$일 때, 조건부기댓값의 성질 CE5와 CE3을 이용하여

$$E[B(u)B(v)\,|\,B(t)=x]=u\left(1-\frac{1}{t}v+\frac{x^2}{t^2}v\right)$$

을 보일 수 있다. 따라서

$$E[X^2|B(t)=x]=2\int_0^t\int_0^v E[B(u)B(v)\,|\,B(t)=x]dudv=\frac{t^3}{12}+\frac{t^2x^2}{4}.$$

6.
$$\begin{aligned}P\left(\max_{t_1\le t\le t_2} B(t)>x\right)&=\int_{-\infty}^{\infty} P\left(\max_{t_1\le t\le t_2} B(t)>x\,|\,B(t_1)=y\right)f_{t_1}(y)\,dy\\&=\int_{-\infty}^{\infty} P\left(\max_{0\le t\le t_2-t_1} B(t)>x-y\,|\,B(0)=y\right)f_{t_1}(y)\,dy\\&=\int_{-\infty}^{x} P(T_{x-y}\le t_2-t_1)f_{t_1}(y)\,dy\\&=\sqrt{\frac{2}{\pi}}\int_{-\infty}^{x}\int_{x-y}^{x} e^{-u^2/(2(t_2-t_1))}duf_{t_1}(y)\,dy\end{aligned}$$

7. 정규분포 $\mathrm{N}(\mu t,\ \sigma^2 t)$의 확률밀도함수를 $g_t(x)$라 하면 $(X(s),\ X(t))$의 결합확률밀도함수는 $g_{s,\,t}(x,\ y)=g_s(x)g_{t-s}(y-x)$이다.

8. (1) $P(B(T_{ab})=b\,|\,B(0)=x) = P(B(T_{x-a,\,b-x})=b-x\,|\,B(0)=0) = \dfrac{x-a}{b-a}$

(2) $E[T_{ab}\,|\,B(0)=x]=E[T_{x-a,\,b-x}\,|\,B(0)=0]=(b-x)(x-a)$

9. $P(T_1 < T_{-1} < T_2) = P(T_{-1} < T_2\,|\,T_1 < T_{-1})P(T_1 < T_{-1})$

$$= \frac{1}{2}P(T_{-1,\,2}\,|\,B(0)=1)=\frac{1}{6}$$

10. (1) 다음을 주목하자.

$$V(s+t) = V(t)\exp\left(c(X(t+s)-X(t))-(c\mu+\frac{1}{2}c^2\sigma^2)s\right)$$

$\boldsymbol{X}$가 독립증분을 가지고 $X(t+s)-X(t) \sim \mathrm{N}(\mu s,\ \sigma^2 s)$를 이용하여 $\boldsymbol{V}$가 마팅게일이 됨을 보일 수 있다.

(2) $c=c_0$이면 $V(t)=e^{c_0X(t)}$이다. $\boldsymbol{V}$가 마팅게일이므로

$$E[V(t)]=E[V(0)]=1$$

(3) T가 $\boldsymbol{V}$의 정지시각이고 $P(X(T)=a)+P(X(T)=b)=1)$이므로

$$\begin{aligned} 1 &= E[e^{c_0X(0)}]=E[e^{c_0X(T)}] \\ &= P(X(T)=a)e^{c_0a}+P(X(T)=b)e^{c_0b} \\ &= e^{c_0a}+P(X(T)=b)(e^{c_0b}-e^{c_0a}) \\ \therefore\quad & P(X(T)=b)=\frac{1-\exp(c_0a)}{\exp(c_0b)-\exp(c_0a)} \end{aligned}$$

(4) (1)과 같은 방법으로 $\boldsymbol{U}$가 마팅게일임을 보일 수 있다. T가 $\boldsymbol{U}$의 정지시각이고 $P(X(T)=a)+P(X(T)=b)=1$이므로 다음을 얻는다.

$$\begin{aligned} 0 &= E[U(0)]=E[U(T)]=E[X(T)]-\mu E[T] \\ &= a+(b-a)P(X(T)=b)-\mu E[T] \\ \therefore\quad & E[T]=\frac{a}{\mu}+\frac{b-a}{\mu}\frac{1-e^{c_0a}}{e^{c_0b}-e^{c_0a}} \end{aligned}$$

찾아보기

▌ㅊ▐

▌ㅋ▐

▌ㅍ▐

D

E

F

G

H

I

▮ U ▮

▮ V ▮

▮ W ▮

▮ Y ▮

확률과정입문

지은이 신양우
펴낸이 조경희
펴낸곳 경문사
펴낸날 2011년 3월 5일 1판 1쇄
2019년 9월 1일 1판 2쇄
등 록 1979년 11월 9일 제313-1979-23호
주 소 04057, 서울특별시 마포구 와우산로 174
전 화 (02)332-2004 팩스 (02)336-5193
이메일 kyungmoon@kyungmoon.com
facebook facebook.com/kyungmoonsa

값 28,000원

ISBN 978-89-6105-403-4

★ 경문사 홈페이지에 오시면 즐거운 일이 생깁니다.
http://www.kyungmoon.com

한국과학기술출판협회 회원사